通信网规划理论与实务

梁雄健　孙青华　张　静　杨　旭　编著

北京邮电大学出版社
·北京·

内 容 简 介

本书主要讲述通信网规划的基本理论与方法，并结合通信网规划实务对传输网规划、接入网规划、业务网规划以及支撑网规划进行详细地阐述。全面地介绍了通信网规划的基本原理、规划方法及具体应用案例。本书共12章。第1章和第2章从电信网的基本概念入手，介绍电信网规划的基础工作；第3章至第7章对通信网规划中涉及的理论方法进行了详细研究，介绍了图论、随机过程、统计分析、多方案评估等常用的规划方法；第8章至第11章详细介绍了传输网、接入网、业务网、支撑网的相关技术及规划方法；第12章以移动通信网规划为例，介绍了网络规划理论在实际中的应用。

本书可作为通信管理、通信工程、网络工程、信息管理与信息系统、管理工程等专业本科生教材或相关专业研究生教材，也可作为通信工程设计专业高职高专教材，是通信管理人员、通信工程设计人员、通信网络的工程技术人员从事通信管理、通信规划、通信网可行性研究、通信系统设计的实用参考书。

图书在版编目(CIP)数据

通信网规划理论与实务 / 梁雄健等编著. -- 北京：北京邮电大学出版社，2006(2019.12重印)
ISBN 978-7-5635-1193-8

Ⅰ.通… Ⅱ.梁… Ⅲ.通信网 Ⅳ.TN915

中国版本图书馆CIP数据核字(2006)第064907号

书　　名：通信网规划理论与实务
著作责任者：梁雄健　孙青华　张　静　杨　旭　编著
出版发行：北京邮电大学出版社
社　　址：北京市海淀区西土城路10号(邮编：100876)
发 行 部：电话：010-62282185　传真：010-62283578
E-mail：publish@bupt.edu.cn
经　　销：各地新华书店
印　　刷：北京九州迅驰传媒文化有限公司
开　　本：720 mm×1 000 mm　1/16
印　　张：23
字　　数：459千字
版　　次：2006年9月第1版　2019年12月第6次印刷

ISBN 978-7-5635-1193-8　　定　价：46.00元

前　言

本书共分3篇，第1篇详细介绍了通信网规划中常用的理论与方法，从电信网的基本概念入手，首先为读者建立起通信网规划的整体架构，然后逐一介绍图论、随机过程、统计分析、多方案评估等通信网规划中常用的分析理论方法；第2篇以传输网、接入网、业务网、支撑网规划等实务为对象，详细地阐述了实际通信网规划的原理、规范及方法，讲述了相应的技术及应用；第3篇利用移动通信网规划案例，演示并说明了网络规划理论在实际中的应用方法。由于电信技术发展很快，规划理论层出不穷，本书在内容上尽量选用最新的资料。

学习本书所需要的准备

学习本书需要具备现代通信技术和工程数学的基础知识。对现代通信技术有一定了解的读者都会在本书中得到有益的知识。

本书的风格

本书力图编排成为一本通信网规划的学习指南，内容包括了通信网规划的基本理论和常用方法、各类通信网规划的方法、通信网规划的实务及案例分析。本书含有大量的图表、数据、例证和插图，以达到深入浅出。通信网规划涉及内容比较复杂，而且不少内容有前后的关联性，本书尽可能用形象的图表及实例来解释和描述，为读者建立清晰而完整的体系框架。

在每章的开始明确本章的学习重点及难点，引导读者深入学习。

本书的结构

第1章从电信网的基本概念入手，概括介绍了电信网的结构及主要技术基础。

第2章介绍了电信网规划的原则、基本内容及基础工作。

第3章从图论的应用角度介绍了最短路、最大流等网络规划常见问题的计算方法。

第4章利用排队论的思想，讲述了规划求解电信网络中电路数、服务水平等指标的方法。

第5章从定性与定量两个角度介绍了业务预测的基本方法，对一些具体方法进行了讨论，同时介绍了电信网业务预测中的一些新的方法。

第6章主要介绍了通信网规划的经济分析，包括通信网规划投资、收入和成本的估算方法以及规划方案评价的主要经济指标和分析方法。

第7章讲述了层次分析法和数据包络分析法在多目标决策中的应用。

第8章从传输网技术入手，详细地介绍了传输网的业务需求规划、光缆路由规划、业务承载的配置规划、网络性能规划等问题。

第9章从接入网技术的发展入手，介绍了接入网规划的内容与方法。

第10章介绍了电信业务网规划的基本内容，对固定电话网规划、移动通信网规划、数据网规划进行了阐述。

第11章介绍了信令网规划、电信管理网规划、数字同步网规划。

第12章以地区通信网规划实例为手段，介绍了电信网规划理论的应用方法。

本书可作为通信管理、通信工程、网络工程、信息管理与信息系统等、工程管理专业本科生教材或相关专业研究生教材，也可作为通信工程设计专业高职高专教材，是通信管理人员、通信工程设计人员、通信网络的工程技术人员从事通信管理、通信规划、通信网可行性研究、通信系统设计的实用参考书。

在本书的编写过程中，本书主编梁雄健负责本书的组织与统编；第1章、第2章、第9章和第11章由北京邮电大学张静老师编著；第3章、第4章、第5章、第6章和第7章由石家庄邮电职业技术学院孙青华教授编著；第8章和第10章由北京邮电大学杨旭老师和博士研究生熊锦华、任乐毅等编著；第12章由北京邮电大学梁雄健老师编著，同时北京邮电大学经济管理学院研究生董爽、马慧、谢晓霞等研究生收集了相关资料并对本书电子文档进行了整理。由于编者水平有限，书中难免存在一些缺点和欠妥之处，恳切希望广大读者批评指正。

作者

2006年3月

目　　录

第1篇　电信网规划理论

第2篇　通信网规划实务

第 3 篇　通信网规划实例

第1篇　电信网规划理论

- 电信网基础
- 电信网规划基础
- 图论基本理论及其在电信网规划中的应用
- 排队论
- 电信业务预测的基本方法
- 通信网规划的经济分析方法
- 多目标评价方法及其应用

第 1 章　电信网基础

【本章内容】

- 电信网的概念、分层结构与分类；
- 电信网的基本结构形式、非基本结构形式、分级网与无级网；
- 电信网传送网、业务网、应用层与支撑网的主要技术；
- 电信网络与技术的发展趋势。

【本章重点】

- 掌握电信系统的基本组成，掌握电信网的概念、垂直分层结构与水平结构；
- 掌握网状网、星状网和环形网 3 种基本结构形式的特点和适用情况，掌握分级网与无级网的概念；
- 掌握传送网中主要传输媒介的种类，主要复用技术种类和接入网的概念；掌握电路交换与分组交换的概念与特点；掌握支撑网的主要种类和概念；
- 了解电信网发展的大趋势。

【本章难点】

- 电信系统与电信网各组成部分的功能；
- 电信网的垂直分层结构；
- 电信网中主要技术的理解和掌握。

【本章学时数】6 学时

【学习本章目的和要求】

通过本章的学习，应掌握和理解电信网的相关概念，熟悉电信网技术，为学习电信网规划方法打下基础。

1.1　电信网的概念与分类

本节首先介绍电信系统的概念与组成，从而引出电信网的概念，并分别介绍了电信网的垂直分层结构和水平结构，从多个不同的角度对电信网进行了分类，以帮助读者全面理解电信网的概念。

1.1.1　电信系统的概念

人们通过各种感官感知现实世界而获取信息，并通过通信来传递信息。通信的基本形式，是在信源与信宿之间建立一个传输（转移）信息的通道（信道）。而所谓电信，是指利用有线、无线的电磁系统或者光电系统，传送、发射或者接收语音、文字、数据、图像以及其他任何形式的信息的活动，能够完成这一过程的系统就是电信系统。

最简单的电信系统如图 1-1 所示，这是一个点-点单向通信系统，其基本组成包括信源、变换器、信道、噪声源、反变换器及信宿 6 个部分。

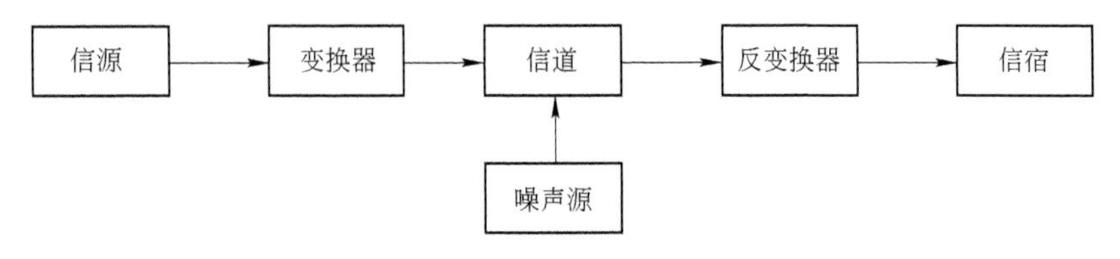

图 1-1　点-点单向通信系统

信源产生各种信息，信源可以是发出信息的人，也可以是发出信息的机器（如计算机等）。不同的信息源可以构成不同的电信系统。

变换器的作用是将信源发出的信息变换成适合在信道中传输的信号。对应不同的信源和不同的电信系统，变换器有不同的组成和变换功能。例如，对于数字电话通信系统，变换器包括送话器和模/数变换器等，模/数变换器的作用是将送话器输出的模拟话音信号经过模/数变换、编码并时分复用等处理后，变换成适合于在数字信道中传输的信号。

信道是信号的传输媒介。信道按传输介质的种类可以分为有线信道和无线信道。在有线信道中电磁信号被约束在某种传输线（如电缆、光缆等）上传输；在无线信道中电磁信号沿空间（大气层、对流层、电离层等）传输。按传输信号的形式又可分为模拟信道和数字信道。

反变换器将从信道上接收的信号变换成信息接收者可以识别使用的信息。它与变换器正好相反，起信号还原的作用。

信宿是信息的接收者，他/它可以与信源相一致，对应构成人-人通信或机-机通信；也可以与信源不一致，构成人-机通信或机-人通信。

噪声源是指系统内各种干扰影响的等效结果。系统的噪声来自各个部分，从发出和接收信息的周围环境、各种设备的电子器件，到信道所受到的外部电磁场干扰，都会形成噪声影响。为了分析问题方便，一般将系统内所存在的干扰均折合到信道中，用噪声源表示。

以上电信系统只能实现两个用户间的单向通信，要实现双向通信还需要另一个电信系统，来完成相反方向的信息传送工作。而要实现多用户间的通信，则需要将多个电信系统有机地组成一个整体，使它们能够协同工作，即形成电信网。实现多个用户间的相互通信，最简单的方法就是任意两个用户之间均有线路相连，但由于用户众多，这种方法会造成机线大量浪费，没有实际可行性。为了解决这一问题，通常要在电信系统中引入交换机，即每个用户都通过用户线与交换机相连，任何用户之间的通信都需要经过交换设备的转接交换。因此，实际使用的电信系统是由多级交换的通信网来提供信道。

1.1.2 电信网的概念

电信网就是复杂的电信系统，它是由一定数量的节点（包括终端设备和交换设备）和连接节点的传输链路相互有机地组合在一起，以实现两个或多个规定点间信息传递的通信体系。也就是说，电信网是相互依存、相互制约的许多要素组成的有机整体，以用户满意的程度实现网内任意两个或多个用户之间的通信。

一个完整的电信网由硬件和软件组成。传统电信网的硬件主要包括三大类设备：终端设备、传输设备和交换设备。

终端设备：一般安装在用户端，提供用户实现接入协议所必需的功能设备（电信端点），它的作用是将话音、文字、数据和图像（静止的或活动的）信息转变为电信号或电磁信号发出去，并将接收的电信号或电磁信号复原为原来的话音、文字、数据和图像等信息。例如电话机、手机、计算机。

传输设备：将电信号从一个地点传送到另一个地点的设备。它构成电信网中的传输链路，包括传输线路和各种发送接收设备。例如光端机、光缆等。

交换设备：实现一个终端（用户）和它所要求的另一个或多个终端（用户）之间的接续，或提供非连接传输链路的设备和系统，是构成电信网中节点的主要设备。例如程控交换机等。

仅仅把这些设备相互连接起来，还不能很好地完成信息的传递和交换，正如计算机只有硬件无法正常运转一样，电信网也要依靠相应的软件，即一整套的网路技术和对网络的组织管理技术，使由设备组成的静态网成为一个能够正常运转的动态体系。电信网的网路技术包括网的拓扑结构、网内信令、协议和接口，以及网的技术体制、标准等，各种电信网还有其不同的网络组织管理方法，它们是电信网能够实现电信服务和运行支撑的重要条件。目前软件在电信网中的作用越来越大，能够在不改变硬件的情况下扩展电信网的功能。

1.1.3 电信网的分层结构

随着电信技术发展与用户需求日益多样化，现代电信网正处在变革与发展之中，网络类型及所提供的业务种类不断增加和更新，形成了复杂的电信网络体系。

为了更清晰地描述现代电信网，在此引入网络的分层结构。从网络纵向分层的观点来看，可根据不同的功能将网络分解成多个功能层，上下层之间的关系为客户/服务者关系。网络的纵向分层结构也是网络演进的争论焦点，开放系统互联

(OSI)7 层参考模型曾是人们普遍认可的分层方式。

OSI 参考模型中采用了 7 个层次的体系结构，如图 1-2 所示。

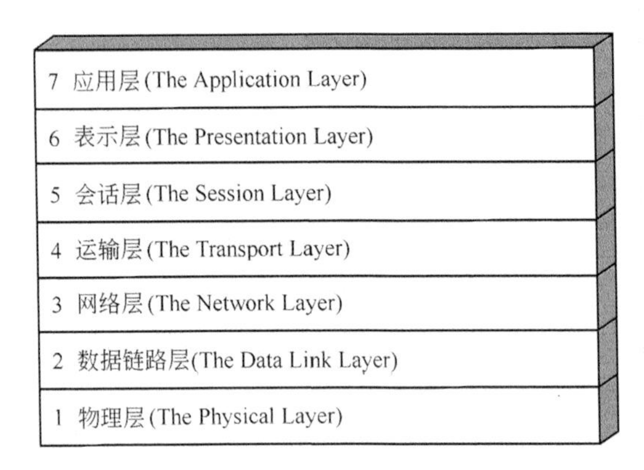

图 1-2 OSI 参考模型

(1) 物理层。物理层的任务是透明地传送比特流，在物理层上所传送数据的单位是比特。传递信息所利用的一些物理媒体，如双绞线、同轴电缆、光缆等，并不在物理层之内，而是在物理层的下面，因此也有人把物理媒体作为第 0 层。透明是一个很重要的术语，它表示：某一个实际存在的事物看起来却好像不存在一样。"透明地传送比特流"表示经实际电路传送后的比特流没有发生变化，因此，对传送比特流来说，由于这个电路并没有对其产生什么影响，因而比特流就"看不见"这个电路。或者说，这个电路对比特流来说就是透明的，这样任意组合的比特流都可以在这个电路上传送，当然，哪几个比特代表什么意思，则不是物理层所要负责的。物理层要考虑用多大的电压代表"1"或"0"，以及当发送端发出比特"1"时，在接收端如何识别出这是比特"1"而不是比特"0"。物理层还要确定连接电缆的插头应当有多少根腿以及各个腿应如何连接。

(2) 数据链路层。数据链路层的任务是在两个相邻节点间的线路上无差错地传送以帧(Frame)为单位的数据。每一帧包括数据和必要的控制信息。在传送信息时，若接收节点检测到所收到的数据中有差错，就要通知发送方重发这一帧，直到这一帧正确无误地到达接收节点为止。在每一帧所包括的控制信息中，有同步信息、地址信息、差错控制以及流量控制信息等。这样数据链路层就把一条有可能出差错的实际链路，转变成为让网络层向下看起来好像是一条不出差错的链路。

(3) 网络层。在计算机网络中进行通信的两个计算机间可能要经过许多个节点和链路，也可能还要经过好几个不同的通过路由器互联的通信子网。在网络层，数据的传送单位是分组或包，网络层的任务就是要选择合适的路由，使发送站的运输层所传下来的分组能够正确无误地按照地址找到目的站，并交付给目的站的运输层。这就是网络层的寻址功能。这里要强调指出，网络层中的“网络”二字，并不是我们通常谈到的网络的概念，而是在计算机网络体系结构模型中的专用名词。

(4) 运输层。这一层曾有过几个译名，如传送层、传输层或转送层。现在比较一致的意见是译为运输层。在运输层，信息的传送单位是报文，当报文较长时，先要把它分割成若干个分组，然后再交给下一层(网络层)进行传输。运输层的任务是根据下面通信子网的特性最佳地利用网络资源，并以可靠和经济的方式，为两端主机(也就是源站和目的站)的进程之间，建立一条运输连接，以透明地传送报文。或者说，运输层向上一层进行通信的两个进程之间提供一个可靠的端到端的服务，使它们看不见运输层以下的数据通信的细节。运输层以上的各层就不再关心信息传输的问题了。正因为如此，运输层就成为计算机网络体系结构中非常重要的一层。

(5) 会话层。会话层不参与具体的数据传输，但它却对数据传输进行管理。它在两个互相通信的进程之间，建立、组织和协调其交互。例如确定是双工工作(每一方同时发送和接收)，还是半双工工作(每一方交替发送和接收)。

(6) 表示层。表示层主要解决用户信息的语法表示。表示层将欲交换的数据从适合于某一用户的抽象语法，变换为适合于 OSI 系统内部使用的传送语法。

(7) 应用层。应用层对应用进程进行了抽象，它只保留应用进程中与进程间交互有关的那些部分，经过抽象后的应用进程就成为 OSI 应用层中的应用实体。OSI 的应用层并不是要把各种应用进行标准化，应用层所标准化的是一些应用进程经常使用的功能，以及实现这些功能所要使用的协议。

OSI 7 层模型对网络层次的划分较为细致复杂，但目前能够完全按照 7 层模型构建的电信网还不存在。因此，我们可以把 OSI 7 层模型简化来看。简单来说，从垂直结构上，按照功能，可以把电信网分成应用层、业务网和传送网，如图 1-3 所示。在这一结构体系中，应用层面表示各种信息应用；业务网层面表示传送各种信息的业务网；传送网层面表示支持业务网的传送手段和基础设施；此外还有支撑网可以支持全部 3 个层面的工作，提供保证电信网有效正常运行的各种控制和管理能力，传统的电信支撑网包括信令网、同步网和电信管理网。

网络的分层使网络规范与具体实施方法无关，简化了网络规划和设计，各层的功能相对独立。因此，单独地设计和运行每一层网络要比将整个网络作为单个实体设计和运行简单得多。随着信息服务多样化的发展及技术的演进，尤其是随着软交换等先进技术的出现，现代电信网与支撑技术还会出现变化，如增加控制层等平面，而网络分层的变化将主要体现在应用层和业务层面上，网络的基础层即传送网将保持相对稳定。

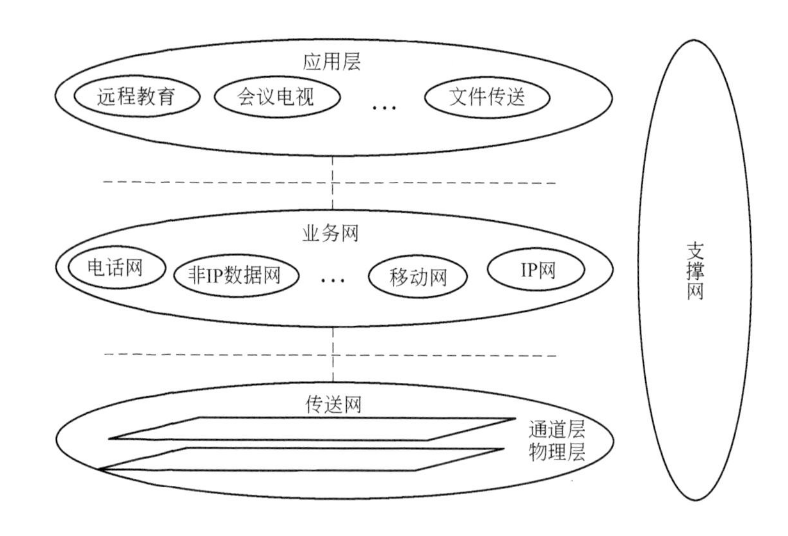

图 1-3　垂直观点的网络结构

除了考虑电信网的垂直分层结构外，还可以从水平的角度对电信网加以描述，基于用户接入网络实际的物理连接来划分，可分为用户驻地网、接入网和核心网，如图 1-4 所示。

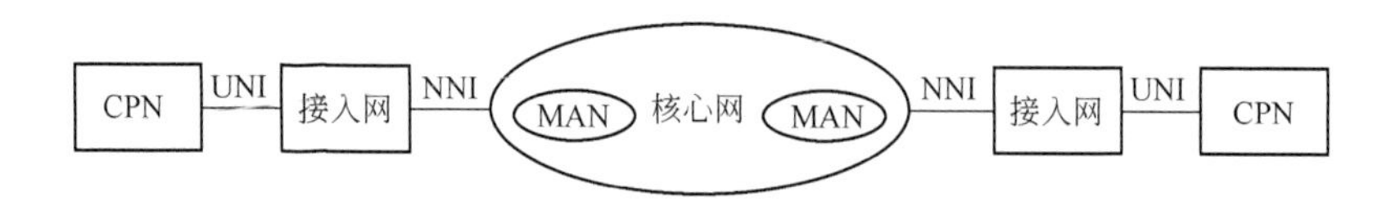

图 1-4　水平观点的网络结构

图 1-4 中，CPN 为用户驻地网，指用户终端到用户网络接口(UNI)之间所包含的机线设备，是属于用户自己的网络，在规模、终端数量和业务需求方面差异很大，CPN 可以大至公司、企业和大学校园，由局域网的所有设备组成，也可以小至普通居民住宅，仅由一部话机和一对双绞线组成。

核心网包含了交换网和传输网的功能，或者说包含了长途网和中继网的功能，在实际网络中一般分为省际干线(即一级干线)、省内干线(即二级干线)和局间中继网(即城域网)，图中的 MAN 即为城域网。

UNI 和 NNI(或 SNI)分别为用户网络接口和网络节点接口。

接入网则位于核心网和用户驻地网之间，包含了连接两者的所有设施设备与线路，传统的接入网即为电话网的用户环路，一般分为馈线段、配线段和引入线，而新的接入网概念主要完成交叉连接、复用和传输功能，一般不包括交换功能。

1.1.4　电信网的分类

电信网是一个复杂体系，表征电信网的特点很多，我们可以从不同的角度来划分电信网的种类。

(1) 按照服务对象的不同，电信网可以分为公用通信网和专用通信网，前者为社会大众提供电信服务，并收取相应的资费，而后者是专为特定的团体服务，以实现特定的目的。

(2) 按照用户是否可移动，电信网可以分为固定通信网和移动通信网。前者在完成信息传递时，用户或终端基本不移动。而后者允许用户在移动中(行走或乘坐交通工具)进行通信。

(3) 按照信号形式的不同，电信网可以分为模拟通信网和数字通信网，分别传送和处理模拟信号和数字信号。

(4) 按照承载业务的不同，电信网可以分为电话网、移动电话网、电报网、数据通信网、传真通信网、图像通信网等。

(5) 按照主要传输介质的不同，电信网可以分为明线通信网、电缆通信网、光缆通信网、微波通信网、卫星通信网等。

(6) 按照服务地域的不同，电信网可以分为国际通信网、长途通信网、本地通信网、农村通信网、局域网(LAN)、城域网(MAN)、广域网(WAN)。传统电信网(主要指电话网)一般按照国际、长途、本地等进行服务范围的划分。而对于计算机通信网，则区分为局域网、城域网和广域网，这 3 种网络不仅作用范围不同，所采用的技术手段也有很大差别，在速率、组网方式和组织管理方面有很大的不同。

① 局域网：一般用微型计算机通过高速通信线路相连(速率通常在10 Mbps以上)，范围通常局限于同一建筑物、同一大院或方圆数千米地域内。

② 城域网：可能覆盖一组邻近的公司办公室或一个城市，传送速率比局域网更高，可以提供多种业务。

③ 广域网：作用范围可以是几十到几千千米，覆盖的地域包括一个国家或某一大陆，有时也称为远程网。

(7) 按照交换方式的不同，电信网可以分为电路交换网、报文交换网、分组交换网和宽带交换网。

(8) 按照网络拓扑结构的不同，电信网可以分为网状网、星形网、环形网、复合网、栅格网等。

1.2 电信网的结构

电信网的结构选择是进行电信网规划的重要问题。本节介绍电信网的基本拓扑结构形式，以及在基本结构形式上形成的两种非基本结构形式：复合网和格形网，并简单分析了由于拓扑结构不同而对选路方式的影响，以及由此形成的分级网和无级网的概念。

1.2.1 电信网的基本结构形式

电信网的基本结构形式是最简单、最规则且具有明显特点的网络拓扑结构，目前主要有以下 3 种形式。

1. 网状网（点点相连制）

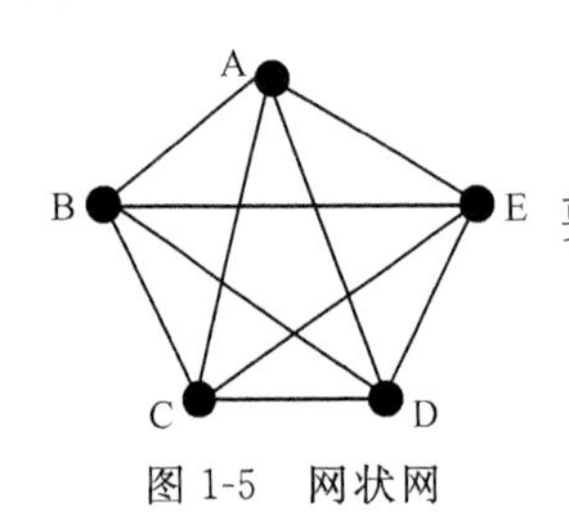

图 1-5 网状网

网状网中任何两个通信点之间都相互直接连通，不需要经其他点（局）转接，如图 1-5 所示。

采用这种形式建网时，链路数可用以下公式计算：

$$H = \frac{N(N-1)}{2} \tag{1.1}$$

式中，H 为所需要的链路数；N 为通信点数。

网状网的优点有：点点相连，每个通信点之间都有直达线路，信息传递迅速；灵活性大，可靠性高，当其中任一线路发生阻断时，迂回线路多，可保证通信畅通；通信点不需要汇接交换功能，交换费用低。缺点是：因为每个通信点之间都有直达链路，致使线路多，总长度长，基建投资和维护费用都很大；在通信量不大的情况下，线路利用率低，造成一定的浪费。所以，网状网是一种在通信点数较少，而且相互间有足够的通信量的情况下比较适用的网络结构。

2. 星形网（辐射制）

星形网是在地区中心设置一个中心通信点，网内（地区内）其他各通信点都与中心通信点直接由直达线路通信，而各通信点之间的通信都经中心通信点转接，也称辐射制，如图1-6所示。

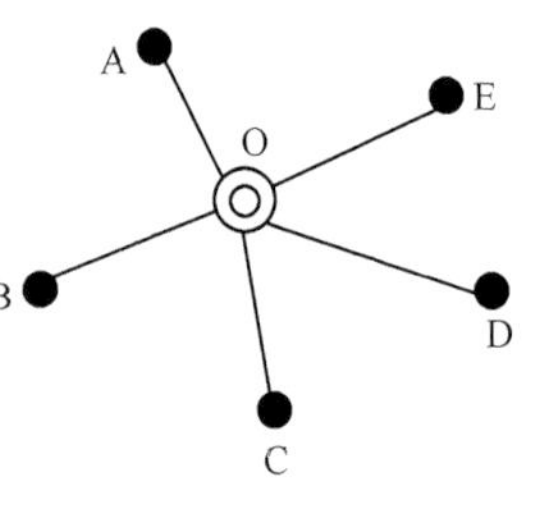

图 1-6 星形网

图中，O 为中心通信点（汇接局）；A、B、C、D、E 为通信点（端局）。

采用星形网时，链路数可用以下公式计算：

$$H = N - 1 \tag{1.2}$$

式中，H 为所需要的链路数；N 为通信点数（包括中心通信点）。

星形网的优点有：通信网结构简单、线路少、总长度短、基建投资和维护费用比较少；由于中心通信点增加了汇接交换功能，集中了业务量，提高了线路利用率；通信最多只经一次转接。缺点是：可靠性低，无迂回线路，假如某一链路发生故障，该通信点就无法接通，特别是如果中心通信点发生故障，则整个通信系统就陷于瘫痪状态；通信量集中到一个通信点，负荷过重时将影响传递速度，且信息量多时，交换成本增加；在某些情况下，相邻的两个非中心通信点通信也需经过中心通信点，线路距离反而增长。所以，这种网的结构适用于通信点分布比较分散，距离远，互相之间的业务量不大，而且大部分通信都来往于中心通信点之间的情况，如中央到各省、各省到中央，或者是通信网的末级环节，或者是传输费用远高于交换费用等情况。

3. 环形网

环形网是有3个以上通信点用闭合环路形式组成的通信网，如图1-7所示。

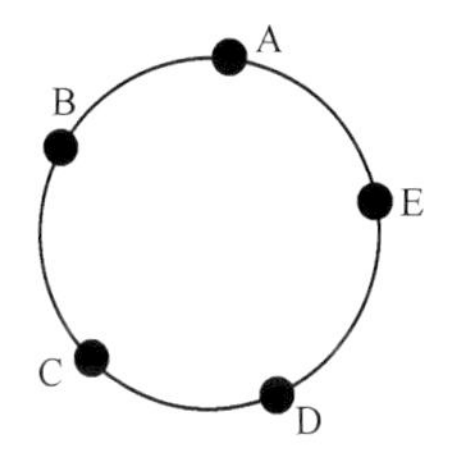

图1-7　环形网

环形网中，任一通信点除了与邻近的两点间有直达线路通信外，与其他不邻近的通信点之间的传递均需经过转接。

采用环形网形式建网时，链路数可用以下公式计算：

$$H = N \tag{1.3}$$

式中，H 为所需要的链路数；N 为通信点数。

环形网在同样点数情况下所需线路较网状网少，可靠性相对星形网来说较高，当任何两点间的线路发生阻断时，仍可通过迂回实现。但这种形式同样会因转接多而影响通信速度。

1.2.2　电信网的非基本结构形式

利用网络的基本结构形式可以构成任意类型（非基本结构）的拓扑结构。目前实际常用的非基本结构形式有以下两种。

1. 复合网（辐射汇接制）

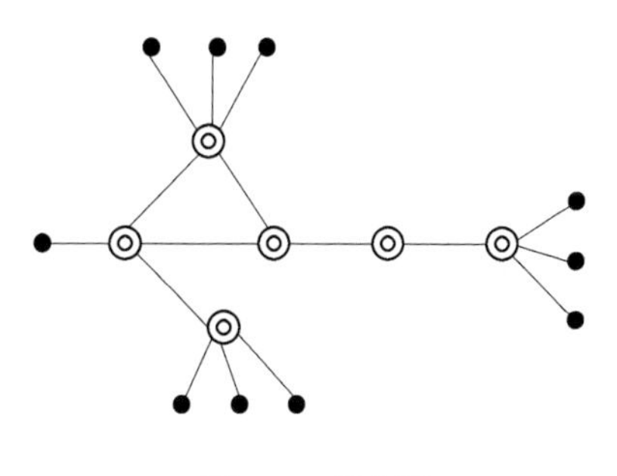
图1-8　复合网

复合网是以星形网为基础，在通信量较大的地区间构成网状网，图1-8是一个二级复合网。复合网吸取了两者的优点，比较经济合理而且有一定的可靠性，是目前构成长途通信网的最基本的形式。

复合网在大多数情况下各局之间没有直达线路，需要经过一次或更多的转接，转接过多会影响通信质量。在实际运用时，要根据具体情况和发展趋势来考虑复合网的级数。

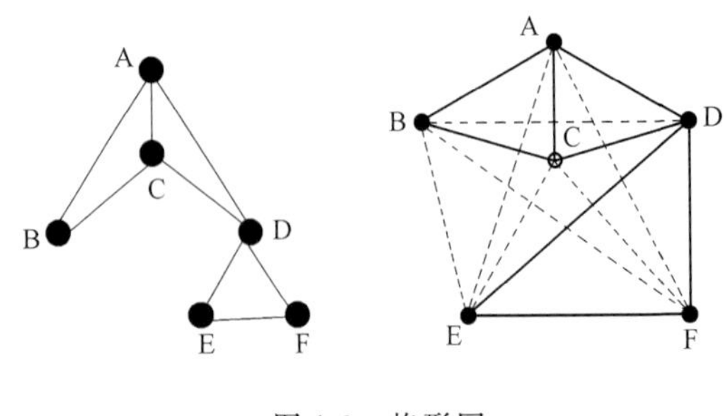

图 1-9　格形网

2. 格形网

格形网又称栅格形网，如图 1-9 所示，它可由复合网结构演化而成，也可由网状网退化(取消若干链)而成。格形网是复合网向网状网发展的中间状态，视发展的完备程度集中性逐步减少，分散性渐次增强。

1.2.3　分级网与无级网

采用不同的网络拓扑结构，将对网络的路由组织有决定性的影响，根据结构与路由组织的不同，电信网可以有分级网和无级网两种形式。

1. 分级网

在分级电信网中，网络节点间存在等级划分，设置端局和各级汇接中心，每一汇接中心负责一定区域的通信流量，网络的拓扑结构一般为逐级辐射的星形网或复合网。

分级网中的路由也要划分等级，路由选择有其严格的规则(例如：直达路由—迂回路由—基干路由)。它是为尽量集中业务量、提高全网传输系统利用率所采用的结构形式，例如传统的电话网即为典型的分级网，在传统电话网中，交换中心分为初级、二级等若干等级，电路分为基干电路、低呼损直达电路、高效直达电路等，路由分为发话区路由和受话区路由，发话区路由选择方向自下而上，受话区自上而下，图 1-10 显示了 A 处的初级交换中心到 B 处的收端局的路由选择顺序 1、2、3、4、5、6，首先应选择直达路由 1，其次是 B 处上一级初级交换中心转接的迂回路由 2，最后是基干路由 6，其基本选路原则是使通信的转接次数最少。

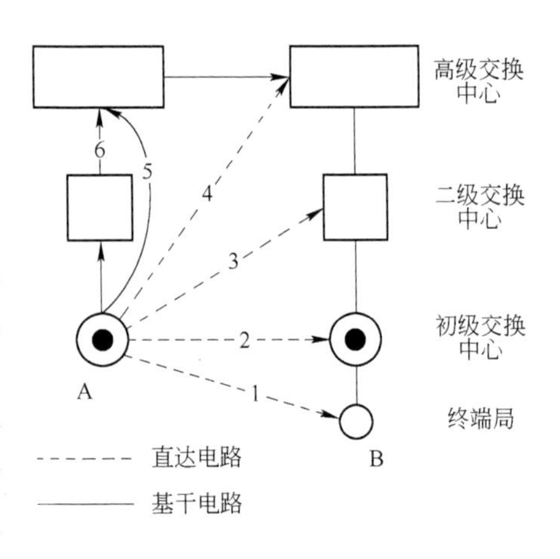

图 1-10　分级电话网

分级网的网络组织简单，但灵活性较差，无法根据业务量的变化调整路由选择，适应网络故障的能力差，不便于带宽共享。

2. 无级网

无级网打破了交换中心分上下级的网路组织原则，各交换中心完全平等，任何两个交换中心之间均可以组成发话-受话对，按收信地址和路由表规定选择出局局向。无级网对应的拓扑结构一般为所有节点基本同级的栅格形网。

在无级网中路由也没有明确的等级划分，路由选择顺序没有严格的规定，其路由选择方案可以采取静态的固定选路，也可以采用随时间或状态变化的动态选路。

静态的固定路由选择方式，指路由组的路由选择模式总是不变的。即交换机的路由表一旦制定后，在相当长的一段时间内交换机都按照表内指定的路由进行选择，具体做法一般是给出几条迂回路由的选择，按照直达路由—第一迂回路由—第二迂回路由等顺序选路，直到最终路由。但是对某些特定种类的呼叫可以人工干预，改变路由表。

动态路由选择方式，指路由选择方案是随时间、状态或事件而变化的，即路由表可以根据需要进行动态更新，具体来说可以有具有流量优化功能的动态路由策略、实时随状态变动的路由策略、周期性随状态变动的路由策略和自学习随机路由策略等。在传统电话网中的应用实践表明，采用动态选路的无级网与采用固定路由策略的分级网相比，在网络性能、经济效益和对发展新业务的适应能力方面都有很大程度的提高。

1.3　电信网的主要技术基础

本节将按照电信网的垂直分层结构，介绍传送网、业务网、应用层和支撑网的一些概念和技术，包括传输媒介、传输复用技术种类、接入网及其主要技术分类、交换技术，以及信令网、同步网和管理网的概念，为进一步了解具体的专业网技术打下基础。

1.3.1　传送网

传送网是一个庞大复杂的网络，由许多单元组成，完成将信息从一个点传递到另一个点的功能。另外不同类型的业务节点可以使用一个公共的用户接入网，实现由业务节点到用户驻地网的信息传送，因此也可将接入网看成是传送网的一个组成部分。

1. 传送网技术基础

从物理实现的角度看，传送网技术包括传输媒质、传输系统和传输节点设备技术。

(1) 传输媒质

传输媒质是传递信号的通道，提供两地之间的传输通路。传输方式从大类上划分有两种，一是电磁信号在自由空间中传输，即为无线传输；二是电磁信号在某种传输线上传输，即为有线传输。传输媒质目前主要有以下几种：

① 电缆。主要包括双绞线电缆、同轴电缆等。

② 微波。微波通信的频率范围为 300 MHz～1 000 GHz。微波按直线传播，若要进行远程通信，则需要在高山、铁塔和高层建筑物顶上安装微波转发设备进行中继通信。微波中继通信是一种重要的传输手段，它具有通信频带宽、抗干扰性强、通信灵活性较大、设备体积小、经济可靠等优点，其传输距离可达几千千米。主要用于长途通信、移动通信系统基站与移动业务交换中心之间的信号传输及特殊地形的通信等。

③ 通信卫星。卫星通信是在微波中继通信的基础上发展起来的。它工作在微波波段，与地面的微波中继通信类似，利用人造地球卫星作为中继站来转发无线电波，从而进行两个和多个地面站之间的通信。卫星通信具有传输距离远、覆盖面积大、通信容量大、用途广、通信质量好、抗破坏能力强等优点。一颗通信卫星总通信容量可实现上万路双向电话和十几路彩色电视的传输。

④ 光纤。光纤是光导纤维的简称。光纤通信是以光波为载波、以光纤为传输媒介的一种通信方式。光波的波长为微米级，紫外线、可见光、红外线都属光波范围。目前光纤通信使用波长多为近红外区，即波长为1 310 nm和1 550 nm。光纤具有传输容量大、传输损耗低、抗电磁干扰能力强、易于敷设和材料资源丰富等优点，可广泛应用于越洋通信、长途干线通信、市话通信和计算机网络等许多场合。

(2) 传输系统

传输系统包括发送接收设备和传输复用设备。携带信息的基带信号一般不能直接加到传输媒介上进行传输，需要利用发送接收设备将它们转换为适合在传输媒介上进行传输的信号。

发送接收设备主要有微波收发信机、卫星地面站收发信机和光端机等。为了在一定传输媒介中传输多路信息，需要有传输复用设备将多路信息进行复用与解复用。传输复用技术目前可分为 3 大类，即频分复用、时分复用和码分复用。

① 频分复用

频分复用是用频谱搬移的方法使各路基带信号分别占用不同的频率范围，即将多路信号调制在不同载频上进行复用。例如有线电视、无线电广播、光纤的波分复用、频分多址的 TACS 制式模拟移动通信系统等。

② 时分复用

时分复用是用脉冲调制的方法使不同路数的信号占据不同的时隙，例如脉冲编码调制复用(PCM)技术、同步数字通信(SDH)技术、时分多址的 GSM 制式数字移动通信技术等。

③ 码分复用

码分复用则是用一组正交的脉冲序列来分别携带不同路数的信号，例如码分多址(CDMA)数字移动通信技术。

(3) 传输节点设备

传输节点设备包括配线架、电分插复用器(ADM)、电交叉连接设备(DXC)、光分插复用器(OADM)、光交叉连接器(OXC)等。

2. 接入网技术基础

(1) 接入网的概念与特点

从电话端局的交换机到用户终端设备之间的用户环路自电话发明以来就已经存在,其典型结构形式如图 1-11 所示,其中各个线缆段由不同规格的铜线电缆组成,馈线电缆(主干电缆)一般为3～5 km,配线电缆一般为数百米,引入线则只有数十米左右。

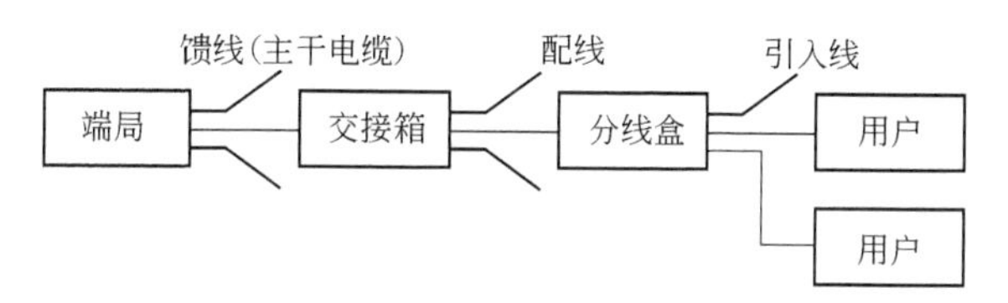

图 1-11　典型的用户环路结构(传统电话网)

随着电信的发展,用户对业务的需求由单一的模拟话音业务逐步转向包括数据、图像和视频在内的多媒体综合数字业务。受传输损耗、带宽和噪声等的影响,传统的用户环路结构已不能适应网络发展和用户业务的需要,各种以接入综合业务为目标的新技术、新思路的引入使得用户环路开始表现出交叉连接、复用、传输和管理等网络特征。因此,ITU-T 正式提出了用户接入网(AN)的概念。接入网已经从功能和概念上替代了传统的用户环路结构,成为电信网的重要组成部分,被称为电信网的"最后一公里"。接入网发展缓慢直接影响了电信网提供业务的容量、质量、速度和网络资源的开发利用,成为制约全网发展的瓶颈所在。也正因为如此,接入网的数字化、IP 化和宽带化引起了电信业界的极大关注。

在本章的第一节,以水平的观点对电信网进行了描述,在图 1-4 中,我们可以看到,接入网位于用户驻地网和核心网之间。按照 ITU-T 的定义,接入网是由业务节点接口(SNI)和相关用户网络接口(UNI)之间的一系列传送实体(例如线路和传输设施)组成的为传送电信业务提供所需传送承载能力的系统,可由 Q3 接口进行配置和管理。接入网主要完成交叉连接、复用和传输功能,一般不包括交换功能,它应能够支持多种不同的业务类型,以满足不同用户的多样化要求,也就是接入网应成为全业务网。

由于在电信网中的位置与功能不同,接入网与核心网有着非常明显的差别。主要具有以下特点:

① 接入网主要完成复用、交叉连接和传输功能,一般不具备交换功能,它提供开放的 V5 标准接口,可实现与任何种类的交换设备的连接。

② 接入网的业务需求种类繁多,但与核心网相比,其业务量密度很低,经济效

益差。

③ 接入网需要覆盖的用户所在位置不同，造成接入网网径大小不一，例如市区的住宅用户可能只需要1～2 km长的接入线，而偏远地区的用户可能需要十几千米的接入线，其成本相差很大。而对核心网来说，每个用户需要分担的成本十分接近。

④ 线路施工难度大，设备运行环境恶劣。接入网的网络结构与用户所处的实际地形有关系，一般线路沿街道敷设，敷设时常常需要在街道上挖掘管道，施工难度较大，另外接入网的设备通常放置于户外，容易遭受自然环境甚至人为的破坏，这对设备提出了更高的要求。

⑤ 接入网的拓扑结构可采用多种形式，可以根据实际情况进行灵活多样的组网配置，在具体应用时应根据实际情况进行针对性选择。

(2) 主要接入技术分类

就目前的技术研究和应用现状来看，接入网主要分为有线接入网和无线接入网，有线接入网主要采用的技术有铜线接入技术、混合光纤/同轴电缆接入技术、LAN 接入技术和光纤接入网；无线接入网包括固定无线接入和移动接入技术，另外有线和无线相结合的综合接入方式也在研究之列。表 1-1 列出了目前接入网的主要接入技术。

表 1-1　接入网的接入技术分类表

<table>
<tr><td rowspan="7">接入网</td><td rowspan="4">有线接入网</td><td>铜线接入技术</td></tr>
<tr><td>LAN 接入技术</td></tr>
<tr><td>光纤接入技术</td></tr>
<tr><td>混合光纤/同轴电缆接入技术</td></tr>
<tr><td rowspan="2">无线接入网</td><td>固定无线接入技术</td></tr>
<tr><td>移动接入技术</td></tr>
<tr><td>综合接入网</td><td>有线＋无线</td></tr>
</table>

由于光纤具有容量大、速率高、损耗小等优势，因此从长远来看，光纤到户应该是接入网最理想的选择，但是考虑到价格、技术等多方面因素，接入网在未来很长一段时间内将维持上述多种接入技术共存的局面。常用的接入技术的具体实现与特点将在第 9 章中进行详细介绍。

从目前通信网的发展状况和社会需求可以看出，未来接入网的发展趋势是网络数字化、业务综合化和 IP 化、传输宽带化和光纤化，在此基础上，实现对网络的资源共享、灵活配置和统一管理。

1.3.2　业务网

业务网是向用户提供诸如电话、电报、传真、数据、图像等各种电信业务的网络。在传送网的节点上安装不同类型的节点设备、采用不同的网络技术，则形成不同类型的业务网。业务节点设备主要包括各种交换机（电路交换、X.25、以太网、帧中继、ATM 等交换机）、路由器和数字交换连接设备（DXC）等。DXC 既可作为通信基础网的节点设备，也可以作为 DDN 和各种非拨号专网的业务节点设备。业务网的基本技术要素包括：网络结构、编号计划和计费方式，其他技术要素还包括路由选择、流量控制等。各类业务网都有其各自的技术和业务特点，本节只讨论多数业务网都涉及到的交换技术。

交换设备是构成业务网的核心要素，它的基本功能是完成接入交换节点链路的汇集、转接接续和分配，实现一个呼叫终端（用户）和它所要求的另一个或多个用户终端之间的路由选择和连接。

从最早应用于电话网的电路交换技术开始至今，已出现了多种交换方式，包括典型的电路交换、报文交换、分组交换、快速电路交换、快速分组交换、ATM 交换等，这些交换方式大致可以分为两大类：电路交换方式和分组交换方式。

1. 电路交换（Circuit Switching）

如果要在两部话机之间进行通信，只需用一对线将两部话机直接相连即可。如果有成千上万部话机需要相互通话，就需要将每一部话机通过用户线连到电话交换机上。交换机根据用户信号（摘机、挂机、拨号等）自动进行话路的接通与拆除。传统的电话网采用的是电路交换技术。

电路交换的基本过程包括呼叫建立、信息传送和连接释放 3 个阶段，在两个通信终端之间，建立起一条端到端的物理链路，在通信的全部时间内用户始终占用端到端的固定传输带宽，通信结束后再释放这条链路。目前电话网中的电路交换基于时分复用方式，采用呼叫损失制进行实时交换。

电路交换只要建立起连接，就可以保证通信质量，传输时延小，实时性好，因此能够很好地满足话音通信的要求。但是电路交换在通信期间不管是否有信息传送，都始终保持连接，因此是固定分配带宽，资源利用率低，灵活性差，且交换机对信息不做存储、分析和处理，也无差错控制措施，在网络过负荷时呼损率增加，因此当电路交换应用于数据通信业务时，线路利用率低、且无法实现不同类型终端之间的通信的缺点就表现得非常显著，一般在数据业务中，电路交换只用来满足少量的数据业务需求。

2. 分组交换（Packet Switching）

随着数据通信业务量的增大，要求选择合适的数据交换方式来替代原有的电路交换，因此首先出现了基于存储转发的报文交换（Message Switching）。

报文交换是以报文为单位接收、存储和转发信息的交换方式，一份报文一般应包括报头或标题、报文正文、报尾 3 部分，当用户的报文到达交换机时，先将报文存储在交换机的存储器中，当所需要的输出电路有空闲时，再将该报文发向接收交换机或用户终端。报文交换方式克服了电路交换在数据通信中的种种不足，报文交换机具有存储和处理能力，可以使不同类型的终端设备之间相互进行通信，可以在同一线路上以报文为单位实现时分多路复用，线路利用率高，且不存在呼损，同一报文可以由交换机转发到不同的收信地点。但是以报文为单位进行传递时，由于报文的长度不同，信息传输时延大，时延的变化也大，对于交换机的要求高，交换设备费用也很高。

在报文交换的基础上，人们又发展了分组交换方式，即将需要传送的信息分成长度较短、统一规格的若干分组，每个分组包含用户信息和控制信息，以分组为单位进行存储转发，传统分组交换使用的最典型的协议就是X.25。

由于分组较短，且规格统一，经过交换机或网络的时间很短，与报文交换相比，大大地缩短了时延，通常一个交换机的平均时延为数毫秒或更短。而且分组交换基于统计时分复用方式，可以实现分组多路通信，共享信道，资源利用率高，因此其经济性较好。同时由于分组交换增加了差错控制和流量控制措施，通信质量较高。因此，分组交换克服了报文交换的缺点，成为最适于数据通信的交换技术。

但分组交换由于采用存储转发方式，存在排队等待时延，在数据量大时实时性较差，最初的分组交换（符合X.25协议）并不能适应话音通信的质量要求，而且在传送较长信息时，由于增加了较多的开销字节和控制分组，传输效率较低。

针对X.25所存在的不足，多种新型的快速分组交换技术得到了发展和应用。所谓的快速分组交换（Fast Packet Switching）的基本思想就是尽量简化协议，只具有核心的网络功能，以提供高速、高吞吐量、低时延的服务。典型代表有帧中继（Frame Relay）和采用信元中继的ATM交换。

传统的分组交换是基于X.25协议的，帧中继简化了X.25分组协议，只保留了一些核心的功能，如帧的定界、同步、透明性以及帧传输差错检查等，将流量控制、差错重传校正和防止拥塞等处理功能转由终端来实现，从而简化了节点的处理过程，缩短了处理时间。这种协议简化有两个支持条件：优质的线路条件和高性能、智能化的用户终端设备。帧中继能够提供面向连接服务，可适应突发信息的传送，适用于局域网的互联。

异步转移模式（ATM，Asynchronous Transfer Mode）也是一种快速分组交换技术。待传输的用户信息被分割成固定长度的数据块，在每个数据块之前加上一个信头（Head），从而构成一个信元（Cell），其中信息字段为48字节，信头长度为5字节，形成（48＋5）字节的信元结构。交换机根据网路容量和用户需求，对全体信元进行统一处理，使信道有序地、动态地被占用。ATM采用面向连接的工作方式，即在传送信息之前，先要有连接建立过程，在信息传送结束后，要拆除连接。当然这一连接并不是物理连接，而是虚连接，即逻辑连接。

ATM 交换技术兼收并蓄了电路交换与分组交换的优点，可以实现高速、高吞吐量和高服务质量的信息交换，提供灵活的带宽分配，适应从很低速率到很高速率的宽带业务要求。

综合比较以上两大类交换技术，可得到图 1-12。

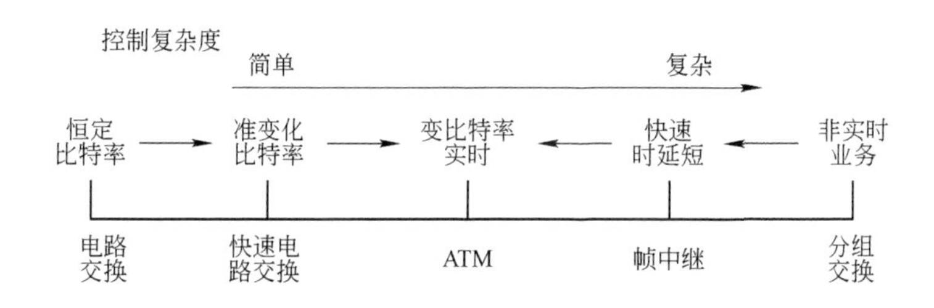

图 1-12　交换技术比较

1.3.3　应用层

在现代电信系统中，不管采用什么样的传送网结构以及什么样的业务网承载，最后真正的目的是要为用户提供他们所需的各类通信业务，应用层业务就是最直接面向用户的。

应用层业务主要包括模拟与数字视音频业务（如普通电话业务、智能网业务、IP 电话业务、广播电视业务等），数据通信业务（如网络商务、电子邮件）和多媒体通信业务（如分配型业务和交互型业务）等，这些种类的业务中，又可以根据业务属性和特征的不同划分出多种具体的应用，满足用户的不同需求。

对于不同的业务应用而言，一般要通过不同的终端设备来提供给用户，目前电信业务的常用终端包括：

（1）音频通信终端，这是通信系统中应用最为广泛的一类通信终端，它可以是应用于普通电话交换网络 PSTN 的普通模拟电话机、录音电话机、投币电话机、磁卡电话机、IC 卡电话机，也可以是应用于 ISDN 网络的数字电话机，以及应用于移动通信网的无线手机。

（2）图形图像通信终端，如传真机，它可把纸介质所记录的文字、图表、照片等信息，通过光电扫描方法变为电信号，经公共电话交换网络传输后，在接收端以硬拷贝的方式得到与发端相类似的纸介质信息。

（3）视频通信终端，如各种电视摄像机、多媒体计算机用摄像头、视频监视器以及计算机显示器等。

（4）数据通信终端，如调制解调器、ISDN 终端设备、计算机终端、机顶盒、可视电话终端等。

(5) 多媒体终端，如 PDA、智能手机多媒体计算机终端等。

1.3.4 支撑网

支撑网是使业务网正常运行，增强网络功能，提高全网服务质量，以满足用户要求的网络。在各个支撑网中传送相应的控制、检测信号，传统的电信支撑网包括信令网、同步网和电信管理网。

1. 信令网

所谓的信令，是指用户和网络节点(局)、网络节点与网络节点之间、网络与网络之间的对话语言，是电信网中的控制指令。

信令的传送必须遵循一定的规定，这就是信令方式，它包括信令的结构形式，信令在多段路由上的传送方式及控制方式。No.7 信令方式是最适合数字环境的公共信道信令方式。公共信道信令方式的主要特点是将信令通路与话音通路分开，在专用的信令通道上传递信令，其优点是信令传送速度快，信令容量大，具有提供大量信令的潜力及具有改变和增加信令的灵活性，避免了话音对信令的干扰，可靠性高、适应性强。

在采用公共信道信令系统之后，就形成了一个除原有的用户业务网之外的、专门传送信令的网络——信令网。信令网本质上是一个载送信令消息的数据传送系统，它可以在电话网、电路交换的数据网、ISDN 网和智能网中传送有关呼叫建立、释放的信令，是具有多种功能的业务支撑网。

2. 同步网

同步是数字通信技术中的重要问题，数字交换设备之间、数字交换设备与传输设备之间均需要实现信号时钟的同步，同步网的功能就是传送同步信息，要实现这些设备之间的信号时钟同步。

3. 电信管理网

电信管理网是收集、处理、传送和存储有关电信网维护、操作和管理信息的支撑网，其目标在于提高全网质量和充分利用网络设备。它能够实时或近实时地监视电信网络的运行，必要时采取控制措施，以达到任何情况下，最大限度地使用网络中一切可以利用的设备，使尽可能多的通信业务得以实现。

1.4 电信网络与技术发展趋势

电信技术发展迅速，现阶段电信网也处于升级换代的关键时期，本节简单介绍了目前较公认的电信技术发展趋势和备受关注的电信网演变趋势，重点介绍了三网融合和 NGN，以及今后新的技术将会对电信网的发展带来新的影响。

1.4.1　电信技术发展趋势

电信技术与计算机技术、控制技术、数字信号处理技术等相结合是现代通信技术的典型特征。目前电信技术的发展趋势可以概括为“六化”：数字化、综合化、融合化、宽带化、智能化和个人化。

1．电信技术数字化

电信技术数字化是实现其他“五化”的基础。数字通信具有抗干扰能力强、失真不积累、便于纠错、易于加密、适于集成化、利于传输和交换的综合，以及可兼容数字电话、电报、数据和图像等多种信息的传输等优点。与传统的模拟通信相比，数字通信更加通用和灵活，也为实现通信网的计算机管理创造了条件。数字化是信息化的基础，诸如数字图书馆、数字城市、数字国家等都是建立在数字化基础上的信息系统。因此可以说数字化是现代通信技术的基本特征和最显著的发展趋势。

2．电信业务综合化

现代电信的另一个显著特点就是业务的综合化。随着社会的发展，人们对通信业务种类的需求不断增加，早期的电报、电话业务已远远不能满足这种需求。就目前而言，传真、电子邮件、视频以及数据通信的其他各种增值业务都在迅速发展。若每出现一种业务就建立一个专用的通信网，必然是投资大、效益低，且每个独立网的资源不能共享。另外，多个网络并存也不便于统一管理。如果把各种通信业务，包括电话业务和非电话业务等以数字方式统一并综合到一个网络中进行传输、交换和处理，就可以克服上述弊端，达到一网多用的目的。

3．网络互通融合化

以电话网为代表的传统电信网和以 Internet 为代表的数据网络的互通与融合进程将加快步伐。在数据业务成为主导的情况下，现有电信网的业务将融合到下一代数据网中。IP 数据网与光网络的融合、无线通信与互联网的融合也是未来通信技术的发展趋势和方向。

4．电信网络的宽带化

网络的宽带化是电信网发展的基本特征、现实要求和必然趋势，为用户提供高速全方位的信息服务是网络发展的重要目标。近年来，几乎在网络的所有层面(如接入层、边缘层、核心交换层)都在开发高速技术，高速选路与交换、高速光传输、宽带接入技术都取得了重大进展，超高速路由交换、高速互联网关、超高速光传输、高速无线数据通信等新技术已成为新一代信息网络的关键技术。

5．网络管理智能化

网络管理智能化的设计思想，是将传统电话网中交换机的功能予以分解，让交换机只完成基本的呼叫处理，而把各类业务处理，包括各种新业务的提供、修改以及管理等，交给具有业务控制功能的计算机系统来完成。尤其是采用开放式结构和标准接口结构的灵活性、智能的分布性、对象的个体性、入口的综合性和网络资源利用的有效性等手段，可以解决信息网络在性能、安全、可管理性、可扩展性等方面面临的诸多问题，对通信网络的发展具有重要影响。

6. 通信服务个人化

个人通信是指可以实现任何人在任何地点、任何时间与任何其他地点的任何个人进行任何业务的通信。故而通信概念的核心，是使通信最终适应个人(而不一定是终端)的移动性。或者说，通信是在人与人之间，而不是终端与终端之间进行的。通信方式的个人化，可以使用户不论何时、何地，不论室内、室外，不论高速移动还是静止，也不论是否使用同一终端或不同终端，都可以通过一个唯一的个人通信号码，发出或接收呼叫，进行所需的通信。

1.4.2 三网融合

信息技术和通信技术迅猛发展，信息的交流和传输的方法已经超出了人们以往单纯所指的以电话为主体的电信通信。数据和计算机通信网络迅速崛起，广播电视正在向交互式方向发展，电信网、计算机网和广播电视网之间的"三网融合"已成为大势所趋。

电信网覆盖面广、管理严格、组织严密、经验丰富，有长期积累的大型网络设计运营和管理经验，最接近普通用户。另外，电信网在提供全球性业务方面具备优势。传统电信网以电话网为主体，采用电路交换形式，最适用于实时的电话业务，业务质量高且有保证。

以 Internet 为主体的计算机网的特点是网络结构简单，采用分组交换形式，适于传送数据业务。Internet 所采用的 TCP/IP 协议是可为三大网共同接受的通信协议，Internet 发展速度快、业务成本低，基于该网的业务具有长足的发展潜力，包括实时性话音业务在内的各种通信业务都可以在 Internet 上来提供。

有线电视网覆盖面广、普及率高，其主要优势在于较高的接入带宽，在视频服务市场、数据服务市场、电路出租业务等几个方面，将具备良好的商业前景。利用有线电视网络设施资源和低廉的价格可以提高信息传输的效率，开拓网络传输的途径，推动信息网络的普及。

技术的发展推动了网络之间的融合，数字技术的发展使电话、数据和图像等业务信息都可以采用统一的数码传输、交换和分配，以三大业务来分割三大行业的技术基础不复存在；光通信技术的发展，为传送宽带图像和数据业务提供了必要的带宽和传输质量以及低廉的成本；软件技术的发展，使用户不必过多改动硬件，就可使网络的功能不断升级，支持多种业务。技术的发展提出了三网融合的要求同时为之创造了条件，三网融合并不只是三种通信网络的简单互联或资源共享，而是要在高层业务应用的融合，表现为技术上相互吸收并逐渐趋向一致，业务上相互渗透和交叉，网络层上实现互联互通，应用层上使用统一的通信协议，最终实现面向用户的自由、透明而无缝的信息网络。

1.4.3 下一代网络

1. NGN 的概念内涵

20 世纪 90 年代所提出的下一代网络（NGN，Next Generation Network）的概念，反映了三网融合的发展方向。所谓的 NGN，并不是一个新的专用词汇，而是泛指一个不同于目前的网络，大量采用创新技术，能够提供更先进业务的网络。下一代网络将具有更广阔的业务范围，其主要目标是：支持话音、实时的多媒体业务，缩减服务投向市场的时间，支持多种接入方式和多种接入终端，支持移动性，确保现有网络的平滑演进以及具有经济、开放和可扩展的网络结构。

NGN 包含的内容非常广泛，并且随着技术与业务的发展，内涵不断扩大与改变。从目前的情况来看，它应是一个以 IP 为中心同时可以支持话音、数据和多媒体业务的融合网络，应具有传统电话网的普遍性和可靠性、因特网的灵活性、以太网的运作简单性、ATM 的低时延、光网络的带宽、蜂窝网的移动性和有线电视网的丰富内容。具体来说 NGN 具有以下特点：

（1）开放分布式网络结构。采用软交换（SoftSwitch）技术，将传统交换机的功能模块分离为独立网络部件，各部件按相应功能进行划分，独立发展。采用业务与呼叫控制分离、呼叫控制与承载分离技术，实现开放分布式网络结构，使业务独立于网络。通过开放式协议和接口，可灵活、快速地提供业务，个人用户可自己定义业务特征，而不必关心承载业务的网络形式和终端类型。

（2）高速分组化的核心网。核心网采用高速包交换网络，可实现电信网、计算机网和有线电视网三网融合，同时支持话音、数据、视频等业务。

（3）独立的网络控制层。网络控制层即软交换，采用独立开放的计算机平台，将呼叫控制从媒体网关中分离出来，通过软件实现基本呼叫控制功能，包括呼叫选路、管理控制和信令互通，使业务提供者可自由结合承载业务与控制协议，提供开放的 API 接口，从而可使第三方快速、灵活、有效地实现业务提供。

（4）网络互通和网络设备网关化。通过接入媒体网关、中继媒体网关和信令网关等网关，可实现与现有的 PSTN、PLMN、IN、Internet 等网络的互通，有效地继承原有网络的业务。

（5）多样化接入方式。普通用户可通过智能分组话音终端、多媒体终端接入，通过接入媒体网关、综合接入设备（IAD）来满足用户的话音、数据和视频业务的共存需求。

2. NGN 的网络架构

NGN 将传统交换机的功能模块分离成为独立的网络部件，各个部件可以按相应的功能划分各自独立发展，部件间的协议接口基于相应的标准。其网络构架如图 1-13 所示。

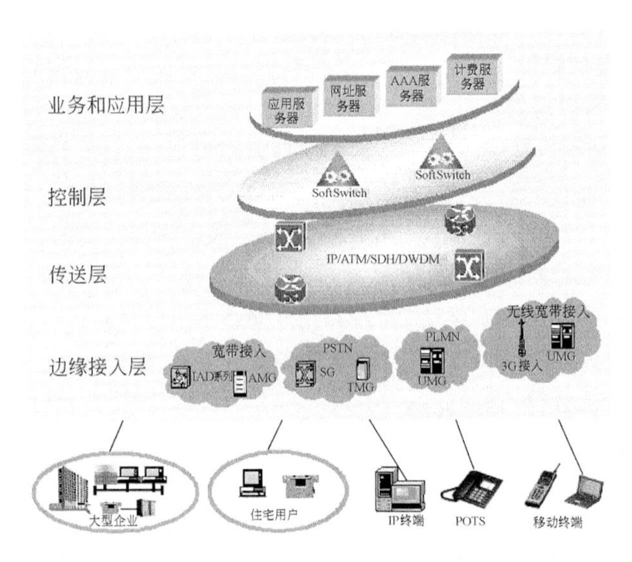

图 1-13　NGN 的网络构架

从横向网络结构的观点来看，NGN 主要可分为边缘接入和核心网络两大部分。

① 边缘接入：由各种宽窄带接入设备、各种类型的接入服务器、边缘交换机/路由器和各种网络互通设备构成。

② 核心网络：由基于 DWDM 光传送网连接骨干 ATM 交换机和骨干 IP 路由器构成。

从网络功能纵向分层的观点来看，根据不同的功能可将网络分解成以下 4 个功能层面。

① 业务和应用层：处理业务逻辑，其功能包括 IN(智能网)业务逻辑、AAA(认证、鉴权、计费)和地址解析，且通过使用基于标准的协议和 API 来发展业务应用。

② 控制层：负责呼叫逻辑，处理呼叫请求，并指示传送层建立合适的承载连接。控制层的核心设备是软交换，软交换需要支持众多的协议接口，以实现与不同类型网络的互通。

③ 传送层：指 NGN 的承载网络。负责建立和管理承载连接，并对这些连接进行交换和路由，用以响应控制层的控制命令，可以是 IP 网或 ATM 网。

④ 媒体接入层：由各类媒体网关和综合接入设备(IAD)组成，通过各种接入手段将各类用户连接至网络，并将信息格式转换成为能够在分组网络上传递的信息格式。

3. NGN 的主要业务

NGN 不仅提供现有的电话业务和智能网业务，还可以提供与互联网应用结合的业务、多媒体业务等。另外，通过提供开放的接口，引入业务网络的概念，也就是说将来业务开发商和网络提供商可以按照一个标准的协议或接口分别进行开发，快速提供各种各样的业务，使得新业务的开发和引入能够迅速实现。

NGN 提供的业务主要有：

(1) 基本话音业务。

① 基本的 PSTN 话音业务及其相应的标准补充业务；

② 基本的 ISDN 业务及其相应的标准补充业务；

③ 会议电话；

④ CENTREX 业务；

⑤ 智能业务。

(2) 话音与信息或 Internet 相结合的业务。

① 互联网呼叫等待(Internet Call Waiting)；

② 点击拨号(Click to Dial)；

③ 点击传真(Click to Fax)；

④ 网络 800 号(Web 800)；

⑤ 多媒体终端之间的浏览导航(同步浏览)；

⑥ 用户自我维护其个性化用户业务属性或状态数据。

(3) 多媒体业务。

① 点到点多媒体通信；

② 多方多媒体会议业务；

③ 其他多媒体增值业务。

(4) 通过 API 开发和生成的新业务。

4. NGN 的主要技术

NGN 需要得到许多新技术的支持，虽然 ITU-T 还没有给出一个清晰的规定，但目前为大多数人所接受的 NGN 相关技术是：

- 采用软交换技术实现端到端业务的交换；
- 采用 IP 技术承载各种业务，实现三网融合；
- 采用 IPv6 技术解决地址问题，提高网络整体吞吐量；
- 采用 MPLS(多协议标签交换)实现 IP 层和多种链路层协议(ATM/FR、PPP、以太网，或 SDH、光波)的结合；

- 采用OTN(光传输网)和光交换网络解决传输和高带宽交换问题；
- 采用宽带接入手段解决“最后一公里”的用户接入问题。

因此，可以预见实现NGN的关键技术是软交换技术、高速路由/交换技术、大容量光传送技术和宽带接入技术，其中软交换技术是NGN的核心技术。

(1) 软交换技术

作为NGN的核心技术，软交换是一种基于软件的分布式交换和控制平台。软交换的概念基于新的网络功能模型分层(分为接入层、媒体/传送层、控制层与网络业务层4层)概念，从而对各种功能做不同程度的集成，把它们分离开来，通过各种接口协议，使业务提供者可以非常灵活地将业务传送和控制协议结合起来，实现业务融合和业务转移，非常适用于不同网络并存互通的需要，也适用于从话音网向多业务/多媒体网的演进。

(2) 高速路由/交换技术

高速路由器处于NGN的传送层，实现高速多媒体数据流的路由和交换，是NGN的交通枢纽。

NGN的发展方向除了向大容量、高带宽的传输/路由/交换发展以外，还必须提供高于目前IP网络的QoS。IPv6和MPLS提供了这个可能性。

作为网络协议，NGN将基于IPv6。IPv6相对于IPv4的主要优势是：扩大了地址空间，提高了网络的整体吞吐量，服务质量得到很大改善，安全性有了更好的保证，支持即插即用和移动性，更好地实现了多播功能。

MPLS是一种将网络第3层的IP选路/寻址与网络第2层的高速数据交换相结合的新技术。它集电路交换和现有选路方式的优势，能够解决当前网络中存在的很多问题，尤其是QoS和安全性问题。

(3) 大容量光传送技术

光纤传输：NGN需要更高的速率，更大的容量。但到目前为止，最理想的传送媒介仍然是光。因为只有利用光谱才能带来充裕的带宽。光纤高速传输技术现在正沿着扩大单一波长传输容量、超长距离传输和密集波分复用(DWDM)系统3个方向在发展。

光交换与智能光网：只有高速传输是不够的，NGN需要更加灵活、更加有效的光传送网。组网技术现在正从具有分插复用和交叉连接功能的光联网向利用光交换机构成的智能光网发展，即从环形网向网状网发展，从光/电/光交换向全光交换发展。智能光网能在容量灵活性、成本有效性、网络可扩展性、业务提供灵活性、用户自助性、覆盖性和可靠性等方面，比点到点传输系统和光联网具有更多的优越性。

(4) 宽带接入技术

NGN必须有宽带接入技术的支持，因为只有接入网的带宽瓶颈被打开，各种宽带服务与应用才能开展起来，网络容量的潜力才能真正发挥。这方面的技术很多，其中主要技术有高速数字用户线（VDSL）、基于以太网无源光网（EPON）的光纤到家（FTTH）、自由空间光系统（FSO）、无线局域网（WLAN）。

5. NGN 的发展

NGN 的技术标准研究正在继续进行中，各国的电信运营商都对其非常关注，而在 NGN 的实际发展中，一个重要概念是演进。演进，就是在现有网络基础上的一种逐步完成的变化，其中包含了一个思路：NGN 是建立在对现有资源进行充分利用的基础上的。运营商从国家通信基础设施建设的角度考虑，建设更先进的网络具有重要的意义，而对于独立的企业而言，投入产出比就成为不得不考虑的问题。让现有的已经投入数千亿资金建设的网络发挥最大的效能，给大众提供需要的业务，同时赢得利润，是最为合理的企业行为。特别在全球电信业陷入困境之后，网络运营商对赢利能力给予了前所未有的关注，不过分追求技术上的先进性，由技术导向转变为市场导向，是各国运营商在 NGN 的发展建设方面所遵循的一项重要原则。

下一代网络的标准制订和研发工作已经取得了较大进展。对 NGN 的未来发展中融合成为主旋律。技术趋于融合，网络趋于融合，业务趋于融合。其实，融合的想法早在 20 世纪 90 年代中后期就已提出，先是三网融合，后是固定网与移动网的融合（FMC）。FMC 把有线和无线的技术与业务集成在一起，形成一个单一的网络基础，如图 1-14 所示，这使电信运营商可以利用各种类型的业务来吸引其全部潜在用户。实现 FMC 后，固网运营商不再受限于陆地固定网，而移动运营商将能够使用最可靠的网络资源去满足移动用户日益增长的需求。当时由于技术和标准不具备、市场不明朗以及后来的网络泡沫等原因，固定网与移动网的融合并没有真正深入开展。然而，2004 年在国际上 FMC 成为 NGN 的研究重点，提出了基于 IP 多媒体子系统（IMS）实现 FMC 的 NGN 架构。ITU-T、ETSI 等组织都把 FMC 放在了 NGN 标准化工作的核心位置。之后短短几个月时间内，IMS 就取得了很大进展，标准化工作迅速推进，设备商、运营商相继宣布基于 IMS 的策略。2004 年 NTT、英国电信、韩国电信、巴西电信等运营商成立“FMC 联盟”，旨在推广固定电话与移动通信的联合经营模式。2005 年 2 月在法国嘎纳举行的 3GSM 大会上，IMS 成为最引人注目的一个话题。

所谓基于 IMS 的 NGN 架构是对 3GPP 规范中的 IMS 特性进行修订补充，使其成为基于会话启动协议（SIP）的通用平台，可以同时支持固定和移动的多种接入方式（如 WiMAX、WiFi、3G、FTTx 等），实现固定网与移动网的融合。IMS 定义了 3 层结构（如图 1-15 所示），控制层基于 SIP，与下面的传送层和上面的业务层之间具有开放的接口，允许运营商采用单一的核心网，横跨固定网与移动网提供 VoIP、多媒体消息等基于 SIP 的业务。IMS 符合 NGN 把呼叫控制与传送分离的要求，是软交换的延伸，在软交换的基础上对控制功能做进一步分离。目的是形成一个更加高度灵活的通信平台，不仅可以实现人到内容（客户机/服务器）的多媒体通信，而且还可以实现人到人（端到端）的IP多媒体通信。

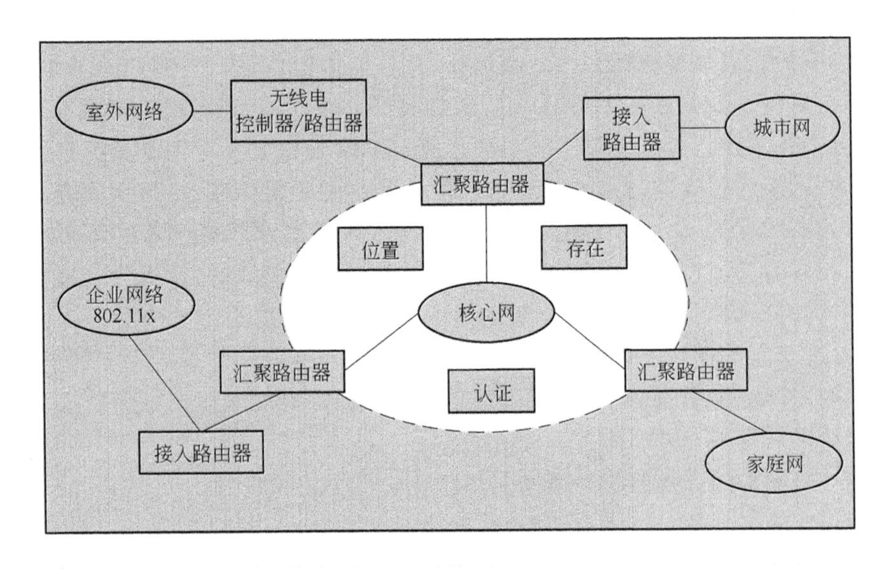

图 1-14　固定网与移动网融合示意

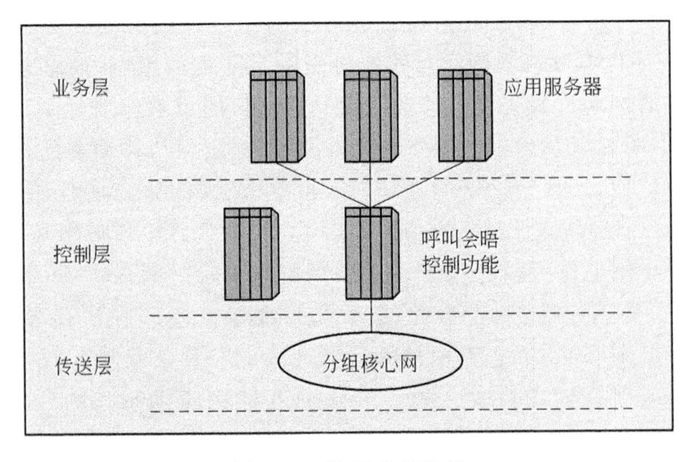

图 1-15　IMS 分层结构

小结

1. 电信网是复杂的电信系统，一般来说电信网由终端设备、交换设备、传输设备、一整套的网络技术和组织管理技术组成，从垂直角度，电信网可分为传送网、业务网和应用层3层，从水平角度，电信网可分为接入网和核心网两大部分。

2. 电信网的基本结构形式可有网状网、星形网和环形网，在实际中经常采用的结构是两种非基本结构形式——复合网和格形网，根据结构和路由组织的不同，电信网可采用分级网或无级网两种形式。

3. 电信网中传输介质主要包括电缆、光缆、微波和卫星，可采用频分、时分、码分等复用方式。接入网作为连接核心网与用户驻地网的部分，具有不同于核心网的特点，是目前电信网发展的关键点之一。电信网的交换技术大致可以分为电路交换和分组交换两大类，快速高效的分组交换是交换方式的发展方向。支撑网主要包括信令网、同步网和电信管理网。

4. 电信技术的发展趋势可以概括为"六化"：数字化、综合化、融合化、宽带化、智能化和个人化。电信网的发展中，三网融合和下一代网络NGN的概念受到广泛的关注。

思考题

1-1　如何理解电信网的垂直分层结构？

1-2　在不同的地理环境和业务要求下建设电信网，如何选择电信网的结构形式？

1-3　分级网和无级网有哪些不同，它们的拓扑结构形式有何关系？

1-4　接入网有哪些特点？为什么目前接入网是电信网建设的重点？

1-5　概括电信网的发展趋势。

第 2 章　电信网规划基础

【本章内容】

- 电信网规划的定义、特点、分类、任务和步骤；
- 电信网规划工作的主要内容；
- 进行电信网规划所必需的基础工作和指导思想；
- 新形势对电信网规划工作提出的新要求。

【本章重点】

- 掌握电信网规划工作的内容；
- 理解电信网规划在新形势下的新发展。

【本章难点】

- 电信网规划在新形势下的新发展。

【本章学时数】2 学时

【学习本章目的和要求】

通过本章的学习，应掌握电信网规划的定义和工作内容，对规划工作有基本的理解。

2.1　电信网规划概述

本节讨论了电信网规划的定义和从不同角度的分类，并介绍了电信网规划所要遵循的总体原则。

2.1.1　电信网规划的概念

规划是指对某种事业在未来一段时间内的发展方向、发展目标及主要发展步骤的估计和决定。因此，电信网规划简单来说就是对电信网络在未来一段时间的发展目标和步骤做出估计和决定。

根据原 CCITT《通信网规划手册》的定义，电信网规划是指为了满足预期的需求和提供可以接受的服务等级，在恰当的地方、恰当的时间以恰当的费用提供恰当的设备。也就是说，电信规划就是在时间、空间、目标、步骤、设备和费用等 6 个方面，对未来做出一个合理的安排和估计。

广义的规划工作包括制订规划、执行规划和检查规划的全过程。狭义规划是指制定规划的过程。在本书中所讨论的规划，主要是指狭义规划。

2.1.2　电信网规划的分类

电信网规划有多种分类形式，CCITT《通信网规划手册》中将规划分为 4 类。

(1) 战略规划(Strategic Planning)：给出网络要遵循的基本结构准则；

(2) 实施规划(Implementation Planning)：给出实现投资目的的特定途径；

(3) 发展规划(Development Planning)：处理那些为适应目标所需要的装备的数量问题；

(4) 技术规划(Technical Planning)：处理那些为了保证所需的服务质量满意地运行而采用的选择和安装设备方法。它对整个网络都是通用的，并保证未来网络的灵活性和兼容性，具体来说，技术规划可包括路由规划、编号规划、计费规划、传输规划等。

按照规划的不同时间跨度，有长期规划、中期规划和短期规划。

按照规划范围的不同，有电信网络与业务的总体规划、分类或分项网络与业务规划，单个业务网或专业网规划等。

按照业务种类的不同可分为城域网规划、电话网规划、移动网规划、数据网规划、智能网规划等。

按照规划的方法和所使用指标的不同，可以分为定量规划与定性规划。

(1) 定量规划要给出各规划期末应达到的指标，包括相对静态的指标，例如网络拓扑、设备规模、用户数量、设备投资等；也包括动态的指标，例如话务量、动态带宽需求、可用性等等。

(2) 定性规划主要针对发展趋势、技术走向、网络演变、生命周期、经济效益、社会效果及一些深层次问题进行分析，这些问题难以量化，但与定量规划相比，定性规划涉及面更广，综合层面更高，对编制人员要求的知识面更宽，因此规划的难度也更大。

2.1.3　电信网规划的任务和步骤

电信网规划的基本任务可以概括为以下 3 个层次：

(1) 根据国民经济和社会发展战略，研究制定电信发展的方向、目标、发展速度和重大比例关系；

(2) 探索电信发展的规律和趋势；

(3) 提出规划期内有关的重大建设项目和技术经济分析，研究规划的实施方案以及相应的对策和措施。

为了实现上述任务，电信网规划一般要遵循以下步骤：

(1) 对电信网的现状进行调查研究。

(2) 确定规划目标，规划目标应包括满足社会需求目标、技术发展目标、保证社会经济发展的目标等。

(3) 对电信网的用户(业务量)、技术等发展动向、趋势和前景进行科学的预测。

(4) 对电信网络发展的规划,这也是电信发展规划的核心所在。针对不同的网络,有不同的规划方法和优化模型。在这一阶段中可大量采用定量分析和优化技术,还可采用计算机辅助优化的方式进行,同时要注意定量分析和定性分析相结合。

(5) 对规划进行技术经济分析,在提出规划方案后,应对网络规划的多方案进行比较和经济评价,通过分析,可以对规划是否成功做出衡量,也可对投资的可行性、经济性做出评价。

2.1.4 电信网规划的总体原则

电信网规划工作是一项具有战略性、开拓性的宏观研究工作,为使电信网规划工作系统化、规范化、科学化,并能符合国民经济发展的要求,电信网规划应遵循以下基本原则:

(1) 遵循整个国民经济发展的方针、政策,和国家有关电信发展的总体方针、政策和策略;

(2) 电信规划应与人口、社会和经济发展相协调,符合国家或地区的社会需求状况和经济实力;

(3) 规划要在一定时间内有全面综合的指导意义,因此,规划应有完整性、科学性和前瞻性,又要考虑技术的先进性和经济的合理性;

(4) 要用大系统和全程全网的观点规划网络的发展,局部要服从整体,同级各部分、各个分公司(或子公司)又应互相衔接、协调和平衡;

(5) 应有针对性,做到可操作、可检验、可考核,网络的发展应有连续性,又应有建设的阶段性,总体上,对于战略规划应强调阶段性和前瞻性,对于实施型规划应强调连续性和可操作性;

(6) 对于战略性、前瞻性的问题应大胆提出未来发展的意见和建议,但在叙述时又应留有余地和提供应变的策略;

(7) 应兼顾定量规划与定性规划,做到量与质的分析并重,两者应紧密结合;

(8) 审视和继承过去所做的计划、规划,使规划工作具有继承性,应不断进行规划滚动;

(9) 编制规划时,应密切联系电信网络、技术与业务发展的实际情况,规划的基本方向应符合电信网络、业务与技术发展的大趋势;

(10) 规划文本应符合国家、各部委对规划文件内容、格式等的规划,所采用的名词术语、统计口径应按照国家有关定义和规定,并尽量实现与国际接轨。

2.2　电信网规划的内容体系

本节从电信发展预测、电信网络优化和规划方案的经济分析 3 个方面介绍了电信网规划的主要内容，并举例说明了具体专业网络规划工作的不同。

电信网作为一个整体，从概念上可以分为传送网、业务网和支撑网。在进行电信网规划时，针对不同的网络就有不同的规划目标和规划方法。由此就形成了电信网的规划体系，按照电信网的构成和种类，电信网的规划体系大致如图2-1所示。

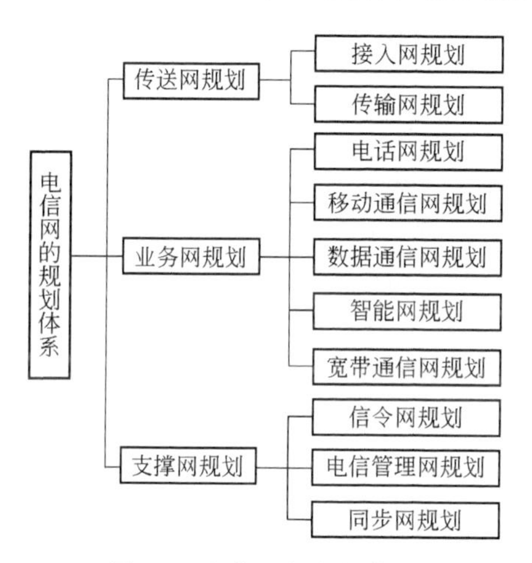

图 2-1　电信网的规划体系

另外由于电信网具有层次性，在规划时还可分为长途网和本地网分别进行规划，而且长途网和本地网在规划时考虑的因素也是不同的，在具体规划时该体系可根据具体任务要求而相应变动。

从规划内容来看，各类电信网规划的主要内容都由 3 部分组成。

1. 电信发展预测

电信网规划中所要进行的预测范围很广，包括与电信发展相关的人口与经济环境预测和电信业务与网络发展预测，相关的人口及经济指标的预测可以参考国家统计部门的预测值，而电信业务预测是电信网规划中的主要内容。

电信业务预测包括对电信业务种类的预测和电信业务量的预测，显然业务种类预测为定性预测，而业务量则为定量预测，业务量的预测值是进行网络配置与优化的依据。

具体来说，电信业务量的预测包括宏观预测和微观预测。

(1) 宏观预测涉及的内容包括对规划地区每一种电信业务的总的普及率预测；设备总容量的预测；业务总量和业务流量流向预测；传输带宽预测等。

(2) 微观预测涉及的内容包括用户密度图预测;小区或分区预测;分类用户预测;不同层次用户的预测等。

电信业务预测在整个规划中的重要性是十分明显的,如果预测不合理、不准确,那么整个规划都将是虚假的和徒劳的。业务预测是整个规划的定量数据和定性发展的基础和依据,业务预测的准确程度将直接影响规划的实用性。因此进行预测的时候,必须要根据预测业务的特点,充分考虑技术环境、市场环境、业务环境等方面,定性分析与定量预测方法相结合,采用科学的预测方法,以得到较为合理、可信的预测值。

2. 电信网络优化

网络优化即对于网络资源进行合理配置,不同类型的网络有不同的网络优化方法。进行电信网的优化,首先要规定好一系列的约束条件和目标函数,而优化就是要在全面满足所有约束条件的前提下,使所有的目标函数达到极值。

如果约束条件和目标函数不同,就会产生不同的优化方案,即存在不同含义上的优化。显然,优化的目标要求越高,所规定的约束条件和目标函数的个数也就越多,在数学上要求的模型结构就越困难,网络优化的难度就越大。

电信网络优化应用最广泛的约束和目标是:在满足业务流量流向和服务等级要求的约束前提下,网络优化的主要目标函数是使全网建设费用达到极小或者使全网期望效益达到极大;反过来,也可以在一定的费用条件下,达到质量最优的目的要求。当然还可以加入其他条件,例如随着网络的日渐庞大,还应加入有关可靠性和安全性等方面的约束条件。

对于一种电信网络的优化问题可以概括为3个主要方面问题:

(1) 网络的拓扑结构问题(TA,Topology-design Allocation);

(2) 网络的链路容量分配问题(CA,Capacity Allocation);

(3) 网络的流量分配问题(FA,Flow Allocation)。

此外,还有对上述问题的综合优化,综合优化问题非常复杂,常常无法求得最优解,一般只能采用启发式和分步协调的算法。

从广义上说,优化是一个含义很宽的概念,网络的优化不仅涉及技术,也与经济和社会的许多因素有密切关系。由于某些经济、社会因素很难进行量化、模型化的描述,所以整个网络优化工作常常只能在定性的基础上求得。一般来说,优化所涉及的范围越广,层次越高,能够取得的经济效益和社会效果越好。但恰恰这时,就越难给出定量化的模型描述。而实际上,定性的优化结果在经济性等方面常常不逊于定量的优化结果,甚至会更好。即使是定量的优化结果,也存在着“最优解”、“次优解”和“次次优解”等。我们不能简单地认定“最优解”就是最好的方案,而应综合可行性等其他因素(例如社会效益、环境条件等情况)全面综合考虑。就是说在规划时,应该在可能的范围内,全面综合定量和定性的分析考虑之后,才最终确定出可行方案。在技术、历史和社会条件允许的情况下，应优先选择那些考虑的层面更宽，技术含量更高，意义更为深远，经济效益和社会效果更好的优化方案。

3. 电信网规划方案的经济分析

在电信网规划中，需要从不同角度对规划方案进行财务分析，全面评价规划方案的经济效益。首先应进行投资估算和业务收入、业务支出的测算，在此基础上进行规划方案的企业经济效果分析。企业经济效果分析通过经济指标计算、盈亏分析、现金流量分析和敏感性分析进行。通过分析，计算出内部收益率、投资回收期、投资利润率等指标，同时考虑到规划期内各种可能出现的不确定因素的影响，在评价时还应进行敏感性分析，对投资总额、业务收入和业务支出分别做增减变动，从而了解规划方案的经济风险性。

在对规划方案进行评价的基础上，还要对其社会效益进行评价。但对规划方案的社会效益评价涉及因素更多、更为复杂，一般只能采用专家打分的方法进行。

具体到电信规划文本，典型的电信规划文本必须包含以下基本内容：

- 概述现状与存在的问题；
- 规划目标和水平；
- 业务预测；
- 业务规划和网络规划；
- 建设项目安排与分步实施规划；
- 投资估算和财务评价。

就规划的具体内容和方法而言，不同网络的规划方法各不相同，特别是新发展起来的一些网络，如数据通信网、电信管理网等，其技术手段选择多样，规划方法还不是很固定，而电话网是最基本的电信网，其规划方法和规划内容已有了成熟的体系。图 2-2 给出了本地电话网规划的主要内容，图中其他规划可根据要求包括编号、信令和网同步等规划。

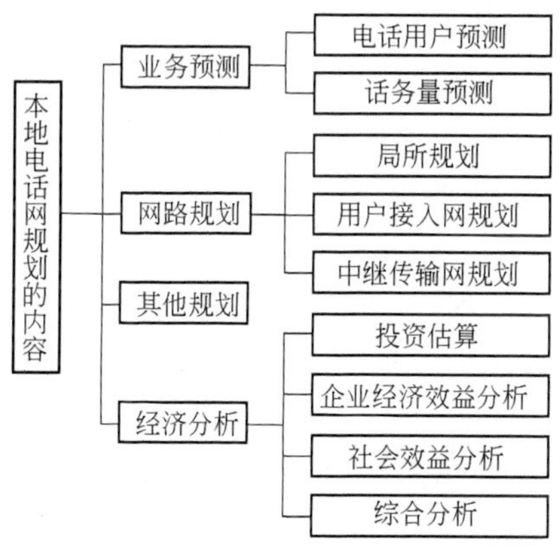

图 2-2　本地电话网规划的内容

不同类型的网络的规划与技术手段密切相关,规划的具体内容也因此不同。例如移动网与固定网的规划内容在网络优化部分有很大差异,图 2-3 给出了移动通信网的规划内容。在移动网规划中,无线网规划既是重点又是难点,其规划的合理与否直接关系到移动网的服务质量和效益,它需要确定基站的数量和位置、信道的容量和无线小区大小等。固定网规划部分则主要确定交换中心的数目和位置、网络结构形态及其与电话网的连接方式。

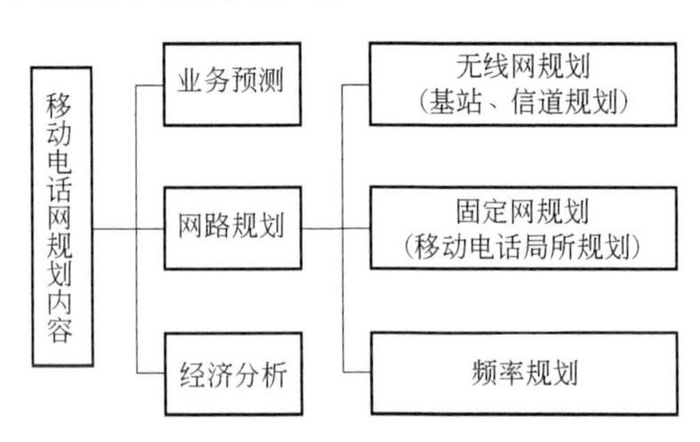

图 2-3　移动电话网规划的主要内容

2.3　电信网规划的基础工作

电信网规划工作包含内容广泛,难度较高且意义重大,因此要做好规划需要有一系列的基础工作支持,并需要确立基本的指导思想,才能使规划达到预期的目标,本节将介绍规划的基础工作和需要解决的一些基本问题。

电信网规划是一项复杂的系统工程,需要大量的数据和相关的研究来支持,因此编制科学的规划需要做好以下基础工作:

① 及时收集、整理、分析社会各方面和电信部门及企业的各项数据资料,进行电信业务量流量流向调查,研究国民经济的发展与电信发展相互的影响关系。具体来说规划需要的基础资料包括规划区域内的总体发展战略和中、长期发展规划、政府的有关方针、政策及对电信发展建设采取的政策;历年国民经济发展情况的主要数据、电信发展的基本情况,如产业机构变化情况、人口数、人口结构与分布、人均国民收入水平,人均文化水平,社会经济指标的发展情况,社会各界对通信的需求等;电信发展的基本情况,现有电信网络状态、规模等的历年发展情况,现有用户分布、分类情况等;电信固定资产规模、业务收支、业务流量流向等的历年变化情况和当前状况。

② 搜集了解世界各国电信发展动态、采用的新技术、开展的新业务。

③ 分析研究并预测电信发展规律和趋势。研究发展战略、条件和政策,各种通信方式在发展中的比例。

④ 研究规划和预测的理论和方法，制定规划参数、定额和指标体系，研究项目可行性分析、技术经济分析等的理论及方法。

除以上基础工作之外，在进行特定的电信网规划时，还需要就电信网规划的边界范围、定位目标及发展节奏等问题确定指导思想。

1. 电信网规划的边界范围

电信规划的边界涉及时间、空间、专业、部门等方面。

(1) 在时间界限方面，规划期的划分应与国家或地区经济发展规划期接近或一致；

(2) 在地理边界方面，可以有全国、省、地区、县等不同的跨度；

(3) 在专业网络范围方面，要确定规划的是固定电话网、移动通信网、数据网、支撑网、核心网或是接入网，是单项规划还是组合规划，或是全面综合的电信网络规划；

(4) 在专业或部门方面，应确定规划的专业网络范围或用户驻地网络范围，可以是智能大楼网络、办公局域网或家庭用户网等。

2. 电信网规划的定位

电信网规划的定位涉及服务对象、人口层次、经济发展水平、技术先进性、网络状况和运营者等方面。

(1) 服务对象的定位。

① 服务面向用户的类型：是商业企事业用户还是家庭个人用户；是大型企业用户还是中小型企业用户；

② 服务类型：是提供单项服务还是综合服务；基本服务还是增值服务或应用服务；通信服务还是信息服务或资源外包服务。

(2) 规划地区人口的年龄范围、职业划分与文化背景的分层定位。

(3) 地区经济发展水平的定位。

(4) 采用技术先进性的定位：是更侧重于技术的先进性，还是更侧重于技术的成熟性，还是两者兼顾。

(5) 网络状况的定位。

① 网络覆盖：城市窄带与宽带网的考虑，农村与边远地区的网络覆盖问题；

② 网络综合程度：规划期内要建设的是完整的还是局部的网络，是阶段目标网还是综合目标网；

③ 网络演变：建设的是试验网、重叠网、混合网还是统一网。

(6) 运营者在市场中的定位。

① 运营者的性质：是网络提供者(NP)、业务提供者(SP)、还是信息提供者(CP)；

② 运营者在市场中的地位：是国内运营商还是国际运营商；是主导运营商还

是非主导运营商；

③ 运营者发展计划：是短期经营还是长期经营；

④ 经营战略：是采用小投入、小产出、低风险战略，还是采用大投入、大产出、高风险战略。

3. 电信网规划的发展节奏

电信规划中涉及时间、空间、技术进步、资金投入和预期效果的节奏问题。

① 时间节奏：是短期迅速推进，还是在相对较长的时期逐步推进；

② 空间推进：是采用全面普遍推进，还是分成几类地区分步发展；

③ 技术进步：是采用跳跃式的一步到位方案，还是循序渐进式的逐步演变方案；

④ 资金投入：是一次性地大投入，还是资金分时、分步逐步到位；

⑤ 预期效果：是务求急功近利，还是着眼于长期性的战略部署。

4. 规划中量与质的关系

规划强调的是量与质、普通大众与业务大户、普遍服务与专项服务、单一服务与多层次服务等各方面的平衡。

① 以扩大用户数量还是提高服务质量为主要目标；

② 首先以满足普通大众要求，还是先着重解决业务大户和重要用户的要求；

③ 着眼普遍服务还是上高档次的专项服务；

④ 单一等级的服务还是多等级、多层次的服务。

2.4 新形势对电信网规划的影响

电信业发展环境的变化必然影响电信网络的建设与发展，电信企业在进行网络规划时必然面临许多新的问题，本节讨论了新形势对电信网规划的影响，和新形势下进行规划工作的原则。

近年来，电信业的发展经历了重大的变革，电信市场由垄断走向竞争，电信业走向全球化，电信技术发展迅速，电信新业务层出不穷，电信网络面临着升级换代，这种新形势可用图 2-4 来表示。

电信业发展的新形势对于电信网规划提出了新的要求，公众的需求更加多样化和个性化，因此电信规划应建立起不同行业层次、专业层次、年龄层次、文化层次的消费者与电信业务需求之间的关系，然而这是一项难度非常高的工作。在竞争的环境下，电信网规划必须以完善的市场预测为基础，对本身的市场占有率做出准确的判断，应与企业的业务品种、服务质量、运营状态、广告宣传、资费政策和用户群体分析相结合，这大大增加了规划的难度。

综上所述，在新形势下规划工作更为复杂，需要更全面、更完善的数据支持，而

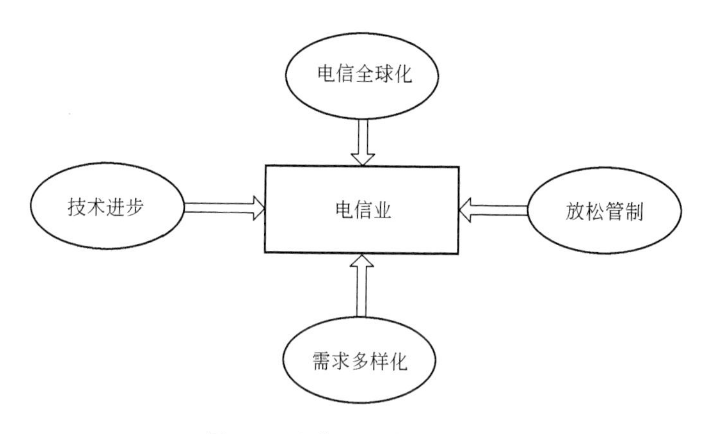

图 2-4　电信业面临的新环境

我国原始数据的积累一直都存在不少问题，此外我国国情与欧美国家不同，在借用国外方法和经验时还可能遇到一系列特殊问题，必须认真考虑，谨慎处理。

小结

1. 电信网规划简单来说就是对电信网络在未来一段时间的发展目标和步骤做出科学的估计和决定。

2. 各类电信网的规划一般由 3 部分内容组成：电信发展预测、电信网络优化和电信网规划方案的经济分析，不同专业网络的规划具体内容和方法有所不同。

3. 要做好电信网规划，必须做好收集数据、研究趋势规律、研究理论方法等基础工作，此外，在进行特定的电信网规划时，还需要就电信网规划的边界范围、定位目标及发展节奏等问题确定指导思想。

4. 技术进步、引入竞争、需求发展、业务种类增加等因素使得新形势下电信网规划工作变得更加复杂，要求规划人员不断提高规划水平。

思考题

2-1　如何理解电信网规划工作对于电信企业运营的意义？

2-2　目前电信网规划工作的难点有哪些？

第 3 章　图论基本理论及其在电信网规划中的应用

【本章内容】

- 图论基础知识；
- 图与网路分析；
- 最短连接树和最短路算法；
- 网络流及其算法；
- 网络可靠性指标。

【本章重点】

- 掌握最小生成树算法；
- 掌握最短路的算法；
- 掌握最大流的算法；
- 掌握图论在网络规划中的应用思想。

【本章难点】

- 电信网中局、站间最短路的算法；
- 求解最短路问题的 Bellman 方程；
- 最小费用最大流问题。

【本章学时数】 10 学时

【学习本章目的和要求】

通过本章的学习，应掌握和理解图论在网络规划中的应用思想，熟悉最短路、最大流等常用计算方法，为网络规划打下基础。

3.1 引　　言

电信网络可以抽象成为“图”的概念，因此，我们可以借助图论的理论与方法进行电信网规划。

图论作为组合数学的分支在近几十年内得到了较快的发展，已日益广泛地应用于传输网路、电路理论、编码理论、可靠性理论、集成电路设计及计算机领域。本章主要围绕图论概述、网络中各点的最短连接方法、电信网中局、站间最短路的算法、网络流及其算法、电信网可靠性的计算等内容进行介绍。

网络规划中的很多问题都可以应用图论的知识加以解决，比如规划中常出现的最短路、通信线路的连接、路由方案的选择等问题。

3.2　图与网路分析

3.2.1　图与网路的定义

从图论的观点看，网是由节点(Node)集 $V=\{v_1,v_2,\cdots,v_n\}$ 和边链路(Link)集 $L=\{l_1,l_2,\cdots,l_n\}$ 组成，用图表述的网的模型称为图(Graph)，记为 $G(V,L)$。

图与网路都是从实际事物中抽象出来，用以形象地描绘某种事物特点的模型，如道路交通图、管道系统图、质量分析图等。用图和网路来描述事物比用文字叙述简单明了，便于分析。

3.2.2　图与网路中的一些基本概念

为利用图论的方法进行通信网络的规划工作，我们有必要了解图与网络中的一些基本概念。

(1) 节点 (Vertex)：表示物理实体、事物或概念，一般用 v_j 表示。

(2) 边 (Edge)：节点间的连线，表示两节点之间存在连接关系，一般用 e_{ij} 表示。

(3) 图(Graph)：节点和边的集合，一般用 $G(V,E)$表示，包括点集 $V=\{v_1,v_2,\cdots,v_n\}$ 和边集 $E=\{e_{ij}\}$。

(4) 网路(Network)：边上具有表示连接强度的权值，如 w_{ij}，又称加权图(Weighted Graph)。如图 3-1 所示。

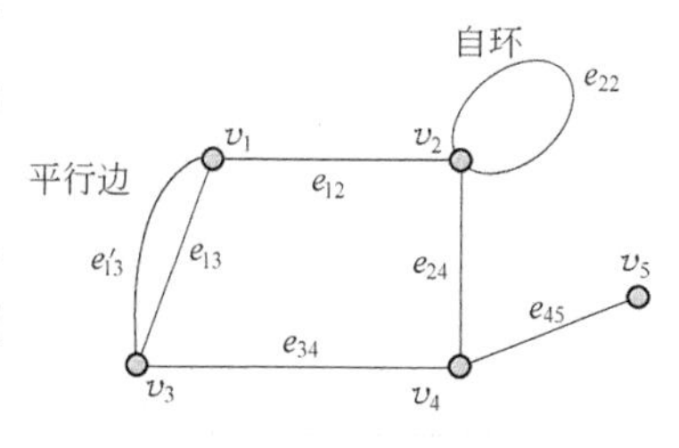

图 3-1　图与网路

(5) 无向图与有向图：若一图中所有边都没有方向，则该图称为无向图，一般用 $G(V,E)$ 表示。若某一图中所有边都有方向，则称该图为有向图，如图 3-2 所示。

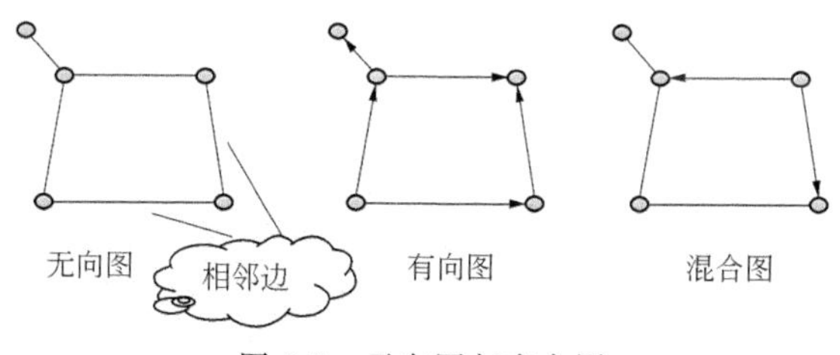

图 3-2　无向图与有向图

既没有自环也没有平行边的图称为简单图(Simple Graph)。在无向图中，与节点相关联边的数目，称为该节点的“次”(Degree)，记为 d；次数为奇数的点称为奇点(Odd)，次数为偶数的点称为偶点(Even)；图中都是偶点的图称为偶图(Even Graph)。有向图中，由节点指向外的弧的数目称为正次数，记为 d^+，指向该节点的弧的数目称为负次数，记为 d^-。次数为0的点称为孤立点(Isolated Vertex)，次数为1的点称为悬挂点(Pendant Vertex)，图中奇点的个数总是偶数个。走过图中所有边且每条边仅走一次的闭行走称为欧拉回路。偶图一定存在欧拉回路(一笔画定理)。

无向图中，若任意两点间至少存在一条路径，则称为连通图(Connected Graph)，否则为非连通图(Disconnected Graph)；非连通图中的每个连通子图称为成分(Component)。

3.3 网络中各端点的最短连接方法

3.3.1 树图的概念和性质

树是图与网路理论的重要组成部分，它能形象地代表实际生产和生活活动中的众多问题。多级辐射制的电信网络、管理的指标体系、家谱、分类学、组织结构等都是典型的树图。

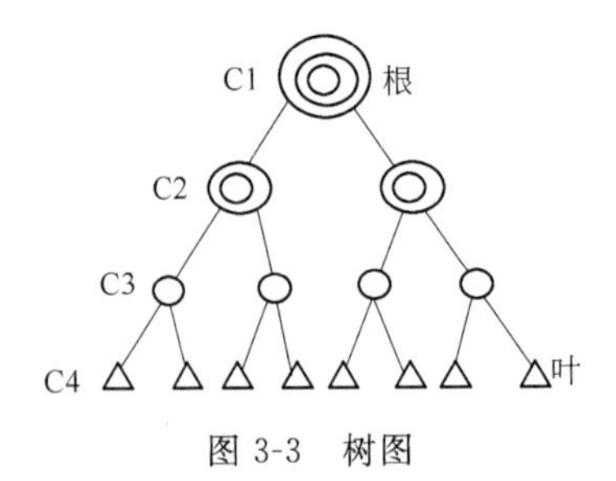

图 3-3 树图

网路图 $G(V,L)$ 中若相邻两个端点间都有一条路相连，但是又不存在任何回路，即任两点之间有且只有一条路径，这样的图称为树(Tree)，记为 T，如图3-3所示。

树图是一种特殊的图，它具有一些独特的性质：

(1) 树是最少边的连通子图，树中必不存在回路；

(2) 任何树必存在次数为1的点；

(3) 具有 n 个节点的树 T 的边恰好为 $n-1$ 条，反之，任何有 n 个节点，$n-1$ 条边的连通图必是树图。

根据树的定义和性质可以知道，如果在树图中任意两个不相邻的节点间增加一条边，恰好可以得到一个圈或回路；在树图中如果去掉任意一条边，连通图就会被破坏掉，因此，树图也是最脆弱的连通图。

3.3.2 图的生成树

对于给定连通图 $G(V,L)$，若树 T 是 G 的子图且包含图 G 的所有的节点，则树

T 是图的生成树(Spanning Tree),如图 3-4 所示。

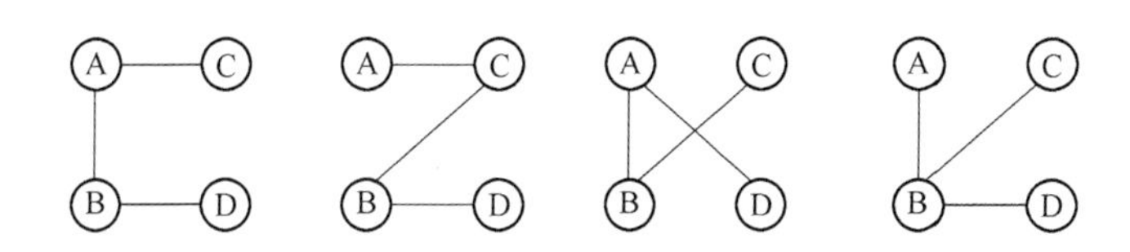

图 3-4　图的生成树

可以看到,图的生成树包含原图中所有的节点,但只包含部分边。因此,一个图的生成树是连接这个图所有节点的边数最少的子图。

3.3.3　如何找到生成树

在同一连通图中,由于边的取法不同,可以构成许多种生成树,而且求生成树的方法也有多种,下面介绍两种比较特殊的寻找生成树的方法。

1. 深探法(Depth First Search)

任选一点标记为 0 点开始搜索,选一条未标记的边走到下一点,该点标记为 1,将走过的边标记;假设已标记到 i 点,总是从最新标记的点向下搜索,若从 i 点无法向下标记,即与 i 点相关联的边都已标记或相邻节点都已标记,则退回到 $i-1$ 点继续搜索,直到所有点都被标记,这种搜索方法称为深探法。

2. 广探法(Breadth First Search)

广探法是一种有层级结构的搜索,从连通图中某一节点开始延伸选边到下一个节点时,在保证不构成回路的情况下,上一代节点比下一代节点优先延伸。

根据这两种方法的特点可知,按照深探法形成的生成树细长,分支少;而广探法形成的生成树矮小,分支多。

3.3.4　最小生成树的算法

对于一个给定的有权连通图,其众多的生成树中有一个总权数最小者,即为该图的最小生成树。

在实际操作中,图 G 的生成树不止一个,但满足一定条件的最小生成树至少存在一个。寻找最小生成树是一个常见的优化问题。比如在规划铁道系统、公路网或通信杆路时,需要把各城市连接起来并要求总长度最短或总造价最低,这些都属于寻找最小生成树或最短连接问题。

求最小生成树,可以分为两种情况:一种是无限制条件的情况,另一种是有限制条件的情况。

1. 无限制条件的情况

(1) 顺序取边的 Kruskal 算法,算法流程如图 3-5 所示。

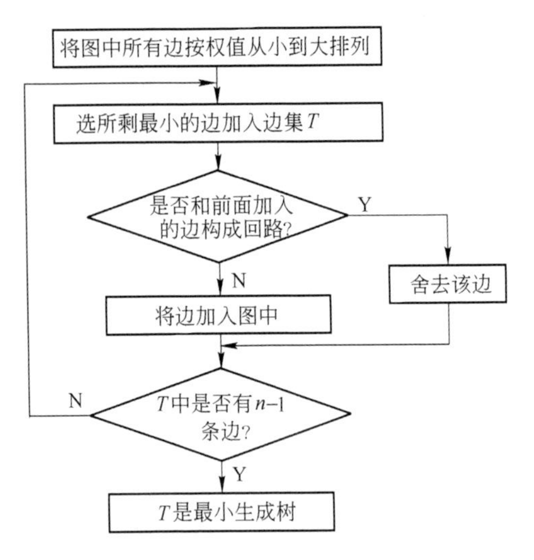

图 3-5 Kruskal 算法

定理 3-1：指定图中任一点 v_i，如果 v_j 是距 v_i 最近的相邻节点，则关联边 e_{ij} 必在某个最小生成树中。

推论 3-1：将网路中的节点划分为两个不相交的集合 V_1 和 V_2，$V_2=V-V_1$，则 V_1 和 V_2 间权值最小的边必定在某个最小生成树中。

Kruskal 算法是建立在上述定理与推论的基础上的寻找最小生成树的算法。

(2) 顺序取端的 Prim 算法。该算法的思路是：从第一个节点处开始，顺序比较与相邻的节点的距离，找出最短(长)的边对应的节点，加入到最小(大)生成树中；再在不属于最小(大)生成树的节点中找到与最小(大)生成树节点最近的节点，依此类推，顺序比较与相邻节点(不在最小(大)生成树中的相邻节点)的距离，重复上述过程，直到所有的节点都加入到最小(大)生成树中，则由这些节点及边组成的树为最小(大)生成树。

Prim 算法可以求最小(大)生成树，网路的边权可以有多种解释，如效率、费用等。

例 3-1：已知网络如图 3-6 所示，请利用 Prim 算法求解最小生成树。

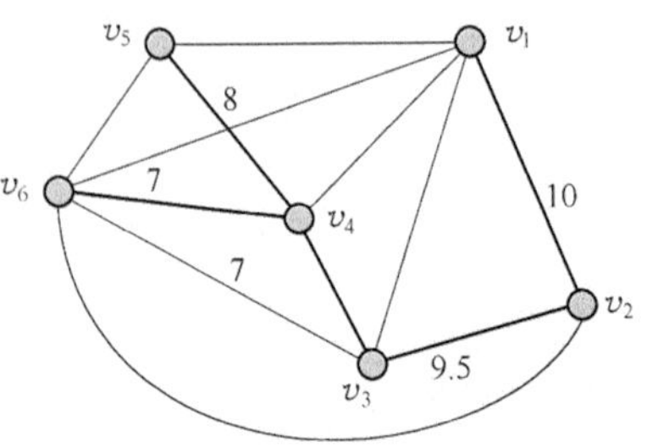

图 3-6 最小生成树 Prim 算法例题图

按照上述描述的方法，我们从 v_1 开始，找到与其相邻的最短节点为 v_2，将 v_2 加入到最小生成树中(此时最小生成树中的节点有：v_1，v_2)；从其余节点中找出与(v_1，v_2)其中之一距离最短的节点 v_3(对应的最短边为 v_{23})，将 v_3 加入到最小生成树中，从其余节点中找出与(v_1,v_2,v_3)距离最短的节点 v_4(对应的最短边为 e_{34}),将 v_4 加入到最小生成树中;从其余节点中找出与(v_1,v_2,v_3,v_4)距离最短的节点 v_6(对应的最短边为 e_{46}),将 v_6 加入到最小生成树中,最后只剩 v_5 节点,从(v_1,v_2,v_3,v_4,v_6)中找出与 v_5 距离最短的节点 v_4(对应的最短边为 e_{45}),将 v_5 加入到最小生成树中;到此所有的节点均在最小树中,由每一步找出的最短边形成的树为最小生成树(见图3-6中粗线部分)。

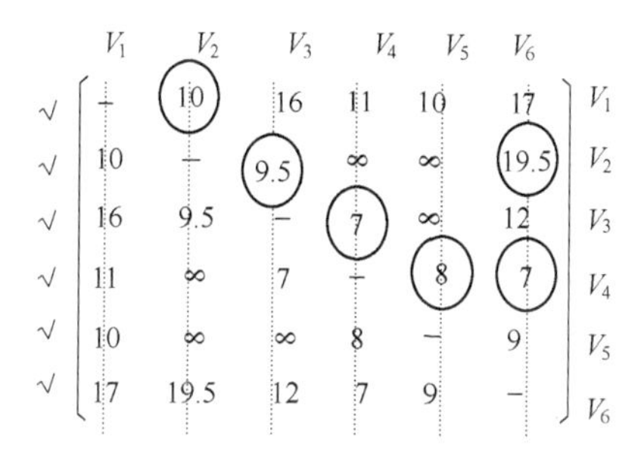

图 3-7　利用相邻矩阵求解最小生成树

Prim 算法可利用相邻矩阵来求解最小生成树(见图 3-7)。先从 V_1 开始(将 V_1 行标记 √),将 V_1 列用虚线划掉,在标记行查找最小距离($e_{12}=10$)并将该最短距离($e_{12}=10$)圈上,即 V_2 已加入到最小生成树中;将 V_2 行标记 √,将 V_2 列用虚线划掉,查找在标记行中(除去划掉列以外)的最小值($e_{23}=9.5$)并将其圈上,即 V_3 已加入到最小生成树中;将 V_3 行标记 √,将 V_3 列用虚线划掉,查找在标记行中(除去划掉列以外)的最小值($e_{34}=7$)并将其圈上,即 V_4 已加入到最小生成树中;将 V_4 行标记 √,将 V_4 列用虚线划掉,查找在标记行中(除去划掉列以外)的最小值($e_{46}=7$)并将其圈上,即 V_6 已加入到最小生成树中;将 V_6 行标记 √,将 V_6 列用虚线划掉,查找在标记行中(除去划掉列以外)的最小值($e_{45}=8$)并将其圈上,即 V_5 已加入到最小生成树中,至此,可求解出最小生成树(见图 3-6 中的粗线所示的最小生成树)。

2. 有限制条件的情况

在许多情况下,网内 n 个站除了连通的要求外,还会提出一些其他要求,例如站间通信时的转接次数不宜太多,某一条线路上的业务量不能太大等。这类问题可归结为在限制条件下求最小生成树或最短连接。对于不同的限制条件,算法也将有所区别,目前还没有一般的有效算法。有两种解决这类问题的方法,各有优缺点,这就是穷举法和调整法。穷举法就是先把图中的所有生成树穷举出来,再按条件筛选,最后选出最小生成树。调整法就是先选定适当的求生成树的准则,例如 Prim 算法或 Kruskal 算法中那样,但在每一步中要判断是否满足限制条件进行调整,直到最后得到生成树。

现实工作中,存在很多求解最小生成树的问题,如通信网规划中典型的通信线路的连接问题(见 3.4 节的例 3.2)。在解决这一问题时,可首先将该问题抽象为一个图论问题:在已知边长度的网路图中找最小生成树,然后利用最小生成树算法来求解。

3.4 电信网中局、站间最短路的算法

在电信网的优化中，许多问题都可归结为求最短路问题。例如，某一局到另一局要建设一条通信线路，可归结为找两点间以建设费用为权值的最短路问题。

最短路径问题通常可以归为两类：从起始点到其他各点的最短路径以及所有任意两点间的最短路问题。第一种最短路可以利用求最小生成树的算法直接求解。第二种情况需要利用一些其他的算法。

常用的最短路算法有 Dijkstra 算法和 Warshall-Floyd 算法，Dijkstra 算法通常用于求从起始点开始到其他所有各点的最短路径。下面我们将对这两种算法和其他算法进行具体介绍。

3.4.1 狄克斯特拉算法(Dijkstra 算法)

Dijkstra 算法(Dijkstra algorithm，1959)可用于计算简单有向图和混合图中两节点之间或一个节点到其他所有节点之间的最短路。Dijkstra 算法是一种隐阶段的动态规划方法，其算法流程如图 3-8 所示。

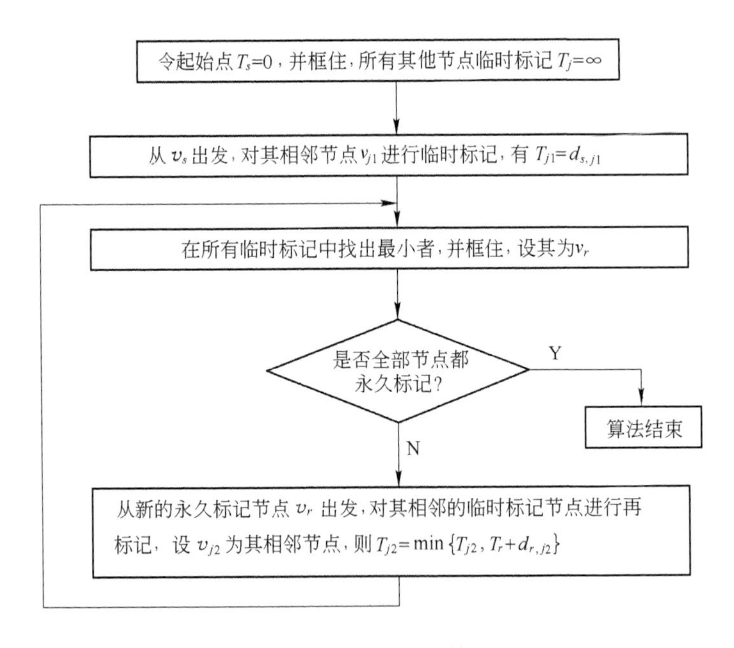

图 3-8 Dijkstra 算法

令 d_{ij} 表示 v_i 到 v_j 的直接距离(两点之间有边)，若两点之间没有边，则令 $d_{ij}=\infty$，若两点之间是有向边，则 $d_{ji}=\infty$；令 $d_{ii}=0$，s 表示起始点，t 表示终点。

每次迭代只有一个节点获得永久标记，若有两个或两个以上节点的临时标记同时最小，可任选一个永久标记；总是从一个新的永久标记开始新一轮的临时标记，所以 Dijkstra 算法是一种深探法。

例 3-2：已知一个网络(见图 3-9)，求从起始点 s 开始直到终点 t，求解 s 到各点之间的最短路。利用 Dijkstra 算法求解，其求解过程略，求解结果见图 3-10(从起始点开始到各点的最短路用粗线标示)。

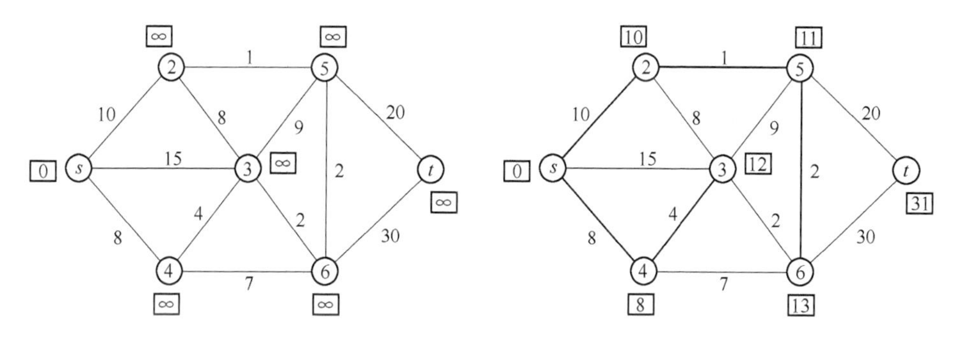

图 3-9　Dijkstra 算法举例　　图 3-10　Dijkstra 算法举例的结果图

3.4.2　求解最短路问题的 Bellman 方程

1. 最短路问题数学描述

要借助现代计算机技术解决图论问题，仅有图论基本方法是不够的，还需要将这些基本方法上升到数学模型，这就需要对其进行数学描述。

若 x_{ij} 表示弧(i,j)是否位于 s-t 路上：当 $x_{ij}=1$ 时，表示弧(i,j)位于 s-t 路上，当 $x_{ij}=0$ 时，表示弧(i,j)不在 s-t 路上，则最短路问题就可以用数学语言描述为

$$\min \sum_{(i,j)\in A} w_{ij}x_{ij}$$

$$\text{s.t.}\quad \sum_{j:(i,j)\in A} x_{ij} - \sum_{j:(j,i)\in A} x_{ji} = \begin{cases} 1 & i=s \\ -1 & i=t, x_{ij}\geqslant 0 \\ 0 & i\neq s,t \end{cases} \tag{3.1}$$

2. Bellman 方程

式(3.1)将求解最短路的问题用线性规划模型来描述，一般情况下直接求解最短路方程是相当困难的。为了方便求解，我们可以利用运筹学中的对偶原理，将式(3.1)转化成为相应对偶问题，即：

$$\max(u_t - u_s)$$
$$\text{s.t.}\quad u_j - u_i \leqslant w_{ij},\ \forall (i,j)\in A$$

根据互补松弛条件，当 x 和 u 分别为原问题和对偶问题的最优解时：

$$x_{ij}(u_j - u_i - w_{ij}) = 0, \forall (i,j) \in A$$

当某弧 (i,j) 位于最短路上时，即变量 $x_{ij} > 0$ 时，一定有 $u_j - u_i = w_{ij}$。

相当于对节点 j 赋予的一个实数值 u_j（通常称为"标号"），在 $u_s = 0$ 时，表示的正好是节点 s 到节点 j 的最短路的长度。Bellman 方程（最短路方程、动态规划基本方程）如下：

$$\begin{cases} u_s = 0 \\ u_j = \min\limits_{i \neq j}\{u_i + w_{ij}\} \end{cases} \tag{3.2}$$

在网络规划中，通常采用 Bellman 方程，借助计算机来求解最短路树。该方法求解最短路树解的存在性可由下述定理 3-2 保证。

定理 3-2（最短路树存在定理）：对于只含正有向圈的连通有向网络，从起点 s 到任一顶点 j 都存在最短路，它们构成以起点 s 为根的树形图，称为最短路树（Tree of Shortest Paths）或最短路树形图（Shortest Path Arborescence），最短路的长度可以由 Bellman 方程唯一确定。

定理的前一部分实际上是 Bellman 最优化原理的直接结果；后一部分中 Bellman 方程解的唯一性可以用反证法证明（略）。

3. 最短路树求法举例

例 3-3：计算如下网络（图 3-11）中从节点 1 到所有其他节点的最短路。

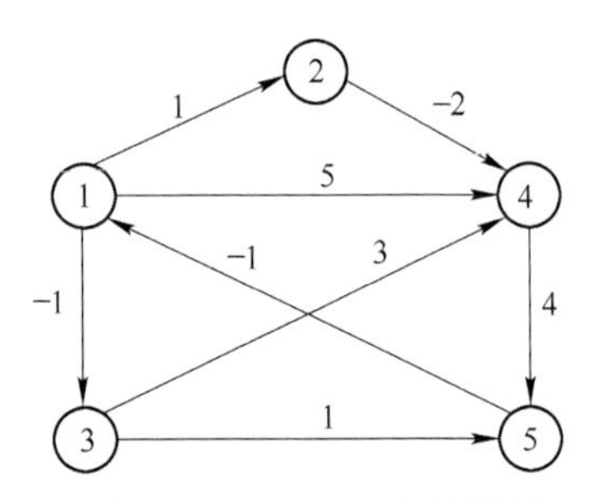

图 3-11　Bellman 方程举例

解：利用 Bellman 方程求解图 3-11 中从节点 A 到所有其他节点的最短路的计算过程如下：

$u_1 = 0$，

$u_2 = \min\limits_{i<2}\{u_i + w_{i2}\} = \min\{0 + 1\} = 1$，

$u_3 = \min\limits_{i<3}\{u_i + w_{i3}\} = \min\{0 + (-1)\} = -1$，

$u_4 = \min\limits_{i<4}\{u_i + w_{i4}\} = \min\{0 + 5, 1 + (-2), -1 + 3\} = -1$，

$u_5 = \min\limits_{i<5}\{u_i + w_{i5}\} = \min\{-1 + 1, -1 + 4\} = 0$。

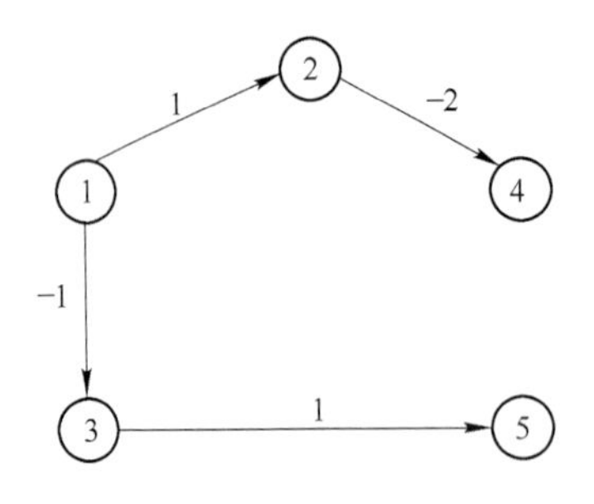

图 3-12　Bellman 方程求解结果

利用 Bellman 方程求解从节点 A 到所有节点的最短路结果见图 3-12。

在具体计算时，通常需要借助计算机辅助计算，为了方便计算机处理，我们介绍一种常用的计算最短路的算法：Warshall-Floyd 算法。

Bellman 方程是求解网络规划中最短路树的基本方法，但当网络的节点增加时，用计算机处理的时间复杂度较高。为解决这个问题，产生了 Warshall-Floyd 算法，计算网络中各节点之间最短路。

3.4.3 Warshall-Floyd 算法

1. Warshall-Floyd 算法原理

Warshall-Floyd 算法(1962)基于基本的三角运算，可以解决有负权值边(弧)的最短路问题，它可求出某一指定节点到其他各节点的最短路径。它基于这样一个事实：如果节点 v_s 到节点 v_t 的最短路径总是沿着某一特定的路径先到达节点 v_i，然后再沿边到达节点 v_j，则这一特定路径肯定也是节点 v_s 到节点 v_i 的最短路径。可用如下迭代公式完成：

$$d^t(v_s,v_j)=\min_i\{d^{t-1}(v_s,v_i)+w_{ij}\}$$

若对于所有节点 $v_j \in V$，均满足

$$d^t(v_s,v_j) = d^{t-1}(v_s,v_j)$$

则停止迭代，并通过反向追溯寻找 v_s 到 v_j 的最短路径。

其中，w_{ij} 表示节点 v_i 到节点 v_j 的直接距离，若节点 v_i 到节点 v_j 无直接边或弧相连，则 $w_{ij} = \infty$。$d^{t-1}(v_s,v_j)$表示迭代 t 步后，节点 v_i 到节点 v_j 的最短路径长度。当 $t=0$ 时，$d^0(v_i,v_j) = 0$。

Warshall-Floyd 算法是一种整体算法，一次求出所有点间的最短路；但是该算法不允许有负权值回路。

定理 3-3：依次对 $j=1,2,\cdots,n$ 执行三角运算，则 d_{ik} 最终等于 i 到 k 间最短路的长度(见图3-13)。

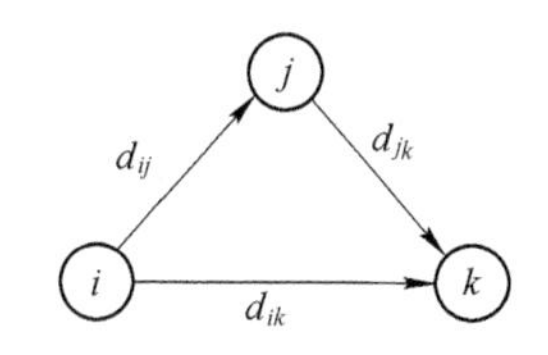

图 3-13　Warshall-Floyd 算法示意

对于有向网络中的一个圈，定义它的权为圈上所有前向弧上的权的和，减去圈上所有反向弧上的权。权为正的圈称为正圈；权为负的圈称为负圈；权为 0 的圈称为零圈。

由于 Warshall-Floyd 算法要记录所有节点之间最短路的信息，所以在利用计算机求解时要用一个二维数组 P；可以依据二维数组 P，采用“正向追踪”的方式得到最短路。

2. 算法实现步骤

步骤 1：$k=0$，对于所有节点 i 和 j：令 $p_{ij}^{(1)}=j$，$u_{ij}^{(1)}=w_{ij}$ ($w_{ii}=0$，若节点 i 和 j 之间没有弧，认为 $w_{ij}=\infty$)；

步骤 2：$k=k+1$，对于所有节点 i 和 j：若 $u_{ij}^{(k)} \leqslant u_{ik}^k + u_{kj}^k$，令 $p_{ij}^{(k+1)}=p_{ij}^k$，$u_{ij}^{(k+1)}=u_{ij}^k$；否则令 $p_{ij}^{(k+1)}=p_{ik}^k$，$u_{ij}^{(k+1)}=u_{ik}^k+u_{kj}^k$。

步骤 3：如果 $k=n$，结束；否则转步骤 2。

3．Warshall-Floyd 算法举例

例 3-4：已知一网络拓扑如图 3-14 所示，试用 Warshall-Floyd 算法求解最短路。

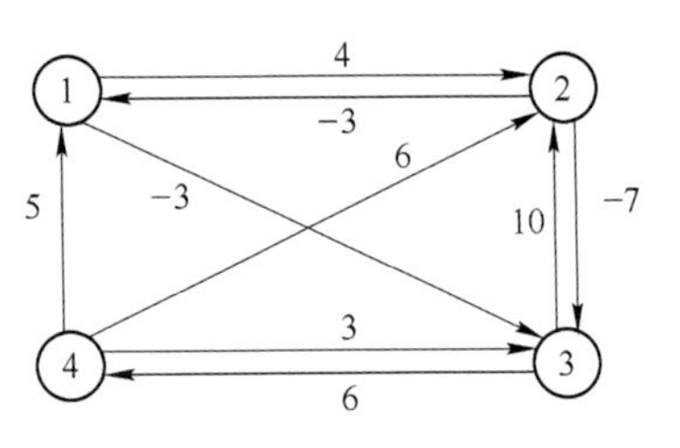

图 3-14　Warshall-Floyd 算法举例

$$U^{(1)}=\begin{pmatrix}0 & 4 & -3 & \infty\\ -3 & 0 & -7 & \infty\\ \infty & 10 & 0 & 3\\ 5 & 6 & 6 & 0\end{pmatrix},P^{(1)}=\begin{pmatrix}1 & 2 & 3 & 4\\ 1 & 2 & 3 & 4\\ 1 & 2 & 3 & 4\\ 1 & 2 & 3 & 4\end{pmatrix}$$

$$U^{(2)}=\begin{pmatrix}0 & 4 & -3 & \infty\\ -3 & 0 & -7 & \infty\\ \infty & 10 & 0 & 3\\ 5 & 6 & 2 & 0\end{pmatrix},\quad P^{(2)}=\begin{pmatrix}1 & 2 & 3 & 4\\ 1 & 2 & 3 & 4\\ 1 & 2 & 3 & 4\\ 1 & 2 & 1 & 4\end{pmatrix}$$

$$U^{(3)}=\begin{pmatrix}0 & 4 & -3 & \infty\\ -3 & 0 & -7 & \infty\\ 7 & 10 & 0 & 3\\ 3 & 6 & -1 & 0\end{pmatrix},\quad P^{(3)}=\begin{pmatrix}1 & 2 & 3 & 4\\ 1 & 2 & 3 & 4\\ 2 & 2 & 3 & 4\\ 2 & 2 & 2 & 4\end{pmatrix}$$

$$U^{(4)}=\begin{pmatrix}0 & 4 & -3 & 0\\ -3 & 0 & -7 & -4\\ 7 & 10 & 0 & 3\\ 3 & 6 & -1 & 0\end{pmatrix},\quad P^{(4)}=\begin{pmatrix}1 & 2 & 3 & 3\\ 1 & 2 & 3 & 3\\ 2 & 2 & 3 & 4\\ 2 & 2 & 2 & 4\end{pmatrix}$$

$$U^{(5)}=\begin{pmatrix}0 & 4 & -3 & 0\\ -3 & 0 & -7 & -4\\ 6 & 9 & 0 & 3\\ 3 & 6 & -1 & 0\end{pmatrix},\quad P^{(5)}=\begin{pmatrix}1 & 2 & 3 & 3\\ 1 & 2 & 3 & 3\\ 4 & 4 & 3 & 4\\ 2 & 2 & 2 & 4\end{pmatrix}$$

Warshall-Floyd 算法示例的求解结果如表 3-1 所示。

表 3-1　Warshall-Floyd 算法示例的求解结果

终　点		1	2	3	4
起点	1		(1,2)	(1,3)	(1,3) (3,4)
	2	(2,1)		(2,3)	(2,3) (3,4)
	3	(3,4) (4,2) (2,1)	(3,4) (4,2)		(3,4)
	4	(4,2) (2,1)	(4,2)	(4,2) (2,3)	

3.4.4　最短路问题算法总结

当存在负权值边时，Warshall-Floyd 算法比 Dijkstra 算法效率高，且程序极简单。但 Dijkstra 算法灵活。若图是前向的，则 Dijkstra 算法也可以求两点间最长路。

在实际规划中，还经常会遇到一些在一定的有限制条件下，求解最短路的问题。

1. 节点不相交的和链路不相交的路由

如果在节点 i 和 j 之间某组路由中每个路由都通过一个或多个相同的节点（或链路），当由于破坏或不可用性的原因，信息不能通过任何一个公共节点（或链路）时，所有路由上的服务就被中断。为了保障网络运行的可靠性，通常需要求解节点不相交的和链路不相交的最短路由。解决这些问题的基本思路是：每次求解之前，在网路图中去掉受限制的节点或边（不允许重复通过的公共节点或链路），再利用相应的最短路求解方法求解。

2. 第 k 条最短路

在电信网中，常需要了解两个节点间的次最短路和第 3、第 4，…，第 k 条最短路。k - 最短路分为两种情况：边不相交的和边相交的。求边不相交的 k - 最短路非常容易：先求最短路，将该最短路中的边从网路删去，再用 Dijkstra 算法可求次最短路，以此类推。

3.5　网路流及其算法

3.5.1　网路的最大流

下面首先介绍一下网路的最大流的有关概念。

1. 网路各弧的容量及流量

网路流一般在有向图上讨论。给定有向图 $D=(V,L,C)$，在 V 中指定一个发点 v_s 和另一个收点 v_t，其余的点叫做中间点。中间节点流入量与流出量相同（见图3-15）。定义每个弧 (v_i,v_j) 上的最大通过能力为该弧的容量，记为 c_{ij}（$c_{ij}\geqslant 0$），每个弧 (v_i,v_j) 上实际通过的信息量或物流称为流量，以 f_{ij} 表示。我们称这种图为容量-流量网络，如图 3-16 所示，弧旁所列的数字第 1 个表示容量，第 2 个表示流量。

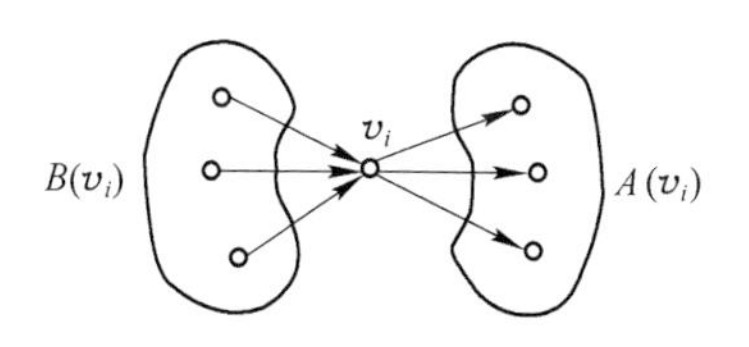

图 3-15　网路中节点流量

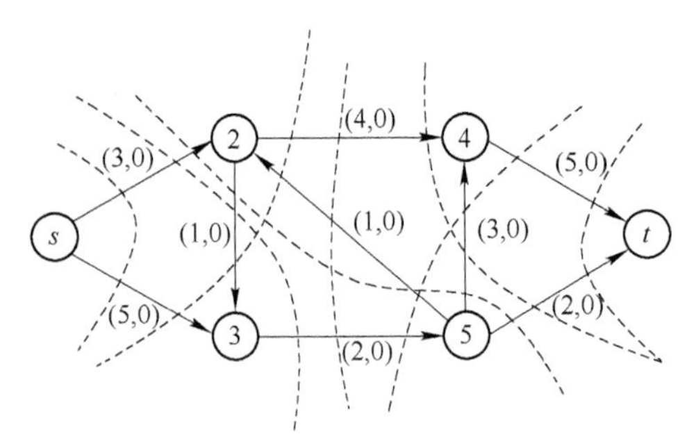

图 3-16　网路中截集与截集容量示意图

2. 可行流和最大流

在容量流量网路中给定一组流量 f_{ij}，当其满足如下两个条件：

- 容量限制条件：$0 \leqslant f_{ij} \leqslant c_{ij}$，即某一支路上的实际流量不能超过该支路的容量；
- 平衡条件：

$$\sum_{v_j \in A(v_i)} f_{ij} - \sum_{v_j \in B(v_i)} f_{ji} = \begin{cases} v(f) & i = s \\ 0 & i \neq s,t \\ -v(f) & i = t \end{cases}$$

其中 $v(f)$ 为网路从发点 v_s 流出并流入收点 v_t 的流量，$v(f)$ 简记为 f；这一平衡条件表示对于任意中间节点，流进该节点的所有支路流量之和等于流出该节点的所有支路流量之和；对于起点，由于只有向外流出流量，所以由起点流出的所有流量之和等于网路通过的流量 $v(f)$；对于终点，由于只有向内流进流量，所以，流进终点的所有流量之和等于网路通过的流量的负值 $-v(f)$。

我们把满足上述条件的网路流称为可行流。网路的最大流就是使 f 达到最大值的一组可行流。

最大流问题也是一个线性规划问题，但是采用线性规划求解方法使求解变得比较烦琐，通常可以用比较简单的标号算法解决。

3. 截集与截集容量

定义：把网路分割为两个成分的弧的最小集合，其中一个成分包含 s 点，另一个包含 t 点。一般包含 s 点的成分中的节点集合用 V 表示，包含 t 点的成分中的节点集合用 $\overline{V}$ 表示。截集容量是指截集中正向弧的容量之和（如图 3-16 所示）。福特-富克森定理为我们提供了求解网路最大流的解题思想。

定理 3-4（福特-富克森定理）：网路的最大流等于最小截集容量。

3.5.2　确定网路最大流的算法——标号法

1. 相关概念

在介绍网路流的标号算法之前，有必要介绍一些概念。

（1）饱和弧、非饱和弧、零流弧和非零流弧

网路上，流量 f_{ij} =容量 c_{ij} 的弧称为饱和弧；$f_{ij} < c_{ij}$ 的弧称为非饱和弧；$f_{ij}=0$ 的弧称为零流弧；$f_{ij}>0$ 的弧称为非零流弧。

（2）前向弧（正向弧）和后向弧（反向弧）

设 μ 是某一网路从起点 s 到终点 t 的一条链，并规定链 μ 的方向是从起点 s 到终点 t。则与链 μ 的方向一致的弧称为前向弧（正向弧）；与链 μ 的方向相反的弧成为后向弧（反向弧）。

（3）增广链

若链 μ 上的前向弧（正向弧）为非饱和弧，后向弧（反向弧）为非零流弧，即满足增广链 μ 上的前向弧（正向弧）的实际流量可以增大，后向弧（反向弧）的实际流量可以减小，则称链 μ 是关于可行流 $f=\{f_{ij}\}$ 的一条增广链。

2. 标号法求解最大流的基本思路

求某一网路的最大流可采用标号算法，其基本思路是：从某初始可行流出发，在网路中寻找增广链 μ，若网路中不存在增广链 μ，则网路中的可行流就是所求的最大流；若找到一条增广链 μ，则在满足可行流的条件下，沿该增广链 μ 增大网路的流量，直到网路中不存在增广。

使用标号法求解网路最大流的过程如下：

（1）从任一个初始可行流出发，如零流；

（2）标号寻找一条从 s 到 t 点的增广链（Augmenting Path）；

（3）求解增广量，若在当前可行流下找不到增广链（增广量=0），则已得到最大流；

$$\text{增广量 } \theta_{ij} = \begin{cases} c_{ij} - f_{ij} & \text{前向弧} \\ f_{ij} & \text{后向弧} \end{cases}$$

（4）增广过程：前向弧 $f'_{ij} = f_{ij} + \theta$，后向弧 $f'_{ij} = f_{ij} - \theta$；

（5）如增广后仍是可行流，则转到第（2）步。

例 3-5：已知一增广链如图 3-17（a）所示，利用标号算法求解网路最大流的结果如图 3-17（b）所示。

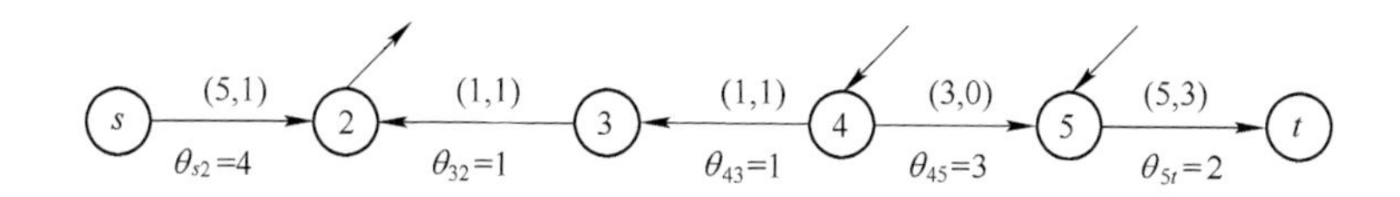

图 3-17（a）　已知增广链

(1) 求解增广量 θ

增广量 $\theta = \min \theta_{ij} = \min(4,1,1,3,2) = 1$。

(2) 增广已知增广链

对图 3-17(a)增广链进行一次增广，得到图 3-17(b)。

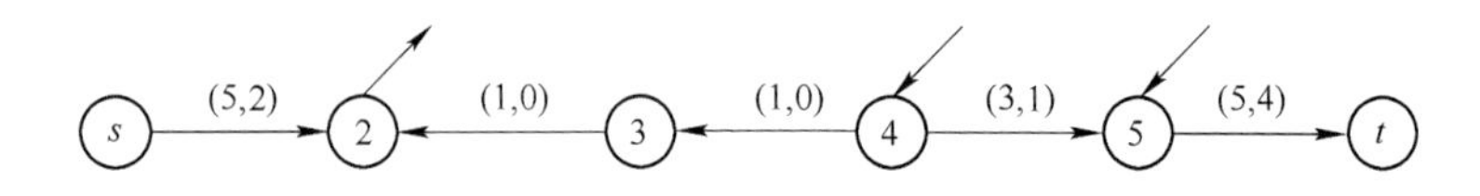

图 3-17(b)　一次增广后的结果

从图 3-17(b)可见一次增广后的结果，在此基础上计算二次增广量：

$$\theta = \min \theta_{ij} = \min(3,0,0,2,1) = 0$$

即，经一次增广后，已找不到可增广的增广链。此时的网路流量为最大流。

上述的讨论，主要针对网路中某一条增广链，来求解最大流。对一个网路而言，福特-富克森定理证明了网路的最大流等于最小截集容量。在网路规划中，借鉴福特-富克森定理的解题思想，形成了最大流最小截集的标号算法。

3. 最大流最小截集的标号算法步骤

第一步：标号过程，找一条增广链。

(1) 源点 s 标号$[s^+, \theta(s)] = \infty$，表示从 s 点有无限流出潜力。

(2) 找出与已标号节点 i 相邻的所有未标号节点 j，若：

① (i,j)是前向弧且饱和，则节点 j 不标号；

② (i,j)是前向弧且未饱和，则节点 j 标号为 $[i^+, \theta(j)]$，表示从节点 i 正向流出，可增广 $\theta(j) = \min[\theta(i), c_{ij} - f_{ij}]$；

③ (j,i)是后向弧，若 $f_{ji} = 0$，则节点 j 不标号；

④ (j,i)是后向弧，若 $f_{ji} > 0$，则节点 j 标号为 $[i^-, \theta(j)]$，表示从节点 j 流向 i，可增广 $\theta(j) = \min[\theta(i), f_{ij}]$。

(3) 重复步骤(2)，可能出现两种情况：

① 节点 t 尚未标号，但无法继续标记，说明网路中已不存在增广链，当前流 $V(f)$ 就是最大流；所有获标号的节点在 V 中，未获标号节点在 $\overline{V}$ 中，V 与 $\overline{V}$ 间的弧即为最小截集；算法结束。

② 节点 t 获得标号，找到一条增广链，由节点 t 标号回溯可找出该增广链；转到第二步。

第二步：增广过程。

(1) 增广链中的前向弧，令 $f' = f + \theta(t)$，$\theta(t)$ 为节点 t 的标记值；对增广链中的后向弧，令 $f' = f - \theta(t)$。

(2) 非增广链上的所有支路流量保持不变。

第三步:抹除图上所有标号,回到第一步。

以上算法是按广探法描述的,但在实际图上作业时,按深探法进行更快捷。一次只找一条增广链,增广一次换一张图。最后一次用广探法,以便找出最小截集。

4. 最大流最小截集的标号算法举例

例 3-6:图 3-18 以一个具体的网路为例,标示出了用最大流最小截集的标号算法求解网路最大流的方法及过程。

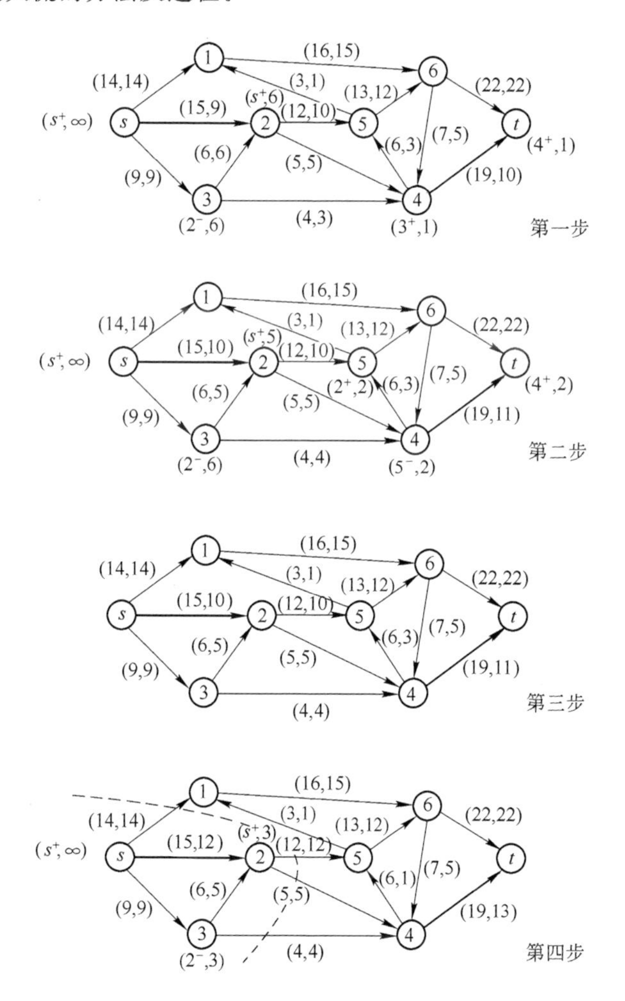

图 3-18　最大流最小截集的标号算法示例

弧均饱和弧节点 t 尚未标号,但无法继续标记,说明网路中已不存在增广链;所有获标号的节点在 V 中,未获标号节点在 $\overline{V}$ 中,此时虚线所划的弧即为最小截集,其最小截集容量 $V(f)=(14+12+5+4)=35$ 就是最大流,算法结束。

5. **多端网路的最大流问题**

若给定网路有若干个发点和若干个收点，且要求从网路所有发点到所有收点的流量最大。这类问题称为多端网路最大流问题。求解这类问题的方法是通过增设虚发端和虚收端，将多端网路转换成单发、单收端网路，然后用最大标号算法求其最大流从虚发点到某一实发点支路的容量等于该实发点的发量；而某一实收点到虚收点的支路容量等于该实收点的收量。

例 3-7：图 3-19 给出一信息网路，节点 1 和 4 为发点，发信量各为 20。节点 5 和 8 为收点，收信量分别为 15 和 20。各支路上的数字表示容量及流量，求该网路的最大流。

解：设虚发点 s 及虚收点 t 如图 3-20 所示。虚设支路 $(s,1)$，$(s,4)$ 的容量分别为点 1、4 的发信量，虚设支路 $(5,t)$，$(8,t)$ 的容量分别为点 5、8 的收信量，转换成单发、单收端网路后再利用最大流最小截集的标号法求得该网路的最大流为 15，其流量分布如图 3-20 所示。

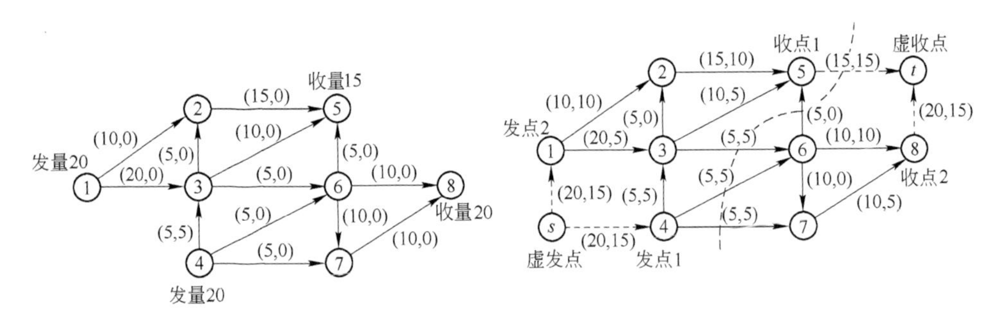

图 3-19 多端网路示意图

图 3-20 多端网路求最大流方法示意图

3.5.3 最小费用最大流算法

在网路规划中，经常会遇到不同网络链路的单位流量成本差异较大的情况，这就是下面将要研究的最小费用最大流问题。

在给定容量网路 $D=(V,L,C)$ 中，在每条弧上，除了给定容量 c_{ij} 外，还给定一个单位流量费用 $(v_i,v_j)\geqslant 0$（记为 b_{ij}）。最小费用最大流就是求一个最大流 f，使得流的总的输送费用：$b(f)=\sum\limits_{(v_i,v_j)\in A} b_{ij}f_{ij}$ 取极小值。

给定容量网路 $D=(V,L,C)$，各条弧上的单位流量费用为 b_{ij}，由此构造一个赋权有向图 $W(f)$，它们的顶点是原网路 D 的顶点，把 D 中的每一条弧 (v_i,v_j) 变成两个相反方向的弧 (v_i,v_j) 和 (v_j,v_i)。定义 $W(f)$ 中的弧的权 w_{ij} 为

$$W_{ij}=\begin{cases}b_{ij} & f_{ij}<c_{ij}\\ +\infty & f_{ji}=c_{ij}\end{cases}$$

$$W_{ji}=\begin{cases}-b_{ij} & f_{ij}>0\\ +\infty & f_{ij}=0\end{cases}$$

长度为$+\infty$的弧可以从 $W(f)$ 中略去，算法流程如图 3-21 所示。

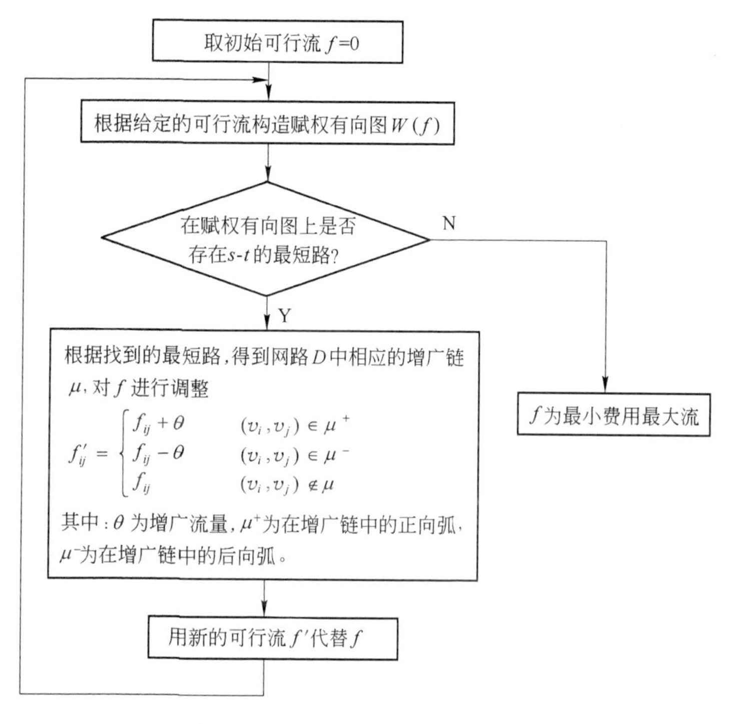

图 3-21　最小费用最大流算法流程图

3.5.4　网路流的归并问题

在电路网中每两点之间都有中继电路群需求，但并不是任两点都有物理传输链路。如图 3-22 所示，从物理传输链路层来看，节点 2 和 5 并不是直接相连，但从电路交换层看，可认为节点 2 和 5 之间存在直连电路。

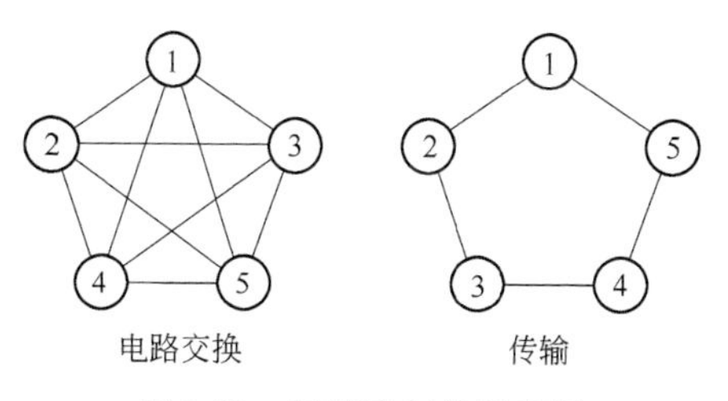

图 3-22　网路流归并示意图

在计算传输网某两点之间链路所承担的话务量时，不仅需要计算这两点之间直接需求话务量，而且还需要计算经过该链路的转接话务量。其计算方法是根据两点间最短传输路径将该两点间的电路需求量加载到这条最短的传输路径上去。

设 $a_{25}=10$ 是节点 2 和 5 之间的电路需求，且已知节点 2 和 5 之间的最短传输路径为 2-3-4-5，则加载过程为：$T_{23}=T_{23}+10$，$T_{34}=T_{34}+10$，$T_{45}=T_{45}+10$；T_{ij} 是传输链路 i-j 上加载的电路数；当所有点间电路都加载完则算法结束。

网路流归并算法过程如图 3-23 所示。

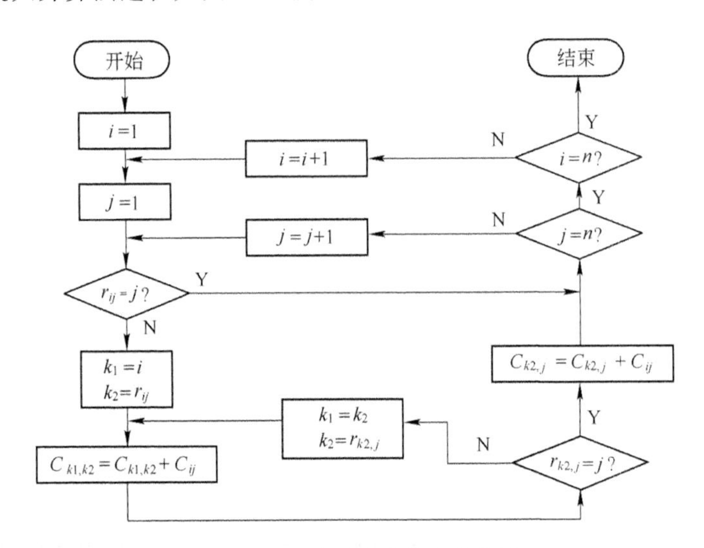

图 3-23　网路流归并算法流程图

3.6　电信网的可靠性

前面各节重点讨论了电信网规划的成本与效率等问题，但在实际工程中，除网络的经济性外，电信网可靠性也是必须考虑的因素。为此，本节重点介绍电信网可靠性的度量方法。

电信网可靠性是指在规定的时间内和规定的条件下，电信网能完成其功能，并能把其业务质量参数保持在规定值以内的能力。有时也把上述意义下的可靠性概念叫做可靠性性能。而可靠性术语则作为工作可靠性性能的测量来使用，即在规定的时间内和规定的条件下，能完成所要求功能的概率。

3.6.1　与电信网可靠性有关的两个概念

在研究电信网的结构时，可以把电信网用图 $G(V,L)$ 代表。电信网的可靠性与相应图的粘聚度和连通度有关。

1. 图的粘聚度

在连通图 $G(V,L)$ 中，对 V 的子集 S 和 S'，用 $[S,S']$ 表示一个端点在 S，另一端点在 S' 中的所有边的集。所谓 G 的割集是指形成 $[S,\overline{S}]$ 的 L 的子集，其中 S 是 V 的非真空子集，且 $\overline{S}=V/S$。图的粘聚度为最小割集的元素个数。

在简单图中，完全图具有最大的粘聚度，其值为点数减 1，树具有最小的粘聚度，其值为 1。

图的粘聚度表示使该图不连通，至少要去掉的边数。因此，图的粘聚度越大，相应电信网的可靠性越高。

2. 图的连通度

若 V 的子集 V' 使得 $G-V'$ 不连通，则 V' 称为 G 的顶点割。最小顶点割的元素个数，称为图的连通度。

所有非平凡连通图的连通度都不小于 1。

图的连通度表示，使图不连通至少要去掉的点数。因此，图的连通度越大，则相应的电信网的可靠性越高。对同一个图，连通度不大于粘聚度，当图为正则图时，二者相等。

找出无向图粘聚度的基本算法，就是应用最大流量最小割定理进行。

3.6.2　可靠性 $R(t)$ 的计算方法

首先引入故障率的概念，故障率是指系统工作到某一时刻 t，在单位时间内发生故障的概率，用 $\lambda(t)$ 表示。于是可靠性 $R(t)$ 为

$$R(t)=\mathrm{e}^{-\int_0^t \lambda(t)\mathrm{d}t}$$

当 $\lambda(t)=\lambda$ 为常数时，有

$$R(t)=\mathrm{e}^{-\lambda t}$$

平均故障间隔时间（MTBF）与故障率 λ 之间的关系为

$$\mathrm{MTBF}=1/\lambda$$

3.6.3　多元件系统可靠性的计算

系统是由相互作用相互依赖的若干部分组成的具有特定功能的整体。系统可靠性是具有特定功能的整体可靠性，研究系统可靠性要研究各组成部分的可靠性以及相互作用，最后完成总体的可靠性。

设系统由 n 个元件组成，其中元件 i 的可靠性为 R_i，故障率为 $\lambda_i(i=1,2,\cdots,n)$。

1. 串联系统

如果组成系统的任一元件失效，都会导致整个系统故障，这种系统称为串联系统。其可靠性为

$$R=\bigcap_{i=1}^{n} R_i$$

故障率为

$$\lambda=\sum_{i=1}^{n} \lambda_i$$

2. 并联系统

如果仅当组成系统的全部元件都失效时，整个系统才发生故障，这种系统就称为并联系统。该系统可靠性为：$R=1-\bigcap_{i=1}^{n}(1-R_i)$。

对串、并联复合系统、桥式系统及其他系统的计算方法请参阅其他有关文献。

3. 一般系统可靠性分析

实际系统结构是复杂的，有些不能用简单的串、并联可靠性框图来描述，这些系统被称为一般系统，如通信、电路系统与计算机系统等。常见的可靠性计算方法有：最小路集分析法、最小割集分析法、全概率分析法、状态枚举法等。

一个复杂的系统分析起来比较困难，采用有规律的分析方法，能系统地解决大型复杂问题。可靠性框图是将系统的结构按可靠性要求进行分析的表示方法，该框图能清晰准确地描述系统的各元件的可靠性关系与功能。

路集：可靠性框图分析状态变量的一个子集，可靠性框图分析中的成功路线的集合。

最小路集：当研究的子集中所有单元完好时，系统完好，其中任一单元故障时，系统故障(假设除该子集以外的单元均是故障的)。

下面以最小路集法为例说明系统可靠性的计算方法。首先求出系统内的最小路集 $L_1,L_2,\cdots,L_n$，建立由最小路集组成的结构函数，即：

$$\phi(x)=\bigcup_{i=1}^{n} L_i$$

系统的可靠度为

$$R=P(\phi(x))=P\left(\bigcup_{i=1}^{n} L_i\right)$$

对于一般情况为

$$R=\sum_{i=1}^{n} P(L_i)-\sum_{i<j=2}^{n} P(L_iL_j)+\sum_{i<j<l=3}^{n} P(L_iL_jL_k)-\cdots+(-1)^{n-1}P(L_1L_2\cdots L_n)$$

例 3-8：电桥的可靠性框图如图 3-24 所求，应用最小路集法求系统可靠度。已知 $x_1=x_2=0.8$，$x_3=x_4=0.7$，$x_5=0.6$。

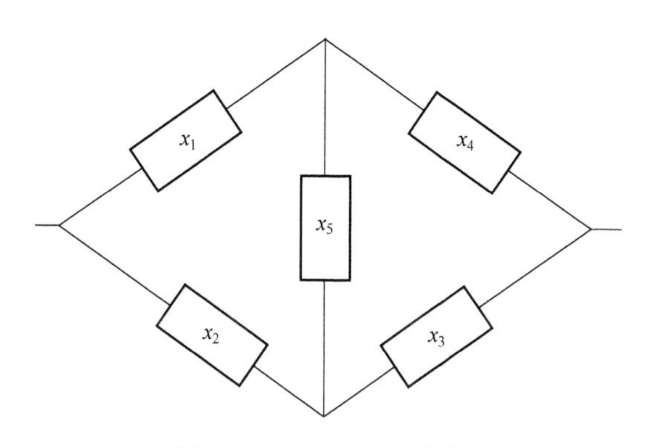

图 3-24　某电桥的可靠性图

解：系统最小路集为$\{x_1x_4\}$，$\{x_2x_3\}$，$\{x_1x_5x_3\}$与$\{x_2x_5x_4\}$，最小路集组成的系统结构函数为

$$\phi(x)=\bigcup_{i=1}^{5} L_i$$

系统的可靠性为

$R_s=P(L_1)+P(L_2)+P(L_3)+P(L_4)-P(L_1L_2)-P(L_1L_3)-P(L_1L_4)-P(L_2L_3)-P(L_2L_4)-P(L_3L_4)+P(L_1L_2L_3)+P(L_1L_2L_4)+P(L_1L_3L_4)P(L_2L_3L_4)-P(L_1L_2L_3L_4)$

故

$R_s=P(x_1x_4)+P(x_2x_3)+P(x_1x_5x_3)+P(x_2x_5x_4)-P(x_1x_3x_4x_5)-P(x_1x_2x_3x_4)-P(x_1x_2x_5x_4)-P(x_1x_2x_3x_5)-P(x_3x_4x_2x_5)+P(x_1x_2x_3x_4x_5)+P(x_1x_2x_3x_4x_5)+P(x_1x_2x_3x_4x_5)+P(x_1x_2x_3x_4x_5)+P(x_1x_2x_3x_4x_5)-P(x_1x_2x_3x_4x_5)=0.846\ 72$

3.6.4 工程中采用的可靠性指标——有效度

从广义来说，可靠性概念中包含着维修性。作为可靠性与维修性两者的综合，称为系统的有效度。所谓维修性是指可修复系统进行维修的难易程度或性质。

有效度 A 为

$$A=\frac{\text{MTBF}}{\text{MTBF}+\text{MTTR}}$$

其中 MTTR 是故障的平均修复时间。

为了提高通信系统的有效度，可采用主、备用设备转换保证的方法。例如，微波接力通信系统采用波道热备用方式；同轴电缆载波系统也采用这种方法；通信电源采用浮充供电方式。

小结

1. 电信网络可以抽象成为“图”的概念，因此，我们可以借助于图论的理论与方法进行电信网规划。从图论的观点看，网是由节点(Node)集 $V=\{v_1,v_2,\cdots,v_n\}$ 和边链路(Link)的集 $L=\{l_1,l_2,\cdots,l_n\}$ 组成，用图表述的网的模型称为图(Graph)，记为 $G(V,L)$。

2. 网路图 $G(V,L)$ 中若相邻两个端点间都有一条路相连，但是又不存在任何回路，即任两点之间有且只有一条路径，这样的图称为树(Tree)，对于一个给定的连通图，其众多的生成树中有一个总权数最小者，即为该图的最小生成树。图 G 的生成树不止一个，但满足一定条件的最小生成树至少存在一个。寻找最小生成树的算法有顺序取边的 Kruskal 算法和顺序取端的 Prim 算法。

3. 计算电信网中局间最短路常用算法有 Dijkstra 算法和 Warshall-Floyd 算法，Dijkstra 算法通常用于求从起始点开始到其他所有各点的最短路径。当存在负权值边时，Warshall-Floyd 算法比 Dijkstra 算法效率高，且程序极简单。但 Dijkstra 算法灵活。若图是前向的，则 Dijkstra 算法也可以求两点间最长路。

4. 网路流一般在有向图上讨论。给定有向图 $D=(V,L,C)$，在 V 中指定一个发点 v_s 和另一个收点 v_t，其余的点叫做中间点。中间节点流入量与流出量相同。定义每个弧 (v_i,v_j) 上的最大通过能力为该弧的容量，每个弧 (v_i,v_j) 上实际通过的信息量或物流称为流量。最大流问题也是一个线性规划问题，通常用标号算法求解。

5. 截集容量是指截集中正向弧的容量之和，福特-富克森定理证明：网路的最大流等于最小截集容量。

6. 电信网的可靠性与相应图的粘聚度和连通度有关。图的粘聚度为最小割集的元素个数；图的连通度是最小顶点割的元素个数。

思考题

3-1　如何用线性规划求解网络规划中最短路问题？

3-2　最短路算法有哪些？它们分别适用的场合是什么？

3-3　最大流算法中，最小截集的实际意义是什么？

3-4　利用现有软件或编程实现 Floyd 算法。

3-5　已知由节点 s、a、b、t 构成的网路如题图 3-1 所示，试利用最短路算法求解从节点 s 到 t 的最短路。

3-6　已知由 7 个节点构成的网路如题图 3-2 所示，试利用 Bellman 方程求解从节点 s 到 t 的最短路。

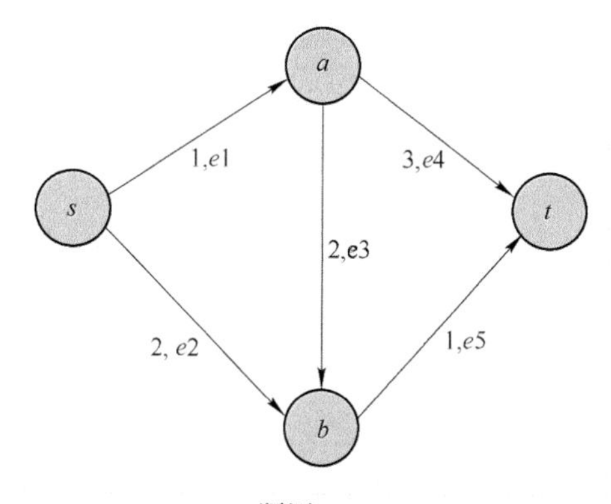
a
s
t
b
1,e1
3,e4
2,e3
2, e2
1,e5

题图 3-1

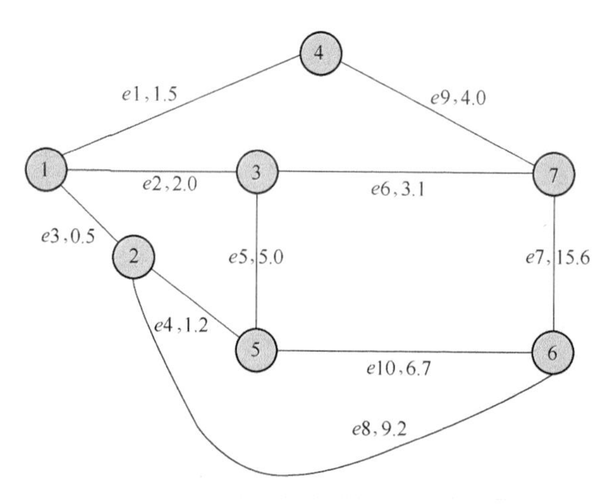
4
1
3
7
2
5
6
e1,1.5
e9,4.0
e2,2.0
e6,3.1
e3,0.5
e5,5.0
e7,15.6
e4,1.2
e10,6.7
e8,9.2

题图 3-2

第4章 排 队 论

【本章内容】

- 随机服务系统的基础知识；
- M/M/ n 标准型随机系统；
- 特殊随机服务系统；
- 随机服务系统的优化问题。

【本章重点】

- 掌握标准型服务系统中电路数、电路利用率的计算方法；
- 熟悉系统超负荷特性；
- 掌握随机服务系统溢流通路的计算方法；
- 理解随机服务系统优化的思想。

【本章难点】

- 随机服务系统与电信服务的对应关系；
- 标准随机服务系统电路数计算方法；
- 溢流通路的计算思想。

【本章学时数】6 学时

【学习本章目的和要求】

通过本章的学习，应掌握和理解话务工程中，排队论的应用思想，熟悉标准随机服务系统 M/M/n 的解题思路，能够运用所学知识，熟练地推算出网络规划中所需要的电路数及电路利用率等指标。

4.1 随机服务系统

日常生活中，我们经常可以见到各种各样的排队现象：电影院排队买票、在商店购买商品、电话局对用户的服务等。由顾客和服务员形成的系统通常被称为随机服务系统或排队系统。某种资源的有限性及社会对它的需求是排队现象存在的基础。

研究这种系统的意义在于它的广义性。如果把“顾客”与“服务员”的含义广义化，就会发现排队现象不仅存在于人们的日常生活中，也相当普遍地存在于科学技术领域。例如电信系统中的信号与信道，计算机中总线上的指令、数据与 CPU、设备的故障与维修，可能来犯的敌机与地对空防御体系等等都是由“顾客”和“服务员”组成的排队系统。研究这种系统在方法上的复杂性在于排队模型的随机性，由于顾客到达与服务时间都是不确定的，因此，绝大多数排队系统工作于随机状态。这种随机性质造成有时顾客排队时间过长，有时服务员却闲着。前者是服务质量的损失，后者为服务资源的浪费。一个高效的随机服务系统应该能够在为顾客提供满意服务的同时，尽量提高系统资源的利用率。A. k. Erlang 于 1909 年至 1920 年发表了一系列根据话务量计算电话机键配置的方法，为随机服务理论奠定了基础。因随机服务过程中，往往产生拥挤现象或排队现象，故随机服务理论又被称为排队论（Queuing Theory）或拥塞理论（Congestion Theory）。20 世纪 70 年代以来，由于存储技术的迅速发展和计算机技术在各领域的广泛应用，人们已认识到采用随机服务理论分析许多物理系统的意义，这也促成了这一理论得以较快地发展。在电信网内的业务分析和性能计算中，随机服务理论是不可缺少的。

4.1.1　随机服务系统的基本概念

随机服务系统的一个典型特点就是其输入与输出是随机变量：

(1) 顾客或者用户什么时刻要求服务事先不能确定，即顾客或者用户到达系统的时刻是随机的；

(2) 顾客或者用户每次需要多长服务时间也是不确定的，即顾客或者用户的服务时间是随机的。

图 4-1 给出了随机系统服务的一般模型。顾客由顾客源出发，随机到达服务机构（服务台、服务员）前排队等候服务，服务终结后离开。

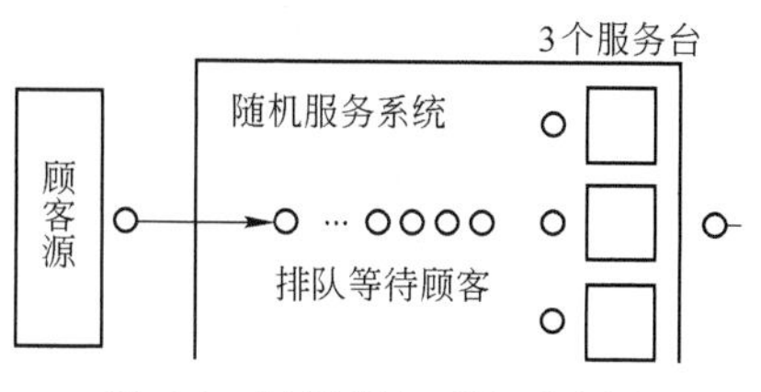

图 4-1　随机服务系统示意图

4.1.2　话务量概念

在通信网规划中，我们通常用随机服务系统的方法求解在一定的呼损条件下，不同话务量水平所需要的电路数。为更好地理解用随机服务系统解决话务工程的思想，我们先从话务量的概念入手：

在电信网中，话务量大小反映在单位时间内呼叫次数的多少和每次呼叫的占用时间。它可有以下 3 种解释：

(1) 话务量为在一定时间内，同时接续的平均值；

(2) 话务量为所有呼叫的保留时间的总和；

(3) 话务量为在一个平均占用时长内发生的平均呼叫数。

话务量的单位有 3 个：

(1) 小时呼(TC)或占线小时,用爱尔兰(Erl)表示;

(2) 分钟呼或占线分钟;

(3) 百秒呼或占线百秒,用(ccs)表示。

后面讨论的话务量如无特殊说明:即指以爱尔兰为单位的小时呼。

3 种单位的关系是:

1 小时呼=60 分钟呼、36 百秒呼;

1 分钟呼=3/5 百秒呼、1/60 小时呼;

1 百秒呼=1/36 小时呼、5/3 分钟呼。

4.1.3 随机服务系统的组成

一般随机服务系统有 3 个基本组成部分:顾客到达随机服务系统的输入过程、服务规则以及服务机构的组织。

1. 输入过程

顾客到达随机服务系统的输入过程,顾客源的组成可分为有限源和无限源。顾客相继到达的间隔时间可以是确定性的,也可以是随机的。

2. 服务规则

服务系统的服务台全被占用时,对顾客的服务可能有下列不同规则。

(1) 损失制:顾客到达系统时,如果有空闲的服务台,则马上可以得到服务;但是如果没有空闲的服务台,则服务机构拒绝为新到的顾客服务,新的顾客必须离去。我国电话网络中的基干路由在接受某一用户要求提供服务时,就是采用损失制服务规则。

(2) 等待制:顾客到达系统时,如果有空闲的服务台,则马上可以得到服务;如果没有空闲的服务台,则允许新顾客在服务机构前排队等待,直到有服务台空出后,再按某种规则到空闲服务台接受服务。这些规则通常又分为:先到先服务(FIFO)、后到先服务、随机服务、优先权服务等。

(3) 混合制:顾客到达系统时,如果有空闲的服务台,则马上可以得到服务;如果没有空闲的服务台,系统允许新到顾客排队等待,但排队的位置有限,当所有位置全被占满后,继续到达的顾客就按损失制处理。

在等待制服务系统中的不同的服务规则:先到先服务,即按顾客到达的先后次序排队,接受服务;后到先服务,即服务次序与顾客到达次序相反;随机服务,即服务台空出后,可以从等待的顾客中任意挑选一个进行服务,不考虑顾客的到达次序;优先权服务,即把顾客按某种特征分为若干个等级,顾客到达后按优先等级排定次序,同一等级顾客再遵循先到先服务规则。

3. 服务机构的组织

服务台数可以是单台,也可以是多台的。在多台服务系统中,服务台的组织方式可以是并联的、串联的，也可以是混合组织的。

4.1.4 随机服务系统的常用符号

随机服务系统通常按输入过程、服务时间的分布和并列的服务台数分类。常用如下3个符号共同表示：

$$X/Y/Z$$

其中：X 为输入过程；Y 为服务时间的分布；Z 为服务台数。

表示输入过程和服务时间的分布的符号是：

- M：泊松(Poisson)输入过程或服务时间为负指数分布；
- D：定长分布；
- E_k：k 阶爱尔兰分布；
- G：一般随机分布。

此外，还应用文字补充说明随机服务系统的顾客源数、排队规则和服务规则等。

4.1.5 随机服务系统的常用指标

(1) 系统中逗留人数 L_s——系统中顾客数的期望值。

(2) 系统中排队队长 L_q——系统中排队等待服务的顾客数的期望值。

(3) 系统中顾客逗留时间 W_s——顾客在系统中停留时间的期望值。

(4) 系统中顾客等待时间 W_q——顾客在系统中等待时间的期望值。

W_q 与 W_s 有如下关系式：

$$W_s = W_q + \frac{1}{\mu}$$

式中：μ 为服务率$\left(\mu\text{ 是平均服务时间 } h \text{ 的倒数}, \mu=\frac{1}{h}\right)$。Little(利特尔)公式给出了 W_s 与 L_s 和 W_q 与 L_q 的关系式如下：

$$W_s = L_s/\lambda\ ,\ W_q = L_q/\lambda$$

式中：λ 为顾客进入服务系统的到达率。

由此，得 L_s 与 L_q 的关系式如下：

$$L_s = L_q + \rho$$

式中：ρ 为业务强度($\rho=\lambda/\mu=\lambda h$)。

(5) 其他指标及其表示符号。

① D：等待的概率；

② B：损失率(通信系统中也称为服务等级)；

③ η：服务台的利用率。

4.1.6 描述服务时间与间隔时间的概率分布

顾客的服务时间由于多种原因具有不确定性，最好的描述方法就是概率分布；同样顾客到达的间隔时间也具有一定的概率分布。服务时间和到达间隔时间服从什么分布？可以先通过统计得到经验分布，然后再做理论假设和检验。经验分布一般采用直方图来表示，如图 4-2 所示。

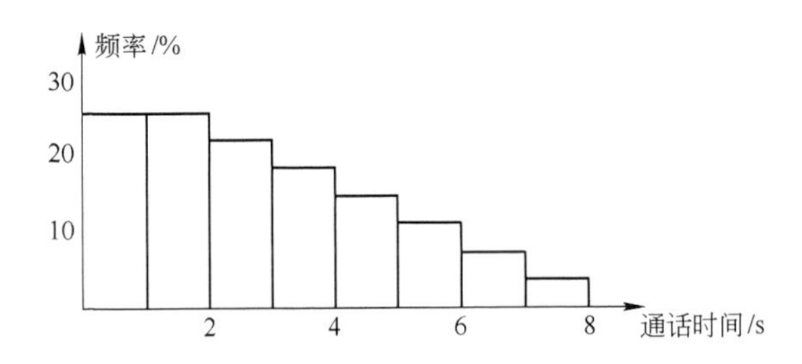

图 4-2 通话时间与频率关系示意图

常见的统计分布有定长分布、负指数分布和爱尔兰分布。

1. 定长分布

常见的定长分布如流水线的加工时间等。其概率分布函数（如图 4-3 所示）为

$$F(t)=\begin{cases}1 & 当\ t\geqslant l\\ 0 & 当\ t<l\end{cases}$$

2. 负指数分布

负指数分布是一类最常用的分布，其概率分布函数（如图 4-4 所示）为

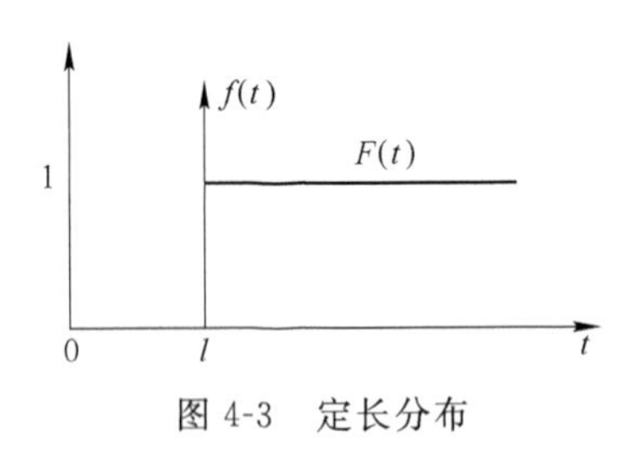

图 4-3 定长分布

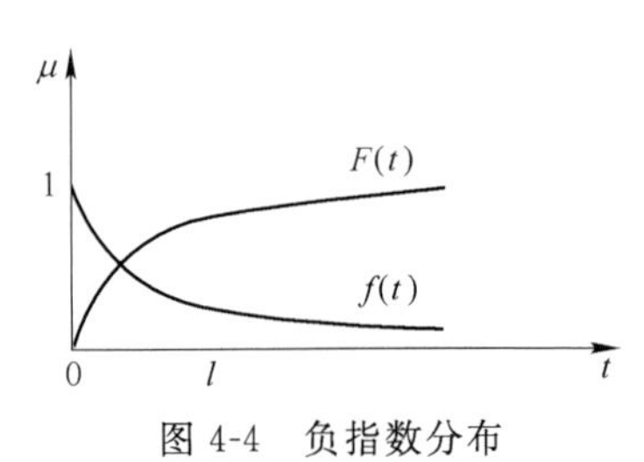

图 4-4 负指数分布

$$F(t)=1-\mathrm{e}^{-\mu t}$$

$$f(t)=\mu\mathrm{e}^{-\mu t}$$

负指数分布的平均服务时间 $E(h)$ 和 $\sigma^2(h)$ 分别为

$$E(h)=\int_0^{\infty} t\mu\mathrm{e}^{-\mu t}\,\mathrm{d}t=\frac{1}{\mu}$$

$$\sigma^2(h)=\frac{1}{\mu^2}$$

负指数分布在通信网规划中经常使用,如通话时长、故障间隔时间等均属于负指数分布。它具有很好的特性:无记忆性和数学期望等于方差,使数学分析变得非常方便。

3. 爱尔兰分布

爱尔兰分布是一种代表性更广的分布,其概率分布函数(如图4-5所示)为

$$f(t)=\frac{\mu k(\mu kt)^{k-1}}{(k-1)!}\mathrm{e}^{-\mu kt}$$

式中:k为整数,称为k阶爱尔兰分布;当$k=1$时,退化为负指数分布;当$k\to\infty$时,趋向定长分布。爱尔兰分布实际上是k个独立同分布的负指数分布随机变量的和的分布,即k个服务台的串联,每个服务台的平均服务时长为$1/k$。

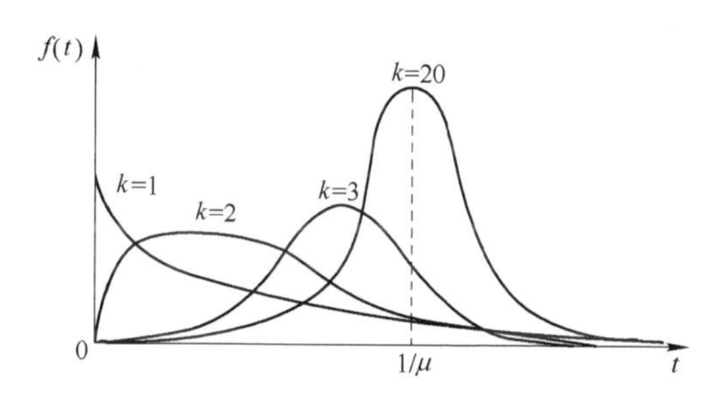

图4-5 爱尔兰分布

4.2 标准型随机服务M/M/n系统

4.2.1 M/M/n损失制

M/M/n损失制,无限源,先到先服务系统(M/M/n:∞/n/FIFO):一个有n个服务台并联的随机服务系统,从顾客源来的顾客流为泊松流,到达率为λ。若某一顾客到达时有空闲服务台,则该顾客立即接受服务,服务结束后就离开系统,服务时间与到达间隔时间相互独立,并服从参数为μ的负指数分布,即每个服务台的服务率为μ。若某一顾客到达时,所有n个服务台都在进行服务,则该顾客就被拒绝进入系统而遭到损失。

爱尔兰损失公式(Erlang)可准确地表现随机服务系统中,顾客损失率B(服务质量等级)、话务量ρ以及电路(服务台)数n之间的关系,其具体公式形式如下:

$$B=E(n,\rho)=\frac{\rho^n/n!}{\sum_{k=0}^{n}\rho^k/k!}$$

式中：ρ 为业务强度$\left(\rho=\dfrac{\lambda}{\mu}\right)$，在通信系统中，通常称为业务量(Traffic)或话务量，是无量纲的，它表示单位时间内要求系统提供的服务时间；λ 和 μ 的单位必须一致。

为了纪念 Erlang，话务量采用爱尔兰作单位。在通信系统中，通常给定 B（以呼损率表示的服务等级）和 ρ，通过爱尔兰公式确定 n（电路数）。在实际应用中，常用爱尔兰曲线图或表求解。计算在给定服务等级条件下，完成相应的话务量所需电路数 n，一般有 3 种方法：迭代计算、查图和查表。

1. M/M/n 损失制系统的服务质量

系统的服务质量可用顾客的损失率来度量，有两种度量方法。

① 按时间计算的损失率 p_n，即单位时间内服务台全被占用的时间。

② 按顾客计算的损失率 B，即单位时间内损失的顾客数与到达顾客数之比。

在本系统中，因到达率 λ 不变，有 $B=p_n=E_n(r)$，爱尔兰损失公式可变形为

$$p_n=\frac{\rho^n/n!}{\sum_{k=0}^{n}\rho^k/k!}$$

$$B=\frac{\lambda p_n}{\lambda}=p_n=E_n(\rho)$$

$$\text{服务台的利用率}\ \eta=\frac{\rho(1-B)}{n}$$

但是并不是所有系统都有 $B=p_n$ 的性质，这时，对两个损失率的概念就要注意加以区别。在电信网规划中，服务台数通常对应的是电信网络中的电路数。

2. 电路数的计算方法

(1) 查图法

图 4-6 显示了话务量 ρ、服务等级 B 及电路数 n 的对应关系，通过图 4-6，可以在给定 ρ 和 B 的情况下，求电路数 n。

(2) 迭代计算

由于无法由 $E_n(r)$ 给出 n 的逆函数，因此，可采用逐次试算的方法：

$$E_n(\rho)=\frac{\rho E_{n-1}(\rho)}{n+\rho E_{n-1}(\rho)},\quad E_0(\rho)=1$$

迭代直到首次满足 $E_n(\rho)\leqslant B$，则 n 即为所求。

(3) 爱尔兰损失表

工程上经常采用查表的方法。爱尔兰表(表 4-1)最左边一列为服务台数 n，最上面一行为服务质量的不同等级，即 B；爱尔兰表中元素的值为 ρ，它表示当服务台数为 n，服务质量为 B 时，系统最大所能承担的话务量；工程上经常用 A 表示 ρ。

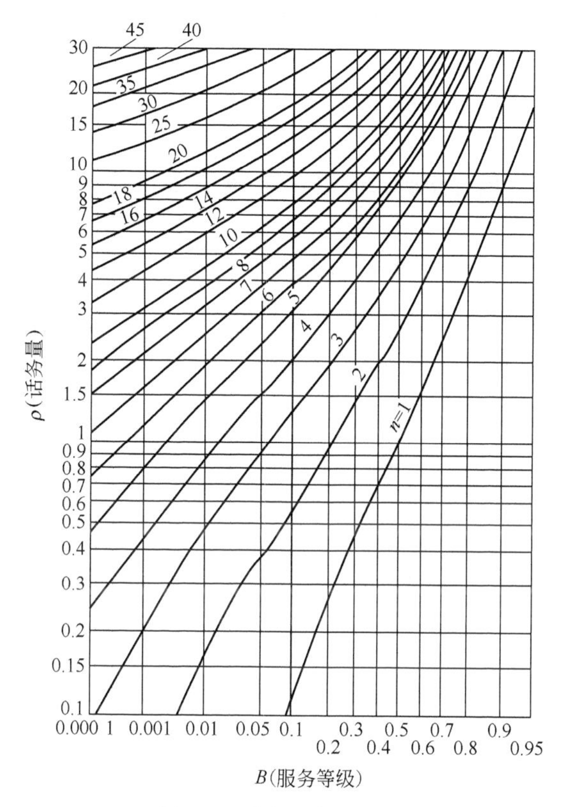

图 4-6 爱尔兰损失曲线

表 4-1 爱尔兰损失表

n \ A \ B	0.005	0.01	0.05	0.1	0.2	0.3
1	0.005	0.010	0.053	0.111	0.250	0.429
2	0.105	0.153	0.381	0.595	1.000	1.449
3	0.349	0.455	0.899	1.271	1.930	2.633
4	0.701	0.869	1.525	2.045	2.945	3.891
5	1.132	1.361	2.218	2.881	4.010	5.189
6	1.622	1.909	2.960	3.758	5.109	6.514
7	2.157	2.501	3.738	4.666	6.230	7.857
8	2.730	3.128	4.543	5.597	7.369	9.213
9	3.333	3.783	5.370	6.546	8.522	10.579
10	3.961	4.461	6.216	7.511	9.685	11.953

例 4-1：当电路数 $n=3$，服务质量等级 $B=0.01$ 时，利用查表法求该通信系统最大能承担的话务量。

解：通过查表 4-1，可知：当 $n=3$，$B=0.01$ 时，查得该系统最大能承担的话务量 $\rho=0.455$。

在实际的工作中，也可能遇到已知 n 和 ρ 求 B 的情况，可使用线性内插法，具体方法可见例 4-2。

例 4-2：$n=3$，$\rho=2.5$，由表可知 B 落在 0.2～0.3 之间，若假设在这区间所承担的话务量与 B 成线性关系，则有线性内插公式：

$$B_{2.5}=0.2+(0.3-0.2)\times\frac{2.5-1.930}{2.633-1.930}=0.281$$

例 4-3：两市话局间的忙时平均呼叫次数为 240，每次通话平均时长为 5 分钟，规定两局间中继线的服务等级为 $B\leqslant 0.01$，问：(1)应配备多少条中继线？(2)中继线群的利用率为多少？

解：中继线群上的加入话务量为 $\rho=\frac{240\times 5}{60}=20\ \text{Erl}$，

(1) 查图 4-6，$n=30$ 条；

(2) 查爱尔兰表可知：$n=30$，$B=0.01$ 时可承担 $A=20.337$，$B=0.005$ 时可承担 $A=19.034$，当电路数为 30 条，业务量为 20 Erl 时，可利用插值法计算服务等级 B，具体公式如下：

$$E_{30}(20)=0.005+\frac{0.005\times(20-19.034)}{20.337-19.034}=0.008\,707$$ 中继线群利用率为

$$\eta=\frac{\rho(1-B)}{n}=\frac{20\times(1-0.008\,707)}{30}=0.660\,862$$

3. 电路利用率与电路数量的关系

电路利用率 η 与服务等级 B、话务量 ρ 以及电路数 n 的关系如下：

$$\eta=\frac{\rho(1-B)}{n}$$

当给定 n 和 B 后，系统所能承担的话务量 ρ 可以通过爱尔兰公式求出，从而可计算出电路利用率 η；若保持 B 不变，不断增加电路数 n，η 也会发生变化，就可以得到 η-n 图，如图 4-7 所示。

通过观察上图，可得到几点结论：

① B 不变时，η 随 n 增加，说明大电路群效率高；

② n 不变时，η 随 B 增加，说明效率与质量是矛盾的；

③ η 具有边际递减规律。

4. 系统超负荷特性 α-B 图

超负荷是指系统加入的话务量 A'，超过给定服务质量所能承担的话务量 A。

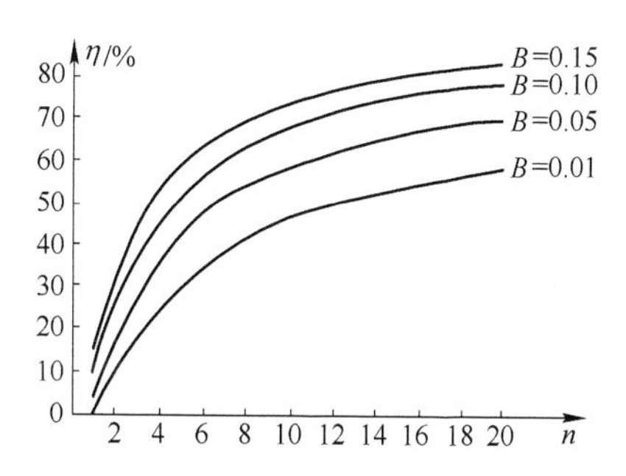

图 4-7　服务台利用率与服务台数量关系 η-n 图

超负荷用过载话务量与标准应承担的话务量的比值来表示，即：

$$\alpha=(A'-A)/A=DA/A$$
$$E_n(A)=B$$
$$E_n(A')=B'$$

图 4-8 示出了系统超负荷特性。通过图 4-8 可见，在同样标准的服务质量和同样的超负荷率下，大系统的质量劣化严重，说明效率与可靠性是矛盾的。n 越大，系统抗过负荷能力越差。

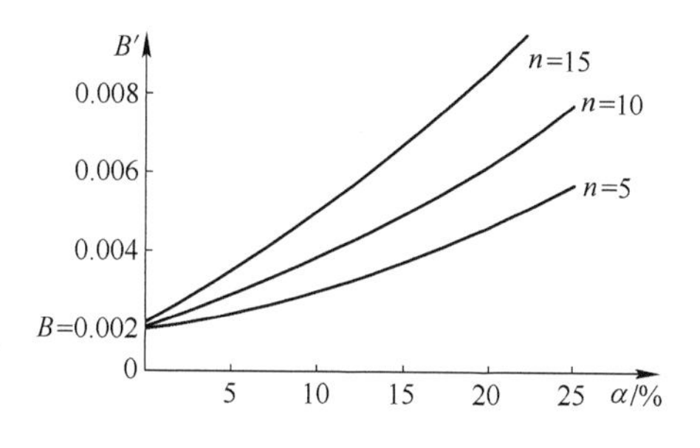

图 4-8　系统超负荷特性 α - B 图

4.2.2　M/M/n 等待制

M/M/ n 等待制，无限源，先到先服务系统（M/M/ n ，∞/ n /FIFO）：一个有 n 个服务台并联的随机服务系统，从顾客源来的顾客流为泊松流，到达率为 λ。若某一顾客到达时有空闲服务台，则该顾客立即接受服务，服务结束后就离开系统，服务时间与到达间隔时间相互独立，并服从参数为 μ 的负指数分布，即每个服务台的服务率为 μ 。若某一顾客到达时，所有 n 个服务台都在进行服务，则该顾客就进入等待状态,直到有服务台空闲时再接收服务。

根据爱尔兰等待公式,可得用户需要等待的概率 D(注:在损失制系统中,用户需要等待的概率 D 对应的是用户损失率 B)。

$$D=p\{w>0\}=\sum_{j=n}^{\infty}p_j=\frac{\rho^n}{n!}\left(\frac{n}{n-\rho}\right)p_0 \qquad (\lambda/\mu<1)$$

$$p_0=\frac{1}{\sum_{j=0}^{n-1}\frac{\rho^j}{j!}+\frac{\rho^n}{n!}\left(\frac{n}{n-\rho}\right)}$$

即 $$D=p\{w>0\}=\frac{\frac{\rho^n}{n!}\left(\frac{n}{n-\rho}\right)}{\sum_{j=0}^{n-1}\frac{\rho^j}{j!}+\frac{\rho^n}{n!}\left(\frac{n}{n-\rho}\right)} \qquad (\lambda/\mu<1)$$

在等待制系统中,用户需要等待的概率 D 是重要的服务质量指标,为使用方便,一般把爱尔兰等待公式 D 变为相应的曲线图或表以备查用,如图 4-9 所示。

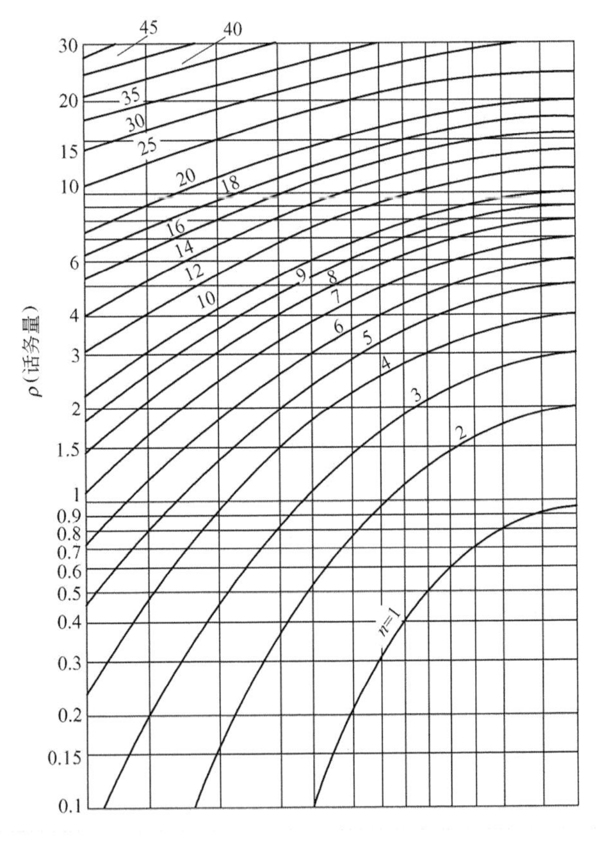

图 4-9 爱尔兰等待概率曲线

等待制系统的指标有：

平均逗留队长 $L_d=\sum_{j=1}^{\infty} jp_j=\rho\left(1+\frac{D}{n-\rho}\right)$

平均等待队长 $L_q=\sum_{j=n}^{\infty}(j-n)p_j=\frac{\rho D}{n-\rho}=L_d-\rho=\rho^{n+1}p_0/(n-1)!(n-\rho)^2$

平均逗留时长 $W_d=L_d/\lambda$

平均等待时长 $W_q=L_q/\lambda=\frac{D}{n\mu-\lambda}$

服务台平均占用数 $L_n=\rho$

服务台利用率 $\eta=\frac{\rho}{n}$

例 4-4：某电信局忙时呼叫次数 $\lambda=40$ 次/小时，每条电路的平均服务率为 $\mu=16$ 次通话/小时，要求：(1)中继线的利用率不低于 60%；(2)每次通话的平均等待时间不超过 5 分钟；问：设几条电路适当？

解：系统是无限源 M/M/n 等待制。$\rho=\frac{\lambda}{\mu}=\frac{40}{16}=2.5$ Erl。

(1) 根据 $\eta=\frac{\rho}{n}\geqslant 0.6$ 的已知条件，解出 $n\leqslant 4.17$，故 n 可取值 3，4。

(2) $n=3$ 时，$p_0=\left(1+\rho+\left(\frac{\rho^2}{2!}\right)+\left(\frac{\rho^3}{3!}\right)\left(\frac{3}{3-2.5}\right)\right)^{-1}=0.045$

$$D=\frac{\rho^n}{n!}\left(\frac{n}{n-\rho}\right)\times p_0=\frac{2.5^3}{3!}\times\frac{3}{3-2.5}\times 0.045=0.703\ 125$$

$$W_q=\frac{L_q}{\lambda}=\frac{D}{n\mu-\lambda}=\frac{0.703\ 125}{3\times 16-40}=0.087\ 89\ \text{小时}=5.27\ \text{分钟}$$

(3) $n=4$ 时，$p_0=0.073\ 70$

$$W_q=\frac{\rho^{n+1}}{\lambda(n-1)!(n-\rho)^2}p_0=\frac{2.5^5}{40\times 3!\times 1.5^2}\times 0.073\ 7$$
$$=0.013\ 328\ \text{小时}=0.8\ \text{分钟}$$

由此可知，若要求每次通过的平均等待时间不超过 5 分钟，应至少设 4 条电路。

4.3　特殊随机服务系统

M/G/1 等待制，无限源，无限容量时，G 表示一般独立分布，没有具体的分布函数，但知道该分布的数学期望 $1/\mu$ 和方差 σ^2。

设到达率为 λ，平均服务时长为 $h=1/\mu$，则系统业务量为 $\rho=\lambda h$；同样，系统有稳态的条件是 $\rho<1$。对这种特殊随机服务系统的计算可采用如下计算公式：

(1) 系统中逗留与等待的顾客的平均数(朴拉切克-欣钦公式):

$$L_s=E[L_n]=\frac{\lambda^2\sigma^2+\rho^2}{2(1-\rho)}+\rho$$

$$L_q=L_s-\rho=\frac{\lambda^2\sigma^2+\rho^2}{2(1-\rho)}$$

(2) 系统中顾客的逗留与等待的时间:

$$W_s=\frac{\lambda^2\sigma^2+\rho^2}{2\lambda(1-\rho)}+h$$

$$W_q=\frac{\lambda^2\sigma^2+\rho^2}{2\lambda(1-\rho)}$$

4.4 溢流通路计算

4.4.1 部分利用度的概念

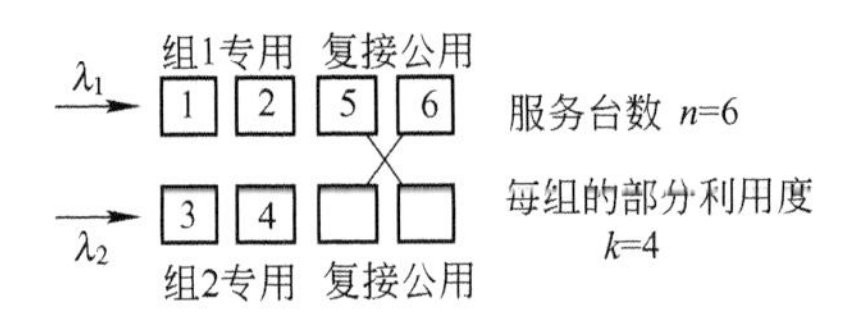

图 4-10 部分利用度示意图

当服务台可以为所有进入系统的顾客服务时,称为全利用度系统(Fully Provided)。当服务台部分分组使用、部分公用,则称为部分利用度系统,如图4-10所示。

全利用度系统利用率最高,但不易组织;分组专用效率低,但容易组织;部分利用度系统综合两者的优点。因此,研究网络优化问题是非常必要的。在网络优化中,我们应考虑如下情况:

① 各点间每条直达电路的成本不一样:汇接局的交换机每个路端的成本比非汇接局(端局)要高很多,网络优化是线络成本和交换成本的平衡。

② 在线路连接时,有3种基本结构:纯汇接(星形)、独立直达和高效直达。虽然每个与网络互联的节点都可与其他节点互通,但这3种不同的结构,每条电路的负荷是不同的。如果从网络的运行速率角度考虑,业务量较高的电路应设置高效直达路由,这些问题在网络优化中应根据业务量情况区别对待。

4.4.2 溢流通路的概念

在多局制市话网和自动化长途电路网中,各局之间的话务量很不均匀。如果各局之间都设置直达通路,通路利用率将很低;如果把各局全部话务量集中在一起,经一个汇接局转接,则要增加转接设备。因此较经济的方法是在话务量较大的各局之间设置直达通路。

呼损率大的中继线群(如 $B>0.02$),当该中继线忙时,允许通过迂回路由接通呼叫。在高效路由上呼损而转移到迂回路由上的话务流量称为溢流,如图4-11所示。

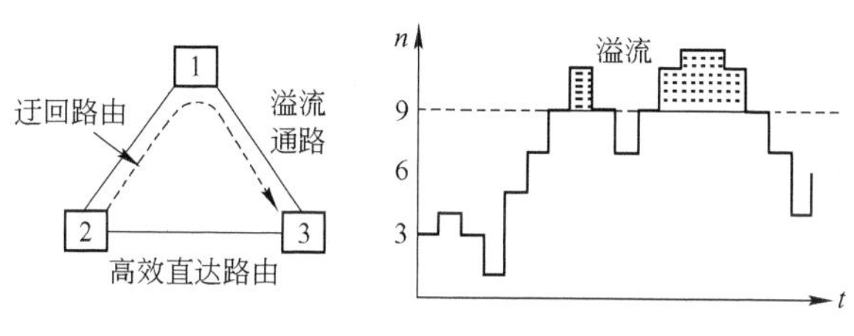

图4-11 溢流通路示意图

溢流具有突发性,经过实际统计结果显示,溢流不再是泊松流,其分布目前仍不清楚。具有溢流的系统是一个部分利用度系统。

4.4.3 溢流通路的计算

在图4-11给出的例子中,如果已知直达通路业务量 A_{23} 和给定的损失率 B_{23},可以用爱尔兰损失公式直接求出所需电路数 n_{23}。但对于节点2至节点1路由容量 n_{21} 的计算就不这样简单了,因为该路由(2,1)为溢流通路,该通路上除直达业务量 A_{21},还有(2,3)的溢出流量 A_{o23},而 A_{o23} 不是泊松流,不能简单迭加,因而也不能直接用爱尔兰损失公式求 n_{21}。

1956年威尔金森(R. I. Wilkinson)提出了"等效随机流法"的近似计算方法。就是给出一种溢出流的迭加方法,然后求一个等效泊松流 A 和一个等效电路群 n(如图4-12所示),使 A 通过 n 后的溢流等于原溢出流的迭加。

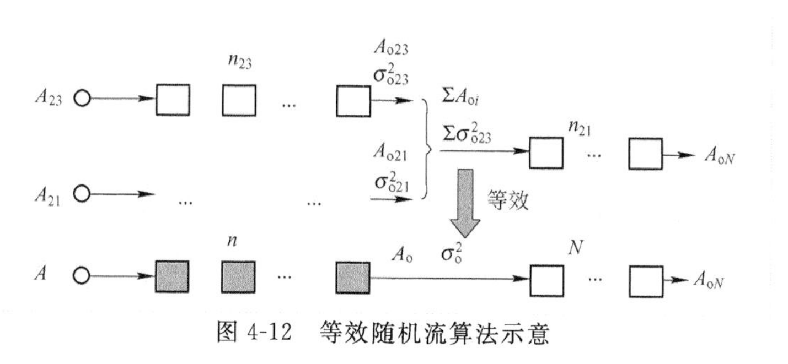

图4-12 等效随机流算法示意

4.4.4 等效随机流的计算方法与步骤

1. 计算(2,3)的溢流均值和方差

由于 n_{23} 是 A_{23} 的专用通路,给定 B_{23},根据下述威尔金森给出求溢流方差的公式:

$$E_{n23}(A_{23})\leqslant B_{23},\quad A_{o23}=A_{23}E_{n23}(A_{23}) \tag{4.1}$$

$$\sigma_{oi}^2 = A_{oi}\left[1 - A_{oi} + \frac{A_i}{n_i + 1 + A_{oi} - A_i}\right] \tag{4.2}$$

式中：$E_{n23}(A_{23})$ 为电路数为 n，话务量为 A_{23} 时的呼损；B_{23} 为给定的电路呼损。

2. 计算各通路上的溢流总和的均值和方差

$$A_o = \sum_i A_{oi} \quad \sigma_o^2 = \sum_i \sigma_{oi}^2$$

注意，泊松流自身的方差等于均值，即 $A_{21} = \sigma_{21}^2$。

3. 计算等效随机流 A 和等效通路数 n

泊松流 A 经过通路 n 都会有公式(4.1)，式(4.2)给出的溢流，如何根据已知溢流(A_o，σ_o^2)反解 A 和 n，1964 年拉普(Y. Rapp)给出了反解公式(拉普公式)：

$$A = \sigma_o^2 + \frac{3\sigma_o^2}{A_o}\left(\frac{\sigma_o^2}{A_o} - 1\right)$$

$$n = \frac{A}{q} - A_o - 1 \quad q = 1 - \frac{1}{A_o + \frac{\sigma_o^2}{A_o}}$$

4. 计算溢流通路的电路数 N

等效于将 A 加载到 $n + N$ 的通路上，给定呼损 B，有

$$E_{n+N}(A) \leqslant B, \quad A_{oN} = AE_{n+N}(A)$$

5. 计算各通路的呼损

将最终呼损 A_{oN} 按各通路的溢流分摊：

$$A_{Ni} = \frac{A_{oi}}{A_o}A_{oN}, \quad B_i = \frac{A_{Ni}}{A_i}$$

例 4-5：在图 4-13 所示电路中，求溢流通路(A,D)的电路数 N_{AD}，要求 $B \leqslant 0.01$。

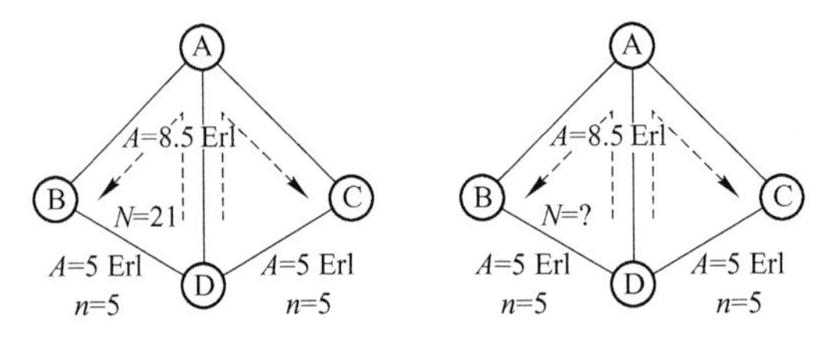

图 4-13　溢流通路计算举例

(1) 计算(D,B)(D,C)的溢流 A_{o1}，σ_{o1}^2

查表，并利用线性内插，得

$$E_5(5) = 0.2 + 0.1\,\frac{5 - 4.010}{5.189 - 4.010} = 0.285$$

$$A_{oDB} = A_{oDC} = 5E_5(5) = 1.425$$

$$\sigma_{oDC}^2 = \sigma_{oDB}^2 = 1.425\left[1 - 1.425 + \frac{5}{5 + 1 + 1.425 - 5}\right] = 2.062$$

(2) 计算(A,D)的总溢流 A_o，σ_o^2

$$A_o=2\times1.425+8.5=11.35$$

$$\sigma_o^2=2\times2.062+8.5=12.624$$

(3) 计算等效流 A 和等效电路 n

$$A=12.624+\frac{3\times12.624}{11.35}\times\left(\frac{12.624}{11.35}-1\right)=13.0$$

$$q=1-\frac{1}{11.35+12.624/11.35}=0.92$$

$$n=\frac{13}{0.92}-11.35-1=1.78$$

(4) 计算溢流通路(A,D)所需通路数 N

要求 $E_{n+N}(13)\leqslant0.01$，查表得 $n+N=22$，$N=20.22$，取 $N=21$，由线性内插得 $E_{22}(13)=0.0068$

$$A_{oN}=13\times0.0068=0.08835$$

(5) 计算(A,D)，(D,B)(D,C)的呼损有不合理现象，低等级点间的呼损小于骨干上点间呼损

$$A_{N(AD)}=\frac{A_{oAD}}{A_o}\times A_{oN}=\frac{8.5}{11.35}\times0.08835=0.0662$$

$$A_{N(DB)}=\frac{1.425}{11.35}\times0.08835=0.0111$$

$$B_{AD}=\frac{0.0662}{8.5}=0.0078,\quad B_{DB}=B_{DC}=\frac{0.0111}{5}=0.00222$$

4.5　随机服务系统的优化

服务水平与电路利用率之间是一对矛盾，如何合理地规划电路数，使网络的总体费用最优，是随机服务系统优化的主要目的。如图 4-14 所示，系统的服务水平越高，顾客的等待时间越短，而系统的服务费用将相应增大。反之，服务费用将会减少。顾客的等待时间长短反映出等待过程中顾客所蒙受的损失的大小，即等待费用。优化的目标就是寻找合理的服务水平，从而使服务费用与顾客等待费用之和(即总费用)最少。优化的方法主要是合理选择服务台数 n 及改变服务率 μ。

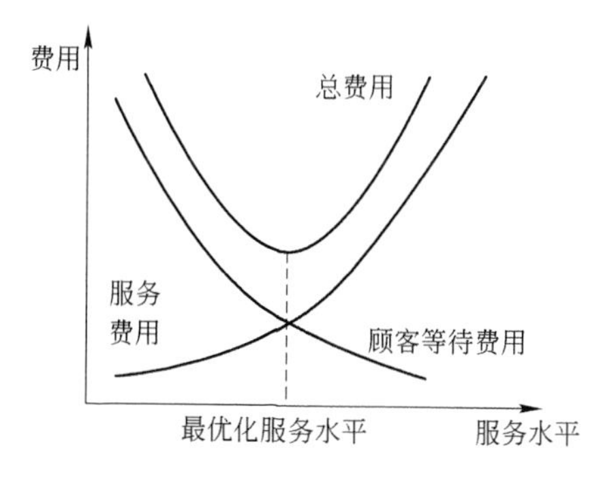

图 4-14　随机服务系统总费用图

设 S 为每增大1单位的 μ 所需的单位时间服务费用；W 为每个顾客在系统中逗留单位时间的费用；λ 为顾客进入服务系统的到达率，是为一个顾客服务所带来的利润；k 是增加一个服务台每单位时间的费用；$L(n)$ 是有 n 个服务台的系统中逗留顾客数。

4.5.1 单台随机服务系统的优化

单台随机服务系统服务率（μ）的优化（μ 可取连续值时）：

(1) M/M/1 等待制，无限源，先到先服务随机服务系统最优 μ 值的计算公式：

$$\mu=\lambda+\sqrt{\frac{W\lambda}{s}}$$

(2) M/M/1 混合制，无限源，先到先服务随机服务系统（系统容量 $m>1$）最优 μ 值的计算公式：

$$\frac{\rho^{m+1}[(m+1)\rho-m-\rho^{m+1}]}{(1-\rho^{m+1})^2}=\frac{s}{\pi}$$

通常利用计算机，采用数值计算获得 ρ 值，求解出 μ 值。

(3) M/ E_k /1 等待制，无限源，先到先服务随机服务系统最优 μ 值的计算公式：

$$s-\frac{W\lambda}{(\mu-\lambda)}\left[1+\frac{\lambda}{2k\mu}\left(2-\frac{\lambda}{\mu}\right)(1-k)\right]=0$$

4.5.2 多台随机服务系统的优化

M/M/ n 等待制，无限源随机服务系统服务台数 n 的优化公式（假定 μ 为离散型）：

$$[L(n-1)-L(n)]>\frac{h}{W}>[L(n)-L(n+1)]$$

其中 $L(n)$ 表示有 n 个服务台的系统中逗留顾客数。

(1) 当 μ 的费用为线性时，其费用函数为：

$$C(n,\mu)=sn\mu+WL(n)$$

式中有两个变量，若对其求最优值，必先令 μ 保持不变，按前述方法求最优 n；然后改变 μ 值，再用同样方法求最优 n。这样一直做下去，直到所有的 μ 都考虑到，即可得到这个模型的最优 n。

(2) 当 μ 的费用为非线性时：

设 $s(\mu,n)$ 为提供 n 个服务台（每个服务台的服务率为 μ）的费用，W 和 $L(n)$ 的定义如前，则总费用函数为

$$C(n,\mu)=s(n,\mu)+WL(n)$$

在这种情况下，一般需要对全部的 μ 和 n 的组合逐个进行计算才能求得最优的 μ 和 n。

小结

1. 随机服务系统的一个典型特点就是其输入与输出是随机变量：顾客到达系统的时刻是随机的；顾客的服务时间是随机的。

2. 在电信网中，话务量大小反映在单位时间内呼叫次数的多少和每次呼叫的占用时间。

3. 一般随机服务系统有3个基本组成部分：顾客到达随机服务系统的输入过程、服务规则以及服务机构的组织。

4. 服务系统的服务台全被占用时，对顾客的服务有损失制、等待制、混合制3种不同规则。

5. 对M/M/ n 损失制，无限源，先到先服务系统（M/M/ n ：∞/ n /FIFO），用爱尔兰损失公式表现随机服务系统中，顾客损失率 B（服务质量等级）、话务量 ρ 以及电路数 n 之间的关系，其具体公式形式如下：

$$B=E(n,\rho)=\frac{\rho^n/n!}{\sum_{k=0}^{n}\rho^k/k!}$$

式中：ρ 为业务强度（$\rho=\lambda/\mu$），在通信系统中，通常称为业务量或话务量，是无量纲的，它表示单位时间内要求系统提供的服务时间；λ 和 μ 的单位必须一致。

在实际应用中，常用爱尔兰曲线图或表求解。计算在给定服务等级条件下，完成相应的话务量所需电路数 n，一般有3种方法：迭代计算、查图和查表。

6. 在多局制市话网和自动化长途电路网中，各局之间的话务量很不均匀。呼损率大的中继线群（如 $B>0.02$），当该中继线忙时，允许通过迂回路由接通呼叫。在高效路由上呼损而转移到迂回路由上的话务流量称为溢流。

威尔金森提出"等效随机流法"的近似计算方法就是求一个等效泊松流 A 和一个等效电路群 n，使 A 通过 n 后的溢流等于原溢出流的迭加。

7. 服务水平与电路利用率之间是一对矛盾，如何合理地规划电路数，使网络的总体费用最优，是随机服务系统优化的主要目的。优化的目标就是寻找合理的服务水平，使服务费用与顾客等待费用之和（即总费用）最少。优化的方法主要是合理选择服务台数 n 及改变服务率 μ。

思考题

4-1　试列举10个排队系统的例子。

4-2　如何利用随机服务系统的理论解决话务工程中的实际问题？

4-3　在随机服务系统中，影响电路数计算的有哪些因素？

4-4　损失制与等待制有何区别，对计算结果有何影响？

4-5　为何会产生溢流，如何规划溢流通路？

4-6　为什么要进行随机服务系统的优化？随机服务系统优化的思想是什么？

4-7　假定电话网是一标准型随机服务系统（$M/M/n$ 损失制）。当电路数 $n=3$，服务质量等级 $B=0.01$ 时，利用查表法求该通信系统最大能承担的话务量。

4-8　高速公路入口收费处设有一个收费通道，汽车到达服从泊松分布，平均到达速率为 100 辆/小时，收费时间服从负指数分布，平均收费时间为 15 秒/辆。求：

(1) 收费处空闲的概率；

(2) 收费处忙的概率。

第5章　电信业务预测的基本方法

【本章内容】

- 预测的基础知识；
- 定性预测方法；
- 时间序列预测方法；
- 相关分析预测技术；
- 预测中常用的其他方法。

【本章重点】

- 掌握综合利用定性与定量的分析技术进行预测的方法；
- 熟练掌握时间序列预测方法；
- 掌握一元和多元回归的预测方法；
- 理解定性预测的基本思想；
- 掌握各种预测所适用的场合。

【本章难点】

- 定性与定量预测技术的选择；
- 成长曲线预测法；
- 多元回归参数估计与检验；
- 灰色系统理论及状态转移概率矩阵；
- 模糊回归分析及系统动力学方法。

【本章学时数】10 学时

【学习本章目的和要求】

通过本章的学习，应掌握和理解通信网规划中，定性与定量预测方法的思想，熟悉时间序列分析法及多元统计分析的预测方法，以及其他常用的预测方法，能够运用所学知识，在已有数据基础上，进行网络规模、用户数、业务量等指标的预测分析。

从第 4 章中得知：在网络规划中，可以根据话务量及网络要求的质量水平，求解所需电路数。但在实际规划的过程中，话务量是未知数，通常是根据过去电信使用的情况及未来宏观环境的发展趋势，预测未来 5～10 年的话务量的发展趋势，在此基础上，进行网络规划。因此，对网络规划而言，未来业务量的预测是非常重要的基础数据。

预测是对未来不确定事件的科学预报和推测，在统计学中把随时间和空间而变化的自然规律和社会活动进行科学的预知和推测、揭示其发展规律的方法叫做预测。预测是建立在广泛的知识基础上去进行推理和推断，然后提出对未来发展方向和水平的定性和定量的估计。

按照预测性质分可分为定量预测和定性预测。常见的预测方法有：时间序列外推预测、相关分析预测、类比分析预测和专家评议等。

科学的预测一般有以下几种途径：一是因果分析，通过研究事物的形成原因来预测事物未来发展变化的必然结果。二是类比分析，比如把单项事物的发展同其他事物的增长相类比，把正在发展中的事物同历史上的“先导事件”相类比等等，通过这种类比分析来预测事物的未来发展。第三种途径是统计分析，它通过一系列的数学方法，对事物的过去和现在的数据资料的分析，去伪存真，由表及里，揭示出历史数据背后的必然规律性，给出事物的未来发展趋势。

5.1 预测的基本知识

预测是一门不完全精确的学科，具有不确定性、近似性和有限性的特点；同时预测也不同于一般的凭经验猜测，它是建立在科学理论基础之上采用现代科技手段对预测对象的特征、状态和差异进行科学分析的体系。

5.1.1 预测的分类

根据不同要求，可以将预测分为以下几种：

1. 按预测的时效分

(1) 短期预测。

(2) 近期预测。

(3) 中期预测。

(4) 长期预测。

2. 按预测方法分

(1) 定性预测。

预测者通过对影响市场变化的各种因素的分析、判断，根据经验来预测通信业务未来的变化。定性预测方法适用于历史数据不易获得或缺乏历史数据，而更多地依靠专家经验的情况下使用。这种预测法的特点是简便易行、经验色彩浓厚，但易受预测者心理和情绪的影响，预测精度难以控制。

(2) 定量预测。

定量预测方法主要采用数学方法，对已掌握的信息及其演变关系进行数量分析，并建立数学模型，利用计算机和相应的软件进行计算，对事物未来的发展做出预测。

其一般方法是，首先根据历史数据及有关的经济信息，进行模型的识别，确定所建立预测模型的类型及其一般形式；其次对预测模型中的参数进行估计，如移动平均法、指数平滑法、最小二乘法等。不同的估计方法是建立在不同的最优准则之上的，最后进行模型的优劣性检验，只有通过检验是合理的模型，才能用于电信业务预测并期望有好的效果。

3. 按预测的范围分

（1）宏观预测。

（2）微观预测。

4. 按预测方法分

（1）判断性预测。

（2）历史资料延伸性预测。

（3）因果预测。

5.1.2　预测的程序

由于未来科学的迅速发展，预测范围广泛，预测技术也日趋完善，特别是对资料收集、整理、积累存储的电子技术的发展大大促进了预测方法论的发展。预测方法不仅有数学方法，也有非数学方法，综合运用了数学、经济学、社会学、自然科学以及计算机科学的现代研究成果，其方法有几百种，在本章中只列举通信方面比较常用的一些方法。

预测的程序随预测的目的和采用的方法而异，一般程序如图5-1所示。

5.1.3　通信业务预测的内容及应注意的问题

通信业务预测在整个通信网络规划中起着非常重要的作用，它是通信网络规划的基础和依据，其准确程度将会直接影响到规划的规模、发展和实用性。通信业务预测是编制通信网络规划工程可行性研究和初步设计的重要内容，预测结果是否符合客观实际，正确反映未来的发展趋势，直接关系到拟建的网络结构、工程规模、投资大小以及经济效益的优劣，因此它是网络建设和业务运营的重要基础。

在电信业引入市场竞争体制以及加入世界贸易组织的情况下，进行通信业务的预测不仅要考虑到已有数据的分析，更要注意到国际电信业技术、业务发展的新形势以及相应环境，包括服务对象、技术环境、业务环境、市场环境和资金环境的变化情况。因此，电信业务的预测需要综合考虑各个方面的情况，进行系统地分析，对人员的素质要求高，一般难度也较大。

（1）通信业务预测的内容

通信业务预测主要包括通信业务量和业务种类预测。业务量预测又分为各类业务的业务总量和业务量的流量流向的预测。对于不同的业务种类预测的内容也不同。

通信业务预测通常是建立在对通信业务用户数预测的基础之上，根据各时期用户规模、用户通信特点以及发展趋势，做出对通信用户使用电信业务的预测，在

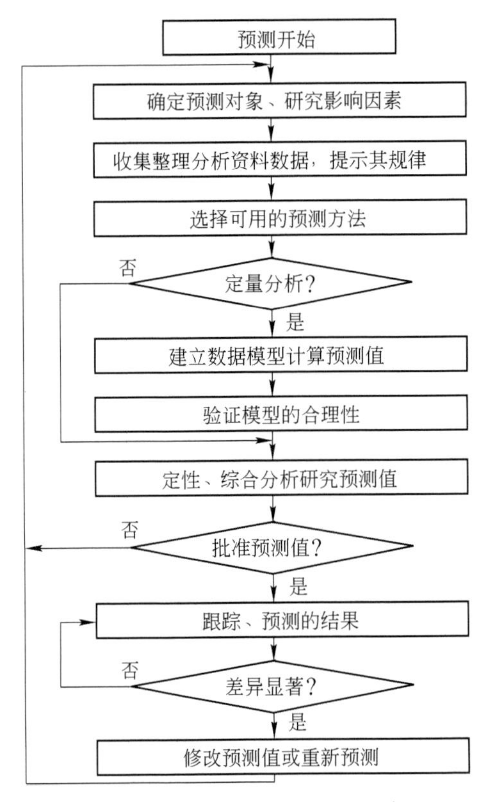

图 5-1 业务预测主要工作程序

此基础上进行通信业务量的预测及分析。

根据目前电信运营商经营的业务和通信网络的划分，业务预测主要又可分为两大类：固定网业务预测和移动网业务预测。固定网业务预测主要包括本地网通信业务、长途网通信业务、多媒体通信业务、数据通信业务等。移动业务预测主要包括移动电话业务、移动短消息业务、移动数据业务和不同速率的移动用户数量及业务量的预测等。

业务总量预测主要包括：市内电话用户总数发展预测、市内电话用户分布密度预测、其他业务发展占用用户线和中继线比例预测、用户使用特点预测、业务总量预测及平均每线话务量预测。

业务量的流量与流向预测主要是局间话务量流量流向预测。

业务种类预测主要包括：固定电话、小灵通、移动通信、电信增值业务、用户电报、用户传真、用户专线和其他数据业务、市内电话、长途电话、市内电话业务与长途业务比例预测。

(2) 业务预测中应注意的问题

① 在收集历史数据时，应注意各种历史数据在不同时期的统计背景和口径问题。

② 现在电信业务发展速度很快，业务种类多；不同的业务发展的特点也不同，需要采取不同的模型对业务进行预测。

③ 为提高预测的准确性，在预测时一般采用两种或两种以上的预测方法进行预测。如预测结果相近，则认为预测结果可行。否则，应进行分析，找出原因，选取较为合理的结果。

④ 需要对预测结果定期进行跟踪、观察和修正。保证业务预测工作的长期性，不断提高预测结果的准确性。

目前常用的电信业务预测技术主要有以下几种：直观预测技术、时间序列预测技术、相关分析预测技术及其他预测技术。

5.2　趋势分析方法

5.2.1　相关推断法

根据各变量之间的相关性，由某个变量的未来变化趋势对另一个变量的变化趋势进行趋势预测。给出定性的推断。

例 5-1：利用相关推断法分析近 5 年来电信业务总量、收入、投资等增长与 GDP 增长的关系。

解：我们把近 5 年来电信业务总量、收入、投资与 GDP 增长等数据做成图表，见图 5-2 到图 5-5 所示。

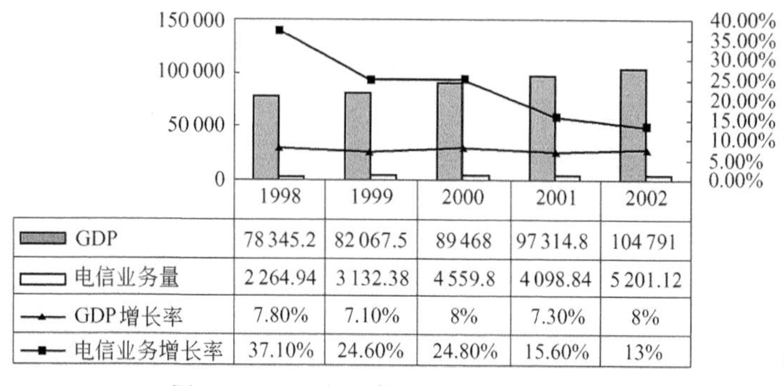

	1998	1999	2000	2001	2002
GDP	78 345.2	82 067.5	89 468	97 314.8	104 791
电信业务量	2 264.94	3 132.38	4 559.8	4 098.84	5 201.12
GDP增长率	7.80%	7.10%	8%	7.30%	8%
电信业务增长率	37.10%	24.60%	24.80%	15.60%	13%

图 5-2　GDP 与电信业务量（单位：亿元）

分析：

(1) 根据图 5-2，从总量上我们看到，近 5 年电信业务总量与 GDP 的增长趋势相同，都在以较高的速度增长。从 1998 年到 2002 年，电信业务总量占 GDP 的百分比依次为：2.89%、3.81%、5.1%、4.21%、4.96%，表明电信在 GDP 中的分量在逐渐加大。电信作为基础性行业对 GDP 具有拉动作用，从图中可以看到，电信业务增长率在前几年一般高于 GDP 两倍以上。

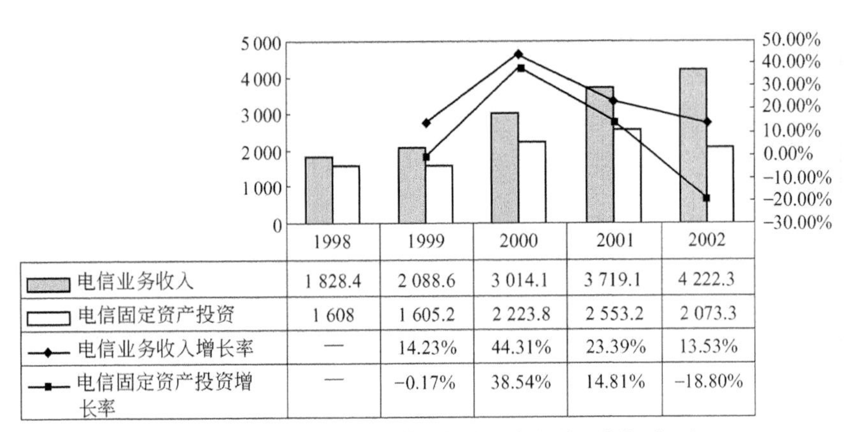

	1998	1999	2000	2001	2002
电信业务收入	1 828.4	2 088.6	3 014.1	3 719.1	4 222.3
电信固定资产投资	1 608	1 605.2	2 223.8	2 553.2	2 073.3
电信业务收入增长率	—	14.23%	44.31%	23.39%	13.53%
电信固定资产投资增长率	—	-0.17%	38.54%	14.81%	-18.80%

图 5-3　电信业务收入与电信固定资产投资(单位:亿元)

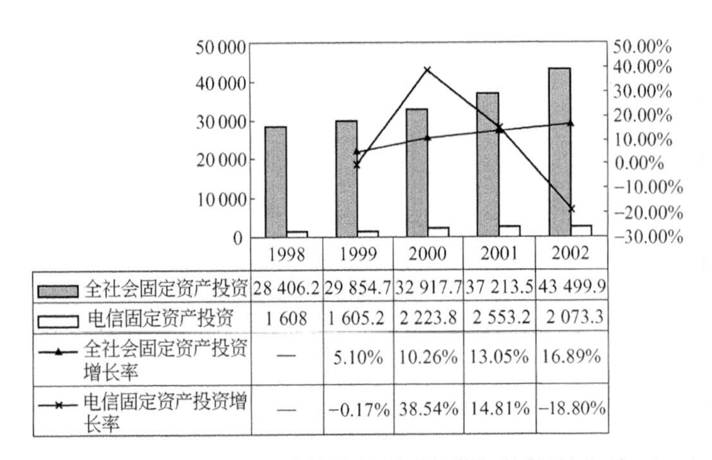

	1998	1999	2000	2001	2002
全社会固定资产投资	28 406.2	29 854.7	32 917.7	37 213.5	43 499.9
电信固定资产投资	1 608	1 605.2	2 223.8	2 553.2	2 073.3
全社会固定资产投资增长率	—	5.10%	10.26%	13.05%	16.89%
电信固定资产投资增长率	—	-0.17%	38.54%	14.81%	-18.80%

图 5-4　全社会固定资产投资与电信固定资产投资(单位:亿元)

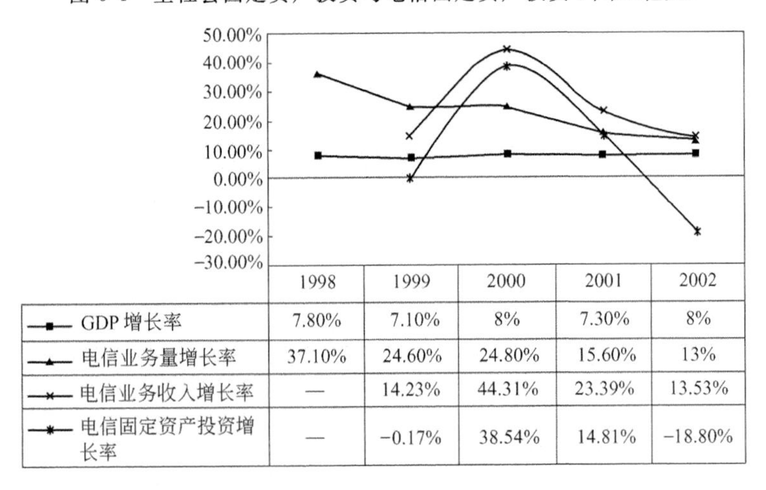

	1998	1999	2000	2001	2002
GDP 增长率	7.80%	7.10%	8%	7.30%	8%
电信业务量增长率	37.10%	24.60%	24.80%	15.60%	13%
电信业务收入增长率	—	14.23%	44.31%	23.39%	13.53%
电信固定资产投资增长率	—	-0.17%	38.54%	14.81%	-18.80%

图 5-5　GDP 增长率与电信相关增长率比较

(2) 值得注意的是，随着国家产业政策的转移，电信市场的逐渐饱和，电信业务总量增长速度放慢，总量趋于平稳。但是作为基础性行业和高科技行业的电信业，其增长率仍会保持高于 GDP 的增长，继续保持对 GDP 的拉动作用。

(3) 图 5-3 反映的是电信业务收入与电信固定资产投资的关系。从总量上看，电信收入量一直保持上升趋势，反映了我国对电信业务需求的增长态势，2002 年达4 222亿元。2000 年电信业务收入增长率达 44.31%，这与电信市场格局的改变有关，例如在移动通信市场上，随着联通与移动双寡头的形成，市场竞争激烈，入网费的取消、手机裸机价格的降低以及通话资费的下调、短信息业务的推出，极大降低了消费者进入门槛，激发了消费者的购买欲望和使用频率。但随着电信市场的饱和，电信收入增长速度趋于缓慢，同时新的增值业务仍不能很有效地调动消费者积极性(主要受消费者收入水平和消费习惯制约)，所以预计未来短期电信业务收入增长速度会保持平稳。

在电信固定资产投资上，由于以下原因：①国家产业政策重点发生转移；②IT 市场泡沫不断受到挤压；③近几年电信企业结构的重大调整和股票上市准备；④我国电信网基础设施建设规模基本形成；⑤电信市场增长放慢；⑥股份制改造使各电信运营商更讲求收益等因素，使得各电信运营商投资谨慎，其中 1999 年和 2002 年的增长率都出现了负增长。预计未来几年电信投资增长会呈下降趋势，但是随着新业务范围的拓展，电信固定资产投资有可能回升。

(4) 从图 5-4 看到，全社会固定资产在国家扩大内需以及一系列政府采购政策的拉动下，保持较高增长态势，其增长率高于 GDP 增长率，达 16.89%，总量达到43 499.9亿元。但是电信固定资产投资速度放慢，感觉到国家产业政策重点发生转移。电信固定资产投资 1998 年到 2002 年占全社会固定资产投资的百分比依次为：5.66%、5.38%、6.76%、6.86%、4.77%。

(5) 图 5-5 综合反映了 GDP 增长率、电信业务量增长率、电信业务收入增长率和电信固定资产投资增长率的变化趋势。可以看到电信业务量、电信业务收入与 GDP 将保持相同的增长趋势。GDP 增长率保持平稳，电信业务量增长率、电信业务收入增长率下降并逐渐趋于平稳，仍会高于 GDP 增长。电信固定资产投资增长率会处于低水平，直到新的投资热点出现。

5.2.2 对比类推法

利用预测目标与类似事物在不同时间、地点、环境下具有相似的发展变化过程的特点，通过对比分析推断其发展趋势。

对比类推法可以利用表格的形式表现与说明，也可以利用立体图表的形式形象地说明。例如：图 5-6 表明国家的收入水平与人口、固定电话、移动电话、上网人数之间的关系。

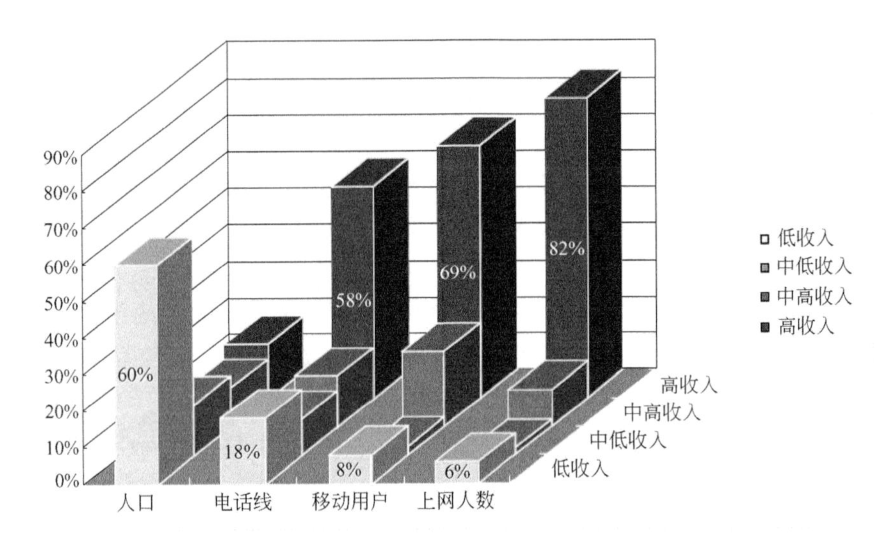

图 5-6 国家收入水平与人口、固定电话、移动电话、上网人数之间的关系

例 5-2:东部地区与西部地区的通信业务发展的比较分析。

我国东部与西部地区的发展是不均衡的。东部经济较发达,电信业务发展得比较好,中西部地区虽发展的较晚,但随着起经济的发展,也展现出了其巨大的发展潜力。

东部与西部地区电信业务发展情况如表 5-1～5-4 所示。

表 5-1 2001、2002 年不同地区固定电话、移动电话和互联网用户规模、所占比例及增长率

年 / 地区	固定用户/万户				
	2001 年	比　例	2002 年	比　例	增长率
全　国	18 036.8	100%	21 441.9	100%	19%
东　部	8 860	49%	10 427.3	49%	18%
中　部	5 859.2	33%	6 834.3	32%	17%
西　部	3 317.6	18%	4 180.3	19%	26%
年 / 地区	**移动用户/万户**				
	2001 年	比　例	2002 年	比　例	增长率
全　国	14 522.2	100%	20 661.6	100%	42%
东　部	8 215.6	56.60%	11 327.8	55%	38%
中　部	3 738.8	25.70%	5 352.4	26%	43%
西　部	2 567.8	17.70%	3 981.4	19%	55%

续表

地区＼年	互联网用户/万户				
	2001 年	比　例	2002 年	比　例	增长率
全　国	3 656.24	100%	4 970	100%	36%
东　部	2 246.05	61%	2 918	59%	30%
中　部	950.75	26%	1 360	27%	43%
西　部	459.42	13%	692	14%	51%

表 5-2　不同地区移动电话用户数和固定电话用户数的比较情况

地区＼年	移动电话用户数/固定电话用户数		
	2000 年	2001 年	2002 年
全　国	0.58	0.81	0.96
东　部	0.69	0.93	1.09
中　部	0.45	0.64	0.78
西　部	0.53	0.77	0.95

表 5-3　不同地区互联网用户数增长情况

区域(2002 年)用户数		2001 年	2002 年
全国(4 970 万户)	增量(户)	27 540 639	13 137 722
	较前一年的增长率	305%	36%
东部(2 918 万户)	增量(户)	16 533 268	6 722 129
	较前一年的增长率	183%	18%
中部(1 360 万户)	增量(户)	7 383 980	4 091 644
	较前一年的增长率	348%	43%
西部(692 万户)	增量(户)	3 623 387	2 323 949
	较前一年的增长率	373%	51%

表 5-4　不同电信业务的人均业务量与全国的比较情况

区　域		2000 年	2001 年	2002 年
不同地区人均本地网电话通话次数/全国人均本地网电话通话次数	东　部	1.69	1.75	1.7
	中　部	0.66	0.64	0.65
	西　部	0.65	0.61	0.66
不同地区人均固定长途电话通话时长/全国人均固定长途电话通话时长(单位:小时)	东　部	1.84	1.74	1.72
	中　部	0.6	0.6	0.62
	西　部	0.7	0.66	0.64
不同地区人均 IP 电话通话时长/全国人均 IP 电话通话时长(单位:小时)	东　部	2.44	1.89	2.01
	中　部	0.16	0.43	0.43
	西　部	0.44	0.74	0.58

续表

区　域		2000年	2001年	2002年
不同地区人均移动电话通话时长/全国人均移动电话通话时长（单位：小时）	东部	1.79	1.7	1.56
	中部	0.62	0.67	0.7
	西部	0.6	0.64	0.75

注1：IP电话通话时长包括固定和移动IP电话国内长途通话时长、IP电话国际通话时长、IP电话港澳台通话时长。

注2：我国东、中、西部地区划分：

区　域	行　政　区　划
东　部	北京、天津、辽宁、上海、江苏、浙江、福建、山东、广东、海南
中　部	河北、山西、吉林、黑龙江、安徽、江西、河南、湖北、湖南
西　部	内蒙古、广西、重庆、四川、青海、宁夏、新疆

根据表中数据，我们可以得出以下结论。

(1) 从表5-2可见，我国电信业务的用户大部分集中在东部地区，东部地区的固定电话用户占了全国的49%，移动电话用户所占的比例超过了中部和西部地区所占比例；中部地区次之，中部地区用户所占比例高出西部地区约7～13个百分点。固定电话的增长速度低于移动电话和互联网用户的增长速度。西部地区固定电话用户、移动电话和互联网用户的增长速度均高于东部与中部地区，中部地区固定电话的增长速度低于全国平均水平，但其移动电话和互联网用户的增长速度高于全国水平。从发展趋势上看，中西部地区电信业务的发展速度高于中东部地区。东部地区业务总量在全国总量中的比例趋于下降，而中西部地区的比例有所上升，主要是西部地区发展速度较快。西部地区发展势头高于中部及东部地区，其在全国所占份额在逐步上升。

(2) 从表5-2可见，全国移动用户数的增长速度大大高于固定用户的增长速度，截止到2002年底，东部地区的移动电话用户超过固定电话用户，西部地区的移动电话用户基本接近固定电话用户，中部地区固定电话仍为主流通信工具。

(3) 从表5-3可见，全国互联网用户数2001年出现了爆发性的增长，2002年增长势头放缓，东部地区的互联网用户所占比重最大，超过中西部地区的用户数总和。从发展的趋势看，西部地区的发展势头最强劲。

总体上看，中西部地区移动电话和互联网业务的快速发展使其与东部地区在电信业务总量上的差距有所缩小。

(4) 从人均电话使用量来看，我国东、中、西部在各类电信业务的人均电话使用量上存在着较大的差异（见表5-4）。东部地区的各项人均电话使用量在全国均遥遥领先。这说明东部电信用户的APRU值远高于中、西部地区。"九五"初期，东部人均电信业务总量是全国水平的两倍以上，是中部地区的 3 倍以上和西部地区的 5 倍。到 2002 年末，中西部和东部的差距有所缩小，但东部仍分别是中、西部的 2.4 倍。中部和西部地区之间，人均业务量一直比较接近。在“九五”初期西部人均量为中部的 3/4，到了“九五”末期，两者已相差无几。2002 年西部地区主要业务的人均量已超过了中部地区。但是，中西部地区与东部地区的差距仍然十分明显。

5.3　直观预测技术

从本节开始，将对几种主要的电信业务预测技术进行介绍。

直观预测技术(亦称为专家预测法)它主要通过熟悉情况的有关人员或专家的直观判断进行预测。这种方法简单、易掌握，适应性较强，特别是在历史数据资料不足时，宜于使用。因此，在对电信业务种类特别是对新业务的预测时常使用此方法。但是，直观预测技术局限之处在于：预测者的知识和经验决定了预测结果的正确性。

基于以上特点，直观预测法对以下两种情况特别适用：① 对缺乏历史资料的事件进行预测，如预测新业务的发展趋势；② 着重对事物发展的趋势、方向和重大转折点进行预测，如预测企业未来的发展方向。

在直观预测法的具体操作上，通信部门常用的有专家会议法、特尔裴(Delphi)法和综合判断法。

5.3.1　专家会议法

专家会议法是请一批专家或熟悉情况的人员开会讨论，事前应提供必要的历史资料和环境情况，明确预测的目标，使会议人员有足够的准备时间。开会时各自提出意见，相互交流，使意见逐步集中。

专家会议法有助于交换意见，相互启发、集思广益，可以很好地弥补个人预测的缺陷。通过专家会议，得到的信息量比单个成员占有信息量大，考虑的因素也比单个成员考虑得全面，提供的预测方案较之单个成员提供的也更为具体。

但专家会议法也有如下缺陷：① 召集的会议代表可能不够充分；② 专家发表个人意见时易受心理因素的影响，屈服于权威及大多数人的意见，忽略少数人的意见；③ 由于自尊心的影响而不愿公开修正自己发表的意见。

一般而言，专家会议法适合于规模较大和比较复杂的预测课题，特别是战略级决策。

5.3.2　特尔裴法

特尔裴法是 20 世纪 40 年代末由美国兰德公司根据专家会议法改进而来，并应用于预测领域的一种直观预测方法。

特尔裴法具有匿名性、反馈性和集中性三大特点。其主要过程是主持预测的机构先选定与预测问题有关的领域，以及有关方面的专家约10～30人，与他们建立适当的联系，如信件往来；再将他们的意见经过综合、整理、归纳、并匿名反馈给各位专家，再次征求意见。这种方式经过多次反复、循环使专家们的意见逐渐趋向一致，由主持预测的机构进行统计分析提出最后预测意见。

特尔裴法是作为一种长期预测技术而出现的，在实际运用时，常常可运用于多种场合，如收集无法精确获得当前和过去的数据资料，使得其他数学模型无能为力时，特尔裴法就能充分发挥专家们的经验进行预测。

5.3.3 综合判断法

综合判断法是特尔裴法的一种派生形式，也称为概率估算法。每个专家除提出预测结果外，还要给出3个预测值：最低估计值（a_i）；最高估计值（b_i）；最可能的估计值（c_i）。然后分别求出每个专家预测结果的平均量：

$$\overline{x}_i=\frac{a_i+b_i+4c_i}{6}$$

再根据所请各位专家的实际工作经验、意见的权威性等分别给出各位专家的权数 w_i，根据各人的预测结果的平均量进行加权处理，求得预测结果 x。

$$\overline{x}=\frac{\sum x_i w_i}{\sum w_i}$$

例5-3：有10位专家对某一指标进行预测，给出的预测值和各专家的权数见表5-5所示，则采用综合判断法得到的预测结果是多少？

解：首先计算各专家预测的平均值，见表5-5最右侧一列。

表5-5 综合判断法例题

专家编号	权重	最低	最可能	最高	各专家预测的平均值
1	1	8	10	12	10
2	1	11	12	15	12.3
3	2	5	9	10	8.5
4	2	8	12	16	12
5	3	9	11	13	11
6	3	6	9	10	8.7
7	2	10	12	14	12
8	1	8	10	12	10
9	2	8	11	12	10.7
10	3	10	12	13	11.8

$$\bar{x}=\frac{10+12.3+8.5\times2+12\times2+11\times3+8.7\times3+12\times2+10+10.7\times2+11.8\times3}{1+1+2+2+3+3+2+1+2+3}$$

$$=10.16$$

5.4　时间序列预测技术

由于统计资料或数据都具有时间序列变化的特征，时间序列分析方法就是把影响变量变化的一切因素用"时间"综合起来描述，即用历史的规律来预测其未来的变化，根据历史资料和不同时期电信业务的发展做定量预测。时间序列分析包括确定性时间序列分析和随机性时间序列分析。其中，确定性时间序列分析包括一些简单的外推方法和一些常用且典型的曲线模型方法等，包括：趋势外推法、平滑预测法和成长曲线预测法。

时间序列预测法具有以下特点：

① 时间序列就是将历史数据按时间顺序排列的一组数字序列。

② 时间序列分析法就是根据预测对象的这些数据，利用数理统计方法加以处理，来预测事物的发展趋势。

时间序列预测法是经济工作中常用的预测方法，是用事物的过去推测其未来，故又称其为外推法。分析方法简便易行，但对中远期预测准确性较差，并且需要有较多的现实统计数据。时间序列的组成形式复杂，可分为：长期趋势、季节性波动、周期性波动和随机波动。

时间序列分析预测法的基本原理是：① 承认事物发展的延续性；② 考虑了事物发展中随机因素的影响和干扰，运用统计分析中平均的方法进行趋势预测。

5.4.1　趋势外推法

统计资料表明，大量社会经济现象的发展主要是渐进型的，其发展相对于时间有一定的规律性，即未来发展趋势和过去的趋势有一定程度上的一致性。

趋势外推法首先就假设未来发展趋势和过去发展趋势相一致，采用曲线对数据序列进行拟合，从而建立能描述对象发展过程的预测模型，然后用模型外推进行预测分析。应用趋势外推法应该满足两个假设条件：① 假定事物发展过程没有跳跃式变化，一般趋于渐进变化；② 假定决定事物的过去和现在的发展因素也决定事物未来的发展，其条件是不变的或变化不大。即假定根据过去资料建立的趋势外推模型能适应未来，能代表未来趋势变化的情况。

在应用趋势外推法时，应先根据统计数据序列的趋势和分析预测对象发展的规律，选择不同的预测方法。通信业务预测中的常用模型有：

线性方程：$y_t=a+bt$；

二次曲线方程：$y_t = a + bt + ct^2$；

指数方程：$y_t = AB^t$；

幂函数方程：$y_t = At^b$。

由于趋势外推法假设未来发展趋势和过去的趋势相一致，因此比较适合于近期预测，而不太适用于中远期预测。

1. 线性方程

如果时间序列显示的过去和现在的数据量具有直线变化趋势，比如正常条件下的业务电话用户的发展，就可以使用线性方程来描述这一趋势。其数学表达式为

$$y_t = a + bt$$

该模型的参数估计公式为

$$b = \frac{\sum t y_t - n\bar{t}\bar{y}_t}{\sum t^2 - n(\bar{t})^2}$$

$$a = \bar{y}_t - b\bar{t}$$

其中：$\bar{y}_t = \dfrac{\sum y_t}{n}$，$\bar{t} = \dfrac{\sum t}{n}$。

但是，时间序列的趋势线大多数情况下是曲线，而并不是一条直线。当预测量的数据呈现某种明显的曲线趋势时，如果仍然采用直线趋势预测就会造成较大的误差。在电信网规划中，常用的曲线外推模型有：二次曲线方程、指数方程和幂函数方程。

2. 二次曲线方程

二次曲线方程数学表达式为

$$y_t = a + bt + ct^2$$

根据最小二乘法原理，求参数 a、b、c 的方程组如下：

$$\begin{cases} \sum y_t = na + b\sum t + c\sum t^2 \\ \sum y_t \cdot t = a\sum t + b\sum t^2 + c\sum t^3 \\ \sum y_t \cdot t^2 = a\sum t^2 + b\sum t^3 + c\sum t^4 \end{cases}$$

将实际数据代入后，即可得到关于 a、b、c 的三元一次方程组，求解方程组即得到 a、b、c 的估计值。

该模型的参数估计公式为

$$b = \frac{\left(\sum t y_t - n\bar{t}\,\bar{y}_t\right)\left(\sum t^4 - n\overline{t^2}^2\right) - \left(\sum t^2 \bar{y}_t - n\overline{t^2}\,\overline{y_t}\right)\left(\sum t^3 - n\bar{t}\,\overline{t^2}\right)}{\left(\sum t^2 - n\bar{t}^2\right)\left(\sum t^4 - n\overline{t^2}^2\right) - \left(\sum t^3 - n\bar{t}\,\overline{t^2}\right)^2}$$

$$c=\frac{\left(\sum t^2 y_t - n\overline{t^2}\,\overline{y_t}\right)\left(\sum t^2 - n\overline{t^2}\right)-\left(\sum t y_t - n\bar{t}\,\overline{y_t}\right)\left(\sum t^3 - n\bar{t}\,\overline{t^2}\right)}{\left(\sum t^2 - n\overline{t^2}\right)\left(\sum t^4 - n\overline{t^2}^{\,2}\right)-\left(\sum t^3 - n\bar{t}\,\overline{t^2}\right)^2}$$

$$a=\bar{y}_t - bt - ct^2$$

式中：

$$y_t=\frac{\sum y_t}{n}\ ,\ \bar{t}=\frac{\sum t}{n}\ ,\ \bar{t}^2=\frac{\sum t^2}{n}$$

3. 指数方程和幂函数方程

指数方程和幂函数方程的曲线形状见图 5-7 和图 5-8 所示，其数学表达式分别为

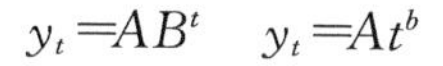

$$y_t=AB^t \quad y_t=At^b$$

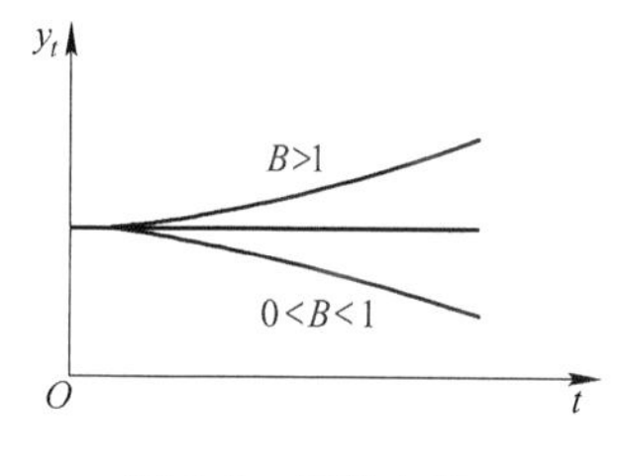

图 5-7　指数方程

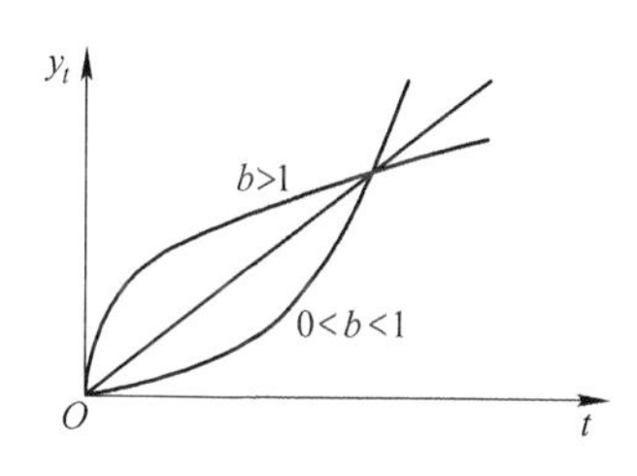

图 5-8　幂函数方程

在新的电信业务发展初期，电信业务量的发展一般呈指数增长趋势，由于指数模型的结构特点是发展变化的速度很快，所以指数模型通常只用于短期的预测；对于长期的预测，预测的误差较大；我国长话业务量随时间的发展变化趋势可用幂函数方程来描绘。

分析指数方程和幂函数方程，可以看出，如果在方程两边取对数，可将方程“线性化”，变成线性方程。

$y_t=AB^t$ 线性化后，可化为 $y'_t=a+bt$，其中：$y'_t=\ln y_t$，$a=\ln A$，$b=\ln B$。

$y_t=At^b$ 线性化后，可化为：$y'_t=a+bt'$，其中：$y'_t=\ln y_t$，$a=\ln A$，$t'=\ln t$。

由此可见，线性化后，两个方程的参数估计方法可参照线性方程参数估计的公式。

例 5-4：已知某局 1999 年至 2004 年电信业务量如表 5-6 所示，利用指数方程预测 2005 年该局电信业务量。

表 5-6　某局 1999 年至 2004 年电信业务量

年　份/年	序号 t	业务量 y_t/ 万次	对数变换 $y'_t=\ln y_t$
1999	1	142.4	4.958 64
2000	2	151.5	5.020 586
2001	3	157.8	5.061 328

续表

年　　份/年	序号 t	业务量 y_t/万次	对数变换 $y'_t=\ln y_t$
2002	4	167.1	5.118 592
2003	5	185.7	5.224 132
2004	6	205.9	5.327 391

利用线性方程的参数估计公式，可得：

$$y'_t=4.87+0.071\ 7t$$

两边取反对数：$y_t=e^{4.87+0.071\ 7t}=130.3\times1.074^t$

由此推得，2005 年该局电信业务量为

$$y_{2005}=130.3\times1.074^7=214.77(\text{万次})$$

5.4.2　平滑预测法

平滑预测法也是一种时序预测模型，其特点是首先对统计数据进行平滑处理，滤掉由偶然因素引起的波动，然后找出其发展规律。电信业务预测中常用的平滑预测法有两种：一是移动平均法，二是指数平滑法。

1. 移动平均法

移动平均法是修匀时间序列的一种方法。它是从时间序列的首项数据开始，按拟定的移动项数求序列平均数；而后逐项移动，求出移动平均数。这个新的时间序列把原序列的不规则变动加以修匀，变动趋于平滑，使长期趋势比较清楚地显现出来。

移动平均法可以分为简单移动平均和加权移动平均。其中，简单移动平均只适合做近期预测，并且只适宜预测目标的基本趋势是在某一水平上下波动的情况。

简单移动平均法的预测步骤有两步。

第一步：统计数据的平滑处理。它分一次、二次移动平均。

$$Y(t)_N^1=\frac{1}{N}\sum_{i=t-N+1}^{t}x_i$$

$$Y(t)_N^2=\frac{1}{N}\sum_{i=t-N+1}^{t}Y(t)_i^1$$

式中，$Y(t)_N^1$ 和 $Y(t)_N^2$ 分别为一次和二次移动平均值，x_i 为统计数据值；N 为移动平均的周期。

第二步：建立预测模型。

$$Y(t_0+T)=a(t_0)+b(t_0)T$$

式中：t_0 为预测时间的起点。T 为从 t_0 算起的未来时间，$a(t_0)$、$b(t_0)$ 为待定系数，可由如下公式计算得出：

$$a(t_0)=2Y(t_0)_N^1-Y(t_0)_N^2$$

$$b(t_0)=\frac{2}{N-1}[Y(t_0)_N^1-Y(t_0)_N^2]$$

例 5-5：已知某局 1986 年至 2000 年通信业务量如表 5-7 所示，试利用移动平均法和指数平滑法预测 2005 年的通信业务量。

表 5-7　某局 1986 年至 2000 年通信业务量

年　份/年	序号 t	业务量 y_t/ 万件	一次移动平均	二次移动平均
1986	1	50		
1987	2	45		
1988	3	60		
1989	4	52		
1990	5	45	50.4	
1991	6	51	50.6	
1992	7	60	53.6	
1993	8	43	50.2	
1994	9	57	51.2	51.2
1995	10	40	50.2	51.16
1996	11	56	51.2	51.28
1997	12	87	56.6	51.88
1998	13	49	57.8	53.4
1999	14	43	55	54.16
2000	15	52	57.4	55.6

解：利用简单移动平均法，取移动平均的周期 $N=5$，计算一次、二次移动平均。

图 5-9 显示出了一次、二次移动平均的结果，从移动平均的变化趋势分析，通信业务量呈线性变化，因此，选择线性方式预测 2005 年通信业务量。

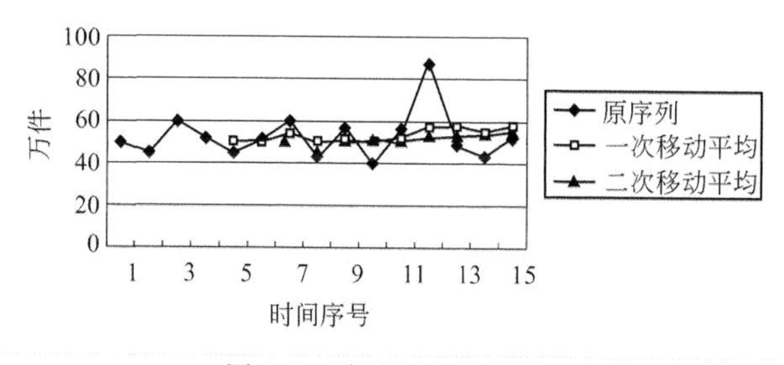

图 5-9　移动平均法例题

$$Y(t_0+T)=a(t_0)+b(t_0)T$$

利用以下参数估计公式：

$$a(t_0)=2Y(t_0)_N^1-Y(t_0)_N^2$$

$$b(t_0)=\frac{2}{N-1}[Y(t_0)_N^1-Y(t_0)_N^2]$$

根据已知条件，取 t_0 为 15，代入上式求得待估参数：

$$a(15)=2\times 57.4-55.6=59$$

$$b(15)=\frac{2}{5-1}\times(57.4-55.6)=0.8$$

代入预测模型：$Y(2005)=Y(15+T)=59+0.8T$，可得 2005 年业务量为

$$Y(2005)=Y(15+5)=59+0.8\times 5=63\text{ 万件}$$

从图 5-9 中，可以看出移动平均法对原始变量序列起着修匀的作用。图5-10显示步长不同其平滑作用不同，因此，步长对预测结果有一定的影响。从图5-10中可以看出：

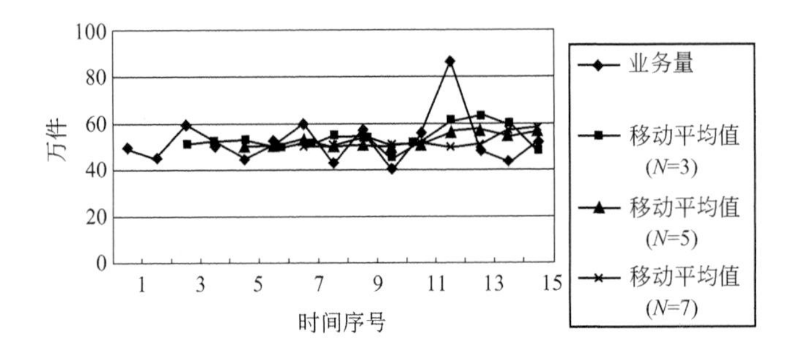

图 5-10　不同步长对数据的修匀作用

① N 越大，随机成分抵消越多，对数据的平滑作用越强，预测值对数据变化的敏感性越差；

② N 越小，随机成分抵消越少，对数据的平滑作用越弱，预测值对数据变化的敏感性越强。

2. 指数平滑法

指数平滑也是一种主要的时间序列预测方法，它是对移动平均法的改进。在逐次观测的基础上，系统地对某一预测模型的估计系统进行修正以消除随机成分。指数平滑法是根据自适应原理，对变化了的模型进行修正，从而达到自动识别数据模式变化的目的。为了表明不同时期的数据对预测结果影响价值不同，可分别赋予不同时期的数据以不同的权数，近期数据影响价值大，权数亦大；远期数据影响价值小，权数亦小。这样，指数平滑预测就能自动控制数据模式的变化了。指数平滑法的预测步骤与移动平均法类似。

第一步：按统计数据的平滑处理次数，指数平滑法分为一次、二次、三次指数平滑。

$$S(t)_\alpha^1=\alpha x_t+(1-\alpha)S(t-1)_\alpha^1,\quad S(0)_\alpha^1=x_1$$

$$S(t)_{\alpha}^{2}=\alpha S(t)_{\alpha}^{1}+(1-\alpha)S(t-1)_{\alpha}^{2},\quad S(0)_{\alpha}^{2}=S(0)_{\alpha}^{1}$$
$$S(t)_{\alpha}^{3}=\alpha S(t)_{\alpha}^{2}+(1-\alpha)S(t-1)_{\alpha}^{3},\quad S(0)_{\alpha}^{3}=S(0)_{\alpha}^{2}$$

式中：$S(t)_{\alpha}^{1}$，$S(t)_{\alpha}^{2}$，$S(t)_{\alpha}^{3}$ 分别表示一、二、三次指数平滑值，x_t 为变量的统计数据值，α 为平滑系数，$0<\alpha<1$（一般取 $0.1<\alpha<0.3$）。

指数平滑法中，系数 α 具有重要意义。尤其是在一次指数平滑法中，α 值小，说明近期数据对预测值的影响小，预测得到的结果比较平稳；α 值大，则说明近期数据对预测值的影响比较大，预测得到的结果相对于 α 值小时较不平稳。通常 α 值是根据经验确定的。

第二步：对统计数据进行平滑后，可根据数据的变化趋势来预测今后可能的发展趋势，并据此选择适合的模型（线性模型或非线性模型）进行预测。

（1）线性模型

$$Y(t_0+T)=a(t_0)+b(t_0)T$$

参数估计公式为

$$a(t_0)=2S(t_0)_{\alpha}^{1}-S(t_0)_{\alpha}^{2}$$
$$b(t_0)=\frac{\alpha}{1-\alpha}[S(t_0)_{\alpha}^{1}-S(t_0)_{\alpha}^{2}]$$

式中，t_0 为预测时间的起点；$a(t_0)$，$b(t_0)$ 为待定系数，T 为从 t_0 算起的预测时间。

（2）非线性模型

$$Y(t_0+T)=a(t_0)+b(t_0)T+c(t_0)T^2$$

参数估计公式为

$$a(t_0)=3S(t_0)_{\alpha}^{1}-3S(t_0)_{\alpha}^{2}+S(t_0)_{\alpha}^{3}$$
$$b(t_0)=\frac{\alpha}{2(1-\alpha)^2}[(6-5\alpha)S(t_0)_{\alpha}^{1}-2(5-4\alpha)S(t_0)_{\alpha}^{2}+(4-3\alpha)S(t_0)_{\alpha}^{3}]$$
$$c(t_0)=\frac{\alpha^2}{2(1-\alpha)^3}[S(t_0)_{\alpha}^{1}-2S(t_0)_{\alpha}^{2}+S(t_0)_{\alpha}^{3}]$$

式中，t_0 为预测时间的起点；$a(t_0)$、$b(t_0)$、$c(t_0)$ 为待定系数，T 为从 t_0 算起的预测时间。

例 5-6：已知某局 1985 年至 2000 年通信业务收入如表 5-8 所示，请利用指数平滑法预测 2005 年的通信业务收入。

表 5-8　某局 1985 年至 2000 年通信业务收入

年　份/年	序号 t	业务收入 y_t	一次指数平滑	二次指数平滑	三次指数平滑
1985	0		50.00	50.00	50.00
1986	1	50	50.00	50.00	50.00
1987	2	52	50.60	50.18	50.05
1988	3	47	49.52	49.98	50.03

续表

年　　份/年	序号 t	业务收入 y_t	一次指数平滑	二次指数平滑	三次指数平滑
1989	4	51	49.96	49.98	50.02
1990	5	49	49.67	49.89	49.98
1991	6	48	49.17	49.67	49.89
1992	7	51	49.72	49.69	49.83
1993	8	40	46.80	48.82	49.52
1994	9	48	47.16	48.32	49.16
1995	10	52	48.61	48.41	48.94
1996	11	51	49.33	48.69	48.86
1997	12	59	52.23	49.75	49.13
1998	13	57	53.66	50.92	49.67
1999	14	64	56.76	52.68	50.57
2000	15	68	60.13	54.91	51.87

取平滑系数 $\alpha=0.3$，根据指数平滑公式逐级计算出一次、二次、三次指数平滑值（见表 5-11）。

图 5-11 示出了一次、二次、三次指数平滑的结果，下面分别利用线性指数平滑模型和非线性指数平滑模型预测 2005 年通信业务量。

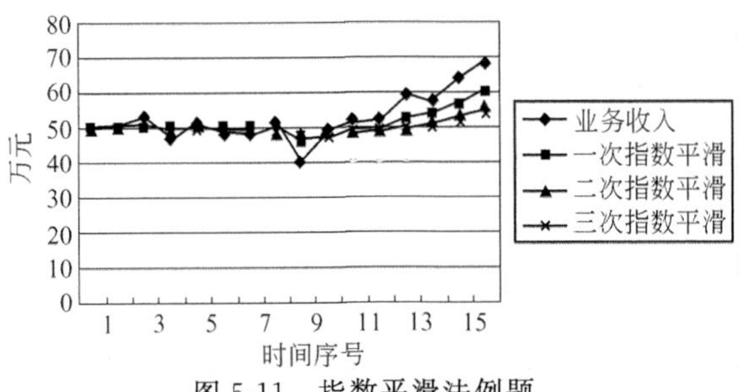

图 5-11　指数平滑法例题

方法一：线性指数平滑模型预测

取 $t_0=15$，利用如下模型预测 2005 年通信业务收入：

$$Y(t_0+T)=a(t_0)+b(t_0)T$$

式中待估参数为

$$a(t_0)=2S(t_0)_\alpha^1-S(t_0)_\alpha^2$$
$$=2\times60.13-54.91=65.36$$

$$b(t_0)=\frac{\alpha}{1-\alpha}[S(t_0)_\alpha^1-S(t_0)_\alpha^2]$$

$$=\frac{0.3}{1-0.3}\times(60.13-54.91)$$

$$=2.24$$

2005 年通信业务收入，即 $T=5$ 时，$Y(t_0+T)$ 的值为

$$Y(2005)=Y(15+5)=65.36+2.24\times 5=76.56(\text{万元})$$

方法二：非线性指数平滑模型预测

取 $t_0=10$，利用如下模型预测 2005 年通信业务收入：

$$Y(t_0+T)=a(t_0)+b(t_0)T+c(t_0)T^2$$

式中待估参数为

$$\begin{aligned}a(t_0)&=3S(t_0)_\alpha^1-3S(t_0)_\alpha^2+S(t_0)_\alpha^3\\&=3\times 48.6-3\times 48.41+48.94\\&=49.55\end{aligned}$$

$$\begin{aligned}b(t_0)&=\frac{\alpha}{2(1-\alpha)^2}[(6-5\alpha)S(t_0)_\alpha^1-2(5-4\alpha)S(t_0)_\alpha^2+(4-3\alpha)S(t_0)_\alpha^3]\\&=\frac{0.3}{2(1-0.3)^2}\times[(6-5\times 0.3)\times 48.6-2(5-4\times 0.3)\times 48.41+\\&\quad(4-3\times 0.3)\times 48.94]\\&=0.78\end{aligned}$$

$$\begin{aligned}c(t_0)&=\frac{\alpha^2}{2\,(1-\alpha)^3}[S(t_0)_\alpha^1-2S(t_0)_\alpha^2+S(t_0)_\alpha^3]\\&=\frac{0.3^2}{2\,(1-0.3)^3}\times[48.6-2\times 48.41+48.94]\\&=0.096\end{aligned}$$

2005 年通信业务收入，即 $T=10$ 时，$Y(t_0+T)$ 的值为

$$\begin{aligned}Y(2005)&=Y(10+10)=49.55+0.78\times 10+0.096\times 10^2\\&=66.95(\text{万元})\end{aligned}$$

5.4.3　成长曲线预测法

在研究预测方法过程中，通过对大量事实的研究发现，通信业务市场需求的发展等有一定的相似性。如：市内电话的发展，当普及率达到一定数值以上时，则逐渐趋于饱和，而不再呈现指数规律或二次曲线规律。这种饱和曲线常用的方程有龚珀资（Gompertz）曲线方程和逻辑（Logistic）曲线方程。

1. 龚珀资曲线方程

龚珀资曲线是美国统计学家和数学家龚珀资首先提出用作控制人口增长率的一种数学模型，其图形为一条不对称的 S 形曲线（如图 5-12 所示），随着时间 t 向前推移，变量 Y_t 逐渐接近饱和值 L。

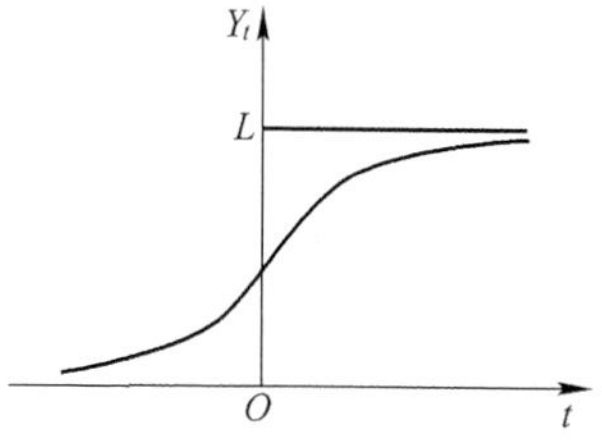

图 5-12　龚珀资曲线

龚珀资曲线反映某些经济现象，一开始时发展较慢，随着时间推移，其增长速度加快，当增长加快达到一定程度后，增长率逐渐减慢，最后达到饱和状态的过程。该方法适用于预测处于成熟期的产品或业务，如在电信业务预测中，百人拥有的电话数的变化通常呈现龚珀资曲线。其数学表达式为

$$y_t = L e^{-be^{-kt}} \tag{5.1}$$

曲线的参数 L 和 b 可按下面的步骤确定：

① 确定饱和峰值 L，L 值的确定，通常根据经验估算。

② 将方程(5.1)两边取两次对数，于是得如下变换后方程：

$$\ln\ln\left(\frac{L}{y_t}\right) = \ln b - kt \tag{5.2}$$

令 $A=\ln b$，$y'_t=\ln\ln\left(\frac{L}{y_t}\right)$，$B=-k$，则方程(5.2)变换为线性关系：

$$y'_t = A + Bt$$

③ 利用线性方程的参数估计方法，可计算出待定参数 A 和 B，进而推算出 L 和 b。

例 5-7：已知美国每千人拥有话机数历史数据(表 5-9)，试利用龚珀资曲线方程预测 2007 年的每千人拥有话机数。

表 5-9　美国每千人拥有话机数历史数据

年　　份/年	序号 t	电话总数 y_t /(部/千人)	$y'_t=\ln\ln\left(\frac{L}{y_t}\right)$
1876	1	0.1	2.180 330 1
1880	5	1.1	1.864 286 6
1885	10	2.7	1.714 408 6
1890	15	3.6	1.661 215 6
1895	20	4.8	1.605 033 4
1900	25	13.6	1.370 310 3
1905	30	48.8	0.977 916 9
1910	35	82	0.760 769 7
1915	40	103.8	0.644 049 3
1920	45	123.4	0.548 821 1
1925	50	144.6	0.452 775 2
1930	55	162.6	0.375 245 5
1935	60	136.4	0.489 224 1
1940	65	165.1	0.364 706
1945	70	198.1	0.229 419 8
1950	75	280.8	−0.095 411
1955	80	337.2	−0.320 253

续表

年　　份/年	序号 t	电话总数 y_t /(部/千人)	$y'_t=\ln\ln\left(\frac{L}{y_t}\right)$
1960	85	407.8	−0.623 873
1965	90	478.2	−0.976 537
1966	91	498.7	−1.094 708
1967	92	518.3	−1.2171

解:根据表 5-9 的数据,可画出美国每千人拥有话机数的变化的折线图5-13,其变化规律呈现龚珀资曲线。根据上述龚珀资曲线的参数估计方法,首先估计美国每千人拥有话机数的饱和值 L,即:估计预测参数增长可能达到的上限。假设取 15 岁以上每个人一部电话机为发展上限,根据人口统计资料得知每1 000 人 15 岁的人以上有 696.9 人。由此,推算 $L=696.9$。

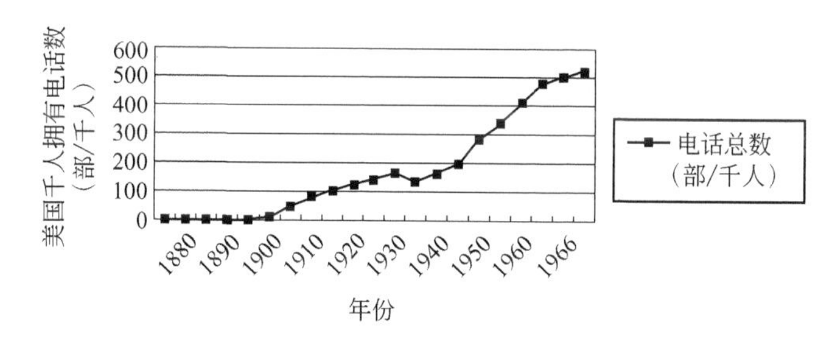

图 5-13　美国每千人拥有电话数

根据方程(5.2),首先计算 $y'_t=\ln\ln\left(\frac{L}{y_t}\right)$(见表 5-9),利用线性方程法得出:

$$A=2.125\quad B=-0.033$$

进而推出:

$$k=-B=0.033$$

$$b=e^A=8.38$$

由此得龚珀资曲线方程为

$$y_t=696.9e^{-8.38e^{-0.033t}}$$

2007 年(当 $t=132$ 时)的每千人拥有话机数的预测为

$$y_{2007}=696.9e^{-8.38e^{-0.033t}}=696.9e^{-8.38e^{-0.033\times132}}$$

$$=620.92\approx621(\text{部}/\text{千人})$$

2. 逻辑曲线方程

逻辑曲线是由比利时数学家维哈尔斯特(P. F. Vei Hulot)在研究人口增长规律时提出来的,又称为生长理论曲线。它和龚珀资曲线很相似,也是描述某些经济变量由开始增长缓慢，随后增长加快，达到一程度后，增长率逐渐减慢，最后达到饱和状态。在坐标图上，呈现为一条对称的S形曲线。逻辑曲线的数学表达式为

$$y_t=\frac{L}{1+a\mathrm{e}^{-bt}} \tag{5.3}$$

逻辑曲线的参数估计方法如下：

(1) 首先确定饱和峰值 L。

(2) 将方程(5.3)变换为

$$\ln\left(\frac{L}{y_t}-1\right)=\ln a-bt \tag{5.4}$$

令 $y'_t=\ln\left(\frac{L}{y_t}-1\right)$，$A=\ln a$，$B=-b$，则方程(5.4)为线性方程：

$$y_t=A+Bt$$

(3) 可利用线性方程确定参数的方法，确定方程参数 A 和 B。

(4) 利用 $a=\mathrm{e}^A$，$b=-B$ 的关系求出 a 和 b。

当逻辑曲线方程的参数估计出来后，可根据这条拟合曲线，对未来进行预测。

龚珀资曲线和逻辑曲线的共同特点是：初期发展速度呈现增长趋势，中间发展速度逐渐减缓，最后趋于饱和，接近增长极限。两种曲线中间都有一个拐点，区别在于：逻辑曲线是对称的，而龚珀资曲线不具有该特征。

5.5 相关分析预测技术

相关分析预测技术也称为因果预测法。这种预测技术是根据各经济变量之间的相互关系，利用历史数据建立起回归方程进行预测的一种预测方法。其基本思路是：分析研究预测对象与有关因素的相互关系，用适当的回归预测模型表达出这些关系，然后再根据数学模型预测未来状况。相关分析预测模型有线性和非线性之分。根据自变量的个数不同可分为一元相关或多元相关。

5.5.1 一元线性回归方程

一元线性回归方程研究某一因变量 y 与一个自变量 x 之间的相关关系。其数学模型如下：

$$y=a+bx+\varepsilon \tag{5.5}$$

其中：ε 为随机干扰项。

1. 参数估计

一元线性回归方程(5.5)参数估计公式为

$$b=\frac{\sum x_iy_i-n\cdot\overline{x}\cdot\overline{y}}{\sum x_i^2-n(\overline{x})^2} \tag{5.6}$$

$$a = \bar{y} - b\bar{x} \tag{5.7}$$

式中，x_i，y_i 分别为相关因素（自变量）和预测量（因变量）的统计值；n 为观测点的个数。

$$\bar{x} = \frac{\sum x_i}{n}, \quad \bar{y} = \frac{\sum y_i}{n}$$

2. **模型检验**

对某一研究对象而言，通过一系列观测数据利用统计方法得到的预测模型并不总是合理的，那么如何确定预测模型的可信度呢？在统计学中有一套模型检验方法可以用来检验模型的可用性及可信度。对于一元线性相关模型常用的检验方法有：误差检验、相关性检验和显著性检验。

(1) 误差检验分为均方差 σ 检验和相对误差 ε 检验，其计算公式为

$$\sigma = \sqrt{\frac{\sum (y_i - y'_i)^2}{n-2}} \tag{5.8}$$

$$\varepsilon = \frac{1}{n} \sum \left| \frac{y_i - y'_i}{y_i} \right| \tag{5.9}$$

一般认为，误差越小，预测模型的拟合程度越好。

(2) 相关性检验是采用相关系数 r 进行检验，相关系数计算公式为

$$r = \frac{\sum (x_i - \bar{x})(y_i - \bar{y})}{\sqrt{\sum (x_i - \bar{x})^2 (y_i - \bar{y})^2}} \tag{5.10}$$

式中：$\bar{x} = \frac{1}{n}\sum x_i$，$\bar{y} = \frac{1}{n}\sum y_i$，$-1 \leqslant r \leqslant 1$。

若 $r > 0$，称之为正相关，即 y 随 x 增加而增加；若 $r < 0$，称之为负相关，即 y 随 x 的增加而减少。当 $|r|$ 接近于 1 时，认为 x 与 y 的线性关系明显，一元线性回归较为合理。

(3) 显著性检验分为 F - 检验和 t - 检验。利用 F - 检验可检验方程总体的可信度，而 t - 检验主要用于对方程的参数 a 和 b 的可信度检验。

① 预测模型的总体合理性检验。

在进行 F -检验时，需先计算检验统计量 F'，其计算公式为

$$F' = \frac{\sum (y'_i - \bar{y})^2}{\frac{\sum (y_i - y'_i)^2}{n-2}} = \frac{b(x_i y_i - n\overline{xy})}{\frac{\sum (y_i - y'_i)^2}{n-2}} \tag{5.11}$$

式中：y_i 和 y'_i 分别为预测量的统计值和通过回归方程（预测模型）计算的理论值（估计值）；n 为统计数据点数；$\bar{x} = \frac{1}{n}\sum x_i$，$\bar{y} = \frac{1}{n}\sum y_i$。

根据统计理论，在给定置信度 $(1-\alpha)$ 的情况下，利用 F-分布统计表，可查出 F-检验的临界值 $F_\alpha(1,n-2)$。$F_\alpha(1,n-2)$ 代表置信度为 $(1-\alpha)$，自由度为 $(1,n-2)$ 的 F-统计量。

若 $F > F_\alpha(1,n-2)$，则认为回归效果显著，即该回归方程可接受。

若 $F < F_\alpha(1,n-2)$，则认为回归效果不显著，即该回归方程不可信。

② 参数估计的合理性检验。

对参数 a 进行 t-检验的统计量计算公式为

$$t' = \frac{a}{\sqrt{\dfrac{\sum (y_i - y'_i)^2}{n(n-2)}}} \tag{5.12}$$

设给定置信度为 $(1-\alpha)$，可从 t-分布统计表中查出 t-检验的临界值 $t_{\alpha/2}(n-2)$。$t_{\alpha/2}(n-2)$ 表示置信度为 $(1-\alpha)$，自由度为 $(n-2)$ 的 t-统计量的理论值。

若 $t' > t_{\alpha/2}(n-2)$ 则认为 a 值有效；

若 $t' < t_{\alpha/2}(n-2)$ 则没有充分理由说明 a 有效。

对参数 b 也可采用 t-检验，其统计量的公式为

$$t' = \frac{b\sqrt{\sum x_i^2}}{\sqrt{\dfrac{\sum (y_i - y'_i)^2}{n(n-2)}}} \tag{5.13}$$

参数 b 的检验方法，同参数 a 的检验方法。

3. 区间预测

由于预测结果具有不确定性，因此，需要知道在一定置信度上预测值的变化区间，这就是区间预测。区间预测的计算方法如下。

(1) 首先利用参数估计的方法得出预测模型，然后给定自变量 x_0，计算预测值 $y_0 = a + bx_0$。

(2) 在给定置信度 $(1-\alpha)$ 后，可求得预测值 y_0 的置信区间为 $[y_0 - S(y_0), y_0 + S(y_0)]$

式中：$S(y_0) = t_{\alpha/2}(n-2)\sqrt{\dfrac{\sum (y_i - \hat{y}_i)^2}{n(n-2)}}\sqrt{1 + \dfrac{1}{n} + \dfrac{(x_0 - \bar{x})^2}{\sum (x_i - \bar{x})^2}}$

$= t_{\alpha/2}(n-2)\hat{\sigma}(e_0)$；

y_i 和 $\hat{y}_i$ 分别为预测量的统计量和回归方程的估计值；

n 为统计数据点数；

临界值 $t_{\alpha/2}(n-2)$ 为置信度 $(1-\alpha)$，自由度为 $(n-2)$ 的 t-统计量理论值。

例 5-8：某市邮局 1975—1991 年市工业总产值与邮运量的统计值见表 5-10，试

用一元线性回归模型预测该市工业总产值为 50 亿元的邮运量。

表 5-10　例 5-8 某市工业总产值和邮运量统计表

年　份/年	序　号	工业总产量 x /千万元	邮运量 y /十万袋
1975	1	65	44
1976	2	70	47
1977	3	70	50
1978	4	75	60
1979	5	100	62
1980	6	105	65
1981	7	115	74
1982	8	130	82
1983	9	140	90
1984	10	150	96
1985	11	160	100
1986	12	170	107
1987	13	180	120
1988	14	205	127
1989	15	220	132
1990	16	240	136
1991	17	250	140

从图 5-14 可以看到，工业总产量 x 与邮运量 y 有很强的线性关系，因此建立模型：$Y=a+bx+\varepsilon$，其中 ε 为随机干扰项。

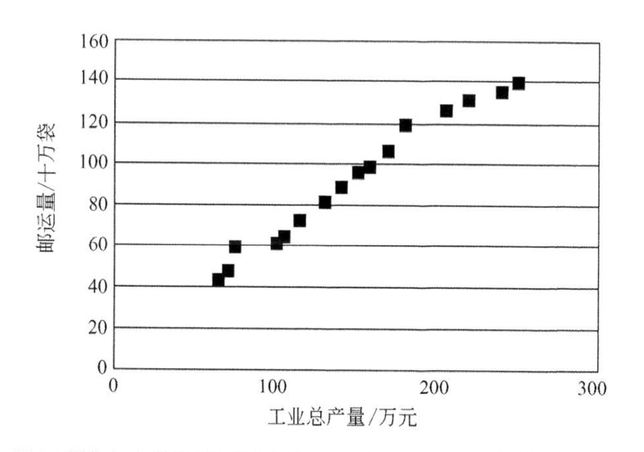

图 5-14　例 5-8 工业总产量与邮运量之间的关系

应用 EXCEL 的回归分析得到的结果如表 5-11 所示。

表 5-11 例 5-8 EXCEL 回归分析结果

回归统计			方差分析	df	SS	MS	F	Significance F
Multiple R	0.989 989 9		回归分析	1	16 923.79	16 923.792	738.015	3.590 63E−14
R Square	0.980 080 1		残 差	15	343.972 6	22.931 509		
Adjusted R	0.978 752 1		总 计	16	17 267.76			
标准误差	4.788 685 5							
观测值	17							
Coefficient		标准误差	t Stat	P-value	Lower 95%	Upper 95%	下限 95%	上限 95%
Intercept	12.876 842	3.071 311 4	4.192 620 2	0.000 785	6.330 493	19.423 191	6.330 49	19.423 191 42
工业总产量	0.537 052 6	0.019 769	27.166 427	3.59E−14	0.494 916	0.579 189 2	0.494 92	0.579 189 247

由表 5-11 可看到，$a=12.877$，$b=0.537$，所以线性回归方程为：$\hat{y}=12.877+0.537x$；$R^2=0.989\ 99$，$\bar{R}^2=0.980\ 08$ 说明工业总产量 x 解释了邮运量 y 的总离差的 98.99%，回归方程与样本值的拟合较好。

检验：

① F-检验：取 $\alpha=0.05$，$F=738.014\ 8>F_{0.05}(1,14)=4.6$，回归方程成立。

② t-检验：取 $\alpha=0.05$，$T(b)=27.166>t_{0.025}(14)=2.14$，$b$ 不为零。

经济分析：由以上检验说明：邮运量 y 与工业总产量 x 具有线性关系。工业总产量每增加 10 亿元，邮运量增加 537 万袋。

预测：

① 点预测：该市工业总产值为 50 亿万元，得预测值：2 813.7 万袋。

② 区间预测：

$$\hat{\sigma}(\mathrm{e}_0)=\sqrt{\frac{\sum(y_i-\hat{y}_i)^2}{n(n-2)}}\sqrt{1+\frac{1}{n}+\frac{(x_0-\bar{x})^2}{\sum(x_i-\bar{x})^2}}$$

$$=5.600\ 914\text{（十万袋）}=56.009\ 14\text{（万袋）}$$

取 $\alpha=0.05$，查自由度 14 的 t 分布表 $t_{0.025}(14)=2.14$，代入下式得：

$$S(y_0)=t_{\alpha/2}(n-2)\hat{\sigma}(\mathrm{e}_0)=120\text{（万袋）}$$

$$\hat{y}_0-t_{0.025}(14)\hat{\sigma}(\mathrm{e}_0)<y<\hat{y}_0+t_{0.025}(14)\hat{\sigma}(\mathrm{e}_0)$$

$$2\ 813.7-120<y<2\ 813.7+120 \quad \text{（单位：万袋）}$$

所以区间预测区间为 $2\ 693.7<y<2\ 933.7$。

即：在置信度为 95%下，当该市工业总产值为 50 亿元时，邮运量的预测范围是：2 693.7 万袋到 2 933.7 万袋。

5.5.2 多元线性回归预测

一元线性回归预测研究的问题过于简单，通常预测变量不是仅受一种因素的影响，而是受多因素共同作用。例如：在通信业务量预测中，某地区的通信业务量不仅与该地区的人口数有关，还与该地区的 GDP、用户消费水平等因素有关。多元线性回归预测能满足上述预测需求，它用于研究某一因变量与多个自变量之间的线性相关性。

1. 多元线性回归模型

$$y=b_0+b_1x_1+b_2x_2+\cdots+b_kx_k+\varepsilon \tag{5.14}$$

式中：y 为因变量（预测对象）；

$x_1,x_2,\cdots,x_k$ 为 k 个自变量（影响因素）；

ε 为随机干扰项。

在常规预测中，自变量很少超过 10 个。因为自变量过多，估计误差增大，将会影响预测的精确度。令：

$$\boldsymbol{X}=\begin{pmatrix} x_{11}-\bar{x}_1 & x_{12}-\bar{x}_2 & \cdots & x_{1k}-\bar{x}_k \\ x_{21}-\bar{x}_1 & x_{22}-\bar{x}_2 & \cdots & x_{2k}-\bar{x}_k \\ \vdots & \vdots & & \vdots \\ x_{n1}-\bar{x}_1 & x_{n2}-\bar{x}_2 & \cdots & x_{nk}-\bar{x}_k \end{pmatrix},\boldsymbol{Y}=\begin{pmatrix} Y_1-\bar{Y} \\ Y_1-\bar{Y} \\ \vdots \\ Y_1-\bar{Y} \end{pmatrix},\boldsymbol{B}=\begin{pmatrix} b_1 \\ b_2 \\ \vdots \\ b_k \end{pmatrix} \tag{5.15}$$

$$\bar{x}_j=\frac{1}{n}\sum_{i=1}^{n}X_{ij}\quad (j=1,2,\cdots,k)$$

$$\bar{y}=\frac{1}{n}\sum_{i=1}^{n}Y_i$$

最小二乘估计的思想是使估计误差 $\sum_{i=1}^{n}\left[Y_i-b_0-\sum_{j=1}^{k}b_jx_{ij}\right]^2$ 最小，进而推出多元线性回归方程(5.14)的参数估计为

$$\begin{cases} \boldsymbol{B}=(\boldsymbol{X}^{\mathrm{T}}\boldsymbol{X})^{-1}\boldsymbol{X}^{\mathrm{T}}\boldsymbol{Y} \\ b_0=\bar{Y}-\sum_{j=1}^{k}b_j\bar{x}_j \end{cases} \tag{5.16}$$

2. 线性关系的假设检验

(1) 回归方程线性关系的检验（回归方程的显著性检验）

F-检验统计量为

$$F=\frac{\mathrm{SSR}/k}{\mathrm{SSE}/n-k-1} \tag{5.17}$$

式中：$\mathrm{SSE}=\sum_{i=1}^{n}(Y_i-\hat{Y}_i)^2$

$\mathrm{SSR}=\sum_{i=1}^{n}(\hat{Y}_i-\bar{Y})^2$

$\hat{Y}_i$ 为回归方程的估计值。回归方程的显著性检验条件是：

$F > F_\alpha(k, n-k-1)$ 时，在显著性水平为 α 的情况下，回归方程线性关系显著；

$F \leqslant F_\alpha(k, n-k-1)$ 时，在显著性水平为 α 的情况下，无充分证据说明回归方程有显著线性相关。

(2) 回归系数的显著性检验

t - 检验统计量为

$$t_j = \frac{b_j}{S_Y \sqrt{C_{jj}}}, (j = 1, 2, \cdots, k) \tag{5.18}$$

式中：

$$S_Y = \sqrt{\frac{\sum (Y_i - \hat{Y}_i)^2}{n-k-1}}$$

$$\boldsymbol{L}^{-1} = (\boldsymbol{X}^{\mathrm{T}} \boldsymbol{X})^{-1} = (C_{ij})$$

回归系数的显著性检验条件是：

$|t_j| > t_{\alpha/2}(n-k-1)$ 时，在显著性水平为 α 的情况下，回归系数 b_j 有效；

$|t_j| \leqslant t_{\alpha/2}(n-k-1)$ 时，在显著性水平为 α 的情况下，没有充分证据说明回归系数 b_j 有效。

(3) 区间预测

当预测模型得出后，给定一组自变量值(x_1^0, x_2^0, $\cdots$, x_k^0)，利用回归方程(5.14)可计算出预测值：

$$y_0 = a + \sum_{i=1}^{k} b_i x_i^0$$

在给定置信度 $(1-\alpha)$ 后，可求得预测值 y_0 的置信区间：$[y_0 - S(y_0), y_0 + S(y_0)]$

$$S(y_0) = t_{\alpha/2}(n-k-1) \sqrt{\frac{\sum (y_i - \hat{y}_i)^2}{(n-k-1)}} \sqrt{1 + \frac{1}{n} + \boldsymbol{X}_0 (\boldsymbol{X}^{\mathrm{T}} \boldsymbol{X})^{-1} \boldsymbol{X}_0^{\mathrm{T}}} \tag{5.19}$$

式中：$\boldsymbol{X}_0 = (x_1^0, x_2^0, \cdots, x_k^0)$；

n 为统计数据组数；

k 为相关因素个数；

$t_{\alpha/2}(n-k-1)$ 为置信度为$(1-\alpha)$自由度为$(n-k-1)$的 t-统计量；

y_i 和 $\hat{y}_i$ 分别为预测量的统计值和理论值(回归方程的估计值)；

$x_1^0, x_2^0, \cdots, x_k^0$ 分别代表 $x_1, x_2, \cdots, x_k$ 中心化后的值，即 $x_1 - \overline{X}_1, x_2 - \overline{X}_2, \cdots, x_k - \overline{X}_k$。

例 5-9：某邮电局电话业务量(用 y 表示)增长的影响因素有两个：工农业总产值(x_1 表示)，商品流转额(用 x_2 表示)。表 5-12 给出了近 10 年的统计数据。经定性分析，认为影响因素与电话业务量存在线性关系，试用二元线性回归模型预测，若第 11 年工农业总产值 $x_1 = 215$ 千万元，商业流转额 $x_2 = 1.23$ 千万元，试预测电话业务量？

表 5-12　近 10 年来工农业总产值、商品流转额与电话业务量的统计数据(单位:千万元)

年次	电话业务量 Y	工农业总产值 X_1	流转额 X_2	$\hat{Y}$	$Y-\hat{Y}$
1	11 500	185.5	1.00	10 693.76	806.245
2	11 000	200.0	1.02	11 296.22	−296.22
3	11 500	201.0	0.95	11 972.26	−472.26
4	12 000	200.4	0.95	11 939.97	60.026
5	14 000	227.5	0.94	13 487.12	512.885
6	10 000	225.5	1.10	11 957.26	−1 957.26
7	10 500	199.5	1.10	10 558.2	−58.195
8	9 500	190.5	1.12	9 896.125	−396.125
9	13 500	235.5	1.12	12 317.58	1 182.425
10	10 500	203.5	1.20	9 884.535	615.465

解：

(1) 参数估计

由表 5-12 可求出：$\sum X_1=2\ 068.9$，$\sum X_2=10.5$，$\sum Y=114\ 000$

因此，$\overline{X}_1=206.89$　$\overline{X}_2=1.05$　$\overline{Y}=11\ 400$，代入式(5.15)得：

$$X=\begin{pmatrix}-21.4 & -0.05\\ -6.9 & -0.03\\ -5.9 & -0.1\\ -6.5 & -0.1\\ 20.6 & -0.11\\ 18.6 & 0.05\\ -7.4 & 0.05\\ -16.4 & 0.07\\ 28.6 & 0.07\\ -3.4 & 0.15\end{pmatrix},\quad Y=\begin{pmatrix}100\\ -400\\ 100\\ 600\\ 2\ 600\\ -1\ 400\\ -900\\ -1\ 900\\ 2\ 100\\ -900\end{pmatrix}$$

$$L=X^{\mathrm{T}}X=\begin{pmatrix}2\ 506.19 & 1.155\\ 1.155 & 0.072\ 8\end{pmatrix}$$

$$L^{-1}=\begin{pmatrix}4.020\times10^{-4} & -6.377\times10^{-3}\\ -6.377\times10^{-3} & 13.837\ 4\end{pmatrix}$$

根据参数估计公式(5.16)推得：

$$B=L^{-1}X'Y=L^{-1}\begin{pmatrix}124\ 590\\ -585\end{pmatrix}=\begin{pmatrix}53.81\\ -8\ 889\end{pmatrix}$$

$$b_0=\bar{Y}-\sum b_j\bar{X}_j=11\ 400-53.81\times 206.89+8\ 889\times 1.05=9\ 601$$

多元线性回归方程为

$$\hat{y}=9\ 601+53.81x_1-8\ 889x_2$$

(2) 检验

① 检验 y 与 x 的整体线性关系。

$$SSE=\sum_{i=1}^{n}(Y_i-\hat{Y}_i)^2=6\ 995\ 536$$

$$SSR=\sum_{i=1}^{n}(\hat{Y}_i-\bar{Y})^2=11\ 904\ 042$$

$$F=\frac{SSR/k}{SSE/n-k-1}=\frac{11\ 904\ 042/2}{6\ 995\ 536/7}=5.955\ 8$$

$$F>F_\alpha(k,n-k-1)=F_{0.05}(2,7)=4.737\ 416$$

故电话业务量与工农业总产值、商品流转额的整体线性关系显著。

② 检验 b_1 和 b_2 的显著性。

$$S_Y=\sqrt{\frac{\sum(Y_i-\hat{Y}_i)^2}{n-k-1}}=\sqrt{MSE}=\sqrt{999\ 362.3}$$

$$t_1=\frac{b_1}{S_y\sqrt{C_{11}}}=\frac{53.81}{\sqrt{999\ 362.3\times 4.020\times 10^{-4}}}=2.684\ 8$$

$|t_1|=2.684\ 8>t_{\alpha/2}(n-k-1)=t_{0.025}(7)=2.364\ 6$，故 b_1 显著有效。

$$t_2=\frac{b_2}{S_y\sqrt{C_{22}}}=\frac{-8\ 889}{\sqrt{999\ 362.3\times 13.837\ 4}}=-2.390\ 5$$

$|t_2|=2.390\ 5>t_{\alpha/2}(n-k-1)=t_{0.025}(7)=2.364\ 6$，故 b_2 显著有效。

(3) 预测

对于第 11 年，$x_1=215$，$x_2=1.23$，点估计值为

$$\hat{Y}_0=9\ 601+53.81\times 215.0-8\ 889\times 1.23=10\ 236.30\text{（千万元）}$$

对 $\boldsymbol{X}=\begin{pmatrix}x_1\\x_2\end{pmatrix}=\begin{pmatrix}215\\1.23\end{pmatrix}$ 值中心化后，得：

$\boldsymbol{X}_0=\begin{pmatrix}215-206.89\\1.23-1.05\end{pmatrix}=\begin{pmatrix}8.11\\0.18\end{pmatrix}$，取置信度为 0.95，

代入式(5.19)求预测区间：

$$S(y_0)=t_{\alpha/2}(n-k-1)\sqrt{\frac{\sum(y_i-\hat{y}_i)^2}{(n-k-1)}}\sqrt{1+\frac{1}{n}+\boldsymbol{X}_0(\boldsymbol{X}^T\boldsymbol{X})^{-1}\boldsymbol{X}_0^T}$$

$$=2.364\ 6\sqrt{999\ 362\sqrt{1+\frac{1}{10}+(8.11\ \ 0.18)\begin{pmatrix}4.020\times 10^{-4} & -6.377\times 10^{-3}\\-6.377\times 10^{-3} & 13.837\ 4\end{pmatrix}\begin{pmatrix}8.11\\0.18\end{pmatrix}}}$$

$=10\ 236.30 \pm 2\ 949.30$

结论：若以 95%把握预测，第 11 年电话业务量应在 7 287 至 12 156 万件之间。

5.5.3　非线性相关预测

在通信网规划中，常用的非线性预测方程有：一元非线性回归方程、多元非线性回归方程、柯柏-道格拉斯生产函数等。

1. 一元非线性回归方程

对非线性模型的参数计算，通常采用变量变换、参数变换和反变换等方法。

2. 多元非线性回归方程

(1) $y=b_0 x_1^{b_1} x_2^{b_2} \cdots x_k^{b_k}$

(2) $y=a_0 x_1^{b_0} + a_1 x_2^{b_2} + \cdots + a_k x_k^{b_k}$

3. 柯柏-道格拉斯生产函数

$$y=A \times L^{\alpha} \times K^{\beta},$$

其中：A、α、β 为固定参数，y、L、K 为变量。

4. 电信非线性预测模型实例

(1) ITU 电信业务预测模型

20 世纪 80 年代初，ITU(国际电信联盟)根据各个国家或地区的电话主线普及率与该国家或地区的人均国民生产总值之间的关系，提出一个电信业务的预测模型，即：主线普及率与按照美元计算的人均国民生产总值各自的队数成正比关系：

$$\lg \mathrm{Tel} = a + b \lg \mathrm{GDP}$$

GDP：以美元计算的人均国民生产总值；

Tel：主线普及率；

参数 a 与货币有关；参数 b 表示 GDP 增长的幂次方。

根据 30 个国家统计资料可以计算得到：

$$\lg \mathrm{Tel}_{1955} = -3.093\ 2 + 1.444 \lg \mathrm{GDP}$$

$$\lg \mathrm{Tel}_{1960} = -3.117\ 1 + 1.432 \lg \mathrm{GDP}$$

$$\lg \mathrm{Tel}_{1965} = -3.132\ 9 + 1.405 \lg \mathrm{GDP}$$

$$\lg \mathrm{Tel}_{1978} = -3.353 + 1.303 \lg \mathrm{GDP}$$

$$\lg \mathrm{Tel}_{1981} = -3.3 + 1.2 \lg \mathrm{GDP}$$

$$\lg \mathrm{Tel}_{1986} = -3.16 + 1.17 \lg \mathrm{GDP}$$

说明：

① 从上述分析结果可知，常数 b 随着时间的推移逐步下降，表明整个世界单位经济产值对电信的需求将逐步降低。

② ITU 又根据人均 GDP 分段统计，得到：

当 GDP>1 000 美元/人时，$a=-3.353$，$b=1.303$；

当 500＜GDP≤1 000 美元/人时，$a=-3.353$，$b=1.303$；

③ 我国有关部门对 120 个国家 1985 年统计得到 $a=-2.7809$，$b=1.1093$。

(2) 中国通信能力社会需求模型

邮电部经济技术发展研究中心采集了 29 个国家的 1983 年的数据样值，式中，Tel 为千人电话主线数；GDP 代表人均国民生产总值(美元)；E 为百人适龄(20～24 岁)受高等教育人数；D 为第三产业劳动者比例。

采用多元回归计算，得到通信能力社会需求模型如下：

$$\ln \mathrm{Tel}=1.004+0.6352\mathrm{GDP}+0.1686E+1.2612D$$

(3) ITU 主线普及率模型

在 ITU 的《规划手册》中提出的主线普及率模型，它认为主线普及率是业务普及率 y_b 与住宅普及率 y_h 的总和，而两者与时间成线性关系，后者成 S 型成长关系，即：

$$y=y_b+y_h=(a+bt)+\frac{S}{1+\exp[-k(t-t_0)]}$$

5.6 电信业务预测的其他方法

除了前面所介绍的电信业务预测的几种基本方法外，本节将介绍其他一些常用的预测模型，包括：灰色预测模型、马尔可夫预测模型、模糊预测模型、模拟退火算法和系统动力学方法。

5.6.1 灰色预测模型

1. 灰色预测

灰色系统理论(Grey System Theory)是我国学者邓聚龙先生 1982 年首先在国际上提出来的一种新理论。该理论主要是在系统模型不明确、信息不完整的情况下，进行系统地关联分析(Relational Analysis)、建模(Constructing a Model)、预测(Prediction)及决策(Decision)的方法。它是将控制论的观点和方法延伸到社会、经济系统的产物，是自动控制科学与运筹学相结合的初步尝试。

一个系统，如果内部信息完全已知，可称之为白色系统；内部信息完全未知，称为黑色系统；如果部分已知，部分未知，则称为灰色系统，信息不完全，是灰色系统的基本特征，它主要通过含有灰色系数(简称灰元)的灰色方程来描述。

灰色系统在预测中的作用，是以经过一定方式处理后的时间序列为基础，建立灰色预测模型的过程。尽管灰色过程的时间序列所显示的现象是随机的，但毕竟是有序的，因此这一数据集合具备潜在的规律，灰色预测通过鉴别系统因素之间发展趋势的相异程度，即关联分析，并对原始数据进行生成处理来寻找系统变动的规律，生成有较强规律性的数据序列，然后建立相应的微分方程模型，从而预测未来的发展趋势的状况。

灰色模型,又称 GM 模型。灰色预测模型的基本思路是:由于给定的原始时间序列 $\{x_i^{(0)}(t)\}$,$(i=1,2,\cdots,N;t=1,2,\cdots,n)$多为随机的、无规律的数据,不适于直接建模。为减少原始数据的随机性,先对原始数列进行累加计算,生成新的数据序列 $\{x_i^l(t)\}$, $x_i^l(t)=\sum_{k=1}^{l}\{x_i^{(0)}(k)\}$, 这种数据处理方式,称为一次累加生成(1-AGO)(对于数据数列,还可进行二次、三次、…累加生成)。这种生成有两个目的:①为建模提供中间信息;②将原始数据序列的随机性加以弱化。

经累加生成的数列的随机性明显地减少。一般说来,数据序列经累加生成后,很接近指数规律。

常用的灰色模型有以下几种:

① GM(1,1),它代表一阶单变量的微分方程预测模型,即对原始序列进行一次累加,模型变量数为 1。

② GM(2,1),它代表二阶单变量的微分方程预测模型,即对原始序列进行二次累加,模型变量数为 1。

③ GM(1, N),它代表一阶多变量的微分方程预测模型,即对原始序列进行一次累加,模型变量数为 N。

GM 模型是微分方程模型,可对所描述的对象做长期、连续、动态的反映。目前常用的回归分析法可建立经济序列的各种函数方程,但是这种静态的描述,难以反映经济系统发展速度与已达到的经济水平之间的动态关系。相比之下,GM 模型比回归分析法建立的模型具有更大的优越性,灰色系统的理论能更准确地描述社会经济系统的状态和行为,基于灰色系统理论的灰色预测模型,则对于社会经济系统预测具有重要意义。

但是,灰色预测也有自身的局限性。因为它通过对原始数据进行累加生成,得到规律性较强的曲线后,用指数曲线去拟合得到模型,因此,它适用于呈指数规律变化发展的系统预测。另一方面,即使某一系统呈现指数发展规律,其发展速度却可能由于各种因素的制约而呈现阶段性增长的特征,不可能永远按照一种规律发展。此时,用 GM 模型预测无法获得理想的效果。

灰色系统预测中,对序列的数据处理过程包括:累加生成和逆累加生成。

(1) 累加生成数

设原始数列为 $x^{(0)}=\{x_1^{(0)},x_2^{(0)},\cdots,x_n^{(0)}\}$,其一次累加生成为 $x^{(1)}=\{x_1^{(1)},x_2^{(1)},\cdots,x_n^{(1)}\}$,其中 $x_t^{(1)}=\sum_{i=1}^{t}x_i^{(0)}$。

一般的,n 次累加生成数为 $x^{(n)}=\{x_1^{(n)},x_2^{(n)},\cdots,x_n^{(n)}\}$。其中:$x_t^{(r)}=\sum_{i=1}^{t}x_i^{(r-1)}=$

$$\sum_{i=1}^{t-1} x_i^{(r-1)} + x_t^{(r-1)} = x_{t-1}^{(r-1)} + x_t^{(r-1)},\ t=1,2,\cdots,n,r=1,2,\cdots,\quad x_0^{(1)} = x_0^{(2)} = \cdots = 0。$$

(2) 逆累加生成

设逆累加过程的原始数列为 $y=\{y_1,y_2,\cdots,y_n\}$，其一次逆累加生成为 $a^{(1)}y=\{a^{(1)}y_1,a^{(1)}y_2,\cdots,a^{(1)}y_n\}$。其中：$a^{(1)}y_t = a^{(0)}y_t - a^{(0)}y_{t-1}$，而 $a^{(0)}y_t = y_t$，$(t=1,2,\cdots,n)$。

r 次累加生成数为 $a^{(r)}y=\{a^{(r)}y_1,a^{(r)}y_2,\cdots,a^{(r)}y_n\}$。其中：$a^{(r)}y_t=a^{(r-1)}y_t-a^{(r-1)}y_{t-1}$，$(r=1,2,\cdots)$，而 $a^{(r)}y_0=0$。

对于累加生成数 $x^{(r)}=\{x_1{}^{(r)},x_2{}^{(r)},\cdots,x_n{}^{(r)}\}$ 进行一次逆累加处理，得：

$$a^{(1)}x_t^{(r)}=a^{(0)}x_t^{(r)}-a^{(0)}x_{t-1}^{(r)}=x_t^{(r)}-x_{t-1}^{(r)}=x_t^{(r-1)}$$

$$a^{(2)}x_t^{(r)}=a^{(1)}x_t^{(r)}-a^{(1)}x_{t-1}^{(r)}=x_t^{(r-1)}-x_{t-1}^{(r-1)}=x_t^{(r-2)}$$

$$\cdots$$

$$a^{(r)}x_t^{(r)}=a^{(r-1)}x_t^{(r)}-a^{(r-1)}x_{t-1}{}^{(r)}=x_t^{(1)}-x_{t-1}^{(1)}=x_t^{(0)}$$

即一次逆累加生成就降低一次累加生成数的阶数。

例 5-10：$x^{(0)}=\{2,5,4,3,6\}$，$x^{(1)}=\{2,7,11,14,20\}$，$x^{(2)}=\{2,9,20,34,54\}$

$a^{(1)}x^{(2)}=\{2,7,11,14,20\}=x^{(1)}$，$a^{(2)}x^{(2)}=\{2,5,4,3,6\}=x^{(0)}$

2. GM(1,1)模型——一阶单变量的微分方程预测模型

GM(1,1)模型为单变量的一阶线性动态模型，主要用于长期预测。

设给定原始数列$\{x^{(0)}(t)\}$，$(t=1,2,\cdots,n)$，对其进行一次累加生成得：$\{x^{(1)}(t)\}$，$(t=1,2,\cdots,n)$。

(1) 模型建立

GM(1,1)模型是常用的灰色预测模型，是灰色系统理论的核心内容。

首先考虑构造如下一阶线性微分方程：

$$\frac{\mathrm{d}x}{\mathrm{d}t}+ax=b \tag{5.20}$$

其中：$x=x(t)$，a、b 是待估常数。

$$x(t)=\left[x(0)-\frac{b}{a}\right]\mathrm{e}^{-at}+\frac{b}{a} \tag{5.21}$$

利用方程(5.20)模型可对时间序列的生成数做预测：

$$\frac{\mathrm{d}x^{(1)}(t)}{\mathrm{d}t}+ax^{(1)}(t)=b,\ \frac{\mathrm{d}x^{(1)}(t)}{\mathrm{d}t}=x^{(1)}(t+1)-x^{(1)}(t)=x^{(0)}(t+1),$$

$$x^{(1)}(t)=x^{(1)}\left(t+\frac{1}{2}\right)\approx\frac{1}{2}\left[x^{(1)}(t)+x^{(1)}(t+1)\right]。$$

微分方程(5.20)可表示为

$$x^{(0)}(t+1)+\frac{1}{2}a\left[x^{(1)}(t)+x^{(1)}(t+1)\right]=b$$

即：$x^{(0)}(t+1)=-\frac{1}{2}\left[x^{(1)}(t)+x^{(1)}(t+1)\right]a+b$。

$$令：\boldsymbol{X}=\begin{pmatrix}-\frac{1}{2}\left[x^{(1)}(1)+x^{(1)}(2)\right] & 1\\ -\frac{1}{2}\left[x^{(1)}(2)+x^{(1)}(3)\right] & 1\\ \vdots & \vdots\\ -\frac{1}{2}\left[x^{(1)}(n-1)+x^{(1)}(n)\right] & 1\end{pmatrix},\ \boldsymbol{Y}=\begin{pmatrix}x^{(0)}(2)\\ x^{(0)}(3)\\ \vdots\\ x^{(0)}(n)\end{pmatrix},\ \boldsymbol{B}=\begin{pmatrix}a\\ b\end{pmatrix}$$

则有：

$$\left.\begin{aligned}x^{(0)}(2)&=-\frac{1}{2}\left[x^{(1)}(1)+x^{(1)}(2)\right]a+b\\ x^{(0)}(3)&=-\frac{1}{2}\left[x^{(1)}(2)+x^{(1)}(3)\right]a+b\\ &\vdots\\ x^{(0)}(n)&=-\frac{1}{2}\left[x^{(1)}(n-1)+x^{(1)}(n)\right]a+b\end{aligned}\right\}\quad \begin{aligned}&\boldsymbol{Y}=\boldsymbol{X}\boldsymbol{B}\\ &\boldsymbol{B}=(\boldsymbol{X}'\boldsymbol{X})^{-1}\boldsymbol{X}'\boldsymbol{Y}\end{aligned} \tag{5.22}$$

采用一阶单变量微分方程，对生成序列进行拟合，利用最小二乘法对方程(5.22)进行参数估计，求得 a 和 b。将 a、b 代回原微分方程(5.20)，可得

$$\hat{x}_{t+1}^{(1)}=\left(x(0)-\frac{b}{a}\right)\mathrm{e}^{-at}+\frac{b}{a} \tag{5.23}$$

利用逆累加生成 $x^{(0)}$ 的灰色预测模型为

$$\hat{x}_{t+1}^{(0)}=(1-\mathrm{e}^{a})\left(x(0)-\frac{b}{a}\right)\mathrm{e}^{-at} \tag{5.24}$$

这种模型的优点是不需要大的样本量，也不需要考虑数据是否服从正态分布。通过累加技术，使数据形成指数率，从而建立统一的微分方程，求得未来趋势进行预测。

(2) 模型的检验

对于 GM(1,1)模型的检验可采用后验差检验法，设残差 $\varepsilon^{(0)}(t)=x^{(0)}(t)-\hat{x}^{(0)}(t)$，则可计算出原数列的均方差、残差的均方差等统计量。

原序列的均方差为

$$S_1=\sqrt{\frac{\sum_{i=1}^{n}(x^{(0)}(t)-\bar{x}^{(0)})^2}{n-1}}$$

残差序列的均方差为

$$S_2=\sqrt{\frac{\sum_{i=1}^{n}(\varepsilon^{(0)}(t)-\bar{\varepsilon}^{(0)})^2}{n-1}}$$

根据 S_1 和 S_2 可定义两种检验指标：

(1) 后验差比 $C=\frac{S_1}{S_2}$。

(2) 误差概率 $P=P\{|\varepsilon^{(0)}(t)-\bar{\varepsilon}^{(0)}|<0.6745S_1\}$。以上两个指标的等级划分如表 5-13 所示。

表 5-13　C、P 检验等级划分表

模型等级精度	P	C
好	$P>0.95$	$C<0.35$
合　　格	$0.95\geqslant P>0.8$	$0.35\leqslant C<0.5$
勉强合格	$0.8\geqslant P>0.7$	$0.5\leqslant C<0.65$
不 合 格	$P\leqslant 0.7$	$C\geqslant 0.65$

说明：

① C 越小越好。C 值小表示 S_2（预测误差离散性）比 S_1（原始数列离散性）小。

② P 越大越好。P 值大表示误差较小的概率大，表明预测精度高。

③ P、C 都在允许范围内，则表示所建立灰色模型可用于预测；如不在允许范围内，则需进行误差修正。

当今预测理论中许多较成熟的方法都要求有足够的样本，充分的数据，还需要符合典型分布，这些条件有时很难满足。灰色预测对数据量要求不高，更不要求典型分布，并且经过实践证明其预测精度意外的好，不失为一种有特色的预测方法。

3. 灰色预测举例

例 5-11：已知时间序列 5 期的观察值为 2，5，4，3，6，试用 GM(1，1)模型预测第 6 期、第 7 期的值。

解：$x^{(0)}=\{2,5,4,3,6\}$，$x^{(1)}=\{2,7,11,14,20\}$

$$\boldsymbol{X}=\begin{pmatrix}-4.5 & 1\\ -9 & 1\\ -12.5 & 1\\ -17 & 1\end{pmatrix},\boldsymbol{Y}=\begin{pmatrix}5\\4\\3\\6\end{pmatrix}$$

$$\boldsymbol{X}'\boldsymbol{X}=\begin{pmatrix}546.5 & -43\\ -43 & 4\end{pmatrix},\boldsymbol{X}'\boldsymbol{Y}=\begin{pmatrix}-198\\18\end{pmatrix}$$

$$\boldsymbol{B}=(\boldsymbol{X}'\boldsymbol{X})^{-1}\boldsymbol{X}'\boldsymbol{Y}=\begin{pmatrix}-0.0534\\3.9258\end{pmatrix}$$

将上述参数估计的结果，代入 $\hat{x}_{t+1}^{(1)}=\left(x(0)-\dfrac{b}{a}\right)\mathrm{e}^{-at}+\dfrac{b}{a}$ 得：

$$\hat{x}_{t+1}^{(1)}=(2+73.5)\times \mathrm{e}^{0.0534t}-73.5=75.5\times \mathrm{e}^{0.0534t}-73.5$$

利用逆累加生成方法，计算出 $\hat{x}^{(0)}$ 的值(具体结果见表 5-14)。

表 5-14　灰色预测方法例题：利用 GM(1,1)进行预测的结果

t	$X_t^{(0)}$	$X_t^{(1)}$	$\hat{x}_t^{(1)}$	$\hat{x}_t^{(0)}$
1	2	2	2	2
2	5	7	6.142 3	4.142 3
3	4	11	10.511 8	4.369 5
4	3	14	15.121 1	4.609 3
5	6	20	19.983 3	4.862 2
6			25.112 2	5.128 9
7			30.522 5	5.410 3

5.6.2　马尔可夫预测

马尔可夫(Markov)过程是研究事物的状态及其转移的理论。所谓马尔可夫预测法就是通过对状态的初始概率及状态之间的转移概率的研究，确定状态的变化趋势，从而达到对未来进行预测的目的。马尔可夫预测法是一种预测事件发生的概率的方法。基于马尔可夫链，根据事件的目前状况预测其将来各个时刻(或时期)的变动状况。

马尔可夫过程的一个最大特点就是无后效性，即：过程在时刻 $t(t>t_0)$ 所处的状态与过程在 t_0 时刻之间的状态无关。如果用条件概率的公式来表示，就是：

$$P_{n,n-1}(x_n,t_n\mid x_{n-1},t_{n-1},\cdots,x_1,t_1)=P(x_n,t_n\mid x_{n-1},t_{n-1})$$

最简单的马尔可夫过程是马尔可夫链，即状态和时间参数都是离散的马尔可夫过程。

1. 状态转移概率及矩阵

(1) 几个基本概念

① 状态：某一事件在某个时刻出现的某种结果。随着研究的事件及其预测的目标不同，状态有不同的划分方式。

② 状态转移过程：事件的发展，从一种状态转变为另一种状态，即为状态转移。

③ 马尔可夫过程:在事件的发展过程中,若每次状态的转移都仅与前一时刻的状态有关,而与过去的状态无关,这样的状态转移过程就称为马尔可夫过程。

(2) 状态转移概率和状态转移概率矩阵

① 状态转移概率,在事件的发展变化过程中,从某一种状态出发,下一时刻转移到其他状态的可能性,称为状态转移概率。

$$P(E_i \rightarrow E_j) = P(E_i \mid E_j) = P_{ij} \tag{5.25}$$

② 状态转移概率矩阵,假定某一个事件的发展过程有 n 个可能的状态,即 E_1,$E_2,\cdots,E_n$。记 P_{ij} 为从状态 i 转变为状态 j 的状态转移概率 $(i,j=1,2,\cdots,n)$,则矩阵

$$\boldsymbol{P} = \begin{matrix} & E_1 & E_2 & \cdots & E_n \\ E_1 & P_{11} & P_{12} & \cdots & P_{1n} \\ E_2 & P_{21} & P_{22} & \cdots & P_{21} \\ \vdots & \vdots & \vdots & & \vdots \\ E_n & P_{n1} & P_{n2} & \cdots & P_{nn} \end{matrix} \tag{5.26}$$

即为状态转移概率矩阵。其中:$P_{ij} \geqslant 0$,$\sum_{i=1}^{n} P_{ij} = 1$。

状态转移概率矩阵可以用来描述所研究对象的变化过程。

③ 状态转移概率矩阵的计算,计算状态转移概率矩阵 $\boldsymbol{P}$,就是求从每个状态转移到其他任何一个状态的状态转移概率 $P_{ij}(i,j=1,2,\cdots,n)$。为了求出每一个 P_{ij},一般采用频率近似概率的思想进行计算。

2. 马尔可夫预测模型

(1) 马尔可夫预测模型。

$$\boldsymbol{X}[k+1] = \boldsymbol{P}\boldsymbol{X}[k] \tag{5.27}$$

式中:$\boldsymbol{X}[k+1] = \begin{pmatrix} x_1(k+1) \\ x_2(k+1) \\ \vdots \\ x_n(k+1) \end{pmatrix}$,$\boldsymbol{X}[k] = \begin{pmatrix} x_1(k) \\ x_2(k) \\ \vdots \\ x_n(k) \end{pmatrix}$。

$\boldsymbol{P}$ 为状态转移矩阵,$\boldsymbol{X}[k]$,$\boldsymbol{X}[k+1]$ 分别为 k 时刻和 $k+1$ 时刻的状态。

(2) 逐次计算状态概率的递推公式:

$$\begin{cases} x[1] = x[0]\boldsymbol{P} \\ x[2] = x[1]\boldsymbol{P} = x[1]\boldsymbol{P}^2 \\ \quad\vdots \\ x[k] = x[k-1]\boldsymbol{P} = \cdots = x[0]\boldsymbol{P}^k \end{cases} \tag{5.28}$$

如 $x[0]$ 为起始状态,则经过 $k+1$ 次转移后,可到 $k+1$ 的状态 $x[k+1]$,在较长时间后,马尔可夫过程逐渐趋于稳定状态,且与初始状态无关。

(3) 第 $k+1$ 个时刻(时期)的状态概率预测。

若 $x[0]$ 已知,利用状态概率的递推公式,可求在第 $k+1$ 个时刻(时期)处于各种可能的状态的概率,从而得该事件在第 $k+1$ 个时刻(时期)的状态概率预测。

马尔可夫预测常用于产品结构、人员比例关系变化的预测。马尔可夫链预测的基本步骤:

第一步,划分预测对象所出现的状态,从预测目的出发,并考虑预测目的的需要来划分现象所处的状态;

第二步,计算初始概率,在实际问题中,分析历史资料所得的状态概率称为初始概率;

第三步,计算状态转移概率;

第四步,根据转移概率进行预测。

3. 马尔可夫预测应用举例

例 5-12:如果将某企业人才分为两类:技术人员和管理人员。在人才发展预测中,已知技术人员和管理人员相互转移的概率矩阵为

$$\boldsymbol{P}=\begin{pmatrix} P_{11} & P_{12} \\ P_{21} & P_{22} \end{pmatrix}=\begin{pmatrix} 0.5 & 0.4 \\ 0.5 & 0.6 \end{pmatrix} \begin{matrix} \text{技术人员} \\ \text{管理人员} \end{matrix}$$

技术人员　管理人员

当前技术人员与管理人员的比例为 0.7 比 0.3,试预测今后一段时间,技术人员和管理人员的比例状态。

解: $x[0]=\begin{pmatrix} 0.7 \\ 0.3 \end{pmatrix}$,

$$x[1]=\begin{pmatrix} 0.5 & 0.4 \\ 0.5 & 0.6 \end{pmatrix}\begin{pmatrix} 0.7 \\ 0.3 \end{pmatrix}=\begin{pmatrix} 0.47 \\ 0.53 \end{pmatrix},$$

$$x[2]=\begin{pmatrix} 0.5 & 0.4 \\ 0.5 & 0.6 \end{pmatrix}\begin{pmatrix} 0.47 \\ 0.53 \end{pmatrix}=\begin{pmatrix} 0.447 \\ 0.553 \end{pmatrix}。$$

以此类推,计算结果如表 5-15 所示。

表 5-15　马尔可夫预测例题:人员变动状况转移

K	0	1	2	3	4	5	…
技术人员	0.7	0.47	0.447	0.444 7	0.444 47	0.444 447	…
管理人员	0.3	0.53	0.553	0.555 3	0.555 53	0.555 553	…

在本例中,随着状态的转移,技术人员的比例不断地减少,管理人员的比例不断增加,最后两部分人员需求比例还可以达到平衡。

5.6.3 模糊预测

模糊系统的数学理论及应用技术之所以能被人们所接受，并使得该学科在近40年里得到快速的发展，主要取决于人类社会、生产实践中存在的广泛而深刻的应用背景。在客观世界上，许多现象都具有模糊性，不可能用经典数学来加以描述，因此，模糊数学成为处理模糊(Fuzzy)信息的有力工具。利用模糊数学的原理将一个复杂的预测问题转换成一个线性规划问题进行求解，这是模糊预测常用的方法。

1. 模糊回归分析的基本方法

回归分析是估计经济关系的最重要的统计工具。常规的回归分析法，通过运用最小二乘法得到变量之间一种具体的表达形式，并借以进行预测分析。在这种情况下，参数的估计值是确定的。然而，实际的预测工作中，各参数的估计值随着系统状态的变化可能是模糊的，表现出某种不确定性，模糊回归分析(Fuzzy Regression Analysis)的方法应运而生。

模糊回归分析是对常规回归分析的发展，它能很好地反映现实状态的不确定性，预测更加符合变化的实际情况。

设模糊回归方程为

$$y=A_1x_1+A_2x_2+\cdots+A_Nx_N+e \tag{5.29}$$

其中：$A_1,A_2,\cdots,A_N$ 为实域上的模糊集合；

$x_1,x_2,\cdots,x_N$ 仍是确定性变量；

y、e 为模糊变量。

模糊参数可用中心 a 和偏离程度 c 来描述，$A=(A_1,A_2,\cdots,A_N)$ 可记为矩阵形式：

$A=\{a,c\}$，$a^t=\{a_1,a_2,\cdots,a_N\}^t$，$c^t=\{c_1,c_2,\cdots,c_N\}^t$，设：对于每个变量 $x_i(i=1,2,\cdots,N)$，有一组观测值 $x_{ji}(j=1,2,\cdots,N)$。

在通常情况下，我们是首先要求模糊参数 $A_i=(a_i,c_i)$，这样可将问题转化为一个线性规划问题求解。即：

目标函数 $J=c_1+c_2+\cdots+c_N$ (5.30)

$$\text{约束条件 s.t.}\begin{cases}a^tx_i+(1-H)\sum\limits_j c_j\,|x_{ij}|\geqslant y_i+(1-H)e_i\\-a^tx_i+(1-H)\sum\limits_j c_j\,|x_{ij}|\geqslant -y_i+(1-H)e_i\end{cases} \tag{5.31}$$

$$i=1,2,\cdots,n$$

一般情况下，H 取0.5左右。

这时，用于预测回归模型为

$$y=a^tX \tag{5.32}$$

式中：$X=(x_1,x_2,\cdots,x_N)$。

2. **模糊预测应用举例**

例 5-13：已知某市的电话用户数和城市有关经济社会数据如表 5-16 所示。若 2008 年该市人口可能达到 1 200 万，国民收入达 1 150 亿元，固定资产投资达 300 亿元，商品零售额达到 550 亿元，试预测 2008 年的用户数。

表 5-16　模糊预测例题：某市市话及城市相关经济数据

年份/年	市话用户/万人	人口 x_1/百万人	国民收入 x_2/亿元	固定资产投资 x_3/亿元	商品零售 x_4/亿元
1980	8.9	667	282.42	25.7	88.2
1981	9.38	673	290.94	30.28	92.77
1982	10.06	696	294.99	42.75	93.29
1983	11.23	711	303.49	63.06	104.28
1984	12.59	738	341.2	65.77	124.07
1985	15.19	749	409.73	81.78	147.47
1986	17.26	760	460.06	97.06	170.02

解：设方程　　$y=A_1x_1+A_2x_2+\cdots+A_Nx_N+e$

当 $H=0.5, e=0$（用户数是确定的），则有线性规划模型：

$$\min J=c_1+c_2+c_3+c_4$$

$$\text{s.t.}\begin{cases} a^t x_i+0.5\sum\limits_j c_j\,|x_{ij}|\geqslant y_i \\ -a^t x_i+0.5\sum\limits_j c_j\,|x_{ij}|\geqslant -y_i, \quad i=1,2,\cdots,n \\ c\geqslant 0 \\ i=1,2,\cdots,7;\quad j=1,2,3,4 \end{cases}$$

这样，模型回归分析变换成为一个有 8 个变量（a_i 和 c_i）和 4 个约束条件的线性规划问题。采用单纯形法，可求得该问题的解（如表 5-17 所示）。

表 5-17　模糊预测模型例题：参数的解

变　量	A_1	A_2	A_3	A_4
a_i	0.001 65	0.007 46	0.032 2	0.056 2
c_i	0.000 269	0	0	0

由此可得模糊回归模型为

$$Y=0.001\,65x_1+0.007\,46x_2+0.032\,2x_3+0.056\,2x_4$$

经检验认为该模型合理，将 2008 年该市的相关经济因素代入模型中，当 2008 年时，该市人口可能达到 1 200 万，国民收入 1 150 亿元，固定资产投资 300 亿元，商品零售额达到 550 亿元，可得 2008 年的用户数：

$$Y_{2008}=51.12(\text{万户})$$

$$e=c_1x_1=0.322\ 9$$

因此,用户的可能变动范围为[50.79,51.44]之间。

5.6.4 模拟退火算法

1. 模拟退火算法基本原理

(1) 基本原理介绍

模拟退火算法(Simulated Annealing,简称 SA 方法)来源于固体退火原理,将固体加温至充分高,再让其徐徐冷却,加温时,固体内部粒子随升温变为无序状,内能增大,而徐徐冷却时粒子渐趋有序,在每个温度都达到平衡态,最后在常温时达到基态,内能减为最小。根据 Metropolis 准则,粒子在温度 T 时趋于平衡的概率为 $e^{-\frac{\Delta E}{kT}}$,其中 E 为温度 T 时的内能,ΔE 为其改变量,k 为 Boltzmann 常数。

用固体退火模拟组合优化问题,将内能 E 模拟为目标函数值 f,温度 T 演化成控制参数 t,即得到解组合优化问题的模拟退火算法:由初始解 i 和控制参数初值 t 开始,对当前解重复"产生新解 → 计算目标函数差 → 接受或舍弃"的迭代,并逐步衰减 t 值,算法终止时的当前解即为所得近似最优解。这是基于蒙特卡罗迭代求解法的一种启发式随机搜索过程。退火过程由冷却进度表(Cooling Schedule)控制,包括控制参数的初值 t 及其衰减因子 Δt、每个 t 值时的迭代次数 L 和停止条件 S。

在搜索最优解的过程中,模拟退火算法除了可以接受优化解外,还用一个随机接受准则(Metropolis 准则)有限度地接受恶化解,并且接受恶化解的概率慢慢趋向于 0,这使得算法有可能从局部极值区域中跳出,尽可能找到全局最优解,并保证了算法的收敛性。

经过理论证明,只要满足某些条件(例如:在每一温度下检查无限多个点,或者,如果温度 T_k 形成一无限序列,并且 $\lim\limits_{k\to\infty}T_k=0$ 等等),那么模拟退火算法将以概率 1 收敛于全局最优解。

(2) 模拟退火算法的基本思想

模拟退火算法新解的产生和接受可分为如下 4 个步骤。

第一步,由一个产生函数从当前解产生一个位于解空间的新解。为便于后续的计算和接受,减少算法耗时,通常选择由当前新解经过简单变换即可产生新解的方法,如对构成新解的全部或部分元素进行置换、互换等。

第二步,计算与新解所对应的目标函数差。因为目标函数差仅由变换部分产生,所以目标函数差的计算最好按增量计算。事实表明,对大多数应用而言,这是计算目标函数差的最快方法。

第三步,判断新解是否可接受。判断的依据是一个接受准则,最常用的接受准则是 Metropolis 准则:若 $\Delta t'<0$ 则接受新解 S' 作为新的当前解 S,否则以概率

$e^{-\frac{\Delta t'}{T}}$ 接受 S' 作为新的当前解 S。

第四步，当新解被确定接受时，用新解代替当前解。这只需将当前解中对应于产生新解时的变换部分予以实现，同时修正目标函数值即可。此时，当前解实现了一次迭代。可在此基础上开始下一轮试验。而当新解被判定为舍弃时，则在原当前解的基础上继续下一轮试验。

图 5-15 描述了模拟退火算法的具体流程。

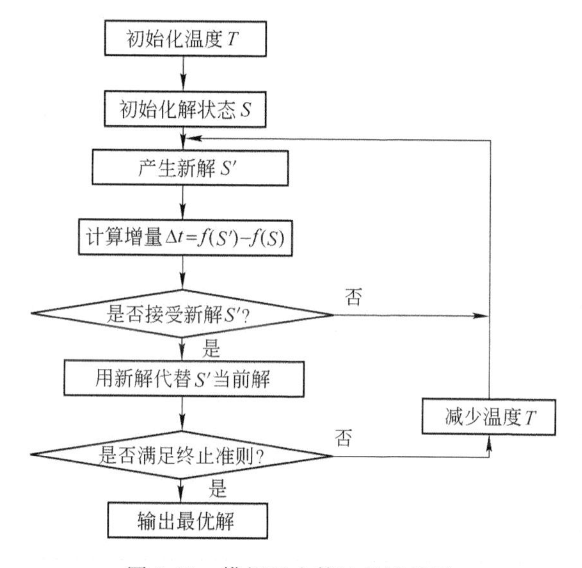

图 5-15　模拟退火算法的流程图

模拟退火算法与初始值无关，算法求得的解与初始解状态 S（算法迭代的起点）无关；模拟退火算法具有渐近收敛性，已在理论上被证明是一种以概率 1 收敛于全局最优解的全局优化算法。

2. 模拟退火算法应用举例

模拟退火算法的应用很广泛，可以较高的效率求解最大截问题（Max Cut Problem）、0-1 背包问题（Zero One Knapsack Problem）、图着色问题（Graph Colouring Problem）、调度问题（Scheduling Problem）等等。下面以旅行商问题（TSP，Travelling Salesman Problem）为例，说明模拟退火算法的使用方法。

例 5-14：设有 n 个城市，用数码 $1,\cdots,n$ 代表。城市 i 和城市 j 之间的距离为 $d(i,j)$，$i,j=1,\cdots,n$。TSP 问题是寻找能遍访 n 城市恰好一次的路由，且其路径总长度为最短。

解：求解 TSP 的模拟退火算法模型可描述如下：

解空间：解空间 S 是遍访每个城市恰好一次的所有回路，是 $\{1,\cdots,n\}$ 的所有循环排列的集合，S 中的成员记为 $(w_1,w_2,\cdots,w_n)$，并记 $w_{n+1}=w_1$。初始解可选为

$(1,\cdots,n)$。

目标函数:此时的目标函数即为访问所有城市的路径总长度或称为代价函数。

$$f(w_1,w_2,\cdots,w_n)=\sum_{j=1}^{n} d(w_j,w_{j+1})$$

算法的目标是求此代价函数的最小值。

新解的产生:随机产生 1 和 n 之间的两相异数 k 和 m。

若 $k<m$,则将

$$(w_1,w_2,\cdots,w_k,w_{k+1},\cdots,w_m,\cdots,w_n)$$

变为:

$$(w_1,w_2,\cdots,w_m,w_{m-1},\cdots,w_{k+1},w_k,\cdots,w_n)$$

如果是 $k>m$,则将

$$(w_1,w_2,\cdots,w_k,\ w_{k+1},\cdots,w_m,\cdots,w_n)$$

变为:

$$(w_m,\ w_{m-1},\cdots,w_1,\ w_{m+1},\cdots,w_{k-1},w_n,\ w_{n-1},\cdots,w_k)$$

上述变换方法可简单说成是“逆转中间或者逆转两端”。

也可以采用其他的变换方法,有些变换有独特的优越性,有时也将它们交替使用,得到一种更好的方法。

代价函数差:设将$(w_1,w_2,\cdots,w_n)$变换为$(u_1,u_2,\cdots,u_n)$,则代价函数差为

$$\Delta f=f(u_1,u_2,\cdots,u_n)-f(w_1,w_2,\cdots,w_n)$$
$$=\sum_{j=1}^{n} d(u_j,u_{j+1})-\sum_{j=1}^{n} d(w_j,w_{j+1})$$

3. 参数控制

模拟退火算法的应用很广泛,可以求解 NP 完全问题,但其参数难以控制,其主要问题有以下 3 点。

(1) 温度 T 的初始值设置问题

温度 T 的初始值设置是影响模拟退火算法全局搜索性能的重要因素之一、初始温度高,则搜索到全局最优解的可能性大,但因此要花费大量的计算时间;反之,则可节约计算时间,但全局搜索性能可能受到影响。实际应用过程中,初始温度一般需要依据实验结果进行若干次调整。

(2) 退火速度问题

模拟退火算法的全局搜索性能也与退火速度密切相关。一般来说,同一温度下的“充分”搜索(退火)是相当必要的,但这需要计算时间。实际应用中,要针对具体问题的性质和特征设置合理的退火平衡条件。

(3) 温度管理问题

温度管理问题也是模拟退火算法难以处理的问题之一。实际应用中,由于必

须考虑计算复杂度的切实可行性等问题，常采用如下的降温方式：

$$T(t+1) = k \times T(t)$$

式中：k 为正的略小于 1.00 的常数，t 为降温的次数。

5.6.5　系统动力学方法用于业务发展预测

系统动力学(System Dynamics)方法，是解决复杂系统研究的一种有力工具。按照系统动力学的理论、原理与方法论可以分析系统、建立系统动力学模型，并可以借助计算机定量地分析、研究系统问题。它向决策者和战略家提供了社会实验手段，用以模拟各种发展战略方案和各种策略构思，最终寻出系统的较优结构，以求得满意的系统功能和解决问题的途径。由于系统动力学方法对研究社会、经济、科技、生态系统、生物系统等复杂系统的问题非常适用，因此，它的应用范围日益扩大，从企业到社会，从人口到资源，从工程设计到城市、国家乃至整个世界的结构分析研究，几乎遍及各类系统和各种领域。显然，通信发展战略研究，同样是发挥系统动力学方法独特功能的广阔天地。

1. 系统动力学方法用于市话发展规划的研究

作为通信发展战略研究的一个子系统，对通信的主体——城市电话的发展规律——进行了探讨，对市话的动态行为进行总结，从建立系统动力学模型、仿真运行到方案比较，为城市电话规划提供了一个较为理想的模式。

一个国家、地区，特别是一个城市的电话发展，由于受到社会政治、经济、文化等各种背景的影响，必然与社会的发展息息相关。一方面，国民经济实力，人民生活水平以及投资策略和资费政策对电话机的发展起着决定性作用，或者限制、制约，或者促进、加速它的发展；另一方面，电话机的发展又将为加速信息流通，提高办事效率，减轻社会压力，提高生活水平发挥其显著的社会效益和经济效益。其结果，会进一步加速对电话机的需求和投资。这些相互间的影响关系是动态的、高阶的，构成了市话发展的复杂系统。因此，市话发展预测、规划的合理性与准确性，就在于能否合理地反映这些影响的动态关系。规划模型的适用性，在于能否及时、正确、方便地反映出某些制约关系的变化及其对整个市话系统的影响。

2. 系统动力学方法用于市话发展规划的特点

通过传统方法的分析、研究和归类，我们可以认为系统动力学方法用于市话发展规划有以下特点：

(1) 该方法比传统的预测方法更适合于长期预测，符合远期市场规划的要求；

(2) 该方法研究的动态、实时、非线性系统，克服了传统方法的缺陷；

(3) 该方法通过系统结构的构造来演示系统的行为，而系统构造的建立主要不是依据数据，而是依据战略家、管理者、系统动力学家的敏锐洞察力和他们的创造精神；

(4) 该方法借助计算机仿真技术，能完成手工计算无法胜任的工作。

3. 构造市内电话规划的系统动力学模型

市内电话规划系统动力学模型为城市电话网发展规划开创了一种网络规划的新模式。该方法可以通过构造系统动力学模型，对城市电话进行总体规划；通过电话机投资实验，寻求较为理想的投资模式；通过政策因素变化对整个系统的响应对决策者提供制订政策的依据；通过结构分析与实验，寻求较合理的市话结构。

(1) 因果关系分析

城市电话的发展是由系统中诸要素间的多重、多层次影响关系所决定的，这些主要因素有：人民生活水平、经济发展水平、话机需求量、投资量、需求满足程度和效益。其因果关系如图 5-16 所示。

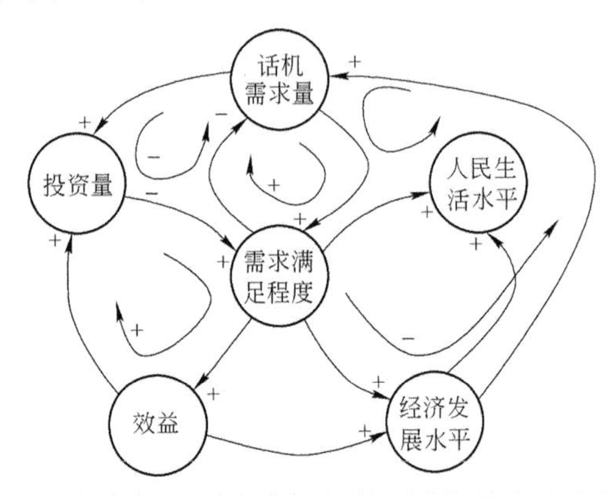

图 5-16　市话规划系统动力学模型

由于投资主要决定于市话系统的规模，市话系统规模增加带来的效益将促进经济发展和人民生活水平的提高，随着经济的发展和生活水平的提高将对通信产生新的需求，转而影响市话的投资政策。所以，由投资量、需求满足程度、经济发展水平、需求量、投资量形成的正反馈环和由投资量、需求满足程度、生活水平、需求量、投资量形成的正反馈环是整个市话系统发展、变化的基本机制。另外，需求满足程度、需求量、投资量形成反馈环；需求满足程度、效益、投资量形成正反馈环；需求量、需求满足程度、生活水平形成负反馈环等等，都是市话系统中重要的因果关系。城市电话的发展通过这些正、负反馈环的作用，其变化或是自我强化，滚雪球似地越来越多，或是自我调节使行为趋于稳定，加之相互抵消的作用和外界变量的控制，使整个系统产生“稳定”与“增长”之间的相互变化的行为，也即系统的动态行为。

(2) 模型结构

在通信网规划的过程中，具体的分析过程需要建立相应的模型结构。在市话规划模型中，对市话系统的结构变量可考虑如下。

在市话设备方面，将机、线设备归纳为话局交换容量，把电话机按其作用不同分为话局业务话机、住宅话机和集团话机（接用户总机的话机）三大类。由于公用电话占话机数的比例极低，又对系统变量无甚影响，模型中将其忽略（如果需要，可以很方便地加入到模型中去）；话机需求方面，考虑经济发展水平、人民生活水平、资费水平和住宅话机的基础水平（住宅话机普及率）；服务水平方面，采用实装话机数、接通车等指标，市话结构方面，以话机实装串、话局年放号量为变量，经济效益方面，考虑市话企业的利润，主要变量为营业收入和营运费用；最后，投资和资费变量作为模型的决策变量。

图 5-17 是市话系统结构关系图。结构变量构成的反馈关系有：话机需求多→放号需求多→安装住宅话机多→住宅话机普及率高→对话机的需求多（在普及率较低时），这是正反馈环；话机需求率高→话机投资多→市话局交换容量多→放号量多→实装话机数多→话机需求率低，这是负反馈环；每号线忙时话务量高→交换机交换负荷重→接通率低→虚假话务量多→忙时话务量高，这是正反馈环；投资回收期长→从政策手段上应当增加资费以提高市话的收入→缩短投资回收期，这是负反馈环，等等。

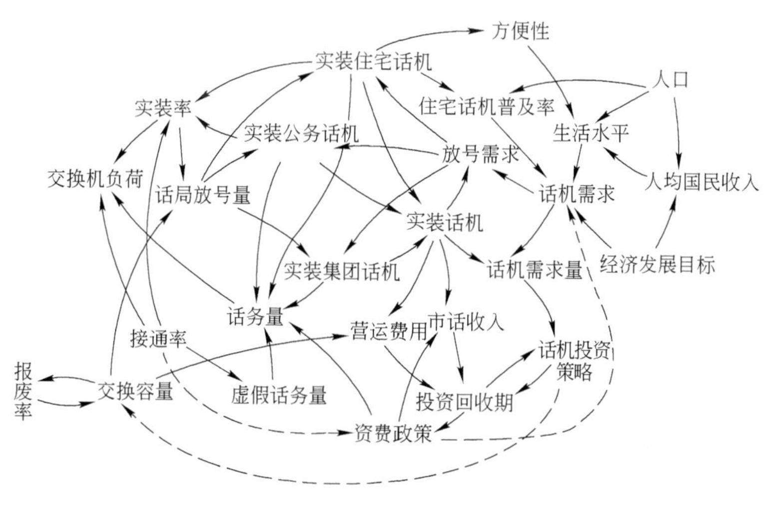

图 5-17　市话系统结构关系图

利用动力学系统模型分析网络规划问题需要借助相关的动力学软件（如 DYNAMO 语言编制模拟程序），在计算机上对问题进行模拟后，可得出模拟结果，为网络规划提供决策参考。

以上介绍了多种预测分析方法，在实际预测过程中，任何一个预测模型都是对实际系统的简化和抽象，不同的模型从不同的角度对系统进行模拟，各有所长和不足，我们应寻求一个基于这些模型，又博采众长的模型，组合预测方法正是基于这样的思想。

优选组合有两层含义:一是从几种预测方法得到的结果中选取适当的权重加权平均;二是指在几种预测方法中进行比较,选择拟和度最佳或标准偏差最小的预测模型进行预测。对于组合预测方法也必需注意到,组合预测是在单个预测模型不能完全正确地描述预测量的变化规律时发挥作用。一个能够完全反映实际发展规律的模型进行预测完全可能比用组合预测方法预测效果好。优选组合的优点是:优选组合了多种单一预测模型的信息,考虑的影响信息也比较全面,因而能够有效地改善预测效果。缺点是:① 权重的确定比较困难;② 不可能将所有在未来起作用的因素全包含在模型中,在一定程度上限制了预测精度的提高。

小结

1. 按预测方法分可将预测技术分为定性预测与定量预测两大类。

2. 定性预测方法适用于历史数据不易获得或缺乏历史数据,而更多地依靠专家经验的情况。这种预测法的特点是简便易行、经验色彩浓厚,但易受预测者心理和情绪的影响,预测精度难以控制。

3. 定量预测方法主要采用数学方法,对已掌握的信息及其演变关系进行数量分析,并建立数学模型,利用计算机和相应的软件进行计算,对事物未来的发展做出预测。定量预测的一般方法是:首先根据历史数据及有关的经济信息,进行模型的识别,确定所建立预测模型的类型及其一般形式;其次对预测模型中的参数进行估计,不同的估计方法是建立在不同的最优准则之上的;最后进行模型的优劣性检验,只有通过检验是合理的模型才能最终用于预测。

4. 时间序列分析预测法的基本原理是:(1)承认事物发展的延续性。(2)考虑了事物发展中随机因素的影响和干扰,运用统计分析中加权平均的方法进行趋势预测。

5. 一元线性时间序列可以使用线性方程来描述其发展趋势,其数学表达式为

$$y_t = a + bt$$

该模型的参数估计公式为

$$b = \frac{\sum t y_t - n\bar{t}\bar{y}_t}{\sum t^2 - n\,(\bar{t})^2}$$

$$a = \bar{y}_t - b\bar{t}$$

其中:$\bar{y}_t = \dfrac{\sum y_t}{n}$,$\bar{t} = \dfrac{\sum t}{n}$。

6. 常见的一元非线性时间序列预测模型有二次曲线方程($y_t = a + bt + ct^2$)、指数方程($y_t = AB^t$)和幂函数方程($y_t = At^b$)。指数方程和幂函数方程的参数估计方法是将非线性模型首先变换成线性模型,利用线性模型的方法求解。

7. 平滑预测法也是一种时间序列预测模型,其特点是首先对统计数据进行平

滑处理，滤掉由偶然因素引起的波动，然后找出其发展规律。电信业务预测中常用的平滑预测法有移动平均法和指数平滑法。

8. 研究业务与产品增长趋势时经常会发现一种现象，即从长期来看，业务和产品销售量会逐渐趋于饱和，而不再呈现指数规律或二次曲线规律。这种饱和曲线常用的方程有龚珀资曲线方程和逻辑曲线方程。

9. 相关分析预测技术是一种因果预测方法。它的基本思路是：分析研究预测对象与有关因素的相互关系，用适当的回归预测模型表达出这些关系，然后再根据数学模型预测未来状况。相关分析预测模型有线性和非线性之分。根据自变量的个数不同可分为一元相关或多元相关。

10. 多元线性回归模型为

$$y=b_0+b_1x_1+b_2x_2+\cdots+b_kx_k+\varepsilon$$

式中：y 为因变量(预测对象)；

$x_1,x_2,\cdots,x_k$ 为 k 个自变量(影响因素)；

ε 为随机干扰项。

其参数估计的思想是最小二乘法，其计算公式为

$$\begin{cases}\boldsymbol{B}=(\boldsymbol{X}^{\mathrm{T}}\boldsymbol{X})^{-1}\boldsymbol{X}^{\mathrm{T}}\boldsymbol{Y}\\ b_0=\overline{Y}-\sum\limits_{j=1}^{k}b_j\overline{x}_j\end{cases}$$

11. 灰色模型，又称 GM 模型。

常用的模型有以下几种：

- GM(1,1)：代表一阶单变量的微分方程预测模型，即对原始序列进行一次累加，模型变量数为 1。
- GM(2,1)：代表二阶单变量的微分方程预测模型，即对原始序列进行二次累加，模型变量数为 1。
- GM(1,N)：代表一阶多变量的微分方程预测模型，即对原始序列进行一次累加，模型变量数为 N。

12. 马尔可夫预测法是通过对状态的初始概率及状态之间的转移概率的研究，确定状态的变化趋势，从而达到对未来进行预测的目的。它是一种预测事件发生的概率的方法。马尔可夫过程的一个最大特点就是无后效性，即：过程在时刻 $t(t>t_0)$ 所处的状态与过程在 t_0 时刻之间的状态无关。

13. 利用模糊数学的原理将一个复杂的预测问题转换成一个线性规划问题进行求解，这是模糊预测常用的方法。

14. 模拟退火算法来源于固体退火原理，将固体加温至充分高，再让其徐徐冷却，加温时，固体内部粒子随升温变为无序状，内能增大，而徐徐冷却时粒子渐

趋有序，在每个温度都达到平衡态，最后在常温时达到基态，内能减为最小。

15. 系统动力学方法用于预测的研究，是通过构造规划预测系统动力学模型(因果关系分析模型)，通过计算机模拟来完成的。

思考题

5-1　试述预测分析的流程。

5-2　在何种情况下采用定性分析的方法？

5-3　常见的时间序列预测技术有哪些？试分析它们具体的应用场合。

5-4　平滑预测方法中，移动平均的步长与修匀程度有何关系？

5-5　试述多元线性回归预测中，统计检验方法的作用。

5-6　试述成长曲线的预测方法通常应用的场合。

5-7　选择一个预测对象，用已学过的方法，进行预测分析与建模(自行收集数据)。

5-8　试述灰色系统预测的基本原理，在何种情况下选择灰色预测模型进行预测。

5-9　马尔可夫模型是否能用于业务量预测？为什么？

5-10　模糊预测是如何借用线性规划思想的？

5-11　试述模拟退火算法的基本原理。

5-12　以数据通信网规划为对象，构造系统动力学模型，并画出相关的因果分析图。

5-13　选择一个预测对象，并收集相关数据，用马尔可夫预测方法进行预测分析。

第 6 章　通信网规划的经济分析方法

【本章内容】

- 通信网规划经济分析的主要内容；
- 通信网规划投资、收入和成本的估算方法；
- 规划方案评价的主要经济指标和分析方法。

【本章重点】

- 掌握规划方案评价的主要经济指标计算和分析方法。

【本章难点】

- 主要经济评价指标的计算和应用。

【本章学时数】 2 学时

【学习本章目的和要求】

通过本章的学习，应理解通信网规划的经济分析内容和主要方法。

通信网规划方案用来指导通信网的发展和建设，将会为企业和社会带来长期的效益，要对通信网规划方案进行选择，必须全面评价规划方案的经济效益和社会效益，其中经济评价是重要的组成部分。通信网规划方案的经济分析与评价主要依据项目经济评价的基本理论，运用财务分析方法，结合通信企业投资项目的实际情况，根据评价结果判断规划方案是否可行，为资金的合理利用提供有力的依据。其主要工作内容包括：

① 规划方案的投资、收入、支出估算。

② 规划方案的企业经济效益分析，包括现金流量分析、盈亏分析、敏感性分析等，需要计算各种经济评价指标，对方案进行比较、判断、选择。

③ 规划方案的社会效益分析。

由于通信网规划期限比一般投资项目长，且通常通过一系列项目实现，因而具有项目界限相对模糊、多业务等特点，这就造成对规划的投资、收入与支出估算非常困难，因此对规划方案的经济评价没有一般投资项目或通信建设项目评价那样严格细致，更多地用于提供决策信息和规划支撑。

6.1　规划方案投资与收支估算

通信网规划方案一般涉及投资巨大，对规划方案引起的资金流动进行大致估算，是进行规划方案定量经济分析的基础。本节将主要介绍对投资、收入和支出三个方面进行估算的主要方法。

6.1.1 通信网规划投资估算

通信网规划总投资是指保障通信网建设和通信网正常进行生产经营活动所必需的资金。规划方案要具备可行性，必须考虑投资总额、投资来源和资金的合理使用。

通信企业投资来源主要有自有资金、银行贷款和权益性融资(股票)几种方式，按投资使用目的不同可分为固定资产投资和流动资产投资。固定资产投资用于建设和购置固定资产所投入的资金，主要包括建设工程费用、安装工程费用、设备及器具购置费用、建设期利息、固定资产投资方向调节税等；流动资产投资是在投资项目投产前预先垫付、在投产后生产经营过程中周转使用的资金，包括现金、应收及预付款、存货等项目。因此，对通信网规划总投资的估算可从以上两个方面分别进行，其中固定资产投资总额估算为重点，流动资产投资可按照固定资产投资总额的一定比例进行估算，以下介绍两种投资估算方法，可同时用于固定资产与流动资产的投资估算。

1. 扩大指标估算法

扩大指标估算法是将已建的类似工程实际投资结合新项目实际加以调整，计算投资额。例如估算固定资产投资总额时，可通过已建项目的投资额与生产能力计算单位生产能力，再结合拟建项目的生产能力估算拟建项目投资总额，计算公式如下：

$$I_c = I_r \cdot \frac{D_c}{D_r} \tag{6.1}$$

式中，I_c 为拟建项目投资额，I_r 为已建项目投资额，D_c 为拟建项目生产能力，D_r 为已建项目生产能力。

以上公式计算简单，但实际中投资规模不同的项目，其单位生产能力投资并非不变，根据国外对化工厂投资的统计分析可知，生产能力不同的两个装置，其初始投资与两者生产能力之比的指数幂成正比。根据这一分析结果，在公式(6.1)的基础上进行修正，可得到生产能力指数法，其计算公式为

$$I_c = I_r \left(\frac{D_c}{D_r}\right)^m \Phi \tag{6.2}$$

式中，m 为生产能力指数，Φ 为因建设时间、地点不同而给出的价格调准系数。

2. 分项详细估算法

分项详细估算法是根据投资项目的用途，分别计算建筑物、设备、安装费用等各详细项目的资金需求，分别进行估算再进行累计的方法。使用该方法时可以某

项投资(例如主要设备投资)为基础,而其他各项投资按该项投资的一定比例进行估算。

规划方案的建设投资一般是根据建设计算分期投入,因此在估算投资总额时必须考虑各年度投资总额,若不考虑资金的时间价值,则规划投资总额可简单计算为各年度计划投资总额之和。若考虑资金的时间价值,则实际需要的投资总额可用以下公式进行计算:

$$K_{P0}=K_0+\frac{K_1}{(1+i)}+\cdots+\frac{K_{n-1}}{(1+i)^{n-1}} \tag{6.3}$$

式中,K_{P0}为投资总额现值,K_j 为第 j 年投资额,i 为年利率。

6.1.2　通信网规划业务收入与成本估算

通信网规划的目标是满足社会通信需求,同时为企业带来收入和利润,进行业务收入与成本估算可计算通信企业的预期利润,并为进一步的现金流量分析、盈亏分析提供数据。通信业务收入与成本的估算需以通信业务发展预测为基础,但近几年由于通信新技术发展快,新业务层出不穷,通信市场竞争激烈,不确定性极高,因此预测及收支估算都存在很大困难。

1. 通信网规划业务收入估算

通信网规划一般涉及业务种类较多,因此需要对原有业务和新业务收入进行估算。对于已有业务,可根据业务发展的历史数据,直接根据业务收入平均增长率等进行预测,或采用第 5 章介绍的预测方法进行预测和估算。

对于新业务,其历史数据为空白,在预测和估算时只能更为粗略。通常以预测的业务用户数为基础,并估算平均每用户年收入(ARPU 值),以此估算业务总收入,在估算新业务用户数和 ARPU 值时,直观预测法具有很强的可操作性。

2. 通信网规划业务成本估算

在通信企业会计核算准则中,明确规定了通信企业的成本与费用项目,包括业务成本和期间费用两部分内容。通信业务成本包括工资、职工福利费、折旧费、业务费、修理费、低值易耗品摊销、邮件运输费 7 项,其中邮件运输费是邮政企业专有费用,电信企业的业务成本只包含前 6 项;期间费用包括营业费用、管理费用和财务费用 3 项。进行通信网规划业务成本估算时可按照上述项目,结合投资总额估算、工资水平、维护修理费比例、业务费计提比例等参数进行详细分项估算。

6.2　规划方案经济效益分析

本节主要介绍规划方案经济评价的主要指标和评价标准,以及盈亏分析和敏感性分析方法。

6.2.1 规划方案经济效益评价指标

以投资和收支估算为基础，可以做出规划方案预计的现金流量表、损益表、资金来源与运用表、资产负债表 4 个基本财务报表，利用这些数据报表可计算反映投入与产出比例关系的经济效益指标，最常用的指标有：投资回收期、净现值（NPV，Net Present Value）、净现值率（NPVR，Net Present Rate）、内部收益律（IRR，Internal Rate of Return）指标、投资收益率等。

1. 投资回收期

投资回收期是指以项目的净收益抵偿全部投资所需要的时间，它是考察项目在财务上的投资回收能力的主要评价指标，可包括静态投资回收期和动态投资回收期。

静态投资回收期不考虑资金的时间价值，其表达公式为

$$\sum_{t=0}^{T_p}(\mathrm{CI}_t-\mathrm{CO}_t)=0 \tag{6.4}$$

式中，T_p 为静态投资回收期，CI 为现金流入量，CO 为现金流出量，t 为年份。

在计算静态投资回收期时，可用试算法求得，计算公式为

$$T_p=\begin{bmatrix}\text{累计净现金流量开始}\\\text{出现正值的年份数}\end{bmatrix}-1+\frac{\text{上年累计净现金流量的绝对值}}{\text{当年净现金流量}} \tag{6.5}$$

动态投资回收期是考虑资金时间价值后的投资回收期，其表达公式为

$$\sum_{t=0}^{T_{pt}}\frac{\mathrm{CI}_t-\mathrm{CO}_t}{(1+i)^t}=0 \tag{6.6}$$

式中，T_{pt}为动态投资回收期，CI 为现金流入量，CO 为现金流出量，i 为折现率，t 为年份。同样，动态投资回收期也可以用试算法得到，计算公式为

$$T_p=\begin{bmatrix}\text{累计净现金流量现值}\\\text{开始出现正值的年份数}\end{bmatrix}-1+\frac{\text{上年累计净现金流量现值的绝对值}}{\text{当年净现金流量现值}} \tag{6.7}$$

在规划方案评价中，计算出的投资回收期应与通信行业的基准投资回收期进行比较，当某方案投资回收期小于基准投资回收期时，表明投资能够在规定的时间内收回，可以考虑接受该方案，否则不应实施该方案。

2. 净现值、净现值率与内部收益率

净现值是对投资项目进行经济评价的最重要的指标之一。净现值是按照行业基准收益率和设定的折现率，将项目计算期内各年净现金流量折现到建设期期初的现值之和。其计算公式为

$$\mathrm{NPV}=\sum_{i=1}^{n}\frac{(\mathrm{CI}_t-\mathrm{CO}_t)}{(1+i)^t} \tag{6.8}$$

式中,NPV 为净现值,$(CI_t - CO_t)$为第 t 年的净现金流量,i 为折现率,n 为项目计算期。

如果某方案的 NPV≥0,则该方案可以接受;如果 NPV< 0,则该方案应予以拒绝。如果多个方案比较,净现值大的方案相对更优。

当用净现值进行多方案比较时,没有考虑各方案投资额的大小,因而不能直接反映资金的利用效率。为考察资金的利用效率,通常用净现值率作为净现值的辅助指标,即净现值与总投资现值之比,其计算公式为

$$\mathrm{NPVR} = \frac{\mathrm{NPV}}{I_{\mathrm{p}}} \tag{6.9}$$

式中,NPV 为净现值,I_{p} 为总投资现值。

净现值率是一个相对指标,反映单位投资现值所能带来的净现值。在评价时,若某方案 NPVR≥0,则该方案可以接受,在多方案比较时,NPVR 越大,方案越优。

净现值虽然简单易行,但计算时必须实现给定一个折现率,而且净现值的大小会随着折现率的增大而减小,方案可能从可行变为不可行。而计算内部收益率则不需要给定折现率,它反映项目自身实际能达到的投资效率,因此内部收益率是考察方案盈利能力最重要的动态评价指标之一。

内部收益率是指项目在整个计算期内各年净现金流量现值累计等于 0 时的折现率,简单地说,就是项目在计算期内净现值为 0 时的折现率。其表达公式为

$$\sum_{i=1}^{n} \frac{\mathrm{CI}_t - \mathrm{CO}_t}{(1 + \mathrm{IRR})^t} = 0 \tag{6.10}$$

式中 IRR 为内部收益率,其他符号意义同上。

根据公式(6.10),在求 IRR 时,通常在试算的基础上,采用线性内插法求得 IRR 的近似值。计算公式为

$$\mathrm{IRR} = i_1 + (i_2 - i_1)\frac{\mathrm{NPV}_1}{\mathrm{NPV}_1 + |\mathrm{NPV}_2|} \tag{6.11}$$

式中,i_1 为当净现值接近于 0 但为正值时的折现率,i_2 为当净现值接近于 0 但为负值时的折现率,NPV_1 为折现率为 i_1 时的净现值(正值),$|\mathrm{NPV}_2|$为折现率为 i_2 时的净现值的绝对值。利用公式(6.11)计算 IRR 时,为保证精确性,$(i_2 - i_1)$的差值一般不应超过 2%,最大不能超过 5%。

内部收益率反映了方案以每年的净收益归还全部投资之后,所能获得的最大收益率,也就是项目能够接受的贷款利率的最高临界点。所以只有内部收益率大于行业的基准收益率时,方案可以接受;对于贷款项目,内部收益率必须大于贷款利率才能接受方案。

这些均可通过现金流量图(Cash Flow)来进行分析。

3. 投资收益率

投资收益率是投资项目在正常生产年份的净收益与投资总额的比值,它反映

项目在正常生产年份单位投资所能获得的净收益。具体形式包括投资利润率、投资利税率和资本金利润率。例如，投资利润率是通信投资项目在生产期内年利润总额或年平均利润总额与总投资的比率，它是考察项目单位投资盈利能力的静态指标。其计算公式为

$$投资利润率=\frac{年利润总额或年平均利润总额}{总投资}\times 100\% \tag{6.12}$$

投资收益率指标反映投资项目的盈利能力，没有考虑资金的时间价值。用投资收益率评价投资项目的经济效益时，需要将计算值与本行业的平均水平进行比较，高于平均水平的方案可以接受，否则应予以拒绝。

6.2.2 规划方案的盈亏分析

盈亏平衡分析是根据正常生产年份、生产成本、投资等数据，通过计算确定生产的盈亏平衡点。在平衡点，业务收入等于生产成本，这标志该方案有不盈不亏的生产经营水平，在盈亏平衡点的收入，是确定生产经营的最低生产水平。

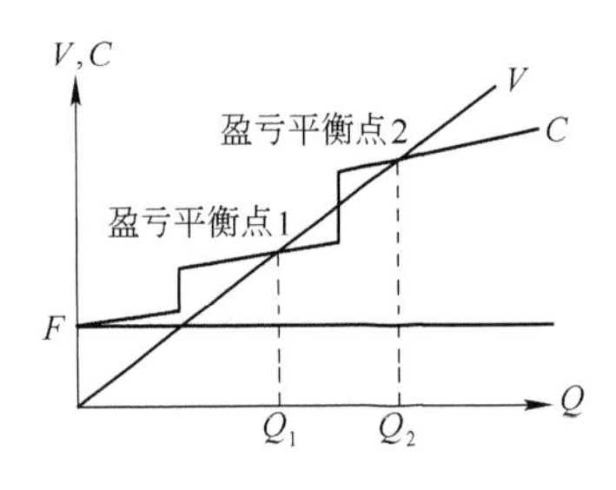

图 6-1　折线盈亏平衡分析

盈亏平衡分析要求把生产成本分解为固定成本和可变成本，对于通信网规划方案来说，固定成本非常高，而变动成本很小，同时由于投资为逐年投入，因此成本曲线表现为阶梯状折线，有可能计算出多个盈亏平衡点，如图 6-1 所示。图中 Q 为产量，C 为成本，V 为销售收入，F 为固定成本。

6.2.3 敏感性分析

敏感性分析用来衡量当投资方案中某个因素发生了变动时，对该方案预期结果的影响程度。如果某因素在较小范围内发生了变动就会影响原定方案的经济效果，即表明该因素的敏感性强；如果某因素在较大范围内变动时才会影响原定方案的经济效果，即表明该因素的敏感性弱。通常要做敏感性分析的因素有投资额、业务量、项目寿命期、经营成本、折现率等。

在长期投资决策中，敏感性分析通常用来研究有关投资方案的现金净流量或固定资产寿命发生变动时，对该方案的净现值和内部收益率的影响程度。同时，它也可以用来研究有关投资项目的内部收益率变动时，对该方案的现金净流量或使用年限的影响程度。敏感性分析有助于企业领导了解在执行决策方案时应注意的问题，从而可以预先考虑措施与对策，避免决策上的失误。在多方案的比较中，可以区别出敏感性大的也就是风险大的，敏感性小的也就是风险小的方案，从中进行优选。

敏感性分析有单因素和多因素分析两种。单因素敏感性分析是对单一不确定性因素变化的影响进行分析，即假设各不确定性因素之间相互独立，每次只考察一个因素，其他因素不变，多因素是对两个或两个以上互相独立的不确定因素同时变化。敏感性分析的步骤如下：

① 确定研究对象(选最有代表性的经济效果评价指标，如 IRR、NPV)。

② 选取关键因素，如投资、收入等。

③ 设定因素的变动范围和变动幅度(如－20％～20％，10％变动)。

④ 计算敏感系数，反映某个因素变动时对经济效果评价指标的影响。

敏感系数的计算公式为

$$\beta = \Delta A/\Delta F \tag{6.13}$$

式中，β 为评价指标 A 对于不确定因素 F 的敏感度系数；ΔA 为不确定因素 F 发生 ΔF 变化率时，评价指标 A 的相应变化率(％)；ΔF 为不确定因素 F 的变化率(％)。

⑤ 对关键因素的敏感性进行排序，计算变动因素的临界点。临界点是指项目允许不确定因素向不利方向变化的极限值，超过极限，项目的效益指标将不可行。

⑥ 绘制敏感性分析图，对方案的不确定性做出判断。在敏感性分析图中，斜率反映敏感程度，斜线与横轴的交点对应的是临界值，典型的敏感性分析图如图 6-2所示。

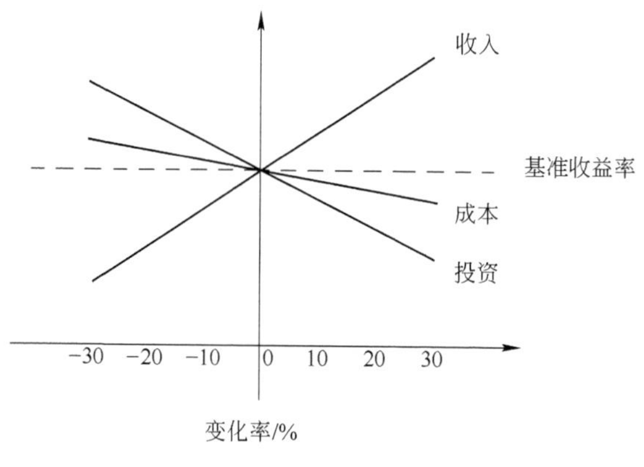

图 6-2　敏感性分析图示例

小结

1. 通信网规划方案的经济分析与评价主要依据项目经济评价的基本理论，运用财务分析方法，结合通信企业投资项目的实际情况，根据评价结果判断规划方案是否可行。

2. 规划方案总投资可分为固定资产投资和流动资产投资，可使用扩大指标估算法和分项详细估算法进行估算。

3. 规划方案业务收入估算以用户发展预测为基础，业务成本可按照业务通信企业成本与费用项目分项详细估算。

4. 评价规划方案经济效益最常用的指标有：投资回收期、净现值(NPV)、净现值率(NPVR)、内部收益律(IRR)指标、投资收益率等。

5. 对规划方案可通过盈亏分析、敏感性分析等分析其盈利能力和风险性。

思考题

6-1　如何对规划方案的总投资、收入和成本进行估算？

6-2　如何选择应用规划方案经济效益评价指标？

第7章　多目标评价方法及其应用

【本章内容】

- 层次分析法；
- 数据包络分析方法；
- AHP与DEA模型综合应用方法。

【本章重点】

- 掌握多目标决策的基本原理；
- 掌握层次分析方法的基本原理及计算方法；
- 理解数据包络分析法的数学模型及应用方法。

【本章难点】

- AHP算法及相应的矩阵运算；
- DEA方法的原理及应用方法；
- AHP与DEA模型的综合应用。

【本章学时数】6学时

【学习本章目的和要求】

通过本章的学习，应掌握和理解多目标评价的基本思想及方法，能够综合运用层次分析法和DEA方法解决实际问题，学会综合评价各种通信网规划方案的方法。

多目标评价方法是对通信网规划方案进行综合分析和评价不可缺少的一步。它是对电信网规划中某一技术系统或技术方案的多项评价指标进行综合分析评价的一种数量方法。通常，在对多个备选方案进行决策时，都要综合考虑多个目标要求，如：经济效益、网络结构、社会效益等方面的要求，实践中要根据方案的具体情况以及综合评价的要求，适当地选择评价指标。这种方法力图使影响方案优劣的多项指标表达为一个统一的数量值，以便于判断该方案的优劣或进行多方案比较。

这里将讨论两种常用的多目标决策方法，层次分析法（AHP，Analytic Hierarchy Process）和数据包络分析（DEA，Data Envelopment Analysis）法，并研究其在通信规划的多目标决策中的应用。

7.1　层次分析法

层次分析法是美国Saaty教授于20世纪80年代提出的一种实用的多方案或

多目标的决策方法。其主要特征是:合理地将定性与定量的决策结合起来,按照思维、心理的规律把决策过程层次化、数量化。

7.1.1 层次分析法的基本原理

层次分析法是定性与定量相结合的多目标系统分析方法。应用层次分析法进行系统分析,首先要把问题层次化。根据问题的性质和所要达到的总目标,将问题分解为不同的组成因素,并按照因素间的相互关联影响以及隶属关系将因素按不同层次聚集组合,形成一个多层次的分析结构模型。

层次分析法的基本原理是排序的原理,即根据递阶层次结构模型,对最低层相对于最高层的相对重要性或相对优劣顺序进行排序计算,最终将各方法(或措施)排出优劣次序,作为决策的依据。具体可描述为:层次分析法首先将决策的问题看做受多种因素影响的大系统,这些相互关联、相互制约的因素可以按照它们之间的隶属关系排成从高到低的若干层次,叫做构造递阶层次结构(见图 7-1 示例)。然后请专家、学者、权威人士对各因素两两比较重要性,再利用数学方法,对各因素层层排序,最后对排序结果进行分析,辅助进行决策。

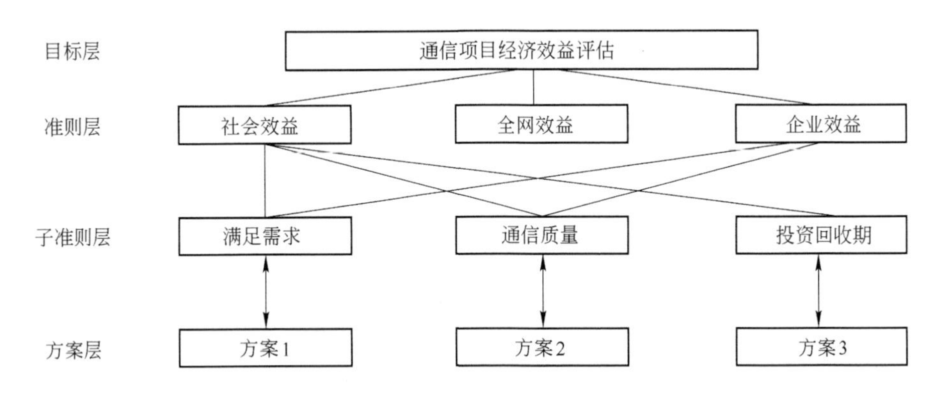

图 7-1 递阶层次结构示例

层次分析法的主要特点是定性与定量分析相结合,将人的主观判断用数量形式表达出来并进行科学处理,因此,更能适合复杂的社会科学领域的情况,较准确地反映社会科学领域的问题。同时,这一方法虽然有深刻的理论基础,但表现形式非常简单,容易被人理解、接受,因此,这一方法得到了较为广泛的应用。

根据层次分析法的基本原理,总结层次分析法进行多目标决策的流程如下。

(1) 建立层次结构模型

深入分析问题,将有关各因素按照不同属性自上而下地分解成若干层次。同一层诸因素从属于上一层的因素或对上一层因素有影响,同时又受到下层因素的作用。同一层的因素之间应尽量独立。

（2）构造成判断矩阵

从层次结构模型的第 2 层开始，对于从属于（或影响及）上一层每个因素的同一层因素，用成对比较法判断因素的重要性，构造判断矩阵，直到最下层。

（3）对单一准则进行排序

根据上述判断矩阵，计算其最大特征根和特征向量，据此得到在单一准则下，各有关的元素的优劣顺序或相对而言的重要性。

（4）计算组合排序并做一致性检验

利用随机一致性指标检验判断矩阵的一致性。若通过检验，以特征向量（归一化后）作为权向量对单排序结果进行综合，得到反映各方案优劣的总体排序结果；如果一致性检验不通过则需重新构造判断矩阵。

7.1.2　层次分析法的计算步骤

1. 构造判断矩阵

应用层次分析法进行排序计算的依据是判断矩阵。假定 A 层次因素 a_k（$k=1,2,\cdots,m$）（m 为 A 层因素个数）与 B 层次中因素 $b_{k1},b_{k2},\cdots,b_{kn}$ 有关（n 为 B 层中与 a_k 有关联隶属关系的因素个数）。相对于 A 层中 a_k（$k=1,2,\cdots,m$）可构造 m 个判断矩阵 $\boldsymbol{M}(a_k)=[a_{ij}]_{kn\times kn}$。通常采用 5 级标度法给矩阵中元素 a_{ij} 赋值，5 级标度如表 7-1 所示。

表 7-1　a_{ij} 的取值标度表

a_{ij} 取值	含义（在 a_k 准则下）
1	表示 B 层因素 i 与 j 相比，同样重要（优劣）
3	表示 B 层因素 i 与 j 相比，i 比 j 稍微重要
5	表示 B 层因素 i 与 j 相比，i 比 j 明显重要
7	表示 B 层因素 i 与 j 相比，i 比 j 强烈重要
9	表示 B 层因素 i 与 j 相比，i 比 j 极端重要
2,4,6,8	为上述两相邻判断的中值
倒数	若 i 与 j 比较的结果为 a_{ij}，则 $a_{ji}=1/a_{ij}$

2. 层次单排序

根据上述判断矩阵，计算其最大特征根和对应于该特征根的一组特征向量。由于判断矩阵是根据单一准则 a_k 做出的，故所得特征向量仅仅是 B 层与 a_k 有关的各元素相对于 a_k 的优劣顺序或相对而言重要性的排序结果，因此，称之为单排序。层次单排序的常用计算方法如下。

（1）方根法

第一步，计算判断矩阵每行元素的乘积：$M_i = \prod_{j=1}^{n} a_{ij}$，$(i = 1,2,\cdots,n)$；

第二步，计算 M_i 的 n 次方根：$\overline{w_i} = \sqrt[n]{M_i}$，$(i = 1,2,\cdots,n)$；

第三步，对向量 $\overline{\boldsymbol{W}} = [\overline{w_1},\overline{w_2},\cdots,\overline{w_n}]^{\mathrm{T}}$，归一化为 $w_i = \dfrac{\overline{w_i}}{\sum_{j=1}^{n}\overline{w_j}}$；

第四步，计算判断矩阵的最大特征根 $\lambda_{\max} = \sum_{i=1}^{n} \dfrac{(AW)_i}{nw_i}$。

（2）和积法

第一步，将判断矩阵按列归一化：$\overline{a_{ij}} = \dfrac{a_{ij}}{\sum_{k=1}^{n} a_{kj}}$，$i,j = 1,2,\cdots,n$；

第二步，将归一化的判断矩阵按行相加：$\overline{\omega_i} = \sum_{j=1}^{n} a_{ij}$，$i = 1,2,\cdots,n$；

第三步和第四步与方根法相同。

3. 判断矩阵的一致性检验

为了帮助决策者保持其逻辑思维的一致性，避免出现在同一准则下甲比乙重要，乙比丙重要，而丙又比甲重要的荒谬判断，层次分析法以判断矩阵最大特征根以外的其余特征根的负平均值作为一致性指标，对排序结果的置信程度进行统计检验。

一致性指标：$\mathrm{CI} = \dfrac{\lambda_{\max} - n}{n - 1}$

随机一致性比率：$\mathrm{CR} = \mathrm{CI}/\mathrm{RI}$

其中 RI 为平均随机一致性指标，其统计结果如表 7-2 所示。

表 7-2　RI 统计表

矩阵阶数 n	1	2	3	4	5	6	7	…
RI 取值	0	0	0.52	0.89	1.12	1.26	1.36	…

当 CR<0.10 时，可认为判断矩阵具有满意一致性，否则应调整判断矩阵，直到结果满意。

4. 组合排序

组合排序是将所有单排序结果进一步加权综合，以得到各方案相对于系统总目标和各个评价准则的总体重要性权值或优劣顺序。组合排序的计算是自上而下逐层进行的。

假定已知第 $k-1$ 层各元素相对于总目标的组合权重向量为

$W^{k-1} = [w_1^{k-1}, w_2^{k-1}, \cdots, w_m^{k-1}]$，（第 $k-1$ 层的组合权重向量就是其单排序的

特征根向量）

第 k 层各因素在以第 $k-1$ 层第 j 个因素为准则时的单排序向量为

$$u_j^k = [u_{1j}^k, u_{2j}^k, \cdots, u_{nj}^k]$$

若第 k 层因素 i 与 $k-1$ 层因素 j 无关联隶属关系，则 $u_{ij}^k = 0$ 。令 $v^k = [u_1^k, u_2^k, \cdots, u_n^k]$，则第 k 层元素相对于总目标的组合权重向量为

$$W^k = V^k w^{(k-1)} \tag{7.1}$$

更一般地，有：

$$W^k = \prod_{i=3}^{k} V^k w^2,\ 3 \leqslant k \leqslant h\ (h\ 为层次数) \tag{7.2}$$

5. 组合排序的一致检验

组合排序的一致性检验是与组合排序同步进行的。假设已得到第 $k-1$ 层检验结果 CI_{k-1}，RI_{k-1} 和 CR_{k-1}，则第 k 层的相应指标为

$$\begin{aligned} \mathrm{CI}_k &= [\mathrm{CI}_k^1, \mathrm{CI}_k^2, \cdots, \mathrm{CI}_k^m] W^{k-1} \\ \mathrm{RI}_k &= [\mathrm{RI}_k^1, \mathrm{RI}_k^2, \cdots, \mathrm{RI}_k^m] W^{k-1} \\ \mathrm{CR}_k &= \mathrm{CI}_k / \mathrm{RI}_k \end{aligned} \tag{7.3}$$

当 $\mathrm{CR}_k < 0.10$ 时，认为递阶层次在 k 层水平上整体判断具有满意的一致性。

7.1.3　层次分析法应用举例

某通信企业在扩大企业经营自主权后，有一笔留成利润要由局领导和职代会决定如何使用。现决定采用层次分析法加以分析，为此，构造层次结构模型，如图 7-2 所示。

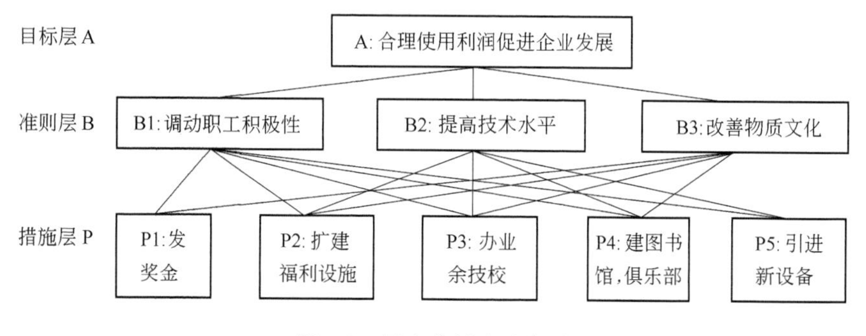

图 7-2　层次分析法示意图

1. 判断矩阵

根据上述模型和企业具体情况，主管局长在征求职代会和广大群众意见的基

础上，召集有关职能科室负责人，共同就图 7-2 中的各个因素进行两两判断比较，构造判断矩阵。现假定已获得各判断矩阵如下。

(1) 判断矩阵 A-B(相对于总目标比较各准则之间的重要性)见表 7-3。

表 7-3　A-B 判断矩阵

A	B1	B2	B3
B1	1	1/5	1/3
B2	5	1	3
B3	3	1/3	1

(2) B1-P 判断矩阵(相对于调动职工积极性准则，各措施之间影响程度或优劣性的比较)见表 7-4。

表 7-4　B1-P 判断矩阵

B1	P1	P2	P3	P4	P5
P1	1	2	3	4	7
P2	1/2	1	3	2	5
P3	1/3	1/3	1	1/2	1
P4	1/4	1/2	2	1	3
P5	1/7	1/5	1	1/3	1

(3) B2-P 判断矩阵(相对于提高技术水平准则，各措施之间影响程度或优劣性的比较)见表 7-5。

表 7-5　B2-P 判断矩阵

B2	P2	P3	P4	P5
P2	1	1/7	1/3	1/5
P3	7	1	5	3
P4	3	1/5	1	1/3
P5	5	1/2	2	1

(4) B3-P 判断矩阵(相对于改善物质文化生活准则，各措施之间影响程度或优劣性的比较)见表 7-6。

表 7-6　B3-P 判断矩阵

B3	P1	P2	P3	P4
P1	1	1	1/3	1/3
P2	1	1	1/3	1/3
P3	3	3	1	1
P4	3	3	1	1

2. 单排序计算及一致性检验结果

对 A-B 判断矩阵：

$$W=\begin{pmatrix}0.105\\0.637\\0.258\end{pmatrix}\quad \begin{matrix}\lambda_{max}=3.038 & CI=0.019\\ RI=0.58 & CR=0.033\end{matrix}$$

对 B1-P 判断矩阵：

$$W=\begin{pmatrix}0.491\\0.232\\0.092\\0.138\\0.406\end{pmatrix}\quad \begin{matrix}\lambda_{max}=5.126 & CI=0.032\\ RI=1.12 & CR=0.028\end{matrix}$$

对 B2-P 判断矩阵：

$$W=\begin{pmatrix}0.055\\0.564\\0.118\\0.263\end{pmatrix}\quad \begin{matrix}\lambda_{max}=4.117 & CI=0.039\\ RI=0.900 & CR=0.043\end{matrix}$$

对 B3-P 判断矩阵：

$$W=\begin{pmatrix}0.406\\0.406\\0.094\\0.094\end{pmatrix}\quad \begin{matrix}\lambda_{max}=4 & CI=0\\ RI=0.900 & CR=0\end{matrix}$$

3. 层次组合排序及一致性检验结果

根据式(7.2)计算出组合排序结果。层次单排序与组合排序结果如表 7-7 所示。

表 7-7　层次单排序与组合排序结果

层次 B / 层次 P	B1	B2	B3	层次 P 的组合排序结果 **W**
	0.115	0.637	0.258	
P1	0.491	0	0.406	0.156 303
P2	0.232	0.055	0.406	0.164 143
P3	0.092	0.564	0.094	0.393 18
P4	0.138	0.118	0.094	0.113 908
P5	0.046	0.263	0	0.172 361

组合排序的一致性检验结果为

$$CI_P=0.115\times0.032+0.637\times0.039+0.258\times0=0.028$$

$$RI_P=0.115\times1.12+0.637\times0.9+0.258\times0.9=0.923$$

$$CR=CI/RI=0.028/0.923=0.025<0.1$$

故排序结果置信度较高。根据表 7-7 中层次 P 的组合排序结果可推知，各措施的优劣顺序为 P3，P5，P2，P1，P4，故应选择方案 P3，即办职工业余技校。

7.2 数据包络分析法

数据包络分析是著名运筹学家 A. Charnes 和 W. W. Cooper 等学者以“相对效率评价”概念为基础发展起来的一种新的行之有效的系统分析方法。数据包络分析是运筹学中的一个领域，自 1978 年第一个 DEA 模型 C^2R 建立以来，有关的理论研究不断深入，应用领域日益广泛。在多目标决策中，很难找到一个合理包含各指标的效用函数，而 DEA 是一种有效的处理多输入、多输出问题方法，可以用来评价多目标决策系统的相对有效性。

DEA 方法将一个“可以通过一系列决策，投入一定数量的生产要素，并产出一定数量的产品”的经济系统（或人）称为决策单元（DMU，Decision Making Unit）。决策单元可以是企业、学校等。DEA 方法是以实际的观测值做包络，使用数据规划模型对某个决策单元 DMU_j $(j=1,2,\cdots,n)$ 进行分析，比较决策单元之间的相对效率，来判断其是否有效，从而对决策单元做出评价的方法。

7.2.1 数据包络分析法的数学模型

DEA 方法有多种类型，在处理多目标决策问题时，常用的模型是 C^2R 模型。它们都可以看做是处理具有多输入（输入越小越好）和多输出（输出越大越好）的多目标决策问题的方法。可以证明，DEA 有效性与相应的多目标规划问题的Pareto 有效解（或非支配解）是等效的。

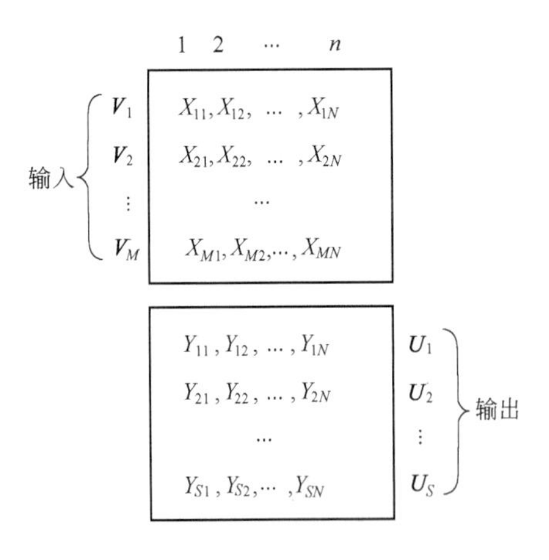

图 7-3 DEA 的输入与输出

假设有 n 个决策方案，每个方案都有 m 种输入（表示该方案对人、财、物的耗费），以及 S 种输出（表示该方案“成效”的信息量，如设备容量、数字化比重、实效系数等），则评价上述方案的决策系统如图 7-3所示。

图中：

X_{ij}—— 第 j 个方案对第 i 种输入的耗费总量；

Y_{rj}—— 第 j 个方案对第 r 种输出的总贡献；

$\boldsymbol{V}_i$—— 第 i 种输入的权重；

$\boldsymbol{U}_r$—— 第 r 种输出的权重。

其中，$i=1,2,\cdots,m$，　$r=1,2,\cdots,S$，　$j=1,2,\cdots,n$。

上述 X_{ij}，Y_{rj} 为来源于原始数据或预测的已知参数，而 $\boldsymbol{V}_i$，$\boldsymbol{U}_r$ 则是待估变量。

通常，我们采用投入与产出的比，或所费与所得的比来衡量一个决策单元的效益。类似地，构造如下效率评价指数：

$$h_j=\frac{\sum_{r=1}^{S}\boldsymbol{U}_r Y_{rj}}{\sum_{i=1}^{m}\boldsymbol{V}_i X_{ij}}\quad j=1,2,\cdots,n$$

现在对 j_0 个决策方案进行效率评价（$1\leqslant j_0\leqslant n$），以权系数 $\boldsymbol{V}$ 及 $\boldsymbol{U}$ 为变量，以第 j_0 个决策方案的效率指数 h_{j0} 为目标函数，所有决策方案（也包括 j_0）的效率指数：$h_j\leqslant 1$，$j=1,2,\cdots,n$ 为约束，构成如下最优化模型P：

$$\max\frac{\boldsymbol{U}^{\mathrm{T}}Y_{j_0}}{\boldsymbol{V}^{\mathrm{T}}X_{j_0}}=\boldsymbol{V}_{\mathrm{P}}\tag{7.4}$$

$$\text{s.t.}\begin{cases}\dfrac{\boldsymbol{U}^{\mathrm{T}}\boldsymbol{Y}_j}{\boldsymbol{V}^{\mathrm{T}}\boldsymbol{X}_j}\leqslant 1 & j=1,2,\cdots,n\\ \boldsymbol{V}\geqslant 0,\boldsymbol{U}\geqslant 0\end{cases}\tag{7.5}$$

式中：$\boldsymbol{X}_j=(x_{1j},x_{2j},\cdots,x_{mj})^{\mathrm{T}}$，$\boldsymbol{Y}_j=(y_{1j},y_{2j},\cdots,y_{Sj})^{\mathrm{T}}$

$\boldsymbol{V}=(v_1,v_2,\cdots,v_m)^{\mathrm{T}}$，$\boldsymbol{U}=(u_1,u_2,\cdots,u_S)^{\mathrm{T}}$，不难看出，利用上述模型来评价决策 j_0 是否有效，是相对于其他所有决策单元而言的，因此对于任何一组方案集合，上述模型均可适用，且无需穷举全部可行方案。但这时所得评价结果，很可能是满意而不是最优解。

模型P是一个分式规划，使用 Charnes-Cooper 变换，可将其化为一个等价的线性规划问题。为此，令：

$$t=\frac{1}{\boldsymbol{V}^{\mathrm{T}}X_{j_0}},\ \boldsymbol{\omega}=t\boldsymbol{V},\ \boldsymbol{\mu}=t\boldsymbol{U}$$

则有，PI：$\max\ \boldsymbol{\mu}^{\mathrm{T}}Y_{j_0}=\boldsymbol{V}_{PI}$　(7.6)

$$\text{s.t.}\begin{cases}\boldsymbol{\omega}^{\mathrm{T}}\boldsymbol{X}_j-\boldsymbol{\mu}^{\mathrm{T}}\boldsymbol{Y}_j\geqslant 0 & j=1,2,\cdots,n\\ \boldsymbol{\omega}^{\mathrm{T}}X_{j_0}=1\\ \boldsymbol{\omega}\geqslant 0\quad \boldsymbol{\mu}\geqslant 0\end{cases}\tag{7.7}$$

PI 模型的对偶问题为 DI：$\min\ \theta=V_{d1}$　(7.8)

$$\text{s.t.}\begin{cases}\sum_{j=1}^{n}\boldsymbol{X}_j\lambda_j - S^{-}=\theta X_{j_0}\\ \sum_{j=1}^{n}\boldsymbol{Y}_j\lambda_j + S^{+}=Y_{j_0}\\ \lambda_j\geqslant 0, j=1,2,\cdots,n\\ S^{+}\geqslant 0, S^{-}\geqslant 0\end{cases}\tag{7.9}$$

上述问题是有其经济含义的，它可用来判断决策方案对应的点是否位于方案可能集的前沿面上(又称生产前沿面)。这里所说的方案前沿面，实际上是指由已生成的有限多个可行决策方案的活动信息所得到的经验的生产前沿面，它是决策方案对应的点的数据包络面的一部分。因线性规划问题 P 所对应的方案可能集是一个凸锥，所以，位于生产前沿面上的点不仅是技术有效的，也是规模有效的。这时我们称位于生产前沿面上的点为 DEA 有效。从多目标规划的角度来看，生产前沿面实际上就是对应的线性多目标规划问题的 Pareto 有效解所构成的面。

7.2.2 数据包络分析定理

下面不加证明地给出 DEA 的 4 条定理。

定理 7-1：若线性规划 PI 的最优解 $\boldsymbol{\omega}^0$ 和 $\boldsymbol{\mu}^0$ 满足

$$t=\frac{1}{\boldsymbol{V}^{\mathrm{T}}X_{j_0}},\ \boldsymbol{\omega}=t\boldsymbol{V},\ \boldsymbol{\mu}=t\boldsymbol{U}$$

则有 PI：$\max\ \boldsymbol{\mu}^{\mathrm{T}}Y_{j_0}=\boldsymbol{V}_{PI}$

$$\text{s.t.}\begin{cases}\boldsymbol{\omega}^{\mathrm{T}}\boldsymbol{X}_j-\boldsymbol{\mu}^{\mathrm{T}}\boldsymbol{Y}_j\geqslant 0\quad j=1,2,\cdots,n\\ \boldsymbol{\omega}^{\mathrm{T}}X_{j_0}=1\\ \boldsymbol{\omega}\geqslant 0\quad \boldsymbol{\mu}\geqslant 0\end{cases}$$

$$\boldsymbol{V}_{\mathrm{PI}}=\boldsymbol{\mu}^{0\mathrm{T}}Y_{j_0}=1$$

则称决策方案 j_0 为弱 DEA 有效。

定理 7-2：若线性规划 PI 的最优解 $\boldsymbol{\omega}^0>0$，$\boldsymbol{\mu}^0>0$，并且目标值为

$$\boldsymbol{V}_{\mathrm{PI}}=\boldsymbol{\mu}^{0\mathrm{T}}Y_{j_0}=1$$

则称决策方案 j_0 为 DEA 有效。

定理 7-3：若对偶线性规划 DI 的最优解 $\boldsymbol{V}_{\mathrm{DI}}=1$，则决策方案 j_0 为弱 DEA 有效，反之亦然。

定理 7-4：若对偶线性规划 DI 的最优解 $\boldsymbol{V}_{\mathrm{DI}}=1$，并且它的每个最优解为 $\lambda=(\lambda_1^0,\lambda_1^0,\cdots,\lambda_1^0)$，$S^{0+}$，$S^{0-}$，$\theta^0$ 都有，$S^{0+}=0$，$S^{0-}=0$，则称决策方案 j_0 为 DEA 有效，反之亦然。

$$\mathrm{DI}:\min\ \theta=\boldsymbol{V}_{\mathrm{DI}}$$

$$\text{s.t.}\begin{cases}\sum_{j=1}^{n}\boldsymbol{X}_j\lambda_j-S^{-}=\theta\boldsymbol{X}_0\\ \sum_{j=1}^{n}\boldsymbol{Y}_j\lambda_j+S^{+}=\boldsymbol{Y}_0\end{cases}$$

$$\lambda_j\geqslant 0\quad j=1,2,\cdots,n,S^{+}\geqslant 0,S^{-}\geqslant 0$$

根据上述 4 个定理，我们就可以对模型 PI 或 DI 的解进行分析。如果某个方案是 DEA 有效的，那说明它较之其他方案更具有技术经济优越性。求解模型 PI、DI 的方法可以是单纯形法等线性规划问题的算法，但实际应用时更多地是求解对偶问题 DI，因为通过对 DI 解的分析，不仅可以知道哪些方案是 DEA 有效的，也可以了解到，如果使一个非 DEA 有效的方案变为有效，应该减少多少对它投入量(S^-)或增加多少输出量(S^+)。

7.3　AHP 与 DEA 模型的综合应用

7.3.1　带有决策者偏好的决策模型

在多目标决策中，常常有定性与定量两种因素，量化与取值比较困难。这样会造成模型在描述实际决策问题时，透明性不够，甚至失真，进而导致荒谬结论。此时，决策者对实际认识的经验将起重要作用。层次分析法是将决策者的经验及一些定性因素加以归纳、整理并给定一定测度的良好方法，借助这种方法，我们可以将决策者因经验上的判断而对各决策方案输入以致输出所产生的偏好加以量化，将 DEA 与 AHP 相结合建立模型，以保证决策结果的正确性和可行性。下面我们以电信网模数过渡方案的系统评价模型为例进行说明。

图 7-4 给出了评价电信网模型过渡方案的递阶层次模型，其中所考虑的因素大多是不能量化或难以取得的。

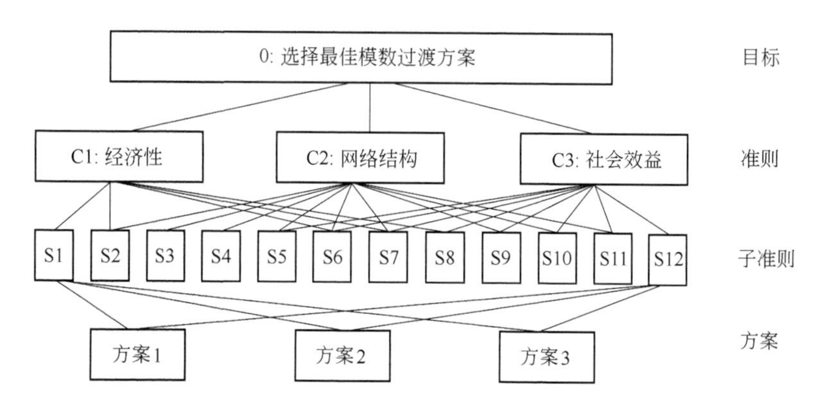

图 7-4　模数过渡方案的递阶层次结构模型

S1:网络结构改动较小　S2:易于维护管理　S3:信令配合简单

S4:流量流向合理　S5:充分发挥数字设备优势　S6:有利于开展新业务

S7:有助于长途自动化　S8:适应用户增长需要　S9:编号方案稳定

S10:较好的传输质量　S11:可靠性提高　S12:适应城市发展

在建立了递阶层次结构之后，系统分析最终被归结为方案层相对于目标层和准则层等的相对重要性的确定，或相对优劣顺序的排序问题。作为排序结果的排序权向量，也就是图 7-4 所示递阶层次结构下，决策者对各方案的偏好值。权值大的，则方案的偏好就强，反之则弱。

如前所述在使用 DEA 法来评价决策方案间的相对有效性时，变量 $\boldsymbol{V}$ 表示对输入的权重，它表示各种不同输入之间的相对重要性；变量 $\boldsymbol{U}$ 表示对输出的权重，表示各种不同输出之间的相对重要性。于是在线性规划 PI 中的 $\boldsymbol{\omega}$ 和 $\boldsymbol{\mu}$ 也具有同样的意义。在求线性规划问题 PI 的最优解时，实际上是选取对决策 j_0 最为有利的输入权重及输出权重。在电信网模数过渡方案的评价中，每项输入（输出）的重要性是不尽相同的，因此权重的选取应满足一定的限制。于是，正如对方案有偏好一样，我们也可以对输入或输出的内容有偏好，以突出某些输入、输出项对决策分析的影响，这种偏好就构成了对变量 $\boldsymbol{\omega}$ 和 $\boldsymbol{\mu}$ 新的约束条件。设：$\overline{\boldsymbol{V}}$、$\overline{\boldsymbol{U}}$、$\overline{\boldsymbol{K}}$分别代表对输入、输出和方案偏好的闭凸锥，那么模型 PI 式(7.6)和式(7.7)可改写为

$$\text{PII}: \max \boldsymbol{\mu}^{\mathrm{T}} Y_{j_0} = \boldsymbol{V}_{\mathrm{PI}} \tag{7.10}$$

$$\text{s.t.}\begin{cases}\boldsymbol{\omega}^{\mathrm{T}}\boldsymbol{X}-\boldsymbol{\mu}^{\mathrm{T}}\boldsymbol{Y}\in\overline{\boldsymbol{K}},\ j=1,2,\cdots,n\\ \boldsymbol{\omega}^{\mathrm{T}}X_{j_0}=1\\ \boldsymbol{\omega}\in\overline{\boldsymbol{V}}\quad \boldsymbol{\mu}\in\overline{\boldsymbol{U}}\end{cases} \tag{7.11}$$

其对偶问题为

$$\text{DII}: \min \theta = V_{d2} \tag{7.12}$$

$$\text{s.t.}\begin{cases}\boldsymbol{X\lambda}-\theta X_{j_0}\in\overline{\boldsymbol{V}^*}\\ -\boldsymbol{Y\lambda}+Y_{j_0}\in\overline{\boldsymbol{U}^*}\\ \boldsymbol{\lambda}\in-\overline{\boldsymbol{K}^*}\end{cases} \tag{7.13}$$

式中：

$$\overline{\boldsymbol{V}^*}=\{\boldsymbol{v}\mid \boldsymbol{v}'^{\mathrm{T}}\boldsymbol{v}\leqslant 0,\forall\,\boldsymbol{v}'\in\overline{\boldsymbol{V}}\}$$
$$\overline{\boldsymbol{U}^*}=\{\boldsymbol{\mu}\mid \boldsymbol{\mu}'^{\mathrm{T}}\boldsymbol{\mu}\leqslant 0,\forall\,\boldsymbol{\mu}'\in\overline{\boldsymbol{U}}\}$$
$$\overline{\boldsymbol{V}^*}=\{\boldsymbol{k}\mid \boldsymbol{k}'^{\mathrm{T}}\boldsymbol{k}\leqslant 0,\forall\,\boldsymbol{k}'\in\overline{\boldsymbol{K}}\}$$

分别为 $\overline{\boldsymbol{V}}$,$\overline{\boldsymbol{U}}$,$\overline{\boldsymbol{K}}$的极锥。

当 $\overline{\boldsymbol{V}}$,$\overline{\boldsymbol{U}}$,$\overline{\boldsymbol{K}}$均为多面闭凸锥，我们总可以通过适当的变换使得：

$$\overline{\boldsymbol{V}}=\{\boldsymbol{A}^{\mathrm{T}}\boldsymbol{\omega}'\mid\boldsymbol{\omega}'\geqslant 0\}$$
$$\overline{\boldsymbol{U}}=\{\boldsymbol{B}^{\mathrm{T}}\boldsymbol{\mu}'\mid\boldsymbol{\mu}'\geqslant 0\}$$
$$\overline{\boldsymbol{K}^*}=\{-\boldsymbol{C\lambda}'\mid\boldsymbol{\lambda}'\geqslant 0\}$$

于是有：

$$\text{PIII}: \max \boldsymbol{\mu}'^{\mathrm{T}}(\boldsymbol{B}\boldsymbol{Y}_{j_0}) = \boldsymbol{V}_{\mathrm{P2}} \tag{7.14}$$

$$\text{s.t.}\begin{cases}\boldsymbol{\omega}'^{\mathrm{T}}(\boldsymbol{AXC})-\boldsymbol{\mu}'^{\mathrm{T}}(\boldsymbol{BYC})\in\overline{\boldsymbol{K}}\quad j=1,2,\cdots,n\\ \boldsymbol{\omega}'^{\mathrm{T}}(\boldsymbol{A}\boldsymbol{X}_{j_0})=1\\ \boldsymbol{\omega}'\geqslant 0^{-}\quad \boldsymbol{\mu}'\geqslant 0\end{cases} \tag{7.15}$$

$$\text{DIII}: \min \theta = V_{d2} \tag{7.16}$$

$$\text{s. t.} \begin{cases} (\boldsymbol{AXC})\boldsymbol{\lambda}' - \theta(\boldsymbol{AX}_{j_0}) \leqslant 0 \\ -(\boldsymbol{BYC})\boldsymbol{\lambda}' + (\boldsymbol{BY}_{j_0}) \leqslant 0 \\ \boldsymbol{\lambda}' \geqslant 0 \end{cases} \tag{7.17}$$

上述模型就是实际应用中，求解带偏好的评价问题的一组模型。其求解的关键是确定偏好值，并构造约束条件(闭凸锥) $\overline{\boldsymbol{V}}, \overline{\boldsymbol{U}}, \overline{\boldsymbol{K}}$，以及进行 $\overline{\boldsymbol{V}}, \overline{\boldsymbol{U}}, \overline{\boldsymbol{K}}^*$ 的变换。

7.3.2　综合应用实例

图 7-5 给出了某城市模数过渡方案示意图，各方案的输入输出数据分别见表 7-8和表 7-9。为使问题简化，在模型中仅选取了 3 个有代表性的输入与输出项。

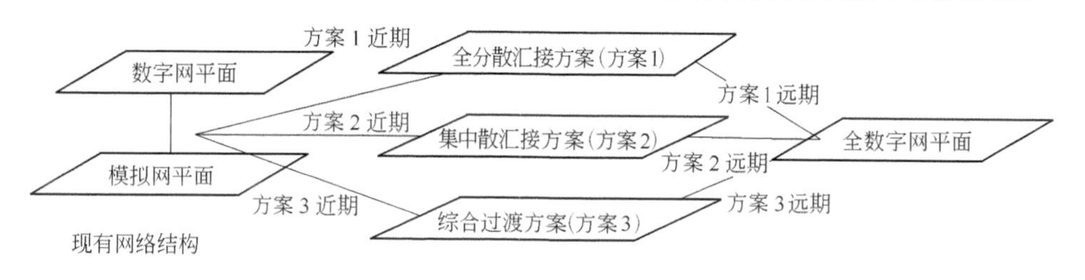

图 7-5　模数过渡方案示意图

表 7-8　某城市模数过渡的 3 个方案的投入数据

决 策 方 案	1	2	3	4	5	6
初次投资 ω_1 /百万元	38.5	41.4	44.3	85.6	82.7	79.7
外汇 ω_2 /百万元	4.4	4.85	5.3	10	9.5	9.1
年经费值 ω_3 /百万元	59.2	63.9	68.6	132.7	120.7	110

表 7-9　某城市模数过渡的 3 个方案的输出数据

决 策 方 案	1	2	3	4	5	6
μ_1 年均业务收入/百万元	31.9	31.4	32	61.6	62.7	62.7
μ_2 数字化比重	43.6	54.4	68.5	64.1	61.6	50.5

其中：决策方案 1 为方案 1 近期，决策方案 2 为方案 2 近期；
决策方案 3 为方案 3 近期，决策方案 4 为方案 1 远期；
决策方案 5 为方案 2 远期，决策方案 6 为方案 3 远期。

评价第一个决策方案的线性规划模型如下：

$$\text{PI}: \max(31.9\mu_1 + 43.5\mu_2) = V_{\text{PI}}$$

$$\text{s. t.} \begin{cases} 38.5\omega_1 + 4.4\omega_2 + 59.2\omega_3 - 31.9\mu_1 - 43.5\mu_2 \geqslant 0 \\ 41.4\omega_1 + 4.9\omega_2 + 63.9\omega_3 - 31.4\mu_1 - 54.4\mu_2 \geqslant 0 \\ 44.3\omega_1 + 5.3\omega_2 + 132.7\omega_3 - 32\mu_1 - 68.6\mu_2 \geqslant 0 \end{cases}$$

DI:min $\theta=V_{DI}$

$$\text{s.t.}\begin{cases}38.5\lambda_1+41.4\lambda_2+44.3\lambda_3+85.6\lambda_4+82.7\lambda_5+79.7\lambda_6+S_1^-=38.5\theta\\4.4\lambda_1+4.85\lambda_2+5.3\lambda_3+10\lambda_4+9.5\lambda_5+9.1\lambda_6+S_2^-=4.4\theta\\59.2\lambda_1+63.9\lambda_2+68.6\lambda_3+132.7\lambda_4+120.7\lambda_5+110\lambda_6+S_3^-=59.2\theta\\31.9\lambda_1+31.4\lambda_2+32\lambda_3+61.6\lambda_4+62.7\lambda_5+62.7\lambda_6-S_1^+=31.9\\43.6\lambda_1+54.4\lambda_2+68.5\lambda_3+64.1\lambda_4+61.6\lambda_5+50.5\lambda_6-S_2^+=43.6\end{cases}$$

类似地,我们可以对其他各决策方案构造上述评价模型,采用大 M 法和对偶单纯型法求解上述各模型后的结果如表 7-10 所示。

表 7-10　不带偏好的 DEA 分析结果

方　案	1 方案 1 近期	2 方案 2 近期	3 方案 3 近期	4 方案 1 远期	5 方案 2 远期	6 方案 3 远期
效率指数 h_i	1	0.98	1	0.865	0.923	1
初次投资权系数	0	0.024 1	0	0.011 6	0.006 3	0.009 1
外汇权系数	0.229 7	0	0	0	0	0
年经费现值权系数	0	0	0.015	0	0.004	0
年平均业务收入权系数	0.020 48	0.021 6	0	0.014 2	0.015	0.016 1
数字设备比重系数	0.008 2	0.006	0.015	0	0	0
S_1^-	0	0	0	0	0	0
S_2^-	0	0	0	0.162 3	0.075	0
S_3^-	0	0.323 4	0	1.048	0	0
S_1^+	0	0.540 8	0	0	0	0
S_2^+	0	0	0	19.877	5.866	0
$\boldsymbol{X}$	$\begin{pmatrix}38.5\\4.4\\59.2\end{pmatrix}$	$\begin{pmatrix}41.01\\4.80\\62.97\end{pmatrix}$	$\begin{pmatrix}44.3\\5.3\\68.6\end{pmatrix}$	$\begin{pmatrix}74.9\\8.57\\114.40\end{pmatrix}$	$\begin{pmatrix}76.42\\8.73\\111.53\end{pmatrix}$	$\begin{pmatrix}79.7\\9.1\\110.0\end{pmatrix}$
$\boldsymbol{Y}$	$\begin{pmatrix}31.9\\43.5\end{pmatrix}$	$\begin{pmatrix}31.94\\54.4\end{pmatrix}$	$\begin{pmatrix}32.0\\68.5\end{pmatrix}$	$\begin{pmatrix}61.61\\83.98\end{pmatrix}$	$\begin{pmatrix}61.70\\67.47\end{pmatrix}$	$\begin{pmatrix}62.7\\50.45\end{pmatrix}$
结　论	DEA 有效	无效	DEA 有效	无效	无效	DEA 有效

表中 $\boldsymbol{X}=\theta X_{j_0}-S^-$, $\boldsymbol{Y}=Y_{j_0}+S^+$ 为决策方案在 DEA 相对有效面上的投影。它提示我们,一个非 DEA 有效的决策方案,当其输入、输出分别达到何种水平时才能使其成为有效。显然,已经为 DEA 有效的决策方案其投影就是它本身。

通过对评价结果的分析查对看到,方案 3 近期(决策方案 3)和方案 3 远期(决策方案 6)两个过渡策略均为 DEA 有效,因此,应选择方案 3 为最佳过渡方案,即先将网络过渡为模数综合网,然后更新全部模拟设备,过渡为全数字网。

下面假定对各输入项产生一定的偏好，重新对上述方案进行评价。由于初次投资的多少是方案能否得以实施的关键，因此我们假定初次投资比年经费现值对决策结果的影响更重要，并取其权重之比为：$4.5 \leqslant \omega_1/\omega_2 \leqslant 5$。考虑到外汇额度的限制，外汇与年经费现值的价值比应高于兑换率，故取 $\omega_2/\omega_3=5$。根据上述两个约束条件，令 $\omega_3=1$ 可得到 3 个特殊点(0,5,1)(4.5,0,1)和(5,0,1)。由此可构造出 **A** 矩阵为

$$\boldsymbol{A}=\begin{pmatrix} 0 & 5 & 1 \\ 4.5 & 0 & 1 \\ 5 & 0 & 1 \end{pmatrix} \text{ 及 } \boldsymbol{AX}=\begin{pmatrix} 81.20 & 88.15 & 95.10 & 182.60 & 168.35 & 155.50 \\ 232.45 & 250.20 & 267.95 & 517.90 & 492.85 & 468.65 \\ 251.70 & 270.90 & 290.10 & 560.70 & 534.20 & 508.50 \end{pmatrix}$$

重新构造模型：

$$\mathrm{DI}':\min \theta = V_{\mathrm{DI}}$$

$$\text{s.t.}\begin{cases} (\boldsymbol{AX})\lambda' + S^- = \theta(\boldsymbol{AX}_0) \\ (\boldsymbol{Y})\lambda - S^+ = \boldsymbol{Y}_0 \\ \lambda' \geqslant 0, S^-, S^+ \geqslant 0 \end{cases}$$

解得结果见表 7-11 所示。

表 7-11　带偏好的 DEA 分析结果

方　案	1 方案 1 近期	2 方案 2 近期	3 方案 3 近期	4 方案 1 远期	5 方案 2 远期	6 方案 3 远期
效率指数 h_i	1	0.98	1	0.865	0.923	1
S_1^-	0	0.036	0	1.509	0	0
S_2^-	0	0.001 5	0	0.063	0	0
S_3^-	0	0	0	0	0.618	0
S_1^+	0	0	0	0	0	0
S_2^+	0	0	0	19.51	8.257	0
X	$\begin{pmatrix}81.2\\232.45\\251.7\end{pmatrix}$	$\begin{pmatrix}86.35\\245.195\\265.48\end{pmatrix}$	$\begin{pmatrix}95.1\\267.85\\290.1\end{pmatrix}$	$\begin{pmatrix}156.44\\447.92\\485.01\end{pmatrix}$	$\begin{pmatrix}155.39\\454.9\\492.45\end{pmatrix}$	$\begin{pmatrix}155.5\\468.65\\508.5\end{pmatrix}$
Y	$\begin{pmatrix}31.8\\43.5\end{pmatrix}$	$\begin{pmatrix}31.4\\54.4\end{pmatrix}$	$\begin{pmatrix}32\\68.5\end{pmatrix}$	$\begin{pmatrix}61.61\\83.61\end{pmatrix}$	$\begin{pmatrix}61.7\\69.86\end{pmatrix}$	$\begin{pmatrix}62.7\\50.45\end{pmatrix}$
结　论	DEA 有效	无效	DEA 有效	无效	无效	DEA 有效

可见，考虑偏好后，方案 3 近期(决策方案 3)和方案 3 远期(决策方案 6)两个过渡策略均为 DEA 有效，因此，在上述决策偏好情况下，方案 3 仍为最佳过渡方案。

小结

1. 层次分析法(AHP)是一种实用的多方案或多目标的决策方法。其主要特征是,它合理地将定性与定量的决策结合起来,按照思维、心理的规律把决策过程层次化、数量化。

2. 应用层次分析法进行系统分析,首先要把问题层次化。根据问题的性质和所要达到的总目标,将问题分解为不同的组成因素,并按照因素间的相互关联影响以及隶属关系将因素按不同层次聚集组合,形成一个多层次的分析结构模型。层次分析就是根据递阶层次结构模型的最底层相对于最高层的相对重要性(优劣顺序)进行排序计算,以便为决策提供依据。

3. 数据包络分析法(DEA)是以"相对效率评价"概念为基础发展起来的一种系统分析方法。DEA是一种有效的处理多输入、多输出问题方法,可以用来评价多目标决策系统的相对有效性。

4. DEA方法将一个"可以通过一系列决策,投入一定数量的生产要素,并产出一定数量的产品"的经济系统(或人)称为决策单元(DMU)。DEA方法是以实际的观测值做包络,使用数据规划模型对某个决策单元 DMU_j ($j=1,2,\cdots,n$)进行分析,比较决策单元之间的相对效率,来判断其是否有效,从而对决策单元做出评价的方法。

思考题

7-1 试述利用AHP方法进行多目标评价分析的基本原理。

7-2 试述DEA方法的思想?

7-3 AHP与DEA模型的结合应用有何好处?

7-4 选择一个多目标决策对象,收集相关数据,利用AHP方法进行评价分析。

第2篇　通信网规划实务

- 传送网
- 接入网规划
- 电信业务网规划
- 支撑网规划

第8章 传 送 网

【本章内容】

- 传送网规划概述；
- 光网络的生存性；
- 传送网的业务需求；
- 传送网络的体系结构规划；
- 光传输系统的规划；
- 规划的经济分析和规划工具。

【本章重点】

- 建立传输设备、系统和网络的完整概念；
- 理解传输网络生存性的重要性和主要的保护恢复技术；
- 掌握传送网规划的基本理论和实际规划的过程步骤。

【本章难点】

- 传送网络物理路由和层次结构的规划；
- 传送网规划的经济模型。

【本章学时数】自修传输基础知识 4 学时，课堂讲授 6 学时。

【学习本章目的和要求】

- 在设备、系统之上，重在从网络层次理解传送网的建网要求；
- 强化传送网的有效性、安全性和经济性意识，理解在规划过程中如何体现这些要求；
- 在传送网规划理论指导下，具备从事实际的网络规划设计工作能力。

8.1 传送网规划概述

8.1.1 传送网功能单元

传送网是由线路设施、传输设施等组成的为传送信息业务提供所需传送承载能力的通道。长途传输网、本地传输网、接入网均属于传送网。传送网是电信网络的基础，它为整个电信网络上所承载的业务提供传输通道和平台。随着近年来电信业务对带宽需求的不断提高，光传送网络的规模不断扩大，为业务网络提供了巨大的带宽资源，同时网络的生存性、可扩展性也有了巨大的进步。

通信的最基本任务是将大量信息无失真地从一个地方传送到另一个地方，现代信息社会所产生的信息量正以惊人的速度增长，因而对载运这些信息的传送网络的容量不断提出新的需求，光传输系统在电域复用的基础上，近年来进一步引入了光域复用技术，充分利用单模光纤低损耗区的巨大带宽，目前尚无任何其他传输技术可与光通信相比，因而光纤自诞生以来，已被迅速应用于电信网，包括长途网和中继网、本地传输网，现在已大规模进入用户接入网部分。

传送网络通过标准化的传送技术体制，将传输媒质和传输系统构成协同工作的传送网络整体，主要的传送技术体制为：PDH 准同步数字体系、ATM 异步转移模式、SDH 同步数字体系、OTN 波分复用光传送网、RPR 弹性分组数据环、ASON 自动交换光网络。高速率、大容量、长距离、智能化、综合业务、网络化是下一代传送网的发展方向。

从规划的角度，传送网的基本功能单元如下。

① 传送需求：确定各种电信业务对传送网络的带宽传送需求。表征传送需求的信息主要有源宿点、容量单位、带宽大小、服务质量、业务性能，业务性能可用传送时延、误码率、可用性等有关的技术规范指标表示。根据业务的传送可靠性要求，可归类为无保护的业务、外加保护的业务、仅需恢复的业务、可被抢占的业务，通过业务分类，以便传送网络区别对待、满足业务的需求。

② 网络节点：传送网络依靠节点实现网络的基本功能。从规划角度，网络设备主要考虑的功能包括，物理信号的终结和连接段的终结、网络连接（通路）的终结、路由功能、汇聚复用功能等，网络节点除实现的逻辑功能，设备的技术细节也是描述网络节点的基本信息，如节点容量、性能和成本信息，节点的地理位置相关信息，不同的设备实现不同的网络功能，特定设备处在规划的特定网络层，如光放大中继设备用在物理光纤层，通用的节点类型主要包括：线路放大器、再生中继器、终端复用器、上下路复用设备和交叉连接设备。

③ 网络链路：代表某一层网络的连通性，例如在物理层，网络链路就是传输媒质及相关的基础设施，一条链路由它的两个终端点表示，媒质类型、路由长度和链路容量为链路的特征信息。

④ 业务路由：根据路由的一般定义，业务路由为在网络上选择业务需求的路径，它由网络上一系列节点和链路组成，对业务更广义的理解，路由信息还包括业务需求在传输系统上如何实现，如节点的交叉连接，网络的保护恢复路由也应与业务的工作路由统一考虑。

⑤ 汇聚复用：为了提高传送效率，汇聚复用是传输系统需实现的重要功能，根据传送网络的不同层次，传输系统各具有独特的复用帧结构，如 SDH 业务终结的低高阶通道的复用（从 VC-12 到 VC-4）；SDH 线路传输系统上的传送模块等级复用（从 STM-1 到 STM-16）；WDM 的合波和分波（多个波长信号到光复用段层）。

⑥ 传送子网:传送网络规模庞大,从本地到省级、国家级,直至国际传输,涉及多个运营商、多个网络管理者,为了管理方便,可将网络分割为不同的子网,每个子网代表一定范围、某一特定场合的网络体系,它由一些网络节点和链路组成,子网为许多的网络单元集合构成一个抽象整体。

⑦ 网络结构:给出网络的逻辑层信息,对于层级传送网络包括网络纵向功能分层和横向区域分割的信息,网络节点归集至不同的拓扑结构,如环形网、Mesh网;网络节点在网络中的功能地位,如枢纽汇聚节点还是接入节点;技术上、物理上对网络结构的限制,如结构中最大的节点数量,光放大的最大跨越距离,工作和保护路由的最大长度。网络结构还包括节点功能的描述和实现这些功能的节点结构,每一子网的结构以及在子网中如何选择路由,网络保护或恢复的计划,网络结构对网络成本和性能的影响等等。

⑧ 节点设备:表示可在网络上安装的设备或网络节点上已有的设备,根据某一层次网络上需实现的一定功能来描述节点设备,每种设备实现某一传送功能,或集成若干传送功能,需考虑网络内各节点设备的互联关系,网络中业务路由的选择,业务倒换的保护实现等,网络规划方案需考虑选择何种设备组成网络,规划结果的完整信息包括逐个设备配置支路接口、交叉连接能力、传送容量等。

⑨ 物理设施:物理层是网络的最底层,它提供网络节点、传输媒质和传输基础设施的有关信息。

从业务需求到汇聚复用、路由,以及网络节点、链路之间的网络单元之间的关系如图8-1所示,为了提高传送效率,便于管理,业务需求可能复用至更粗的通路、通道,每一个网络节点代表了一定的网络功能,节点功能由安装在该节点上的设备

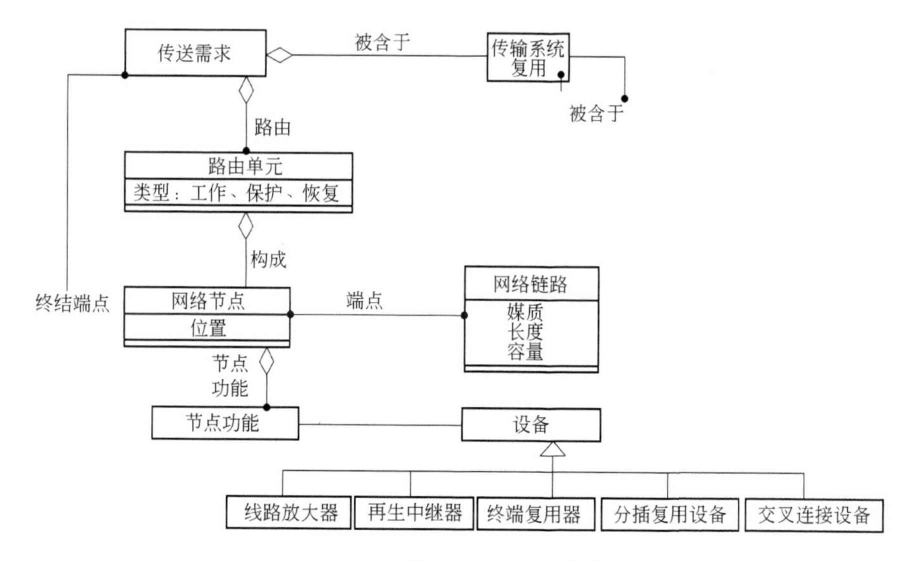

图 8-1 网络单元之间的关系

实现,每一条链路也由它的两个终结网络节点表示,端到端的业务路由包含若干网络节点和链路,路由可分为工作路由、保护路由或恢复路由。

8.1.2 国内电信传送网的现状

国内的传送网络结构主要分为3个层面,如图8-2所示。

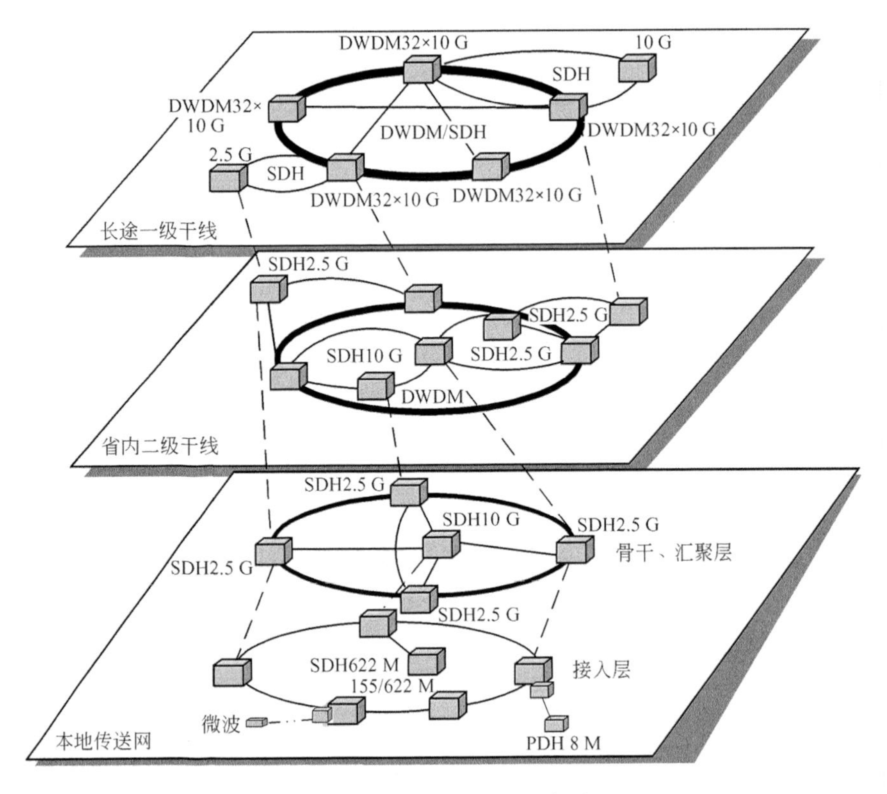

图8-2 传送网络现状示意图

第一层面为长途一级干线网,主要节点为直辖市、省会城市,其间主要由DWDM系统和高等级SDH系统组成,SDH承载在波分系统上。京汉广以东沿海地区主要为32波以上WDM系统承载SDH 10 Gbps、2.5 Gbps系统,中西部区域主要以SDH 2.5 Gbps、10 Gbps环形系统为主,部分西部省份采用2.5 Gbps线性系统相连。形成了一个大容量、高可靠的网孔形国家骨干网结构,辅以少量线形网。

第二层面为省内二级干线网,主要节点为省内地区级城市,其间主要由SDH系统和WDM系统组成,形成省内网状或环形骨干网结构并辅以少量线性网结构。网络一般以省会城市为枢纽节点,通过各个方向的环路覆盖全省。

第三层面为本地传送网,一般覆盖行政区划分的地区级地域范围,与固定电话本地网相对应，包括城市城区及所辖县域的传送网络，满足局间中继传输、用户接入传输带宽需求，为固定电话、移动电话、数据通信和互联网等各个业务网络提供业务接入及传送服务。

本地传送层面从地域可分为城域和郊县传送网络，从网络功能地位可分为骨干层、汇聚层和接入层面。骨干层主要解决各骨干节点之间的业务传送、跨区域的业务调度等问题；汇聚层实现业务从接入层到骨干节点的汇聚。汇聚层以上主要是网孔形、环形 SDH 系统，具有很高的生存性，又具有业务量疏导功能。接入层处于网络的边界处，由于业务容量要求较低，且大部分为汇集型业务量，因而通道倒换环和星形网都十分适合于该应用环境，接入层主要为 STM-1/STM-4 SDH 系统，另外在网络末端还使用了大量 PDH 设备，接入设备要求提供丰富的业务接口，实现多种业务的接入。

8.1.3 传送网规划的步骤

业务需求收集、分析和预测是传送网规划的第一步工作，作为服务支撑网络及可直接运营提供租线业务的网络，对当前和未来的主导业务类型、业务量要有正确的把握和预测，对业务发展信息和竞争状况进行分析，规划人员必须把握业务的分布和演进趋势，首先从物理拓扑确定各节点的位置，然后确定业务状况，计算业务矩阵、明确节点对之间的流量关系及每一个节点汇集、终结的流量，预测业务的发展及新型业务区域。

在已知网络的节点和预测这些节点之间未来若干年业务流量分布的基础上，网络设计与规划的任务就是寻找一种高性能价格比的网络结构以有效地传送这些业务。

开始规划一个实际的网络，首先必须从战略上确定网络结构、节点功能结构和网络所需具有的生存能力，这些参数从根本上决定了网络的节点设备功能和保护恢复策略。规划的网络必须满足网络所有节点之间的业务流量需求，同时还能够抵抗物理层某种程度的传输损伤影响，确保网络能够在假定的故障条件下正确地执行保护恢复。传送网规划设计流程如图 8-3 所示。

网络规划设计最具有挑战性的问题就是优化处理，对网络性能和成本的优化可使用线性规划和启发式算法。根据网络复杂度和优化目标的不同，网络设计和规划可以分步骤进行，也可以集中统一设计。分步设计能够在可接受的运算量条件下完成网络的设计过程，而统一设计能够通盘考虑网络的总体情况，所以设计的结果相对较优。

拓扑规划主要是从网络所有节点之间的一系列待选路由中选择建设的链路，选择依据主要是地域上的可用性、业务分布和流量的合理预测、网络结构方面的限制或者是拓扑连通性方面的考虑。如果一些链路的成本过于昂贵就可以考虑不予

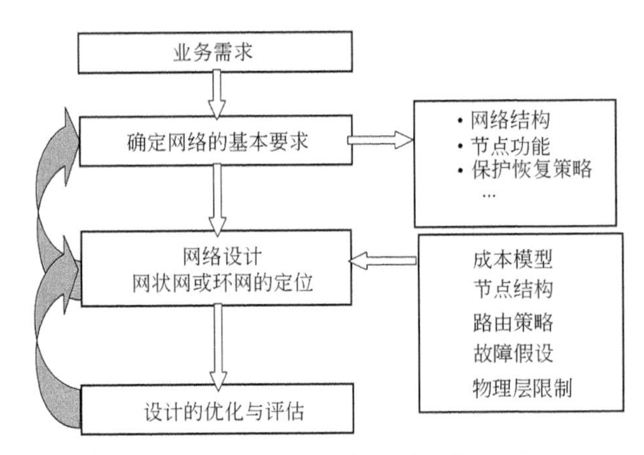

图 8-3　传送网规划设计的流程

采用。在实际的规划中，如果光缆的敷设成本在整个网络成本中占主导，则可以考虑采用比较稀疏的网络结构；如果容量配置成本即终端设备成本占主导，则可以考虑采用链路密度较高的网络结构。

业务路由、节点之间容量分配可基于网络容量优化的条件对业务进行选路由，或先在某模拟网络解决业务的路由问题，然后基于选路的结果再确定网络的容量等级。在波长通道网络中，波长分配成为业务路由选择之后的一个大问题，它既可以在选路由之后将其作为一个子问题来加以解决，也可以和选路由综合起来作为一个问题来解决。

后期规划评估阶段，即可用性分析阶段，通过广泛的测试来评估设计结果，例如在动态业务情况和突发故障情况下，对网络进行性能分析和可用性评估，不断变化设计过程所使用的输入参数来观察网络对外界条件波动的灵敏度。评估过程的结果可以反馈到原有的优化算法，通过轻微的参数调整进一步地优化下一步设计的执行。

网络成本的最小化、所选定的网络结构能够提供预期的路由能力和保护恢复能力等，是我们进行网络设计与规划的主要努力目标，通过与期望的网络成本、功能特征的对比最终确定网络的规划方案。

8.2　光网络的生存性

8.2.1　生存性的概念

当今社会各行各业对信息的依赖愈来愈大，要求通信网络能及时准确地传递信息。随着网上传输的信息越来越多，传输信号的速率越来越快，一旦网络出现故障，将对整个社会造成极大的损坏。因此网络的生存能力即网络的安全性是网络第一要考虑的问题。网络生存性就是指网络在经受网络部件失效期间仍然维持可接受的业务质量等级的能力。据美国明尼苏达大学的研究结果估计，通信中断1小时可以使保险公司损失2万美元，使航空公司损失250万美元，如果通信中断2天则足以使银行倒闭。可见通信网络的生存性已成为现代网络优化设计的至关重要的衡量指标，也成为市场开放环境下网络运营或业务提供者之间争夺用户时重要的竞争焦点。

1．业务恢复时间的要求

保护恢复时间因保护恢复方法的不同而可能相差非常大，少则几十毫秒，长至几分钟乃至几小时。不同的业务对业务恢复时间也有不同的要求，一般说，大型金融机构和银行的自动取款机对业务的可靠性要求最高，不仅要求业务能100%地恢复，而且希望业务恢复时间短于50 ms。而另一方面，普通居民用户只要业务资费较低，则对业务中断的时间要求不高，他们可容忍30分钟的业务恢复时间。某些数据业务、IP业务，某些企事业的电话业务却可以容忍范围不同的业务中断。

通常，当业务中断时间在50～200 ms之间，交换业务的连接丢失概率小于5%，对于7号信令网和信元中继业务的影响不大。当业务中断时间在200 ms～2 s之间，交换业务的连接丢失概率逐渐增加，当业务中断时间达2 s时，所有电路交换连接、专线、$n \times 64$ kbps和2 Mbps业务都将丢失业务连接。当业务中断时间达到10 s时，多数话音数据调制解调器超时，面向连接的数据会话也可能已超时。当业务中断时间超过10 s后，所有通信会话都将丢失连接。如果中断时间超过5分钟，则数字交换机将经历严重的阻塞。

综上所述，业务中断时间有两个重要门限：第一个是50 ms，此时可以满足绝大多数的业务的质量要求，除了瞬态冲击外业务不中断，因而可以认为50 ms的保护恢复时间对于多数电路交换网的话音业务和中低速数据业务是透明的；第二个门限是2 s，只要业务中断时间不超过2 s，则中继传输和信令网的稳定性可以保证，电话用户只经历短暂的通话间歇，几乎所有数据会话协议仍然维持不超时，图像业务则会发生丢帧和图像冻结现象（几秒），但多数人能够勉强忍受。因此2 s门限已作为恢复的目标值，称为连接丢失门限。

2．网络生存性策略——保护和恢复

为了提高网络的生存能力，人们可以利用以下方法：第一，侧重于提高网络单元的可靠性，从而改善网络的生存性；第二，侧重提高网络拓扑结构的可靠性，通过网络保护恢复技术实现网络的生存性，在现有的网络单元基础上，通过适当的生存机制来提高网络的抗故障能力。就网络的生存性策略而言，实现网络生存性一般有两类方法：保护和恢复。

保护是指利用节点间预先分配的容量实施网络保护，即当一个工作通路失效时，利用备用容量，使工作信号通过保护通路维持正常传输。保护往往在本地或远端网元的控制下，无需外部网管系统的介入，保护倒换时间很短，但备用资源无法在网络范围内共享，资源利用率较低。

恢复则通常利用节点之间可用的任何容量，包括预留的专用备用容量、乃至低优先级业务可释放的额外容量，需要准确地知道故障点的位置，其实质是在网络中寻找失效路由的替代路由，因而恢复算法与网络选路算法相同，使用网络恢复可大大节省备用资源，但恢复倒换由外部网络操作系统控制，具有相对较长的计算时间。

保护和恢复的主要区别在于适用的网络拓扑、业务的恢复速度以及保护的容量等。

8.2.2 光网络的保护恢复技术

1. 按网络层次分类

光网络的保护恢复技术按网络层次分类如表 8-1 所示。

表 8-1 SDH 和光层采用的保护恢复方案

网络层次	恢复类别	保护恢复机制	意　义
SDH	专用线性保护	MSP	SDH 复用段保护
		SNCP	SDH 子网连接保护
	共享环形保护	MS-SPRing	SDH 复用段共享保护
	恢　复	分布式	
		集中式	
OTN	专用线性保护	OMSP	光复用段保护
		OCH-SNCP	光通路子网连接保护
	共享环形保护	OMS-SPRing	光复用段共享保护
		OCH-SPRing	光通路共享保护
	恢　复	分布式	

在 SDH 层实现保护恢复最明显的优点是速度快且已实用化。SDH 的自动保护倒换协议(APS)等已经被 ITU-T 标准化，由于 SDH 具有简单而有效的控制机制，保护倒换的启动、消息的传送都是通过 SDH 的开销来实现的，SDH 层自愈速度快，具有数据通道(DCC)使得其实现分布式恢复算法成为可能，能够实现比集中式恢复技术更快的恢复速度。

WDM 的网络单元和所使用的网络技术与 SDH 网络极为相像。光传送网的核心设备是光的交叉连接设备(OXC)和分插复用设备(OADM)，它们可以实现光信号的交叉连接和分插复用，而无需将其转换到电域上进行相关处理。WDM 光传送也是一个分层网络，相邻子层之间是客户—雇主的关系。这些因素决定了两者的恢复策略极为相似。WDM 光网络的恢复方案也可以分为保护倒换和利用 OXC 的网状网的恢复，前者的实现可以基于光通道层，也可以基于光复用段层，后者一般基于光通道层。光网络恢复结构既可以采用集中式，又可以采用分布式控制，或者采用两者结合的方式。

2. 按网络拓扑结构分类

保护恢复技术从网络拓扑结构的角度，可以分为线性保护切换、自愈环和自愈网。

线性保护切换是指链形网络既包括工作实体又包括保护实体，一旦某个工作实体失效，则由某个备用实体替换。线性保护又包括专用保护和共享保护。专用保护包括 1+1 或是 1∶1 保护。共享保护主要指 1∶ N 保护。简单的路由备用线路保护方式配置容易、网管简单、恢复时间短(50 ms 以内)，但需要的空闲容量大、成本高，主要适用于两点间有稳定的大业务量的点到点场合。

自愈环(SHR)是利用电或光的分插复用器(ADM 或 OADM)构成环状拓扑结构，其工作原理是利用 ADM 或 OADM 的分插能力和智能性，以及冗余的容量和网络设备，在失效的情况下自动恢复受影响的业务。SDH 的 SHR 已经商用化，按节点之间所用光纤数量可分为二纤、四纤环路；按照正常情况下的业务流向可分为单向、双向环路；按照保护对象可分为通道保护、复用段保护。环形网结构具有很好的生存性，网络恢复时间短(可小于 50 ms)，具有良好的业务疏导能力，因而受到很大的欢迎。其主要缺点是网络规划较困难，开始很难预计将来的发展，因此在开始时需规划较大的容量。这种结构所需空闲容量即使在业务量比较平衡时也高达 100%，其经济性在距离短、拓扑简单时较好。

自愈网(SHN)的主要网络单元是电或光的交叉连接设备(DXC 或 OXC)，其基本拓扑结构是网状网。在这种网络中，DXC 或 OXC 彼此互联，从而实现两点之间路由的多样性。在网络出现故障时，对于受影响的业务，利用交叉连接单元连接空闲的通道，实现网络的重构和业务的恢复。在 SHN 中，网络中的可用空闲容量为整个网络所共享，从而提高了资源的利用率，在经济上更具优势。SDH 中电交叉连接单元已经实用化，WDM 系统中光交叉连接设备研究也有了长足的进展。但是由于自愈网本身的全局分布计算工作方式，使得网络恢复时间较慢。在同样的网络生存性下，网状网恢复策略所需的附加空闲容量可远小于环形网，通常为 30%～60%。一般来说，网络拓扑较复杂时，例如在高度互联的长途网中，采用网状网恢复比环形网更为经济和灵活，也便于规划和设计。

3. 按恢复容量的粒度来分类

网络是分层和分割的，而保护和恢复方法又有很多种，为了综合利用各种方法的优缺点，不同的层和不同的子网可以采用不同的保护和恢复方法。从信号恢复的级别上可以将恢复技术分为：

① 基于链路的恢复技术(或称物理设备保护),由失效网元的相邻节点负责实施,以集合方式恢复该失效网元上的所有连接,而不考虑业务的源宿节点情况,它只有一对恢复控制节点。链路恢复的主要缺点是由于变更路由,恢复过程存在着回拉现象。

② 基于通道的恢复技术(SDH 中的高、低阶通道或 WDM 中光通道),在失效发生时,以端到端的方式逐个恢复受失效影响的逻辑通道,它存在着多个同时执行恢复过程的控制节点对。

选用哪一种技术取决于对恢复速度、空闲容量的利用率和重选路由决策复杂程度的折衷和权衡。通常,为了降低复杂性和减少恢复时间,恢复技术大多在通道层实现。而如果在电路层进行恢复则需要涉及成千上万个电路、信元或包的检测、处理和业务转移,因而十分复杂且恢复时间很长,因此即便在通道层内部,网络恢复也主要在高阶段通道层 VC-4 上实施,从而达到快速有效地恢复业务的目的。

8.2.3 环形光网络的生存性

目前环形网络的拓扑结构用得最多,因为环形网具有较强的自愈功能。自愈环的分类可按保护的业务级别、环上业务的方向、网元节点间光纤数来划分。针对一个节点而言,单向环的来业务通道传输方向与去业务通道传输方向相同;而双向环的传输方向相反。按连接环路中相邻节点的光纤数目,环形网络可以分成二纤环、四纤环和 WDM 中的多纤环;按保护的业务级别可将自愈环划分为通道保护环和复用段保护环两大类。

1. 二纤单向通道保护环

二纤通道保护环由两根光纤组成两个环,其中一个为主环——S1;一个为备环——P1,如图 8-4 所示。两环的业务流向相反,通道保护环的保护功能是通过网元支路板的"并发选收"功能来实现的,也就是支路板将支路上环业务"并发"到主环 S1、备环 P1 上,两环上业务完全一样且流向相反,平时网元支路板"选收"主环下支路的业务。

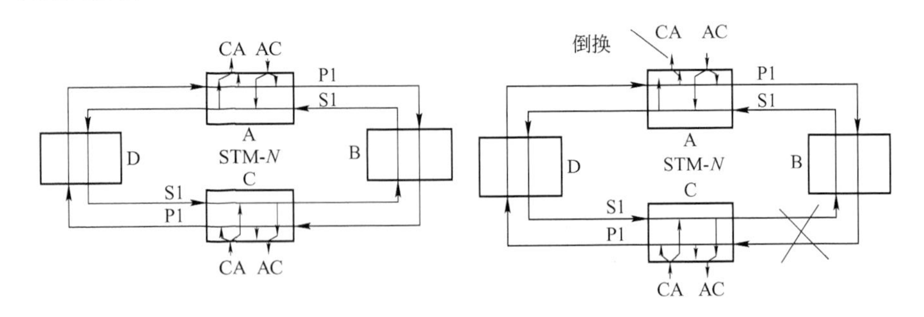

图 8-4 二纤单向通道保护环

若环网中网元 A 与 C 互通业务，当 BC 光缆段的光纤被切断，注意此时网元支路板的并发功能没有改变，也就是此时 S1 环和 P1 环上的业务还是一样的，但信号将在接收端选收倒换。CA 业务：在 A 节点由于来自 S1 光纤的 CA 信号 C—B—A 丢失，所以接收倒换开关转向来自 P1 光纤，即接收信号：C—D—A。AC 业务信号仍按原路径传送。

2. 二纤双向复用段共享保护环

二纤双向复用段保护环如图 8-5 所示。

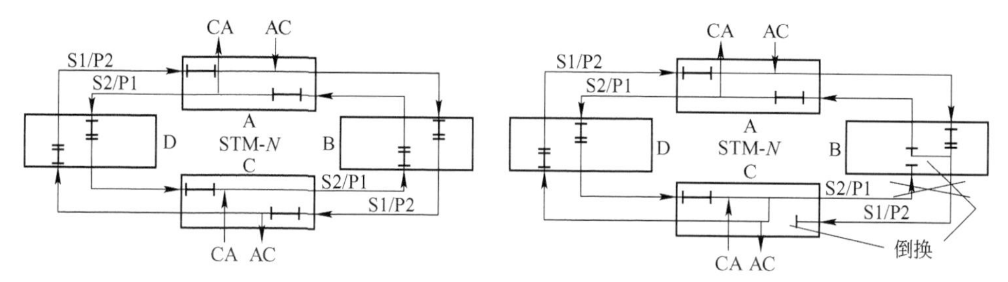

图 8-5　二纤双向复用段保护环

若环网中网元 A 与 C 互通业务，在环网 B—C 间光缆段被切断时，网元 A 到网元 C 的主用业务沿 S1/P2 光纤传到网元 B，在网元 B 处进行环回（故障端点处环回），环回是将 S1/P2 光纤上 S1 时隙的业务全部环到 S2/P1 光纤上的 P1 时隙上去（例如 STM-16 系统是将 S1/P2 光纤上的 1＃～8＃STM-1 全部环到 S2/P1 光纤上的 9＃～16＃STM-1），此时 S2/P1 光纤 P1 时隙上的额外业务被中断，然后沿 S2/P1 光纤经网元 A、网元 D 传送到网元 C，在网元 C 执行环回功能（故障端点站），即将 S2/P1 光纤上的 P1 时隙所载的网元 A 到网元 C 的主用业务环回到 S1/P2 的 S1 时隙，网元 C 提取该时隙的业务，完成接收网元 A 到网元 C 的主用业务。网元 C 到网元 A 的业务先由网元 C 将网元 C 到网元 A 的主用业务 S2，环回到 S1/P2 光纤的 P2 时隙上，这时 P2 时隙上的额外业务中断，然后沿 S1/P2 光纤经网元 D、网元 A 穿通到达网元 B，在网元 B 处执行环回功能，将 S1/P2 光纤的 P2 时隙业务环到 S2/P1 光纤的 S2 时隙上去，经 S2/P1 光纤传到网元 A 落地。

当前组网中自愈环主要为二纤单向通道保护环和二纤双向复用段共享保护环两种，下面将两者进行比较。

业务容量（仅考虑主用业务）：单向通道保护环的最大业务容量是 STM-N，二纤双向复用段保护环的业务容量最在为 $M/2\times$STM-N（M 是环上节点数）。

复杂性：二纤单向通道保护环无论从控制协议的复杂性，还是操作的复杂性来说，都是各种倒换环中最简单的，由于不涉及 APS 的协议处理过程，因而业务倒换时间也最短。二纤双向复用段保护环的控制逻辑则是各种倒换环中最复杂的。

兼容性：二纤单向通道保护环仅使用已经完全规定好了的通道告警指示信号

来决定是否需要倒换,与现行 SDH 标准完全相容,因而也容易满足多厂家产品兼容性要求。二纤双向复用段保护环使用 APS 协议决定倒换,而 APS 协议尚未标准化,所以复用段倒换环目前都不能满足多厂家产品兼容性的要求。

实际应用中,一个环路单独运行的情况比较少见,而更多地以多环互联的方式运行。这一方面是因为网络节点众多,无法在单个环路上容纳所有节点;另一方面也为了保证环形网络的吞吐量和业务性能(传输时延、网络阻塞性能等)。环路互联有以下几种运行方式:相切环、相割环(相交环)、多环相切互联等。

8.3 传送网的业务需求

传送网是为业务网络提供支撑服务的基础网络,业务网络和光网络之间为客户和服务层的关系,光传送网作为综合电信业务的传送平台,应能支持多种客户层网络,光传送网络的主要客户网络类型包括 TDM 业务、IP 业务、ATM、帧中继、因特网、FDDI 及 SDH 等网络。随着数据业务的发展,银行、证券、大型企业、政府机关等集团和行业用户专线传输需求正在快速增长,运营商向用户提供专线的数量越来越多,专线的带宽越来越大,带动传输网络逐渐发展为同时直接面向客户提供业务的运营网络。

要使网络的设计更加有效,要对当前和未来网络的业务类型、业务量有正确的把握和预测,要对业务发展市场环境和竞争状况进行分析,以满足市场需求为原则,充分考虑电信业务(如话音、数据、图文、视频、多媒体、移动、业务电路的出租等)及支撑网(如信令网、管理网、同步网等)的传输要求。

8.3.1 传输需求预测

网络设计的第一步工作就是对网络需求的分析和网络吞吐量、流量的估算,光网络层传输需求主要有:现有的电信业务;未来新的电信业务。配置传输电路实现这些业务量在网上节点间的流动。

现有业务网其业务量的表现形式各异,以电路交换为基础的网络,如 PSTN 和 PLMN,其业务量是用一条线路在忙时内被占用的时间比,即爱尔兰(Erl) 为单位表示,并根据 Erl 呼损公式计算所需的电路数;数据网其业务量一般为比特流量,即 kbps 或 Mbps;电信管理网的 DCN 业务流量用比特速率表示(存在带内或带外传输两种情况);数据同步网目前直接用 2 Mbps 电路;No. 7 信令网和智能网对传送信息的需求用每秒消息信号单元的个数(MSU/s)、每忙秒试呼次数(call/s)、每忙秒查询量(Query/s)等参数表示,并最终归结为比特速率(bps)表示。

由于对新业务相关的业务量信息知之甚少,很难预测新业务的传输请求。在进行业务量预测时必须考虑不同业务的特性,运营商可能通过不同的网络提供不同的业务，每种业务有它自身的业务量特性，如带宽需求、路由约束和服务质量参数。由于许多宽带网络上应用的业务还处在开发过程，几乎没有历史数据可以参考，因此，很难准确地对新电信业务产生的需求进行预测。欧洲 RACE 项目对宽带需求预测进行了研究，对不同的业务分别预测其带宽需求，根据每种业务其自身的特点，采用不同的带宽需求预测方法，考虑新业务和现有业务之间的相互关系，把新业务分为 3 种不同的类型：另加的新业务、替代的新业务和增强的新业务。第一种新业务的预测采用扩散模型，第二种和第三种新业务增长则采用替代模型，然后综合得到整体带宽需求。

一旦网络结构和网络节点间的业务类型确定，为了确定每对节点间的电路需求大小，应构造业务流量矩阵，业务量矩阵表示节点对间传输的业务量，按电话交换网络、数据业务网络、ATM 业务网络和因特网传输业务量、租用线路特定带宽等需求，汇总传输带宽需求。传输需求还有可能来源于网络技术的进步，当技术更新换代时，网络将进行重新配置，如将现有的 SDH 网络传输的业务转移到新建立的 WDM 光信道。为了准确地得到业务量矩阵，需确定一个时间范围，如一年或一定的规划期限，从历史经验来看，由于存在不确定的增长因素，长期的业务量预测比较困难，一般来说，考虑业务量需求主要因素后，可较准确地估计 1～3 年的业务量增长。

8.3.2 业务网电路、专线电路和宽带接入

长途传输电路需求，第一方面为电路交换型业务的带宽需求，包括固定电话长途交换机之间、移动电话不同城市 MSC 或 TMSC 之间的传输，带宽需求相对较小，电路类型属于平均型分布，电路接口以 2 Mbps 为主，部分路由配置 155 Mbps 接口。第二方面为分组交换型数据业务的带宽需求，包括 ATM 骨干网交换机之间、Internet 骨干网路由器之间等的传输电路连接，ATM 和 IP 网络接口以 ATM 信元、IP 分组 Over SDH 方式承载在长途传输网上，电路类型主要呈向上汇聚型，带宽需求大，是传输网络容量提升的主要驱动力量。

话音通信网络传输需求主要包括固定电话 PSTN 网络，移动电话 GSM、CDMA网络的电路需求，对于局间中继业务而言，网络业务流向为分布型的逻辑结构，各节点之间业务量较大，局间电路与交换机的容量相对成比例；对于基站、模块局、光接入 ONU 等接入层的业务而言，网络业务流向为集中型，各节点业务量小，业务颗粒主要为 2 M。

数据业务城域接入需要的电路主要包括专线接入、IP 电话、互联网接入等。专线用户通过接入设备连接到运营商的数据业务接入点(POP)业务设备，通过传输网络，或者用户设备直接连接到本地传输设备提供的多业务接口，然后与中心机房业务节点设备相连。ATM、DDN、IP、SDH 等专线根据不同的用户需求，其传输带宽可以从 $n\times 64$ kbps、2 Mbps、45 Mbps、155 Mbps、622 Mbps、FE、GE 直至

2.5 Gbps。IP电话、互联网拨号上网一般是通过固定或移动电话交换机，通过一定的电路交换路由接续，将拨号用户的呼叫转移到业务接入的网关或服务器，然后连接到骨干网路由器上，从固定或移动电话交换机到业务接入的网关或服务器间的电路以2 Mbps为主，局内同一中心机房内的服务器与数据分组交换路由设备间的电路以太网类接口为主。

传输最常用的是2 Mbps接口，2 Mbps接口又分为120欧姆对称型和75欧姆同轴型两种，120欧姆对称型接口密度大，节省空间，但传输距离相对较短。75欧姆同轴型接口密度低，但传输距离相对较长。应用上75欧姆同轴型接口比较常见。10/100 M以太网接口一般为RJ45型电接口，为了增加传输距离，有些IP设备也能提供10/100 M光接口。155 Mbps电接口和光接口都比较常见，电接口基本上都采用75欧姆同轴型。622 Mbps、2.5 Gbps、GE等高速接口都采用光接口。

在大客户的专线接入中，不同运营商提供的专线业务的区别很大。传统固网运营商往往基于多个网络来提供多种类型的专线业务，从低速到高速，从窄带到宽带，从点对点到VPN等；而新兴的运营商则只提供几种特定的专线，如基于SDH网络的E1或者STM-*N*专线、基于MSTP的Ethernet专线、基于IP网络的二层IP专线或者MPLS VPN等。传统的每种专线网络只能提供一种或者几种业务，这给运营商带来了诸多问题，维护成本和灵活性等方面的劣势逐渐显露，并已进入停滞或退网阶段，ATM网络也由于技术的复杂性和性价比不高等因素未得到大规模的发展。在当前数据和话音业务逐渐归一化的情况下，专线类型正由多变少，传送专线业务的平台也在向归一化演进，运营商将逐渐进行专线改造，而不再为各种专线支付昂贵的维护成本。

在城域网的宽带用户接入中，目前主要采用ADSL和LAN技术，从核心路由器到最终的DSLAM设备或接入二层交换机采用星形直连和光纤直驱方式，通过交换机、路由器在业务密集的地方以分级星形汇聚方式实现业务接入。星形组网和光纤直连具有初期建设成本低，扩展方便等特点，特别是在发展用户方面，星形组网方式仿佛星火燎原，通过一个已经发展的客户进行扩散，符合用户扩展特征的需要。但是，这种方式也存在相当多的问题，在许多大中型城市，星形直连和光纤直驱方式大量消耗光纤资源，使光纤网络结构综合交错，对整个城域的光纤基础网络的建设和维护构成了相当大的威胁。与此同时，与光纤直连和星形组网对应的MSTP多业务传送技术的出现，使得城域宽带接入数据业务的汇聚可利用以SDH技术为硬件核心的多业务传输平台。

MSTP（多业务传送平台）是指利用传统的SDH网络体系，同时实现TDM、ATM、以太网等业务的接入、处理和传送，提供统一网管的多业务传送。除了支持原有SDH的所有功能外，在原有SDH的基础上加入对数据业务的处理，比如以太网的二层处理、ATM的统计复用等功能，使其更适合数据业务的传送。这种设备的多业务支持功能主要反映在支路接口和映射方面。在传输网络的边缘，MSTP系统尽可能提供了各种物理接口来满足不同接入用户终端设备的要求，提供多业务的灵活接入，典型的接口有：STM-*N* 光/电口、ATM、以太网接口(10/100 M)、DSL和GE、FR、E1/T1等，大大降低运营商的网络建设和用户的接入成本。MSTP设备可进行业务的汇聚、共享、收敛、隔离和流控等处理。但在设备选型时应充分考察不同厂商的设备特点，结合本地区城域业务网络建设和数据业务发展的特点，综合考虑是否选择二层交换功能，避免传输系统与数据网络的功能重叠。

8.4 传送网络体系结构规划

传送网络规划作为一项复杂的系统工作，通常可分解成一个个子问题来处理，如物理路由问题、网络结构问题，这些作为传送网规划的最重要问题，可用数学模型进行分析。

8.4.1 光缆物理路由拓扑规划

1. 物理路由问题基本描述

物理拓扑优化体现着网络基础设施的设计，传送网的最底层资源为光缆拓扑路由，传送网络物理拓扑是战略性的规划问题，因为光缆的物理拓扑将在较长时间保持一定的稳定性，中、短期规划只能在相对固定的光缆拓扑上，部署建设不同的传输系统，改变光缆物理拓扑的投资巨大，并且光缆敷设受外界因素制约，建设期和投资回报周期都很长。

光缆物理拓扑优化首先从网络节点、边可能形成的最大拓扑图出发，排除一些边，以得到优化解，从图论角度，光缆拓扑路由为平面图，边成本为线性函数。已知传送业务需求、所有可能的节点和边形成的最大图以及每条边的成本函数，寻求最小成本满足业务传送需求，得到节点、边最大图的一个子集。

已知最大可能的物理拓扑图 $G(V,E)$，节点 $V=1,2,\cdots,N$，边 $E=1,2,\cdots,M$。业务传送需求 $D=\{d_{ij}\}$，业务的路由集 $P=\{p_{ij,k}\}$，$p_{ij,k}=\{e_l\}$表示组成节点 i 和 j 之间业务第 k 条路由的边集，它由源宿端点 i 和 j 之间的一系列连续的边组成；$Q=\{q_{ij,k}\}$表示节点 i 和 j 之间业务的分离路由的容量集，业务需求 $d_{ij}=\sum\limits_{k} q_{ij,k}$；每条物理拓扑边上传输的容量等于所有业务经由该边的路由容量之和 $x_l=\sum\limits_{e_l\in p_{ij,k}} q_{ij,k}, l\in E$。

第 l 条边的边成本函数 $\Phi_l=\Phi_l(l_l,x_l)$为边的物理距离 l_l 和传输容量 x_l 的函数，首先从业务需求出发，进行业务路由选择及路由容量配置，然后计算物理拓扑边的容量，建立层层递进的关系，目标函数为最小化总成本：$\min \Phi=\min \sum \Phi_l$，这是一个多商品流问题，边的总成本 Φ 为一凹函数，成本函数的凹函数性质反映了电信行业的规模经济性现象，边容量的边际成本 $\mathrm{d}\Phi_l/\mathrm{d}x_l$ 不断下降，总流量的平均成本 Φ_l/x_l 也呈下降之势。

2. 分枝限界法求解光缆环路由

如图 8-6 所示，把图中的 5 个 ADM 节点用最经济的方案连成双纤复用段保护倒换环。数字表示链路的长度，规定安装再生设备的阀值是 70 km，业务需求矩阵为 $\boldsymbol{D}$。

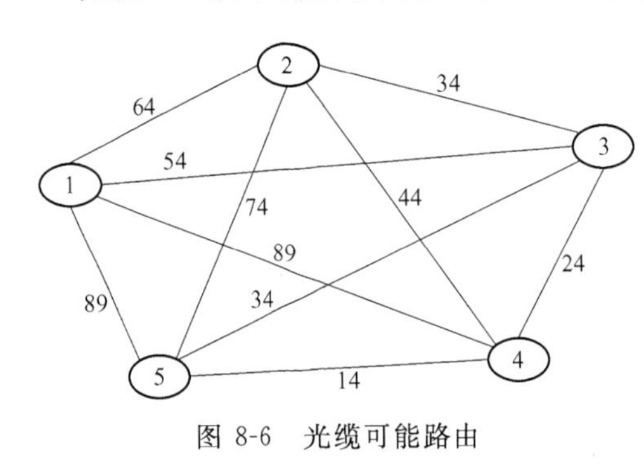

图 8-6　光缆可能路由

$$\boldsymbol{D}=\begin{pmatrix} 0 & 8 & 8 & 28 & 8 \\ 8 & 0 & 8 & 8 & 8 \\ 8 & 8 & 0 & 8 & 8 \\ 28 & 8 & 8 & 0 & 8 \\ 8 & 8 & 8 & 8 & 0 \end{pmatrix}$$

边权值即光缆连接的链路成本，与以下一些因素有关：与节点对间的距离 l_{ij} 相关，因为距离与光缆费用和敷设光缆的费用成线性关系，C_f 为单位长度光缆的费用，C_s 为单位长度光缆的敷设费用；不同路段地理环境差异和敷设光缆方式的不同，用一个参数 R_d 修正不同路段上的建设成本；当两节点之间的距离超过了一定的阈值 D 时，权值中要加入再生器的费用，设加入一套再生器的费用为 C_r，如果有些节点对之间已存在光缆，利用它可以减小建设成本，则设该边权值为 0，对于不合适敷设光缆的路段，将权值设定为 ∞。对于节点对之间业务量大的节点尽量地使它们之间有连接的光缆，这样可以使网络的资源利用率提高，将节点对之间的业务量也考虑进去，定义 R_c 为业务量分配对网络路由规划造成的影响因子，P_{ij} 表示 i、j 节点对之间业务量与总业务量的比值，即 $P_{ij}=\dfrac{d_{ij}}{\sum\limits_{i=1}^{n-1}\sum\limits_{j=i+1}^{n} d_{ij}}$。

则边权值为 $C_{ij}=l_{ij}(C_f+C_sR_d)+\lfloor(l_{ij}/D)\rfloor C_r-P_{ij}R_c$。

设定 $R_d=1$，$C_f=C_s=1$ 万元，$C_r=10$ 万元，$R_c=100$ 万元，可得光缆路由费用矩阵：

$$\boldsymbol{C}_{ij}=\begin{pmatrix} \infty & 120 & 100 & 160 & 180 \\ 120 & \infty & 60 & 80 & 150 \\ 100 & 60 & \infty & 40 & 60 \\ 160 & 80 & 40 & \infty & 20 \\ 180 & 150 & 60 & 20 & \infty \end{pmatrix}$$

分枝限界法搜索过程如图 8-7 所示：

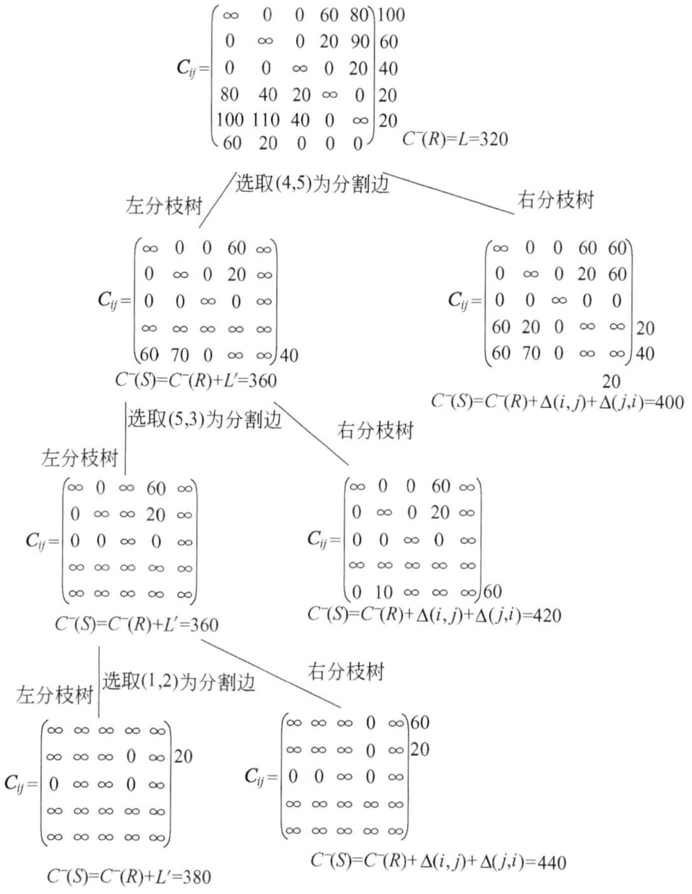

对状态树的最后二层节点的检索不再用分枝限界法，而是直接检索，被选中的两个元素应该不在同行同列，这样只有 C_{24} 和 C_{31} 满足要求。

图 8-7　分枝限界算法过程

上述过程可利用程序求解光缆环路由，执行结果如图 8-8 所示。

利用分枝限界法，得出复用段保护倒换环的最佳路由的环成本为 380 万元，节点间的连接顺序如图 8-9 所示。

8.4.2　传送网络结构规划

传送网络的结构是分层次的，通常情况下，上层网络的一个或几个节点汇聚某一片区域下层网络的业务电路，本地传输网一般分为骨干层、汇聚层、接入层，突出地体现了传送网的这一特点，规划应进行网络节点在不同层级的归集，每个层次上的节点，又通常组成网状、环形、星形或链状的结构。结构规划包括网络节点及节点间业务需求在网络结构上的分配安排，结构规划采用逐步深入的启发式优化方法。

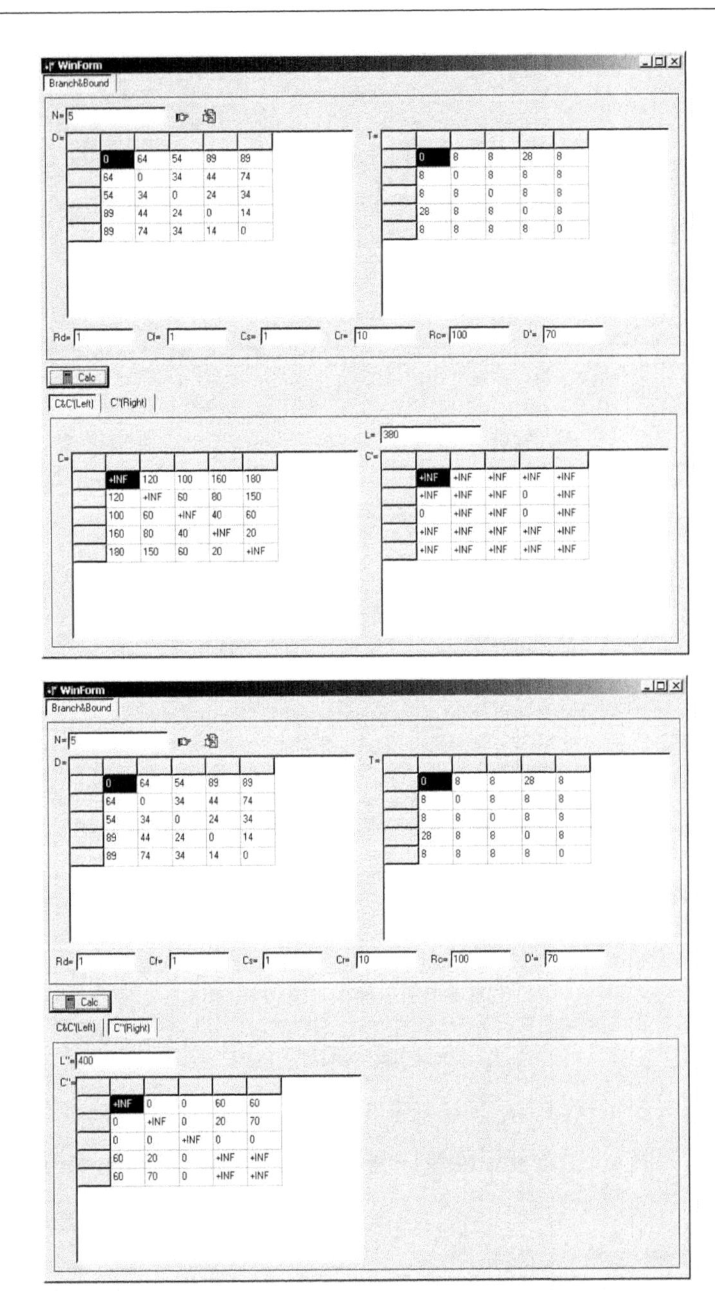

图 8-8　分枝限界算法程序运算结果

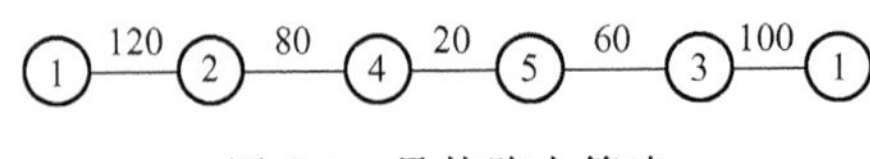

图 8-9　最佳路由策略

通常，传送网按分层和分割的方法进行辐射延伸，由不同区域、不同层级网络构成统一的整体，如本地城域传送网一般由两个部分组成，接入层部分将业务节点连接至传送网，汇聚层部分进行业务的收敛汇聚、跨区域调度，分层次进行组织是传送网络的固有性质。

1. 接入层环数量的估算

估计传送网二层结构接入环的数量，假定接入节点均衡归集到接入层中，业务流量分成 3 类：枢纽节点-枢纽节点、枢纽节点-接入节点、接入节点-接入节点，业务流量取平均值，考虑较小的波动，为了操作管理的方便，所有的接入层环采用相同的技术。

N：网络节点的数量；

a_{ij}：第 i 个与第 j 个节点之间的业务需求；

H：枢纽节点的数量（节点 1 至 H 表示枢纽节点，数字 $H+1$ 至 N 表示接入节点）；

$N_1=N-H$：接入节点的数量；

q：接入层环的容量；

r：接入层环的数量；

$n_1=\frac{N_1}{r}$：每个接入环上的平均接入点数；

$B_1=\sum_{i=H+1}^{N-1}\sum_{j=i+1}^{N}a_{ij}$：接入节点之间的业务需求总和；

$a_1=\frac{2B_1}{N_1(N_1-1)}$：接入节点之间的平均业务需求；

$B_2=\sum_{i=1}^{H-1}\sum_{j=i+1}^{H}a_{ij}$：枢纽节点之间的业务需求和；

$B_{12}=\sum_{i=1}^{H}\sum_{j=H+1}^{N}a_{ij}$：枢纽节点与接入节点之间的业务需求和；

一个接入环上的平均业务需求负荷由以下 3 部分组成：

$\frac{n_1(n_1-1)}{2}a_1=\frac{B_1(N_1-r)}{r^2(N_1-1)}$：源和宿在同一个环上的接入节点之间总业务的平均需求；

$n_1(r-1)n_1a_1=\frac{2B_1N_1(r-1)}{r^2(N_1-1)}$：源和宿在不同的接入层环的总业务的平均需求；

$\frac{B_{12}}{r}$：源于接入节点，宿至枢纽节点的总业务的平均需求。

环上的总的业务需求不能超过环的容量 q。

$$q\geqslant\frac{B_1(N_1-r)+2B_1N_1(r-1)}{r^2(N_1-1)}+\frac{B_{12}}{r}$$

根据以上不等式，可得到最小的环数量 r_{opt}：

$$r_{\text{opt}}=\left\{\frac{1}{2q}\cdot\left(B_{12}+\frac{B_1(2N_1-1)}{(N_1-1)}+\sqrt{\left(\frac{B_1(1-2N_1)}{(N_1-1)}-B_{12}\right)^2-4q\,\frac{N_1B_1}{N_1-1}}\right)\right\}$$

上面的分析中，考虑枢纽节点之间的业务需求在汇聚层上实现，如果在同一个接入环的两个枢纽节点之间的业务在接入层实现，只需在前面的两个公式中用 $q-\dfrac{2B_2}{H(H-1)}$ 代替 q 即可。

2. 节点归集分析

接入节点归集指分配某一个接入节点到一拟成环的节点集，使得它与归属的两个枢纽节点或其中一个枢纽节点距离足够近，下面给出 6 个枢纽节点和接入节点之间距离的不同定义，以便进行评价、选择节点。前 3 个定义比较简单，与某一绝对值距离标准比较，但它的缺陷在于，如按此距离标准，可能有一些节点不能归于任何一个节点集，后 3 个定义为相对值距离标准，这样，每一个接入节点都能归入至少一节点集，$d(H_n,P_n)$ 表示节点 H_n 和 P_n 的距离，可定义为反映两点之间路径长度或路径成本的权值。

接入节点 P 相对于枢纽节点 H_1，H_2 的距离定义为

(1) $\{P \mid \min(d(H_1,P),d(H_2,P))\leqslant k\}$

(2) $\{P \mid \max(d(H_1,P),d(H_2,P))\leqslant k\}$

(3) $\{P \mid d(H_1,P)+d(H_2,P)\leqslant k\}$

(4) $\{P \mid \min(d(H_1,P),d(H_2,P))-\min\limits_{i=1\cdots c}(\min(d(H_{i,1},P),d(H_{i,2},P)))\leqslant k\}$

(5) $\{P \mid \max(d(H_1,P),d(H_2,P))-\min\limits_{i=1\cdots c}(\max(d(H_{i,1},P),d(H_{i,2},P)))\leqslant k\}$

(6) $\{P \mid d(H_1,P)+d(H_2,P)-\min\limits_{i=1\cdots c}(d(H_{i,1},P)+d(H_{i,2},P))\leqslant k\}$

如增加距离标准 k，可增大环的尺寸，即增加环上的节点数。

当节点归属到不同的环上后，网络的流量考虑以下 3 个因素：

(1) 汇聚层上的业务流量：$f_1=\sum_{i=1}^{H}(q_i+t_i+s_i)$，$H$ 为汇聚层上枢纽节点的数量，q_i 为从第 i 个枢纽节点出发至其他枢纽节点的总的业务流量，t_i 为从第 i 个枢纽节点出发至不归属于它的接入环上的接入节点的总的业务流量，s_i 为从一个接入环出发，跨越汇聚层，至另一个接入层环的总的业务流量。

(2) 接入层环上业务流量：$f_2=\sum_{i=1}^{N_1}(w_i+v_i)$，$N_1$ 为接入节点的数量，w_i 是从第 i 个接入节点至同一环上其他接入节点的业务流量，v_i 是从第 i 个接入节点至其他接入环上接入节点的业务流量。

(3) 接入层上业务流量的变化：$f_3=\dfrac{\sum_{i=1}^{r}T_i^2}{r}-\left(\dfrac{\sum_{i=1}^{r}T_i}{r}\right)^2$，$r$ 是接入层环的数量，T_i 是第 i 个环上的流量。

目标函数 $f=\lambda_1 f_1+\lambda_2 f_2+\lambda_3 f_3$，$\lambda$ 是各部分流量的权重因子，节点归集使得目标函数 f 最小。

8.5 光传输系统的规划

8.5.1 传输系统的建设原则

1. 长途传输网的建设原则

长途传输网应坚持高速率、大通道的组织原则，充分考虑网络的灵活性，提高网络的应变能力，新建的传输网原则上应根据节点业务大小及流量流向，尽量采用网络分层分割的方法，增强网络的应变能力，保证业务量的变化不致引起网络结构频繁的、大的调整。

系统容量按满足 3～5 年规划的业务对传输电路的需求，根据现在传输系统的技术发展和价格的变化趋势，系统的容量不宜过大，SDH 以满足 2～3 年的需求，DWDM 系统以满足 3～5 年的需求。当传输系统数超过 2～3 个 2.5 Gbps 系统时可采用 1 个 10 Gbps 系统，当截面超过 3 个 SDH 系统时可考虑建设 WDM 系统，在系统的选用时还应考虑维护水平和能力，相比较而言，10 Gbps 系统对光缆线路和设备维护要求高于 2.5 Gbps 系统。SDH 和 WDM 系统的选用应综合光缆光纤芯数、光纤类型、光再生和复用段的设置及长度、系统容量、经济效益等因素，以满足市场需求，投资少，留有适当发展容量，在 2～3 年内经济效益高为原则。WDM 系统波道容量的选取应按满足市场需要为主，并综合考虑投资效益，目前一般选择 32/40 波的波分设备。

光纤干线路由的选定应遵守以下普遍的原则，路由距离短，业务量多，通过地段稳定可靠，维护管理方便，线路安全可靠，以及经济效益和社会效益最佳。为了施工和维护的方便，其路由应尽可能顺沿公路走，根据实践经验，路由距公路应在 100 m 左右，在有条件的地段，光缆可在高速公路的管道中敷设，也可在定型公路的路肩用塑料管敷设。光缆在遇到江河湖泊时，凡是能从桥上通过的应尽量不走水路，统计资料表明，敷设水线既不安全又增加投资，而且也不便于以后的维护。在新建桥梁时，提前将敷设缆线的管槽同时考虑在内。

传输系统以环网方式为主，根据路由的丰富程度，逐步组织成网状网结构。环的长度降低能够提高网络的安全，但是网络分割得过细，将带来电路组织不灵活、电路多次转接的困难。基于网络安全性和投资的考虑，环网的长度宜在1 200 km 以下，环上节点数不宜超过 10 个，每两相邻环间宜有两个节点交汇。在进行传输通道的配置时，应进行一定的通道预留，避免网络中出现瓶颈段落。省环网的组织应综合考虑各种业务的汇聚方式，省级二干环网以省会为中心组环，二干组网时，一个城市原则上设置一个节点，对于多枢纽楼的局站中继最好通过城域骨干调度的方式。为了提高通信的可靠性程度，长途通信网应向多路由、多手段、多节点的“格”状网络方向发展。

2. 本地传输网的建设原则

本地网建设牵涉的局站数量众多，各个局站的作用不同，业务的流向也纵横交错，更应体现网络分层分割的概念，根据目前技术发展的状况，本地传输网的网络结构应以环形为主，辅之以链形或星形方式，在实际的应用中，往往是多种结构的综合应用。

本地传输网的核心层节点数比较少，主要为城域内固定、移动电话交换局、移动 BSC、数据交换核心节点及关口局等之间组成的传输层面，多种业务的综合传输平台，电路需求量大，属于分布型业务，电路安全性要求高，因此，核心层可采用网状网结构及 SDH 自愈环技术，复用段共享保护环比较合适。

本地传输网汇聚层主要用于分区域汇集众多接入站点的电路，并将它们转接到核心层的节点，使网络具有良好的可扩展性。由于在本地网范围，电话模块端局、接入网 ONU、DSLAM、IP 接入交换机路由器、移动基站、大客户接入等接入站点数量众多。如果都将这些站点直接接到中心局，势必组网复杂，而且不易管理。无论是话音业务还是数据业务，汇聚层局站的业务类型都属于汇聚型，因此，汇聚层比较适合采用通道保护环。汇聚层节点应适当分散，以方便接入层节点的接入，为了保证业务网的安全性，每个汇聚点所汇聚的 SDH 环的数量一般应在 3～5 个左右，汇聚的接入层节点的数量应少于 40 个。每个汇聚环都应该直接与相关的核心层节点相连，以避免过多跨环的业务，环间节点最好有 2 个。

本地传输网接入层指接入层站点至汇聚节点或核心节点的传输系统。根据光纤资源状况，郊县农村接入层环的节点数可比市区的多，接入层环与汇聚层或核心层的衔接可以根据网络结构特点选择单节点或双节点。郊区及野外地形复杂、个别节点孤立，可允许采用链型结构作为补充，由于链型结构没有保护，每条链路上的节点数目不宜太多。目前在接入层虽然一些低容量的 PDH 设备初期的单位造价便宜，但由于 PDH 产品的可管理性、调度和组网能力非常差，不能与 SDH 产品在一个平台上统一管理，后期在管理和维护上的投入非常大，随着 SDH 技术的成熟、价格的降低，PDH 设备正在被逐步淘汰，PDH 设备的后期服务可能跟不上，因此在光纤通信中应尽量少考虑使用 PDH 技术。

在传输网的建设中应尽量采用成熟、已实用化的技术，充分考虑技术的可靠性和经济的合理性。在网络灵活性、可靠性相当的情况下，应采用造价低的网络结构。本地网传输技术目前应用比较普遍和成熟的是 SDH 及派生的 MSTP 传输技术。

RPR 即弹性分组环技术，是在环形拓扑上传输数据包的一种 IP over Fibre 传输技术。RPR技术在传输数据业务方面有很大的优势，但在提供传统业务方面的能力明显不足，组网能力也比较差，除非对数据业务单独组网，建议慎重选用。本地网WDM技术在组网灵活性和保护机制等方面，目前还不是十分成熟和实用，价格也比较贵，除非光缆资源十分紧张，建议尽量推迟使用。当WDM环网承载SDH业务时，一般建议仅采用SDH层的保护。当WDM环网直接承载数据业务时，由于数据业务（如IP、ATM）自身的恢复收敛时间为几十秒，物理层十几毫秒的保护倒换时间对数据业务基本没有影响，因此，可以同时采用WDM和数据业务的两层保护机制。

3. 光纤和光缆的选用

光纤的核心部分是由圆柱形玻璃纤芯和玻璃包层构成，最外层是一种弹性耐磨的塑料护套，整根光纤呈圆柱形。纤芯的粗细、材料和包层材料的折射率，对光纤的特性起着决定性的影响。单模光纤的纤芯直径极细，直径一般小于10 μm；多模光纤的纤芯直径较粗，通常直径等于50 μm左右。光纤的典型结构如图8-10所示。

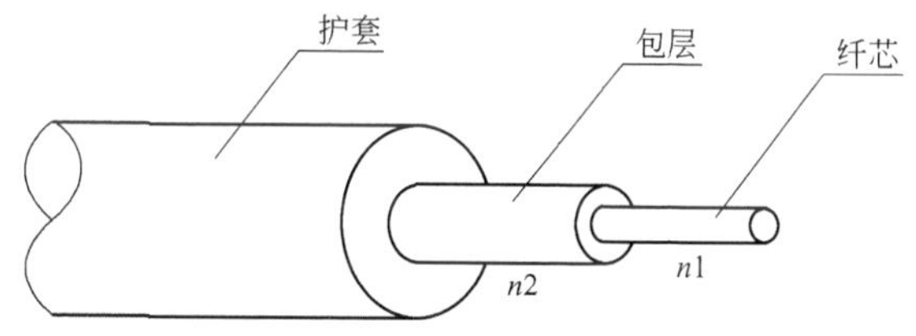

图8-10 光纤的典型结构图

光纤有适合于传输的3个“窗口”，波长范围分别为850 nm、1 310 nm、1 550 nm。其中850 nm窗口只用于多模传输，用于单模传输的窗口只有1 310 nm和1 550 nm两个波长窗口。光信号在光纤中传输的距离受到色散和损耗的双重影响，色散会使在光纤中传输的数字脉冲展宽，引起码间干扰降低信号质量，损耗使在光纤中传输的光信号随着传输距离的增加而功率下降。为了延长系统的传输距离，人们主要在减小色散和损耗方面入手。目前，ITU-T已经在G. 652、G. 653、G. 654和G. 655建议中分别定义了4种不同设计的单模光纤。

G. 652光纤是目前广泛应用的常规单模光纤，在我国占光纤应用的95%以上，称为1 310 nm性能最佳的单模光纤，又称为色散未移位的光纤，但绝大部分用于1 550 nm，其原因是在1 310 nm无实用化光放大器。它可传输2.5 G或以2.5 G为基群的WDM系统；但传输TDM的10 G面临色散受限的难题。G. 653光纤称为色散移位光纤或1 550 nm性能最佳光纤。这种光纤通过设计光纤折射率的剖面，使零色散点移到1 550 nm窗口，从而与光纤的最小衰减窗口获得匹配，使超高速超长距离光纤传输成为可能。G. 654光纤是截止波长移位的单模光纤。这类光纤的设计重点是降低1 550 nm的衰减，其零色散点仍然在1 310 nm附近，主要应用于需要很长再生段距离的海底光纤通信。G. 655光纤是非零色散移位单模光纤，其零色散点不在1 550 nm，而是移至1 570 nm或 1 510～1 520 nm 附近，从而使1 550 nm处具有一定的色散值。在1 550 nm附近保持了一定的色散值，避免在DWDM 传输时发生四波混频现象，适合于 DWDM 系统应用。因既可传输 TDM 的 10 G，又可传输以 2.5 G 或 10 G 为基群的 WDM 系统；所以近年倍受青睐。目前，G.655 光纤尚无国际统一规范。另外还有一种大有效面积光纤，这种光纤是为了适应更大容量和更长传输距离的 WDM 系统，其有效面积为 72 μm^2，零色散点位于1 510 nm处，可承受较大的光功率，在使用 EDFA 的 WDM 系统中，可以有效地克服非线性效应。

目前，常用的光纤有两种，即 G.652 光纤和 G.655 光纤。从参数上来讲，两种光纤应用上的差别主要在高速率和 WDM 系统的适应性。在本地传输网中一般采用 SDH 技术或城域 WDM 技术，传输距离较短，即使对 10 Gbps 系统，光纤色散的影响也不大，在本地传输网建设中，原则上仍主要选用 G.652 光纤。在长途传输网中，随着波分复用系统的大规模应用，传输速率一般以 10 Gbps 系统甚至更高速率为主，新建原则上主要选用 G.655 光纤。

国内常用的光缆结构有 3 种，分别为松套管层绞式、中心束管式和骨架式光缆。其中松套管层绞式光缆以其施工和维护抢修方便、全色谱等优点在国内应用比较广泛，但它的缆径和重量相对较大；中心束管式光缆缆径细，管道用和直埋用光缆的结构完全一样，但它采用纱线区分不同的光纤束，大容量的光缆在施工及抢修维护中不宜辨识；骨架式结构比较适用于带状光缆，具有密度高、缆径小等特点，带状型光缆宜于制造容量高于 100 芯以上的光缆。从护套及加强元件的不同，光缆又分为直埋型、管道型、架空型、水底、局用光缆、阻燃/不阻燃型、全介质自承式、防蚁型等多种，应用中应根据不同的场合和目的选用。光缆的机械性能，如经受拉伸、压扁、冲击、扭转等机械损伤，及光缆的防护性能，如具备的防潮、防水性能，都需满足一定的要求。从应用角度，松套管层绞式结构应用比较普遍。

8.5.2 功率、色散和信噪比的预算

ITU-T 对各种速率等级的 SDH 设备发送机 S 点、接收机 R 点和 S-R 间通道特性进行了规范。光纤通信系统的功率预算和色散预算可采用最坏值设计法和统计设计法。最坏值设计法是系统设计中最常用的方法，就是在设计再生段距离时，将所有参数都按最坏值选取，而不管其统计分布如何，其优点是可以为网络规划设计者和制造厂家分别提供简单的设计指导和明确的元部件指标，系统在寿命终了前，设计富余度用完且处于极端环境条件下仍然 100％地保证系统性能要求，不存在先期失效问题，其缺点是各项参数都为最坏值的概率极小，系统正常时有相当大的富余度，使再生段距离短，结果保守，系统总成本偏高。而统计设计法基本思路是允许一个预先确定的足够小的系统先期失效概率，利用光参数离散性大的统计

分布特性，换取延长再生段距离的好处，降低系统成本。

SDH再生段距离的设计可分两种情况来讨论，第一种情况是损耗受限系统，第二种情况是色散受限系统，下面用最坏值设计法讨论系统S-R点间的光通道功率预算和色散预算。

1. 功率预算

一般只对传输网络中相邻的两个设备间光传输链路做功率预算，而不对整个网络进行统一的功率预算。将传输网络中相邻的两个设备间的距离（衰耗）称做中继距离（衰耗）。对当前已广泛应用的SDH光纤通信系统光通道的组成如图8-11所示。

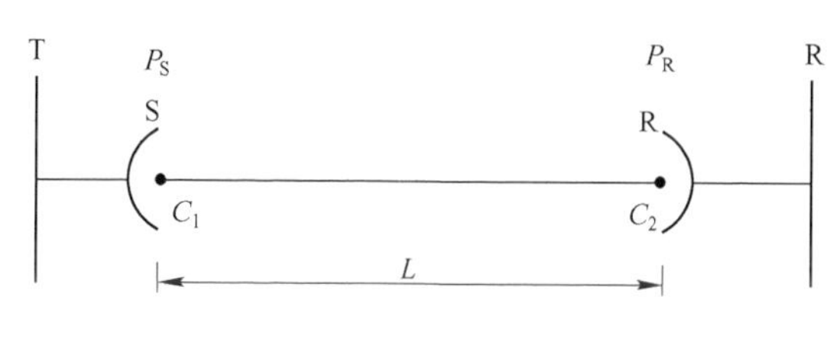

图8-11 光通道损耗的组成

再生段距离计算采用ITU-T建议G.957的最坏值法。根据设备性能，按下式进行计算：

$$L=(P_S-P_R-P_p-C)/(a_f+a_S+M_c)$$

式中：L：再生段距离；

P_S：S点寿命终了时的最小平均发送功率；

P_R：R点寿命终了时的最差灵敏度（BER $\leqslant 10^{-12}$）；

P_p：光通道代价，2 dB；

C：所有活动连接器衰减之和，每个连接器衰减取0.5 dB；

M_c：光缆富余度。

ITU-T并没有对光缆富余度进行统一规范，各国电信部门可根据所用的光缆性质、环境情况和经验自行确定。我国长途传输M_c可选用0.05～0.1 dB/km；市内局间中继和接入网则常用0.1～0.2 dB/km，或以中继段全程3～5 dB范围的固定值给出。

a_f为光纤衰减系数。G.652型光纤可分一、二两级，光纤衰减系数为一级光纤：1 310 nm，$a_f \leqslant 0.36$ dB/km，1 550 nm，$a_f \leqslant 0.22$ dB/km；二级光纤：1 310 nm，$a_f \leqslant 0.40$ dB/km，1 550 nm，$a_f \leqslant 0.25$ dB/km。

a_s为光纤熔接接头每千米衰减系数，光纤接头损耗，通常取0.03 dB/km。

根据以上的计算公式，光缆每千米衰减（含接头和富余度）在1 550 nm窗口按0.29 dB/km计算，在1 310 nm窗口按0.43 dB/km计算，可得到各种常用光接口模块的最大传输距离如表8-2所示。

表 8-2 各种常用光接口模块的最大传输距离

速率等级	模块类型	功放功率	传输距离/km
SDH 155 M	S-1.1	不加功放	32.5
	L-1.1	不加功放	62.7
	L-1.2	不加功放	93.1
		15 dBm EDFA	144.8
		18 dBm EDFA	155.1
SDH 622 M	S-4.1	不加功放	25.5
	L-4.1	不加功放	53.4
	L-4.2	不加功放	79.3
		15 dBm EDFA	131
		18 dBm EDFA	141.3
SDH 2.5 G	S-16.1	不加功放	30.2
	S-16.2	不加功放	44.8
		15 dBm EDFA	96.5
		18 dBm EDFA	106.8
	L-16.2	不加功放	81
		15 dBm EDFA	132.7
		18 dBm EDFA	143.1
SDH 10 G	S-64.2b	不加功放	34.4
		14 dBm EDFA	82.7
		17 dBm EDFA	93.1
	L-64.2a	不加功放	72.4
		14 dBm EDFA	120.6
		17 dBm EDFA	131

实际系统合适的再生距离的选择除了应小于 L_{max} 外，还要考虑光接收机动态范围的限制。对于 SDH 系统，引入最小过载点来表示保证光接收机正常工作所允许的最大接收光功率。由于富余度是预留的，当系统刚开始运用时富余度并没有用上，用最坏值法设计的系统中再生距离较短的段就可能发生实际接收光功率超过最小过载点的情况，这一点对于实际的系统设计者应引起重视。

2. 色散预算

色散使信号中不同频率分量经光纤传输后到达光接收机的时延不同。在时域上造成光脉冲的展宽，引起光脉冲相互间的串扰，使光脉冲发生重叠，形成码间干扰，使得质量恶化，最终导致系统误码性能下降。对于色散受限系统，可达到的最大再生距离可用下式估算（最坏值法）：

$$L_{max} = D_{SR}/D_m$$

式中：D_{SR} 为 S 点和 R 点之间允许的最大色散值，单位为 ps/nm，各速率等级的不同光源的允许的最大色散值有较大的差异。D_m 为工作波长范围内的最大光纤色散，单位为 ps/nm · km。

若光通道两端设备允许的最大色散值为非标准值，例如光源谱宽与光接口的规范值相差较大时，色散受限的再生段距离需要重新计算。在考虑码间干扰时，实际接收的波形是由激光器的许多根谱线组成的，即使接收机能够对单根谱线形成的波形进行理想均衡，但由于每根谱线产生的相同波形所经历的色散不同而前后错开，使结合的波形不同于单根谱线波形，仍可造成非理想均衡，由码间干扰所产生的等效功率代价 P_{ISI} 可以用下式表示：

$$P_{ISI}=5\lg(1+2\pi\varepsilon^2)$$

$$\varepsilon=\sigma/T=B\times\sigma\times10^{-6}$$

$$\sigma=DL\delta_\lambda$$

式中：B 是比特速率（单位是 Mbps）；

T 是码元持续时间（$T=1/B$）；

D 是光纤色散系数（单位是 ps/nm · km）；

L 是光纤的长度（km）；

δ_λ 是光源的均方根谱宽（单位是 nm）；

σ 是脉冲均方根展宽值。

一般认为，对于多数低色散系统 1 dB 的功率代价是最大可容忍的数值，因而将 1 dB 功率代价所对应的光通道色散值（$D\times L$）定义为光通道色散值。对于少数高色散系统，则允许 2 dB 的功率代价。根据 G. 957 建议，STM-1 、STM-4 系统色散代价取 1 dB；对于 STM-16 的 L-16. 2 系统色散代价取 2 dB。现利用以上公式计算 STM-16 系统的色散受限距离：

由码间干扰等效功率代价 $P_{ISI}=5\lg(1+2\pi\varepsilon^2)$ 计算得：

$$\varepsilon=[((10E+P_{ISI}/5)-1)/2\pi]^{1/2}=0.491$$

由 $\varepsilon=B\times\sigma\times10^{-6}$ 得：

$$\sigma=\varepsilon/(B\times10^{-6})=197.321\ 88$$

当单纵模激光器主纵模形状近似为高斯分布时，各种不同光谱宽度定义之间存在对应关系，－20 dB 谱宽 $\lambda_{-20\ dB}$ 和均方根谱宽 δ_λ 之间换算关系为

$\lambda_{-20\ dB}=2(2\times\ln 100)^{1/2}\times\delta_\lambda=6.07\delta_\lambda$ 得：

$$\delta_\lambda=\lambda_{-20\ dB}/6.07$$

此时根据式 $\sigma=D\times L\times\delta_\lambda$ 可计算光通道色散值（$D\times L$）为

$$D\times L=6.07\times\sigma/\lambda_{-20\ dB}=1\ 197/\lambda_{-20\ dB}$$

若光纤的色散系数为 D，则色散所限的传输距离为

$$L=1\ 197/(D\times\lambda_{-20\ dB})$$

表 8-3 列出了 STM-16 在不同的频谱宽度下的 $D\times L$ 值和色散受限距离，其等

效功率代价均为 2 dB，色散 D 取 17 ps・nm^{-1}/km。

表 8-3　STM-16 不同的频谱宽度对应的 $D\times L$ 值和色散受限距离

−20 dB 谱宽/nm	$D\times L$ /(ps・nm^{-1})	色散受限距离/km
1	1 197	70
0.5	2 394	140
0.3	3 990	234
0.2	5 985	352

在 DWDM 系统中，随着传输速率的不断提高和采用光放大器后大大地延长了无电中继的光传输距离，因而整个传输链路的总色散及其相应色散代价将可能变得很大而必须认真对待，色散限制已经成为目前决定许多波分复用系统再生中继距离的决定因素。在单模光纤中，色散以材料色散和波导色散为主，在一些光放大的子系统中，一种无源色散补偿装置可同光放大器组合在一起，构成一个放大子系统，该子系统会给系统附加有限的色度色散，其色散系数与系统光纤相反。这就会使系统的色度色散减小。

SDH 较高等级系统比较低等级系统的衰减和色散限制条件更严，在维持现有局站中继距离不变，维持选用已经敷设的光纤不变的情况下，SDH 较低等级系统扩容升级至较高等级系统有以下策略：在设计较低等级系统时，按照将来规划的最高等级的要求，即初期应用时再生段距离比较保守，但对末来的最高级应用比较合适；如果原来系统工作在1 310 nm波长区并采用 G. 652 光纤，则升级后的系统可以工作在较低光纤损耗的1 550 nm波长区；较高等级系统采用新的低损耗元件代替原来的高损耗元件；较低等级系统设计时采用最坏值法，而升级扩容系统采用统计法设计，从而维持再生段距离不变。

3. DWDM 系统光信噪比

DWDM 系统多路复用信号和每个信道实际上为一模拟信号，光信噪比(OSNR)定义为

$$OSNR=\text{每信道的信号光功率}/\text{每信道的噪声光功率}$$

DWDM 网络设计时对光信噪比 OSNR 的要求如表 8-4 所示。

表 8-4　DWDM 网络设计时对光信噪比 OSNR 的要求

放大器级连类型	最小光信噪比/dB
16 波 8×22 dB 系统(8×80 km)	22
16 波 5×30 dB 系统(5×100 km)	20
16 波 3×33 dB 系统(3×120 km)	22

光信噪比是影响 DWDM 系统误码性能最重要因素之一。对于多个级联线路

光放大器的 DWDM 系统，噪声的光功率主要由放大的自发辐射噪声所支配。中继段衰耗相同时可进行网络光信噪比的简化计算，假设所有 EDFA 特性和各中继段衰耗相同，即 $G=L$；每个放大器的总功率(包括累积的 ASE 功率)是相等的；并且 $G \gg 1$，光信噪比由下式给出：

$$\mathrm{OSNR}=P_{\mathrm{OUT}}-L-N_{\mathrm{F}}-10\lg N-10\lg[h\nu\Delta\nu_0]$$

式中：P_{OUT}是每信道输出功率(以 dBm 为单位)；

L 是放大器间的衰耗(以 dB 为单位)；

N_{F}是外部噪声系数(以 dB 为单位)；

N 是链路中的间隔数目；

h 是普朗克常数；

ν 是光频率；

$\Delta\nu_0$是光带宽。

且 $10\lg[h\nu\Delta\nu_0]=-58$ dBm(当在 1.55 μm 带域、0.1 nm 带宽内)。

实际的 DWDM 系统，由于 EDFA 增益不均衡可能会导致每信道输出功率不等和 EDFA 噪声系数不同。因此设计时必须考虑最坏信道的光信噪比要满足需要，并有足够的富裕量。

8.5.3 系统性能参数及其指标

传送网络的性能指标是指网络、整个国际连接、构成国际连接一部分的国内系统、国际通道和单个系统的传输性能指标，主要指误码、抖动和漂移以及可用性等传输性能。评价网络性能指标的目的是向用户提供满意的服务。

1. 误码性能

所谓误码是指经接收判决再生后，数字流的某些比特发生了差错，使所传输信息的质量发生了损伤。习惯上常用长期平均误比特率(BER，又称误码率)来衡量信息传输质量，即以某一特定观察时间内错误比特数与传输比特总数之比当作误比特率。光传输系统产生误码的内部机理主要是：光电检测器噪声和光放大器噪声等各种噪声源、色散引起的码间干扰、定时抖动等等。然而，实际运行的光传输系统的误码性能似乎并不主要是由内部机理所决定，而是由一些具有突发性质的脉冲干扰所决定，诸如外部电磁干扰、静电放电、配线架电接触不良、电源瞬态干扰和人为活动等等，实测结果表明，误码的出现往往呈现突发性质，带有极大的随机性。

误码对各种业务的影响，主要取决于业务的种类和误码的分布，话音通信中随机性误码的效果不过是听筒中的喀喀声，对通话质量的影响一般可以容忍，而数据通信中信息几乎没有冗余，只要数据块错一个比特，整个数据块就应丢弃，数据块中错一个比特或是错几个比特效果相同。因此，可以认为话音通信能够容忍随机分布的误码，而数据通信则相对能容忍突发误码发布。

一个国际 $N\times64$ kbps 数字连接，全程27 500 km 假设参考连接(HRX)的误码性能指标如表 8-5 所示。

表 8-5　国际 $N\times64$ kbps 误码性能指标

性能参数	指　标	性能参数	指　标
误码秒比(ESR)	小于 0.002	严重误码秒比(SESR)	小于 0.08

国际 $N\times64$ kbps 数字连接全程分为高级、中级、本地级 3 个部分，如图8-12所示。高级部分一般对应国际传输，即两个国际交换中心之间的段落，但如果国土面积大，可延伸至国内，在我国，高级部分还包括国际交换中心至省交换中心的段落；中级部分在我国对应省内长途传输，即省交换中心至本地交换局之间的段落；本地级部分对应接入网，即本地交换局至用户网络接口之间的段落。全程误码性能指标分配的原则是数量较少的高级部分分得指标较少，即对其传输质量要求较高，数量很大的本地级部分相对分得指标较多，即对其传输质量要求较低，这一分配原则从技术经济角度看是合理的。

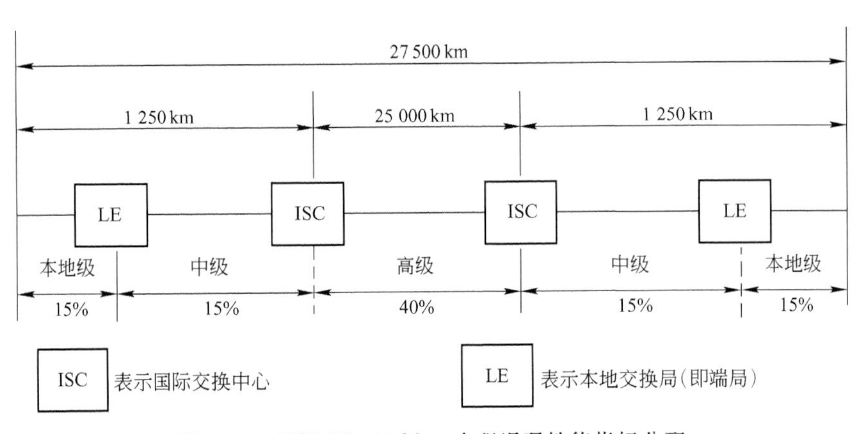

图 8-12　国际 $N\times64$ kbps 全程误码性能指标分配

基群及更高速率数字通道的误码性能，一个27 500 km 全程端到端通道误码性能的规定见表 8-6。在 $N\times64$ kbps 数字连接中，误码性能是以比特为基础的，而基群及更高速率数字通道的误码性能是以“块”为基础的，所谓“块”指一系列与通道有关的连续比特，当同一块内的任意比特发生差错时，就称该块是差错块(EB)，也称误块。

表 8-6　基群和更高速率国际数字通道27 500 km 端到端误码性能指标

速率/Mbps	1.5～5	5～15	15～55	55～160	160～3 500
比特/块	800～5 000	2 000～8 000	4 000～20 000	6 000～20 000	1 500～30 000
误块秒比(ESR)	0.04	0.05	0.075	0.16	

续表

速率/Mbps	1.5～5	5～15	15～55	55～160	160～3 500
严重误块秒比 SESR	0.002	0.002	0.002	0.002	0.002
背景误块比 BBER	2×10E－4	2×10E－4	2×10E－4	2×10E－4	1.00E－03

基群和更高速率国际数字通道27 500 km 端到端全程误码性能指标的分配原则如下，国内部分和国际部分的分配是在按区段分配的基础上，结合按距离分配。首先把总指标分成固定部分 45％，按距离分配的部分 55％；其次，固定分配的 45％再分成国际部分 10％和国内部分 35％；按距离分配的 55％，无论是国际还是国内都可按距离取得每 500 km 分配 1％的配额，55％指标用完为全程27 500 km。

2. 抖动和漂移特性

抖动是指一个数字信号的有效瞬时在时间上偏离其理想位置的短期的、非积累性的偏离。所谓短期的、非积累性的偏离是指偏离较快地随时间而变化，有正偏，也有负偏，通常认为变化频率高于大约 10 Hz 就属于较快的变化。漂移是指一个数字信号的有效瞬时在时间上偏离其理想位置长期的、非积累性的偏离。所谓长期的偏离是指偏离随时间较慢的变化，通常认为变化频率低于大约10 Hz就属于较慢的变化。

抖动对各类业务的影响不同，数字编码的话音信号能够忍受很大的抖动，由于人眼对相位变化的敏感性，数字编码的彩色电视信号对抖动的容忍性就很差。漂移引起传输信号持续性地偏离时间上的理想位置，较小的漂移可以被缓存器吸收，大幅度漂移将最终转化为数字信号的滑动，滑动对业务的影响在很大程度上取决于业务本身的速率和信息冗余度，速度越高，信息冗余度越小，滑动的影响越大。电话业务的信息冗余度大，因而滑动对其影响不大，数据信号几乎没有多少冗余度，因而受滑动的影响很大。

为了实现不同 SDH 网络单元的任意互联而不影响网络的传输质量，必须对 SDH 网络接口的抖动和漂移做出明确的规范。SDH 网络接口的最大允许输出抖动，应符合表 8-7 的要求。

表 8-7 SDH 网络接口的最大允许输出抖动

速率/kbps	限 值		测量滤波器参数		
	B1 UIP-P(f_1～f_4)	B2 UIP-P(f_3～f_4)	f_1/Hz	f_3/kHz	f_4/MHz
155 520	1.5	0.15	500	65	1.3
622 080	1.5	0.15	1 000	250	5
2 488 320	1.5	0.15	5 000	待定	20

备注：单位间隔 UIP-P 为同步信号两个相邻有效瞬时之间的标称时间差，对于比特率为 B 的信号相对应的单位间隔可按下式计算：1(UIP-P)＝1/B(s)。

3. WDM 网络性能

目前,大容量光波分复用系统都是基于主要承载 SDH 信号的多波长系统,因而其网络性能应该全部满足 SDH 系统相关标准规定的指标,WDM 网络主要考虑其承载信号的误码、抖动和漂移的指标。

如在 WDM 系统承载 2.5 Gbps SDH 系统中,相对于 WDM 系统,SDH 只是它的承载信号,因而当衡量 WDM 系统传输质量时,必须以 SDH 2.5 Gbps 的信号作为标准,而不是设备上的 SDH 支路 155 Mbps 电接口。系统必须增加对 2.5 Gbps误码和抖动的测试。测试信号应为满负载的 SDH 2.5 Gbps 成帧信号,WDM 系统所承载的 SDH 信号传输性能满足 SDH 相应性能规范。WDM 系统光复用段的误码性能应不劣于 SDH 的指标规范,该指标与具体 WDM 系统光复用段长度无关(可以为 8×80 km,3×120 km 或其他)。鉴于光通道可能经由多个系统转接,中间可能存在电的再生,而 WDM 系统在一个光复用段内,没有转接,只有一个电再生段,因而目前采用复用段指标进行要求。

4. 网络可用性参数

ITU-T 规定,传输系统从出现 10 个连续 SES 事件(SES 为严重误码秒,表示 BER$\geqslant 1\times10^{-3}$)的开始时刻算起,即从这 10 s 的第一秒钟起就认为进入了不可用时间;当系统连续出现 10 个非 SES 事件时认为不可用时间结束,可用时间开始,可用时间从这 10 s 的开始时刻算起。可用性表示可用时间占全部总时间的百分比称之为可用性,为保证系统的正常使用,系统要满足一定的可用性指标,假设参考数字段可用性指标如表 8-8 所示。

表 8-8 假设参考数字段可用性指标

长度/km	可用性	不可用性	不可用时间/(分·年$^{-1}$)
420	99.98%	2.3×10^{-4}	120
280	99.99%	1.5×10^{-4}	78
50	99.99%	1×10^{-4}	52

8.6 规划的经济分析和规划工具

8.6.1 光网络规划的经济模型

传送网络建设、运营的目标在于为业务提供足够的网络容量,满足带宽增长的需求,运营商取得更多的业务收入,提高网络运营的效益。面对网络节点规模的不断增大,网络链路容量的不断提高,传送网络规划的难题在于力求网络在建设、运营全过程达到优化。

光传送技术的快速发展使得在规划周期中,存在一代代传输技术的更新交替，后面的技术以优异的性能，如更高的速率、更多的波长数和更强的业务支配灵活性，以及建设成本的优势，逐渐更新淘汰一些老的系统和设备。但由于设备成本的持续下降，也存在推迟引入新技术或提前淘汰还具有一定使用价值的旧有传输系统的动机，技术发展的动态环境，使我们面对两个有趣的问题：第一，技术引入和淘汰的时间问题，运营商什么时候开始部署新的系统和淘汰旧的设备；第二，系统容量的多少问题，每一时间段各链路配置多大的带宽，为将来的业务发展考虑预留多少的容量资源。作为技术替代和网络扩容问题，它们相互关联。

从技术经济综合的角度，光传送网络在多时间段的网络规划模型，主要由 3 个规划子问题组成，业务价格规划、业务路由规划和网络容量规划，在规划过程对三者进行综合统一考虑。

目前，网络运营商面临着光传输技术的快速变化，单位传输容量的成本正在持续下降，随着时间的推移，在时间轴的多个时间段，网络运营商必须分阶段建设网络，做出投资的决定，图 8-13 说明了一个在时间跨度 T 上光网络容量扩容建设的优化模型，优化过程中需同时决定端到端业务的价格和规划周期内每一时间段建设的传输系统数量，运营商通过满足业务需求取得收入，而投资建设网络需付出成本，收入减成本，模型的目标为最大化建设运营网络的赢利净现值。价格的决定、路由的选择和容量的规划同时包含在优化模型中，寻求赢利的净现值最大化。

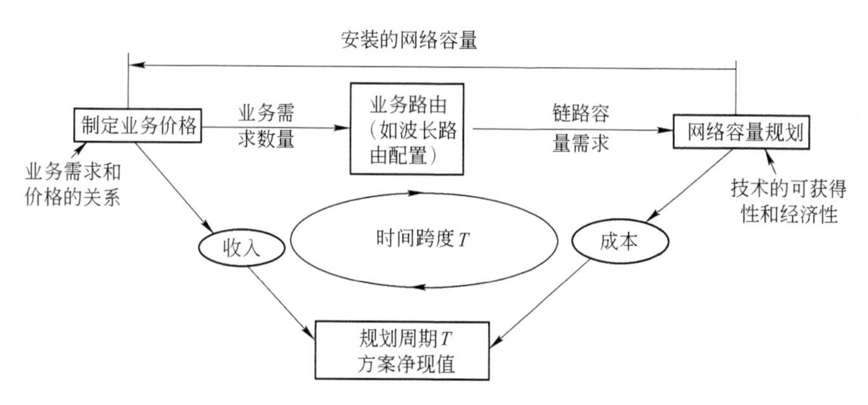

图 8-13　传送网规划的经济模型

优化过程选择合理的价格和建设适当数量的传输系统，最大化网络运营利润的净现值。假定传输网络用图 $G=(N,L)$ 表示，N 表示网络节点集，L 表示网络物理链路集，$l \in L$；δ 表示网络节点对，$\delta \in N \times N$，某一特定的业务需求用业务源、宿节点对 δ 表示。规划模型的业务路由单元主要任务是通过适当的算法，优化业务的工作路由，以及根据保护恢复的策略，分配业务的保护路由，使得网络容量的总需求最小。H_δ 表示业务 δ 的路由集，h_δ 为路由集中的一条特定路由 $h_\delta \in H_\delta$，引入流变量 $f_t(h_\delta)$表示业务 δ 在时间段 t 、路由 h_δ 上可承载的业务流量。T 表示规划的时间跨度，每一时间段用 $t=1,2,\cdots,T$ 年表示，$t\in T$ 。

1. **计算业务收入**

代替传统规划方法中经业务预测而得到的固定业务量，规划模型通过业务需求数量与价格大小的互动关系，业务量视为可适当调节的、由价格控制的变量，$D_{t\delta}$ 表示在时间段 t 、节点对 δ 的业务需求，根据业务需求的价格弹性 $E_{t\delta}$，该业务需求量随单位业务价格 $P_{t\delta}$ 而变化，$A_{t\delta}$ 为业务需求潜力系数。

$$D_{t\delta}=\frac{A_{t\delta}}{(P_{t\delta})^{E_{t\delta}}}$$

在时间段 t，业务 δ 的收入为 $R_{t\delta}$，网络的总业务收入为 R_t。

$$R_{t\delta}=P_{t\delta}\cdot D_{t\delta}=(A_{t\delta})^{\frac{1}{E_{t\delta}}}\cdot(D_{t\delta})^{\frac{E_{t\delta}-1}{E_{t\delta}}}$$

$$R_t=\sum_{\delta}R_{t\delta}=\sum_{\delta}(A_{t\delta})^{\frac{1}{E_{t\delta}}}\cdot(D_{t\delta})^{\frac{E_{t\delta}-1}{E_{t\delta}}}$$

2. **计算网络成本**

规划模型中两个主要的成本元素为：系统的初始建设成本；现网运行的传输系统经常性运行维护的成本。系统建设成本 $c_{tl}(u)$ 表示在时间 t、链路 l 上系统 u 的建设成本，由于技术的进步，随着时间的推移，同种系统的建设成本逐渐减小，$c_{tl}(u)\geqslant c_{(t+1)l}(u)$，$U$ 为可采用的传输系统集，$u\in U$，随着系统的更新换代，容量不断提高，单位系统容量的成本也同时减小。运行维护成本与初始投资相关联，假定占初始建设成本的一定比例，设该比例为 μ，$\mu<1$，由于设备的磨损，设备运行时间越长，所需的维护投入越大，设定维护成本随时间推移的倍增比率因子为 β，$\beta>1$。s 年投资的系统运行至 t 年，在 t 年的维护成本为 $c_{(s,t)l}(u)=\mu\beta^{t-s-1}c_{sl}(u)$，传输系统随着运行时间的增加，维护成本在逐渐增加，但从经济合理性出发，系统的维护成本一定应小于建设成本。

系统数量 $y_{tl}(u)$ 表示在时间 t、链路 l 上系统 u 的建设数量，$y_{(s,t)l}(u)$表示 s 年建设的系统在 t 年仍维持运行的数量。$y_{tl}(u)$ 和 $y_{(s,t)l}(u)$为规划的决策变量。

C_t 表示第 t 年系统的建设和运行维护合计成本。

$$\begin{aligned}C_t&=\sum_{l}\left[c_{tl}(u)y_{tl}(u)+\sum_{s<t}c_{(s,t)l}(u)y_{(s,t)l}(u)\right]\\&=\sum_{l}\left[c_{tl}(u)y_{tl}(u)+\sum_{s<t}\mu\beta^{t-s-1}c_{sl}(u)y_{(s,t)l}(u)\right]\end{aligned}$$

3. **计算规划期末设备余值**

在规划时间周期末，已过经济寿命期的设备面临报废，后期建设的设备还可投入下一个周期继续运行发挥效益，系统的建设和维护投入越多，设备可能具有更高的剩余价值，r_t 表示第 t 年系统成本(即建设和维护投入之和)经过 $T+1-t$ 年的运行后，在规划周期末的系统余值，设备余值通过折旧率 τ 与系统成本相关，$0<\tau<1$，且设备余值 $r_t\geqslant 0$。

$$r_t = C_t(1-\tau)^{T+1-t}$$

4. 计算财务净现值

财务净现值作为优化目标函数最大化，财务净现值 NPV 表示按目标收益率将各年的净现金流量贴现到时间轴起点初值的累加值。R_t、C_t分别表示第 t 年的业务收入、网络成本，r_t表示第t 年投资的系统运行至规划周期末第 $T+1$ 年的设备余值收入。目标收益率为 i，通过参数 i 进行资金的时间换算，把不同时间点的资金折算到同一时间点进行比较。

$$\mathrm{NPV} = F(D,y) = \sum_{t=0}^{T}\left(\frac{1}{(1+i)^t}(R_t - C_t) + \frac{1}{(1+i)^{T+1}}r_t\right)$$

优化目标为财务净现值最大化，即 max NPV。

8.6.2　SDH 与 WDM 环的成本比较

1. 承载在点对点 WDM 系统上的 SDH 环结构

承载在点对点 WDM 系统上的 SDH 环结构如图 8-14 所示。

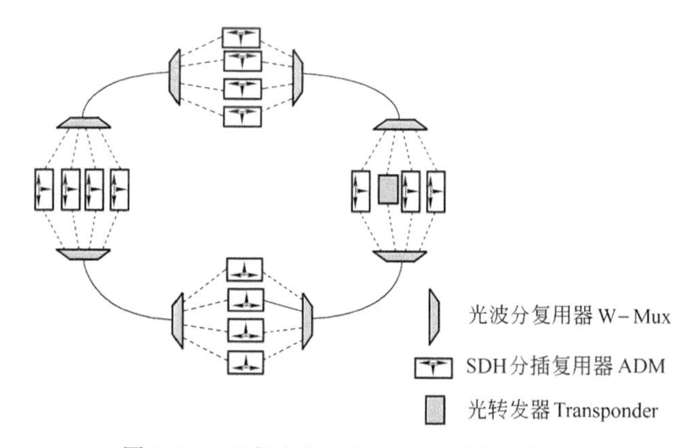

图 8-14　承载在点对点 WDM 系统上的 SDH 环

图 8-14 是当前光网络 SDH 与 WDM 相结合，已经大规模应用的典型方式。网络中 4 个 SDH 环系统承载在点对点 WDM 系统的不同波长上，每个 SDH 环系统在需要上下业务的节点安装 ADM 设备，否则用一个光转发器转接光通道，点对点 WDM 系统形成一条光传输链路。网络的成本主要由 SDH 的 ADM，WDM 的光波分复用器和光转发器组成。

SDH 的 ADM 功能模块及成本单元如图 8-15 所示，ADM 设备成本主要由 2 个线路接口光转发器、1 个上路/下路电交叉连接矩阵和一些支路接口组成。

2. 全光 WDM 环结构

WDM 环结构如图 8-16 所示。

与第一种结构相比，WDM 环简单得多，每个节点的设备为 OADM，OADM 进

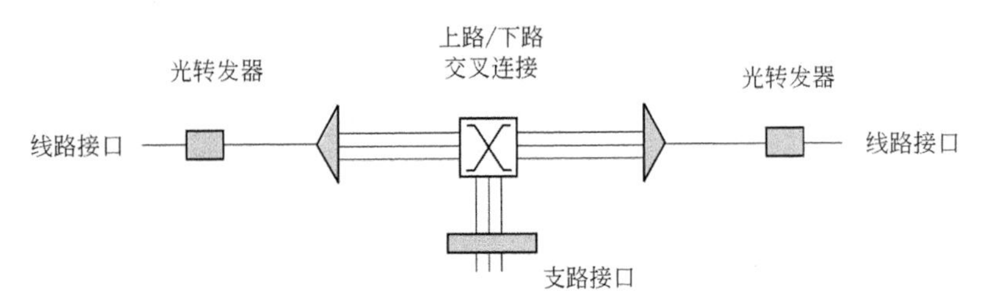

图 8-15　SDH 的 ADM 功能模块

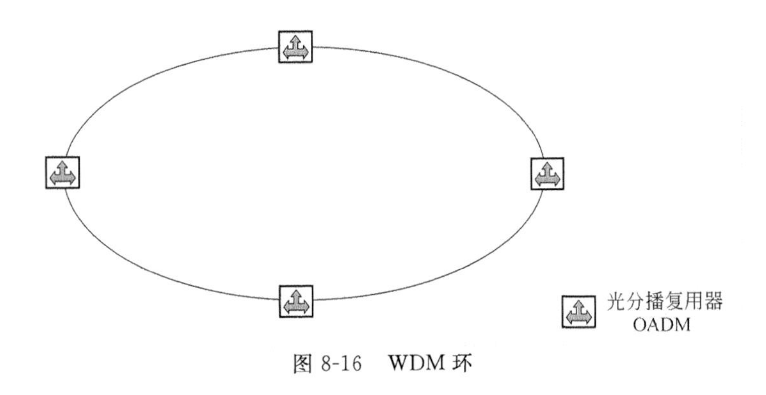

图 8-16　WDM 环

行光波长的上路/下路管理，支路接口的颗粒以波长为单位。

OADM 的功能模型及成本单元如图 8-17 所示，OADM 设备成本主要由光波分复用器、光波长的上路/下路交叉连接矩阵、支路波长转发器和支路接口组成。

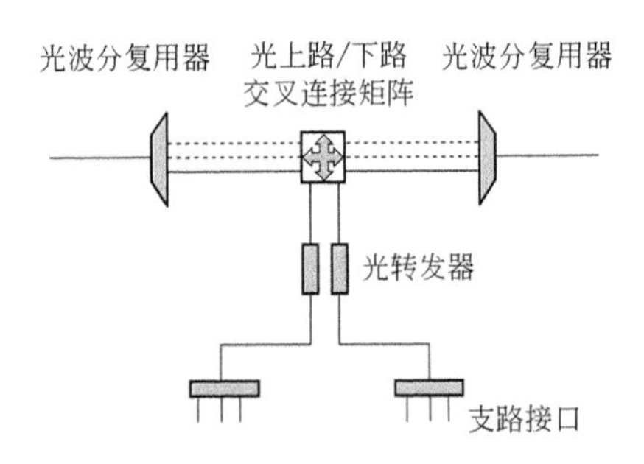

图 8-17　OADM 功能模型

3. 对比分析

设定：

- SDH 环为四纤 10 G 双向复用段共享保护环。
- 点对点 WDM 系统及 WDM 环系统为四纤结构，单纤复用波长数 80，单波最大速率为 10 G，与 SDH 环系统速率相对应。

- SDH环使用的波长在波分系统中不提供保护，由SDH环系统实施业务保护。
- 不考虑支路接口的成本，因为它们的成本在两种网络结构中近似相等。
- 光纤段跨距等影响光放大器、中继器数量的因素不予考虑，因为它们在两种结构中近似相等。
- 因为每段传输链路含4根光纤，如SDH系统的环数为1，则WDM系统不需要部署。
- 节点间业务流量为均匀型分布，每两个节点间都有业务需求，且业务量相等，业务需求的流量带宽单位为STS-1，两节点对间的业务需求大小用d个STS-1表示。
- n为环节点数量。

根据设备功能模型计算设备的成本，实际设备成本和网络总成本用参数来代表，以便对不同厂家设备进行比较。用下列符号表示设备的单元成本：

t：光转发器成本；

m：WDM光波分复用器成本（含一个WDM节点的背靠背合、分波复用器）；

e：SDH的ADM上路/下路电交叉连接矩阵成本；

f：OADM中光波上路/下路交叉连接矩阵成本。

SDH的ADM成本$=e+2t$。

OADM成本$=m+f+kt$（k为上下光通道的支路数量）。

以环节点的数量n和业务量d为变量，改变n和d的值，在各种情况下，进行SDH环、WDM环两种网络结构的经济比较。

$n=8$时SDH环的情形如表8-9所示。

表8-9　SDH环成本，$n=8$

业务需求d	SDH环数	ADM数	W-Mux数	总成本
1～21	1	8	0	$8e+16t$
22～42	2	16	8	$8m+16e+32t$
43～64	3	24	8	$8m+24e+48t$
65～85	4	32	8	$8m+32e+64t$
86～107	5	40	8	$8m+40e+80t$
108～128	6	48	8	$8m+48e+96t$
129～149	7	56	8	$8m+56e+112t$
150～170	8	64	8	$8m+64e+128t$

WDM环情形如表8-10所示。

表 8-10　WDM 环成本，$n=8$

环节点数 n	业务需求 d	WDM 环数	OADM 数	光转发器数	总成本
4	1～192	1	4	12	$4m+4f+12t$
8	1～170	1	8	56	$8m+8f+56t$
16	1～46	1	16	240	$16m+16f+240t$

以节点数为 8 的表 8-9 SDH 环和表 8-10 WDM 环的比较为例，当业务量 d 小于 21 时，SDH 环不需波分系统来承载 SDH 系统，明显更具经济性；当业务量 d 在 22～42 之间时，当 $f>2e+3t$ 时，SDH 环更经济，否则 WDM 环更经济；当业务量 d 在 43～85 之间时，当 $f>4e+t$ 时，SDH 环更经济，否则 WDM 环更经济；当业务量 d 在 86～170 之间时，只要 f 不大于 $8e+9t$ 时，WDM 环将更具经济性。

当给定设备单元的成本，如假设光转发器成本 $t=3$ 万元，SDH 的 ADM 上路/下路电交叉连接矩阵成本 $e=12$ 万元，OADM 中波长上路/下路交叉连接矩阵成本 $f=36$ 万元，及 WDM 光波分复用器成本 $m=15$ 万元，$n=8$ 时的 SDH 环和 WDM 环的成本比较如图 8-18 所示。

SDH 环与 WDM 环网络的总成本的比较直接依赖于 SDH 设备和 WDM 设备的相对成本关系，以及环的节点数量和业务流量。在目前 SDH 的 ADM、光 OADM 和光转发器实际价格水平的情况下，当环节点数量 n 较小或业务量较 d 小时，SDH 环更经济；当业务量 d 接近于波长容量或环节点数量 n 较大时，WDM 环变得更经济。在参变量 d 和 n 中，业务量 d 的大小在两种环结构的成本比较中的重要影响是显而易见的，但是分析表明，环节点数量 n 的多少对环成本比较同样具有重要的影响。

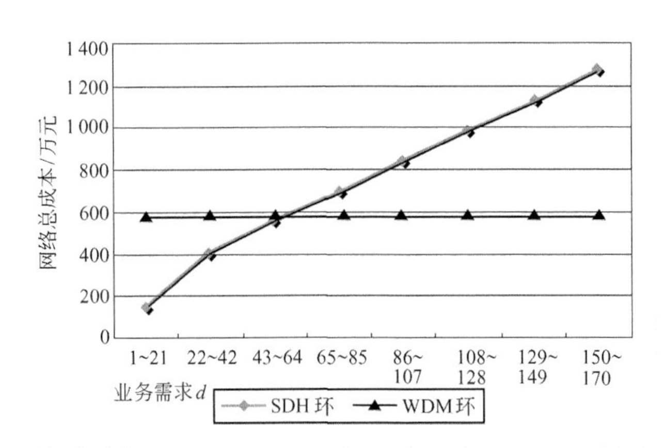

图 8-18　节点数 $n=8$ 的 SDH 环与 WDM 环的成本比较

8.6.3　光网络规划设计的辅助工具

网络设计人员在考虑各个组网因素的时候，常常遇到一些复杂的问题，特别是组环和建立网状网的物理拓扑路由问题、电路和波长路由分配的业务承载问题。因此，一些大的专业化规划设计咨询公司、电信网络运营商、设备制造商都开发并提供一些网络规划设计的工具软件，为网络的规划设计提供参考。此外，网络设计人员有时需要对现有网络进行数据收集、整理和分析工作，以便发现问题进行优化，会遇到数据量大和难以统计的难题，这时也需要借助网络规划优化软件进行复杂的数据处理。

网络规划设计工具的种类很多，如设计部门开发的 SDH MS-SPRING 保护环的时隙安排软件、厂家针对自身产品工程应用的系统仿真工具，面向光网络的波长路由分配的网络优化软件等，使用这些设计工具可以帮助网络规划人员优化网络的设计。在此，介绍美国 VPIsystem 公司和意大利电信 Telecom Italia 开发使用的两个光传送网络的规划设计工具。

1. 美国 VPIsystem 公司的 Optical network planning 软件

美国 VPIsystem 是一家专业从事通信网络从规划、设计到部署的全过程，生命周期管理平台开发的公司，包括通信业务的规划，电路交换、IP/ATM 交换、光传输各种网络的规划，光学器件、光通信设备、系统的设计，VPIsystem 公司为通信网络运营商和设备制造商提供完整的服务。

光网络规划工具 Optical network planning 包括 VPItransportMaker™的一系统软件，主要含：VPItransportMaker™ SONET/SDH、VPItransportMaker™ Optical Ring、VPItransportMaker™ Optical Mesh、VPIlinkConfigurator™等功能模块。在规划过程，网络环境可灵活设置，软件通过图形界面与用户交互，设计者自由地插入、删除网络节点，链路和设备、业务需求动态调整，可调整诸如波长变换、业务路由等的限制条件，并基于业务流向、流量、路由分集要求及光纤路由等客观制约因素，选用合适的模型算法，为保证业务的连通性和网络的可靠性，在多种保护和恢复方案中进行选择。在输入光网络结构的详细信息后，获得每个节点的设备列表、电路的分配时隙、光通道的路由波长，系统等级和数量，光放大器、中继器的位置和数量，根据用户定义的成本因子，计算网络成本，分析功能进行网络规划结果的评估，运用专家智能系统还可使一些规划设计过程自动完成。

SDH 自愈环由于它的高可靠性能，在全球范围已得到大规模的部署，近几年来，随着业务的需求和技术的进步，WDM 环网作为传输网络扩容升级的主要方式，也开始得到部署。Optical network planning 中环网结构规划模块提供多种模型、算法支持 SONET/SDH、WDM 环网及它们的混合网络的优化设计，包括环结构的组织、业务路由、负荷平衡、环的分层叠加等，它的主要功能如下：

- 设计和优化四纤或二纤的复用段或通道 SDH 环和 WDM 环；
- 进行 SDH 环网和 WDM 系统的多层联合优化设计；
- WDM 系统具有波长、波带交叉连接和上下路功能，OADM 具有全部或部分波长的上下路能力；

- 规划时设定网络应用环境和网络设备单元的成本；
- 明确业务保护程度和业务颗粒；
- 获得 SDH 环和 WDM 环设计的细节，包括环的数量，点对点跨段工程情况，ADM、OADM 及光放大器、光转发器的数量，ADM、OADM 的配置，SDH 系统的等级，WDM 系统的波长数量，可视化输出 SDH 和 WDM 网络并进行分析评估。

2. 意大利电信 Telecom Italia 的 DIAMOND 规划软件

在传送网络的规划中，为提高规划工作效率，得到优化的规划结果，国外的许多著名电信运营商都自己开发了传送网络的规划工具，如意大利 Telecom Italia的 DIAMOND、法国 France Telecom 的 ESTEREL-S、西班牙 Telefonica 的 REFORMA。

DIAMOND 是 Telecom Italia 使用的传送网络部署和优化工具，输入业务需求，通过系统仿真，以图形交互界面进行工程规划，得到基础设施、设备的投资，为投资安排、网络部署决策提供依据，规划工具可优化业务路由、选用高效的复用方案，预测网络容量的利用率，评估验证投资方案。它能够规划 SDH 和 WDM 的混合二层网络，DIAMOND 的功能模块组成如图 8-19 所示。

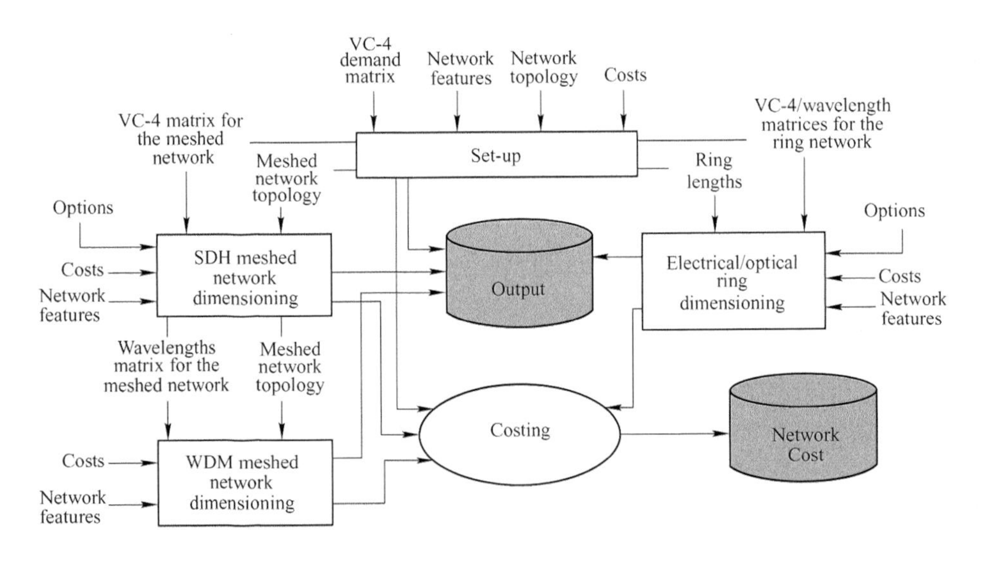

图 8-19　DIAMOND 的功能模块及信息流示意图

无论是网络规划设计工具的应用，还是辅助设计手段的使用，均对网络设计者有所帮助，但是也应清楚地认识到，实际网络环境是非常复杂的，规划设计工具并不能完全代替网络设计者去思考和工作，因此网络设计者在利用这些工具时，关键要了解工具的工作原理和设计思想，理解和掌握工具，数据输入时要力求准确，否则结果不但没有参考价值，反而会误导，另外，对使用工具而得到的结果，要尽可能地通过各种手段和方式进行验证。

小结

1. 传送网是为业务网提供各种传送手段的基础设施网络，一切业务网络可以共享它的通道，当前，随着数据业务需求的急剧增长及传送技术的发展，传送网已从理论上、技术上、运营上全面走向成熟，能够独立存在，独立运营，推动着电信市场的竞争，传送网作为电信市场和电信网络的基础、地位越来越重要。

2. 传送网总体非常庞大复杂，从水平方向可分割为若干个子网和链路连接，按地理区域一般细分为国际传输、国家级干线、省内干线、本地传输，本地传输由于节点数量多，结合地理位置和网络功能地位又可分为核心层、汇聚层和接入层面。从垂直方向传送网可划分为若干逻辑功能层，一般为光纤层、WDM层、SDH层，对于SDH又分层为：再生段层(RS)、复用段层(MS)、高阶通道层(HP)、低阶通道层(LP)，对于WDM又分层为：光通道层(OCH)、光复用段层(OMS)、光传输媒质层(OTS)，分层和分割是正交的。

3. 传送网规划就是已知网络的节点，预测节点之间未来若干年业务流量的分布，寻求一种高性能价格比的网络结构以有效地传送这些业务。首先是业务需求收集、分析和预测，对传送网技术和发展动态进行分析，从战略上确定网络结构、节点功能结构和网络所需具有的性能，然后进行网络拓扑结构、传输系统设计，进行节点间容量分配，业务路由配置，最后计算网络成本，对多方案从技术性能和经济效果等方面进行后期规划评估，确定优化的规划方案。

思考题

8-1 简述传送网的主要结构形式，用SDH或WDM系统具体进行说明？

8-2 简述传送网SDH、OTN和ASON的技术体制的主要特点？

8-3 说明SDH网络保护和网络恢复的概念，简述二纤单向通道保护环和二纤双向复用段保护环的原理？

8-4 光SDH传输系统传输距离主要由什么因素决定，如何进行计算？

8-5 简述波分复用的原理？

8-6 简述自动交换光网络的基本结构和主要特点？

8-7 简述长途传输网和本地传输网的主要区别？

8-8 简述传送网的主要业务类型？

8-9 简述误码和抖动、漂移的概念，说明完整的国际通道误码指标的分配？

8-10 论述传送网规划的主要过程步骤？

第9章　接入网规划

【本章内容】

- 接入网的概念、界定；
- 接入网的主要技术种类及其发展；
- 接入网规划的内容、原则、流程和组织结构。

【本章重点】

- 掌握接入网的概念；
- 掌握接入网的主要技术种类以及它们各自的特点；
- 掌握接入网规划的基本内容。

【本章难点】

- 主要接入网技术及其发展。

【本章学时数】3学时

【学习本章目的和要求】

通过本章的学习，应掌握和理解接入网的概念，熟悉接入网的主要技术种类，其各自的特点和发展前景，熟悉接入网规划的主要内容和基本步骤。

9.1　接入网概述

本节主要介绍接入网的概念及其在电信网中的位置和范围。

9.1.1　接入网的概念

在ITU-T SG. XIII的G. 902建议中，接入网AN(Access Network)被定义为由SNI(业务节点接口)和UNI(用户网络接口)之间的一系列传送实体(例如线路设施和传输设施)所组成，并为传送电信业务提供所需要的传送承载能力的设施系统，还可以经由Q_3接口进行配置和管理。传送实体提供必要的传送承载能力，对用户线路是透明的，不进行处理。也就是说，接入网是由网络侧V或Z参考点与用户侧T或Z参考点之间的所有机线设备所组成。因此原则上对接入网可以实现的UNI和SNI的类型和数目没有限制。

接入网可以部分或全部代替传统的用户本地线路网，可含复用、交叉连接和传输功能，但不包含交换功能。因此接入网也属于传送网的一部分。

接入网的主要功能可分为5个功能组，其功能模型如图9-1所示。

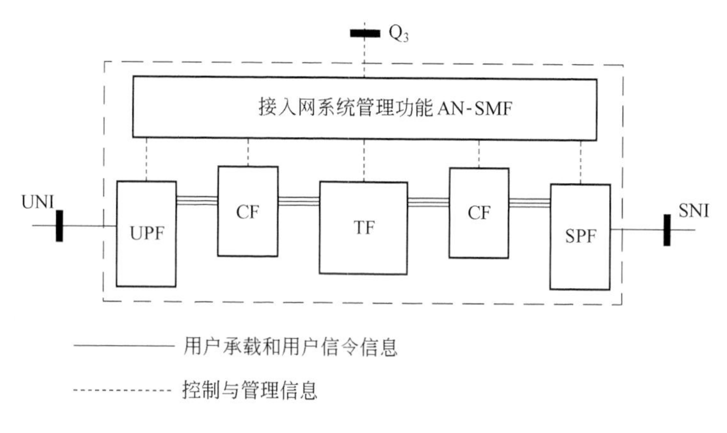

图 9-1　接入网的功能模型

(1) 用户口功能(UPF):将特定的 UNI 要求与核心功能和管理功能相适配,具体功能包括终接 UNI 功能,A/D 转换和信令转换,UNI 的激活/去激活,处理 UNI 承载通路/容量,UNI 的测试和 UPF 的维护,以及管理和控制功能。

(2) 业务口功能(SPF):将特定的 SNI 要求与公用承载通路相适配,以便核心功能处理,同时还负责选择有关的信息以便在 AN 系统管理功能中进行处理,具体功能包括终接 SNI 功能,将承载通路的需要和即时的管理及操作需要映射进核心功能,特定 SNI 所需要的协议映射,SNI 的测试和 SPF 的维护,以及管理和控制功能。

(3) 核心功能(CF):处于 UPF 和 SPF 之间,负责将个别用户口承载通路或业务口承载通路的要求与公用承载通路相适配,另外还负责为了通过 AN 传送所需要的协议适配和复用所进行的对协议承载通路的处理。核心功能可以分散在 AN 之中,具体功能包括接入承载通路处理,承载通路集中,信令和分组信息复用,ATM 传送承载通路的电路模拟,以及管理和控制功能。

(4) 传送功能(TF):为 AN 中不同地点之间公用承载通路的传送提供通道,同时也为所用传输媒质提供适配功能。具体包括复用功能,交叉连接功能(包括疏导和配置),管理功能和物理媒质功能。

(5) 接入网系统管理功能(AN-SMF):协同 AN 内 UPF、SPF、CF 和 TF 的指配、操作和维护,同时也负责协调用户终端(经 UNI)和业务节点(经 SNI)的操作功能,具体功能包括配置和控制,指配协调,故障检测和指示,用户信息和性能数据收集,安全控制,协调 UPF 和 SN(经 SNI)的即时管理和操作功能,以及资源管理。AN-SMF 经 Q_3 接口与 TMN 通信以便接受监视和/或接受控制,同时为了实施控制的需要也经 SNI 与 SN-SMF 进行通信。

9.1.2 接入网的接口类型

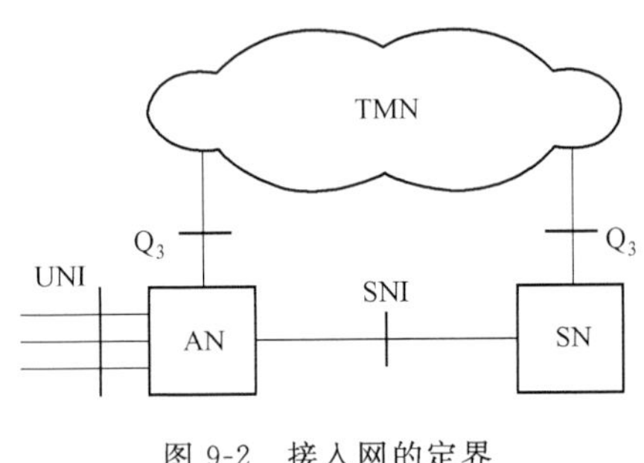

图 9-2 接入网的定界

接入网的覆盖范围可由 3 个接口来定界(见图 9-2),即网络侧经业务节点接口与业务节点(SN)相连,用户侧经用户网络接口与用户相连;管理侧则经 Q_3 接口与电信管理网(TMN)相连,通常需经协调设备(MD)再与 TMN 相连。其中 SN 是提供业务的实体,是一种可以接入各种交换型和/或永久连接型电信业务的网络单元。

1. 用户网络接口

UNI 是用户和网络之间的接口,位于接入网的用户侧,支持多种业务的接入,原则上用户口功能仅与一个 SNI 通过指配功能建立固定联系。UNI 分为独立式和共享式两种,共享式 UNI 是指一个 UNI 可以支持多个业务节点,采用 ATM 方式的单个 UNI 可以支持多个逻辑接入,其中每个逻辑接入经由一个 SNI 连至不同的 SN。

UNI 主要包括 PSTN 模拟电话接口(Z 接口),ISDN 基本速率(2B+D)接口(U 接口或 S/T 接口),ISDN 基群速率接口(30B+D),模拟租用线 2 线接口,模拟租用线 4 线接口,E1 接口,话带数据接口 V.24 以及 V.35、CATV(RF)接口等。

2. 业务节点接口

SNI 是 AN 和一个 SN 之间的接口,位于接入网的业务侧。通常 AN 需要支持的 SN 主要有 3 种情况:①仅支持一种专用接入类型;②可支持多种接入类型,但所有接入类型支持相同的接入承载能力;③可支持多种接入类型,且每种接入类型支持不同的接入承载能力。

根据不同的用户业务需求,需要提供相对应的业务节点接口,使其能与交换机相连。从历史发展的角度来看,SNI 是由交换机的用户接口演变而来,分为模拟接口(Z 接口)和数字接口(V 接口)两大类。Z 接口对应于 UNI 的模拟 2 线音频接口,可提供普通电话业务或模拟租用线业务。随着接入网的数字化和业务类型的综合化,Z 接口将逐渐退出历史舞台,取而代之的是 V 接口。为了适应接入网内的多种传输媒质和业务类型,V 接口经历了从 V1 接口到 V5 接口的发展,其中 V1~V4 接口的标准化程度有限,并且不支持综合业务接入。V5 接口是本地数字交换机数字用户接口的国际标准,它能同时支持多种接入业务,可分为 V5.1 和 V5.2 接口以及以 ATM 为基础的 VB5.1 和 VB5.2 接口,各种 SNI 接口的特点如表 9-1 所示。

表 9-1　ITU-T 标准化的 SNI 接口

接口类型	特　　点	用　　途	特　　性
Z	模拟两线音频	POTS 和模拟租线	300～3 400 Hz
V1	ISDN 的基本速率接口(2B+D)	提供 2B+D 速率连接	对应于 UNI 的 2B+D 接入
V2	2/8 Mbps 数字段接入	连接远端和本端数字网络设备	对应于 UNI 的 2/8 Mbps 接入，符合 G.704 标准
V3	ISDN 的集群速率接口(30B+D)	提供 30B+D 的速率连接，可连接 PABX 或 LAN	对应于 UNI 的 30B+D 接入
V4	ISDN 的多路复用接入	提供 $m\times(2B+D)$，可连接远端复用设备	提供多个 2B+D 复用功能
V5.1	2.048 Mbps 数字链路	支持 PSTN、ISDN 的 BRI、数字和模拟租线	接口符合 G.964 标准，抖动符合 G.823
V5.2	$P\times 2$ Mbps 链路($P=1\sim16$)	上述全部外加 ISDN 的 PRI	接口符合 G.965 标准，抖动符合 G.823
V5.3	STM-1(155 Mbps)链路	SDH 网络	尚待开放
V5.B	B-ISDN 链路	支持宽带业务接入	其他尚待开发

3. 维护管理接口(Q_3)

Q_3接口是电信管理网与电信网各部分相连的标准接口。作为电信网的一部分，接入网的管理也必须符合 TMN 的策略，接入网通过 Q_3接口与 TMN 相连来实施 TMN 对接入网的管理与协调，从而提供用户所需的接入类型及承载能力。实际组网时，AN 往往先通过 Q_x 接口连至协调设备(MD)，再由 MD 通过 Q_3接口连至 TMN。

9.2　接入网技术及其发展

本节介绍铜线接入、光纤接入、以太网接入、混合光纤/同轴电缆接入和几种无线接入技术的实现方式及其各自的特点，并讨论这些技术的发展前景。

接入网技术发展与电信网向数字化、综合化、宽带化、智能化和个人化发展的总方向是一致的，但当前还没有哪一种接入网技术能够在技术上和经济上全面满足各种电信业务需求，采用何种接入技术将取决于技术的业务能力、成熟程度、经济成本、竞争环境、用户需求等多种因素，而不同时间、不同地区的用户需求必定呈现不同的层次，为此，接入网也必将采用不同的技术，为有各种需求的用户服务。

就目前的技术研究和应用现状来看，接入网主要分为有线接入网和无线接入网，有线接入网主要采用的技术有铜线接入技术、光纤接入网、以太网接入技术和混合光纤/同轴电缆接入技术；无线接入网包括固定无线接入和移动接入技术，另外有线和无线相结合的综合接入方式也在研究之列。表 9-2 列出了目前接入网的各种接入技术。

表 9-2　接入网的接入技术分类表

<table>
<tr><td rowspan="7">接　入　网</td><td rowspan="4">有线接入网</td><td>铜线接入技术</td></tr>
<tr><td>光纤接入技术</td></tr>
<tr><td>以太网接入技术</td></tr>
<tr><td>混合光纤/同轴电缆接入技术</td></tr>
<tr><td rowspan="2">无线接入网</td><td>固定无线接入技术</td></tr>
<tr><td>移动接入技术</td></tr>
<tr><td>综合接入网</td><td>有线＋无线</td></tr>
</table>

由于光纤具有容量大、速率高、损耗小等优势，因此从长远来看，光纤到户应该是接入网最理想的选择，但是考虑到价格、技术等多方面因素，接入网在未来很长一段时间内将维持上述多种接入技术共存的局面。

9.2.1　铜线接入技术

普通用户线(电话线)是双绞铜线对，为传送话音模拟信号而设计，要想在双绞铜线对上提供宽带数字化接入，必须采用先进的数字信号处理技术实现用户线对数字信号线路编码及二线双工数字传输的支持功能，达到提高传输容量和传输速率的目的，这就是铜线接入技术。它可以充分利用现有资源和保护既有投资，在不同程度上提高双绞铜线对的传输能力。目前对铜线接入技术的研究主要集中于速率较高的各种数字用户线(xDSL)技术上。

xDSL 用来泛指 DSL 技术系列，其实质是在交换局和用户之间通过调制解调器实现综合业务的接入，其中 x 表示 A/H/V/RA/S 等多种不同的数据调制实现方式。xDSL 技术采用先进的数字信号自适应均衡技术、回波抵消技术和高效的编码调制技术，在不同程度上提高了双绞铜线对的传输能力，为用户提供了一种低成本的综合业务接入方式。下面将简单介绍常见的 ADSL、HDSL、VDSL 技术。

1. ADSL

ADSL(非对称数字用户线技术)主要是针对因特网和视频点播等业务的上下行不对称性而提出的，通过采用数字信号自适应均衡技术、回波抵消技术和高效的编码调制技术，ADSL 可以在现有双绞线对上实现 6 Mbps 的下行信号传输和 640 kbps的上行信号传输，传输距离为 3～4 km，其实现方式如图 9-3 所示。

ADSL 的优点是能够充分利用现有铜线资源，能够与普通电话业务共享铜线，系统投资少，且 ADSL 采用星形拓扑，用户独享接入线路，与共享介质型的接入方

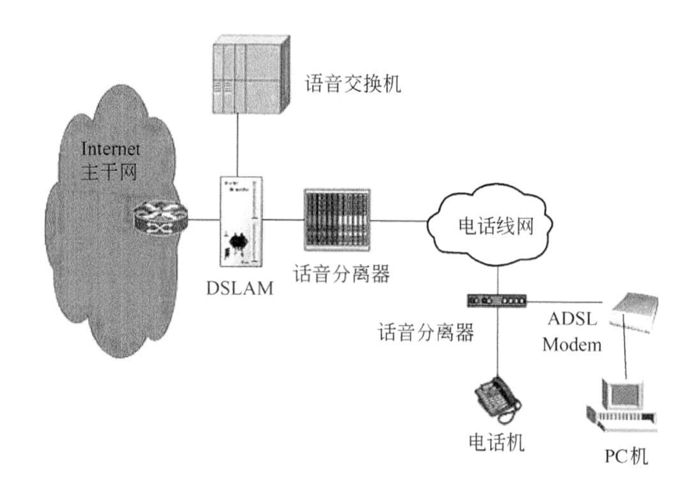

图 9-3 ADSL 接入方式示意图

式相比，在安全、保密、集中管理等方面都具有优势；而 ADSL 的缺点是带宽速率较低，受线路质量影响，距离有限。ADSL 的主要用途是 Internet 接入，提供 VOD 业务、视讯业务、远程医疗等，解决散居用户的宽带业务需要。

2. HDSL

HDSL(高比特数字用户线技术)在传输上采用了先进的数字信号自适应均衡技术和回波抵消技术，以消除线路中的近端串音、脉冲噪声和因阻抗不匹配而引起的回声，从而能够在两对或三对现有的双绞线对上实现 2 Mbps 或 1.55 Mbps(E1 或 T1)的全双工数字传输业务，传输距离可达到 3～5 km。

HDSL 的优点是双向对称，速率比较高，充分利用现有电缆实现扩容。其缺点是需要两对线缆，住宅用户难以使用，另外目前还不能传输2 048 kbps以上的信息，传输距离限于 6～10 km 以内，费用也比较高。HDSL 可为集团用户提供低成本的 2 Mbps的链路，用于会议电视、LAN 互联、高速数据专线、ISDN 基群接入等。

3. VDSL

VDSL(甚高速数字用户线技术)主要是配合光纤到路边或光纤到大楼的接入方案。在其最后一段——光网络单元(ONU)——到用户端之间采用 VDSL 技术实现在双绞铜线对上的高速信息传输。传输方面 VDSL 可运行于对称或非对称速率情况下，对称速率情况下，每个方向最高速率是 26 Mbps，非对称速率下，下行方向的最高速率是 52 Mbps。

VDSL 是 xDSL 技术中速率最快的一种，但是 VDSL 的传输距离较短，一般只在几百米以内。由于国内的一般小区在 1 km 以内，因此，可以使用 VDSL 技术，普通居民小区能够在一两个中心点内集中管理所有的接入设备，对网络管理、设备维护有重要的意义。

9.2.2 光纤/同轴混合网技术

目前有线电视网(CATV)大多采用光缆和同轴电缆共同组成的树形分支结构向广大用户提供广播式模拟电视业务,具有频带宽、覆盖面广等特点,但信号的传送是单向的。为了利用这一现有网络解决电视、电话和数据业务的综合接入问题,人们提出了混合光纤/同轴电缆(HFC)接入技术。

HFC 接入网是一种综合应用模拟和数字技术、同轴电缆和光缆技术以及射频技术的高分布式接入网络,是电信网和 CATV 网相结合的产物。它实际上是将现有光纤/同轴电缆混合组成的单向模拟 CATV 网,加入电缆调制解调器(Cable Modem)并进行双向改造而成的一种技术,除提供原有的模拟广播电视业务外,利用频分复用技术和专用电缆调制解调器(Cable Modem)实现话音、数据和交互式视频等宽带双向业务的接入和应用,其下行速率可达 10～30 Mbps,上行速率在 512 kbps 以上,实现方式如图 9-4 所示。

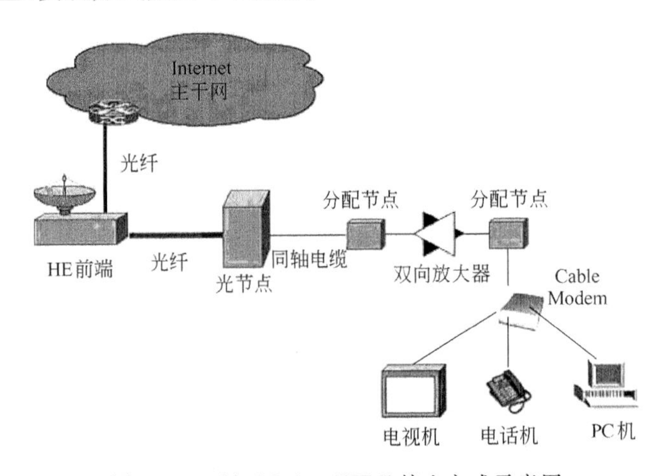

图 9-4 Cable Modem(HFC)接入方式示意图

HFC 方式的主干系统(馈线网)是从局端至光节点之间的部分,由光缆线路组成,多采用星形结构;配线网是从光节点至分支点之间的部分,采用树状拓扑的同轴电缆接入;用户引入线是从分支点至用户之间的部分,分支点的分支器负责将配线网送来的信号分配给每一个用户,引入线负责将射频信号从分支器送给用户。通常下行的话音或数据占据 710～750 MHz 频段,数字视频信号占据 528～710 MHz频段,模拟广播电视信号占据 45～582 MHz 频段。

HFC 的主要优点在于:它从传统的 CATV 网发展而来,与用户设备兼容性好,而且频带宽、成本低,支持各类数字和模拟业务。其存在的主要问题在于上行信道频带窄,树形结构导致上行信道的漏斗噪音严重,难以保证数据业务的安全性,且当用户增加时每用户可用的带宽下降。另外现有网络中同轴电缆带宽一般为450 MHz左右，与HFC需要的750 MHz差距较大，改造费用高。而且HFC的模拟传输方式不符合网络数字化的趋势，需要进行改进和升级。

9.2.3 以太网接入技术

以太网接入技术原本只应用于计算机网络，由于技术的发展，使得以太网的传输距离大大扩展，完全可以满足接入网和城域网对宽带数据通信的需求。

以太网的连接与ATM/FR/DDN等电路连接的最大区别是以太网本质上是广播的模式，它对数据流量控制非常有限。以太网接入方式可分为两种：一是用户端采用以太网但向上连接时使用ATM的传输模式；二是从用户端到接入层以至到边缘汇聚层都是以太网接入，即端到端以太网连接。

以太网接入技术最突出的优点是易安装，可扩展，性价比高，正在成为企事业用户提供高速接入的主要手段，目前全球企事业用户80%以上都是采用以太网接入，以以太网构建局域网(LAN)也逐步成为普通居民用户宽带接入的方式之一，其实现方式如图9-5所示。

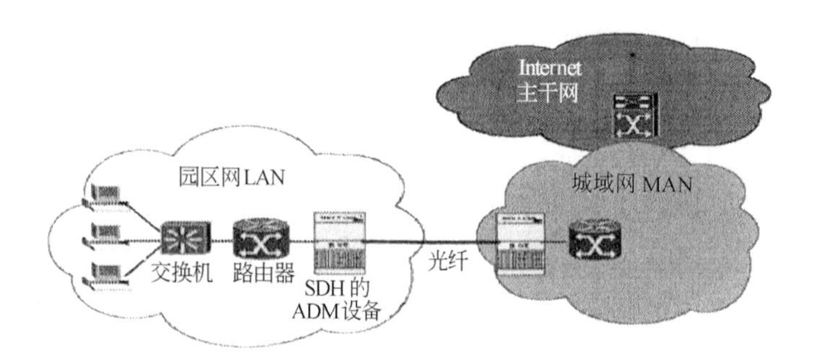

图9-5 LAN接入实现方式示意图

由于传统以太网技术主要是为局域网这样一个私有网络环境设计的，它与接入网的公用特性要求有很大不同，主要反映在用户管理、业务管理、安全管理和计费管理等方面，因此传统以太网技术必须经过改进，形成如图9-6所示的结构，一般应用于公用电信网。

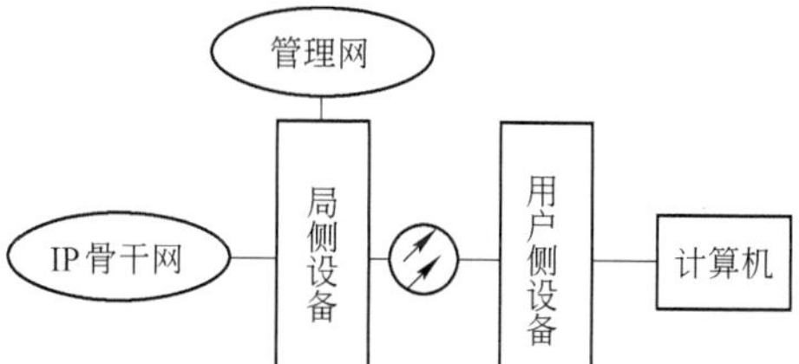

管理网

IP骨干网 — 局侧设备 — 用户侧设备 — 计算机

图9-6 以太网接入示意图

图9-6中，局侧设备与IP骨干网相连，支持用户认证、授权、计费、IP地址动态分配及QoS保证等功能，还提供业务控制功能和对用户侧设备网管信息的汇聚功能；用户侧设备通常与用户的计算机终端相连，采用以太网接口系列，工作于链路层，各用户之间在物理层和链路层相互隔离，通过复用方式共享设备和线路，从而保证数据的安全性。

以太网接入的主要优势是，在用户比较集中的情况下（例如新建住宅小区），易于形成规模效益，成本降低，与城域网的结合更为方便，然而对于分散用户而言，一般难以使用以太网接入，另外以太网接入方式还存在传输质量和安全保密方面的问题，而解决这些问题可能会使成本大幅度上升。

9.2.4 光接入网技术

光接入网（OAN，Optical Access Network）是泛指采用光纤传输技术，利用光网络单元（ONU）提供用户侧接口的接入网技术，它的最主要的优点是支持宽带业务，有效解决接入网的瓶颈问题，而且传输距离长、质量高、可靠性好。但也存在着成本高、网管复杂、远端供电困难等缺点。总的来说，光纤接入网是接入网的发展方向，最终将取代铜线接入网，成为未来信息网络的主要基础设施。

根据 ONU 向用户端延伸的位置，即主干系统与配线系统的交界点，可分为光纤到户（FTTH）、光纤到路边（FTTC）、光纤到大楼（FTTB）、光纤到小区（FTTZ）和光纤到办公室（FTTO）等几种方式。

FTTH 结构中，ONU 放置在用户家中，因此 FTTH 是全光网络结构，用户与业务节点间实现全光缆传输，为用户提供最大可用带宽，它是接入网的理想解决方案，但由于业务需求和经济成本等多方面因素，目前这一方案还不能为广大用户所接受。

FTTC 结构中，ONU 放置在路边的分线盒或者交接箱处，从 ONU 到用户之间仍然采用双绞铜线对，此方式适合于居住密度较高的住宅区，它是光缆与铜缆的混合系统，成本比 FTTH 低，是一种比较合适的提供宽带业务的解决方案。

FTTB 结构中，ONU 放置在用户大楼内部，ONU 和用户之间通过楼内的垂直和水平布线系统（双绞线和同轴电缆）相连。它实际上是 FTTC 的一种变形，其光纤线路更接近用户。此方式特别适用于智能化办公大楼，为其提供高速数据、电子商务和视频会议等。

9.2.5 无线接入技术

无线接入技术是指从业务节点接口到用户终端部分全部或部分采用无线方式，即利用卫星、微波等传输手段向用户提供各种业务的一种接入技术。它具有组网方便、使用灵活和成本较低等优点。特别适合于用户密度小、用户分布广的农村地区以及沙漠、灾区等特殊地区。另外，无线接入技术也是实现个人通信的重要一环，因此成为接入技术研究中的热点。

无线接入技术可分为移动接入和固定无线接入两种。其中移动接入技术主要为移动中的用户提供接入，具体有蜂窝移动通信系统、无绳通信系统、卫星通信系统、无线寻呼、集群调度等多种方式。固定无线接入技术（FWA）主要是为固定位置的用户和仅在小范围区域内移动的用户提供通信服务，其用户终端包括电话机、传真机或计算机等。

从 20 世纪 90 年代开始，固定宽带无线接入技术首先得到快速发展，主要有本地多点分配系统，多信道多点分配技术等，在网络融合的趋势下，无线接入技术的发展方向是同时满足宽带和移动性的要求，支持话音、数据、多媒体多种业务，因此为满足用户使用移动数据业务更为广泛需求的新型宽带无线接入网络技术也应运而生。目前 IEEE 所制定的 802. xx 标准的无线接入技术特性如表 9-3 所示，下面将重点介绍 WLAN、WMAN 和移动宽带接入技术。

表 9-3　IEEE 802.xx 相关标准的无线接入技术

技术种类	WPAN(802.15)			WLAN(802.11)				WMAN(802.16)		WWAN (802.20)
标准	15.1	15.4	15.3a	11a	11b	11g	11n	16a/d	16e	20
频段 /Hz	2.4 G	2.4 G 878 / 787 M	3.1～106 G	5 G	2.4 G	2.4 G	2.5 G 5 G	3.3～3.8 G 5.725～5.85 G	2.3～2.7 G 700 M 470～862 M 5.725～5.85 G	3.5 G 以下
速率 /bps	1 M	20～250 k	110 M 以上	54 M	11 M	22 M	100 M 以上	75 M	15～60 M	16 M
传送距离	10 m	10 m	10 m	100 m	100 m	100 m	100 m	视距 50 km 非视距 7～10 km	2～5 km	31 km
推动组织	蓝牙	ZigBee	WiMedia	Wi-Fi				WiMAX		Mobile-Fi

1. WLAN(无线局域网)

WLAN 利用无线技术在空中传输数据、话音和视频信号，是传统布线网络的一种替代方案或延伸，用于解决用户群内部信息交流和网络接入问题，如企业网和驻地网，其系统组成见图 9-7 所示。

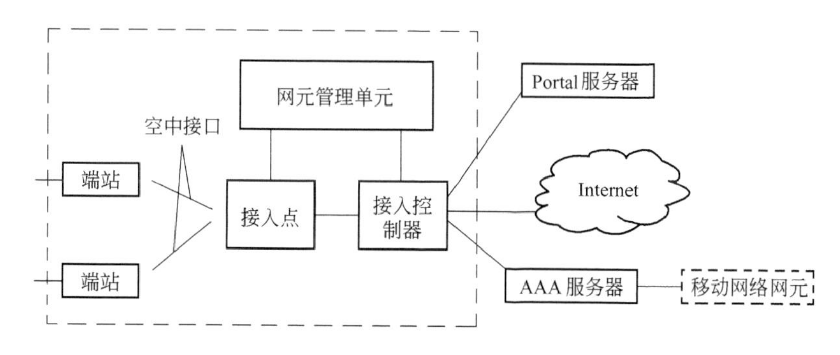

图 9-7　WLAN 系统组成示意图

IEEE 于 1990 年 11 月成立无线局域网标准委员会，并于 1997 年 6 月制定了全球第一个无线局域网标准 IEEE 802.11。目前已经批准了 4 个涉及物理层的主要标准：802.11、802.11a、802.11b 和 802.11g，后 3 个标准是 802.11 的升级。

802.11a具有传输速率快并且受干扰少的特点得到重视,但其价格较高而且不同国家的工作频段不一致;802.11b由于实现价格低廉,是目前应用最多的标准,其传输速率最高可达11 Mbps;而实现价格处于二者之间的802.11g近来发展势头很快。

此外IEEE还根据WLAN的应用需求,提出了针对安全、QoS和提高速率等问题的标准,如802.11c、802.11d、802.11e、802.11f、802.11h、802.11i等;欧洲通信标准协会(ETSI)也制定了WLAN领域的标准HiperLAN1/HiperLAN2。

2. WMAN(无线城域网)

WMAN主要用于解决城域网的接入问题,其主要技术包括信道分配系统(MMDS)和本地多点分配业务(LMDS)技术,前者工作于3.5 /5.8 GHz频段,而后者则工作于26 GHz频段。由于传统的NMDS和LMDS始终存在互通的问题,因此IEEE-SA成立了802.16工作组来专门开发标准化的宽带固定无线技术标准,并颁布了IEEE 802.16,该标准既考虑了与现有LMDS系统的兼容,又考虑了LMDS技术的发展,受到了广泛的关注。

基于IEEE 802.16标准的无线城域网技术又被称为WiMAX(World Interoperability for Microwave Access),意即全球微波接入互操作性。成立于2001年4月的WiMAX论坛是由一些主要的通信部件、设备制造商以及运营商和科研单位结成的一个工业贸易联盟组织,该组织旨在对基于IEEE 802.16标准和ETSI HiperMAN标准的宽带无线接入产品进行一致性和互操作性认证,它遵循IEEE 802.16的空中接口标准,提供支持全移动的网络构架。面向所有WiMAX宽带无线接入设备提供验证场所,并确保不同厂家设备的兼容性、互操作性和与标准的一致性。为了促进WiMAX的应用,WiMAX Forum在全球争取频谱资源,以使WiMAX技术能够在全世界范围内实现平滑的漫游和切换。WiMAX Forum已经有超过350家成员单位,包括英国电信、法国电信、英特尔、摩托罗拉、中兴、华为等等,涵盖了运营商、芯片提供者和设备制造商,遍及产业链的每一个环节。

目前,WiMAX空中接口标准分为两个系列:只针对固定宽带接入的WiMAX 802.16d标准和同时可以支持固定模式、便携模式和移动模式的WiMAX 802.16e标准。IEEE 802.16d标准于2004年10月1日发布,它规范了固定接入用户终端同基站系统之间的空中接口,主要定义空中接口的物理层和MAC层。802.16e标准的最大特点在于对移动性的支持,该标准规定了可同时支持固定和移动宽带无线接入系统,可支持用户终端以车辆速度移动,但目前只适用于低于120 km/h的速度,同时802.16d规定的固定无线接入用户能力并不因此受到影响。相比较而言,WiMAX 802.16d标准虽然成熟较早,但是因为其产品物理层技术限制不能向后续版本演进,并且与WiMAX 802.16e互不兼容。目前业界主流的运营商及设备制造商都已经将目光锁定在WiMAX 802.16e技术上。但目前主要问题是频段使用范围还未确定。

固定 WiMAX 能够提供双向互联网接入服务，速率最高可达每秒 75 Mbps，基站覆盖范围最大为 50 km。因此它具有大带宽、广覆盖、可移动、非视距传输等优势，其在国际市场的商用步伐已经展开。WiMAX 802.16e 标准已经被 IEEE 组织正式通过，相关的产品也已在 2006 年上半年投放市场。

3. 移动宽带接入技术

从 1997 年开始，由于第二代移动通信系统的巨大成功，用户的高速增长与有限的系统容量和有限的业务之间的矛盾渐趋明显，原有的窄带移动接入技术也开始走向宽带，支持各种移动数据业务，此时 3 G 移动通信的标准化工作开始逐渐进入实质阶段。虽然业界一直认为 CDMA 技术将成为 3 G 技术的主流，但具体采用哪种 CDMA 技术仍有分歧。目前国际电联已通过了 3 G 的无线接口关键参数的制定，现已确定 3 个无线接口标准分别是 cdma2000、WCDMA 和 TD-SCDMA。

(1) cdma2000

cdma2000 是北美 4 家大公司 Lucent、Motorola、Nortel、Qualcomm 提出来的，是北美基于 CDMA one(IS-95)系统发展演进而来的，它受到 HNS、Nokia、Samsung、Hitachi等公司的支持。它在原 IS-95 标准的基础上，进一步改进上行链路，增设导频信号实现基站的相干接收，上行链路在极低速率(低于 8 kbps)传输时，不再使用突发方法而采用连续信号发射。下行链路也使用与上行链路相同的功率控制。高速数据传输时，使用 Turbo 纠错编码。下行发射也采用分集方式，支持先进的无线技术的波束成形技术等。这些技术方法的使用能明显提高通信性能和系统容量。

(2) WCDMA

1998 年 1 月在 ETSI 会议上决定将 WCDMA 作为 IMT-2000 的建议提出。它与二代技术相比极大地提高了系统容量，抗多径衰落能力强，并能方便地采用多信道和多帧方式，传送不同速率要求的多媒体业务信息。

(3) TD-SCDMA

TD-SCDMA 是由我国信息产业部电信科学技术研究院提出、并经过中国无线标准研究组讨论通过向国际电联提交的 3 G 标准提案。经过国际电联对世界上十几个标准提案的深入讨论和融合后，在 1999 年 11 月和 2000 年 5 月被国际电联接纳为 3 G 无线接口技术规范和空中接口规范之一。

向 3 G 的过渡需要充分利用已有的网络资源，实现更为经济有效的网络演变，因此，GPRS(General Packet Radio Service，通用分组无线业务)、CDMA1X、EDGE(Enhanced Data for GSM Evolution)等技术首先得以应用，从而利用现有的移动通信网络提供较高速率的分组数据业务。

9.3 接入网规划的内容与方法

在电信网中引入接入网的概念后，凡是有用户的地方就存在接入网。接入网投资费用巨大，根据各国建设电话网的资料，用户接入网的建设费用占电话网建设总投资的30%～40%。电信技术和业务的发展，对接入网提出更高的要求，针对用户电信业务和使用层次的不同，接入网的建设必须适时地采用不同的模式，同时还要符合严格的传输及接口标准。如果不进行合理规划，盲目地进行建设，就会造成接入网的建设不适应新业务发展的需要，影响电信网络的运行质量，增大建设资金的投入，从而造成运营商的运营效益低下，甚至造成巨大的经济损失。因此，制定接入网发展规划在电信网规划中占有十分重要的地位。

9.3.1 接入网规划的内容

接入网规划是一项系统工程，考虑的问题很多，涉及面广，其建设要坚持统筹规划、分布实施的原则。因此，接入网建设既要有宏观的总体发展规划作为指导和把握方向，又要有微观的实施规划指导具体的计划建设。

1. 接入网宏观的总体发展规划

接入网宏观的总体发展规划，是从发展战略的要求出发，预测和分析未来的技术发展走向和宏观市场需求，提出发展方向和实施原则，其主要内容应包括：

① 各规划期的总体发展目标和策略；

② 适合采用的接入技术以及可提供的业务；

③ 各种接入方式的技术经济比较；

④ 各规划期的网络组织原则。

2. 接入网微观的实施规划

接入网微观的实施规划，是在充分调查本公司各种电信网络建设、业务发展计划和用户业务需求，做好市场预测的基础上，结合当前接入网技术发展以及设备的商用化程度，提出具体的网络组织和实施步骤，其主要内容包括：

① 用户业务预测；

② 各种接入方式和接入技术的选择；

③ 目标交换局的确定；

④ 网络结构的组织；

⑤ 发展的实施步骤和投资分析。

9.3.2 接入网规划的原则及流程

1. 接入网规划的原则

接入网规划的原则应包括：

① 以用户的需求为接入网规划的基础，为此必须充分对业务需求展开调查，确定各种业务的轻重缓急，有的放矢地提供接入方案，满足不同层次、不同水准用户服务的需求；

② 以技术经济的合理性为前提，充分考虑网络和技术的发展演变；

③ 充分考虑市场竞争的影响，为市场开放做好准备；

④ 应同步建设接入网网管系统，接入网网管系统将来应具有符合 ITU-T 的 Q_3 接口，以便接入 TMN，实现对整个本地电话网的综合管理；

⑤ 应与本地电信网络的规划和建设统一考虑，实现电信网络的总体优化；

⑥ 应与全国、全省接入网的总体目标和策略相一致，远近结合，统筹规划，分布实施；

⑦ 宏观的总体发展规划和微观的实施规划相结合。

2. 接入网规划的流程

以一个省的接入网规划为例，接入网规划的流程大致包括 8 个步骤，如图 9-8 所示。

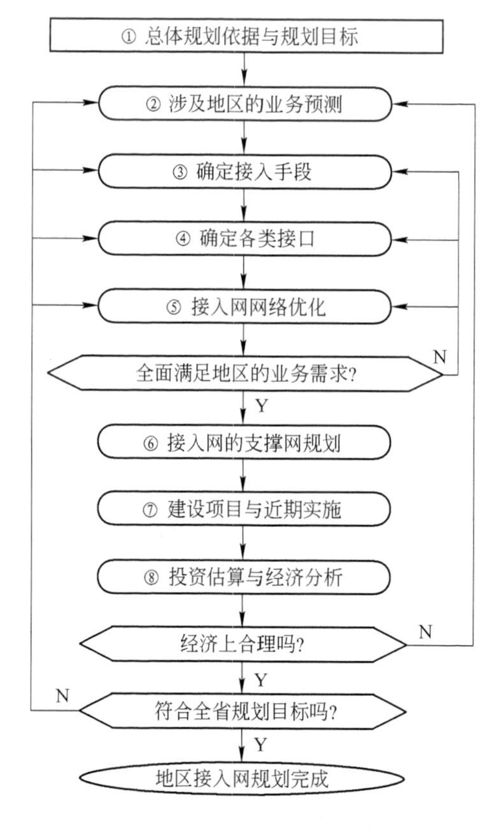

图 9-8　接入网规划流程图

① 全省总体规划依据与规划目标的确定；
② 所涉及地区的业务预测；
③ 确定接入手段和网络组织；
④ 确定各类接口；
⑤ 进行网络优化；
⑥ 接入网的支撑网规划；
⑦ 提出建设项目与近期实施计划；
⑧ 进行投资估算与经济分析。

9.3.3 接入网组织结构

接入网组网中涉及到以下概念：

(1) 灵活点(FP,Flexible Point)：一般对于铜缆网就是交接箱，对于光缆网就是主干段与配线段的连接处，故又称为光交节点。其设置应满足：①业务量比较集中，位置相对重要；②光缆进出方便，一般应有两个方向；③发展相对稳定，不宜受市政建设工程影响等。

(2) 分配点(DP,Distribution Point)或称为业务接入点(SAP)：对于铜缆网就是分线盒，对于光缆网就是光节点或称光网络单元(ONU)。原则上一个ONU服务于一个接入网小区，具体设备可设置在室内或室外。如果设置在大楼内就是FTTB，设置在大型企事业单位、党政机关、大专院校或住宅小区中，就是FTTC。

(3) 接入网小区(Cell)和小区中心(Cell Center)：是规划接入网组织结构中的最小单元，原则上一套接入网设备服务于一个小区。小区中心就是分配点DP，放置接入网设备，例如ONU的地方，故也称为接入设备间。

(4) 接入网服务区(Service Area)：由接入网的一个主干网服务所覆盖的区域，可以是单局覆盖的服务区，也可以是双局覆盖的服务区，接入网服务区允许出现部分重叠现象。

以以上概念为基础，接入网可以从局端为源头，逐步向用户端依次分为主干层、配线层和引入层3个层次。主干层网上的节点就是FP，如果主干网采用光缆网，则FP为光交节点，实现光纤节点的交接。分配层上的节点就是DP，一般是在DP上配置接入网设备，因此最好把它设置在接入网小区中心，如果分配层网仍为光缆网，则设备就是ONU。引入层网当前一般是由DP为顶点的星形铜缆网，连接到每个用户。接入网分层结构示意图如图9-9所示。

接入网进行分层的好处是：

① 网络的层次清晰，有利于各层独立规划和建设，独立采用新技术和新设备，独立地进行网络的优化，方便运行管理和维护；

② 可迅速扩大光接入网的覆盖面，有利于逐步推进实现光纤到户的长远目标；

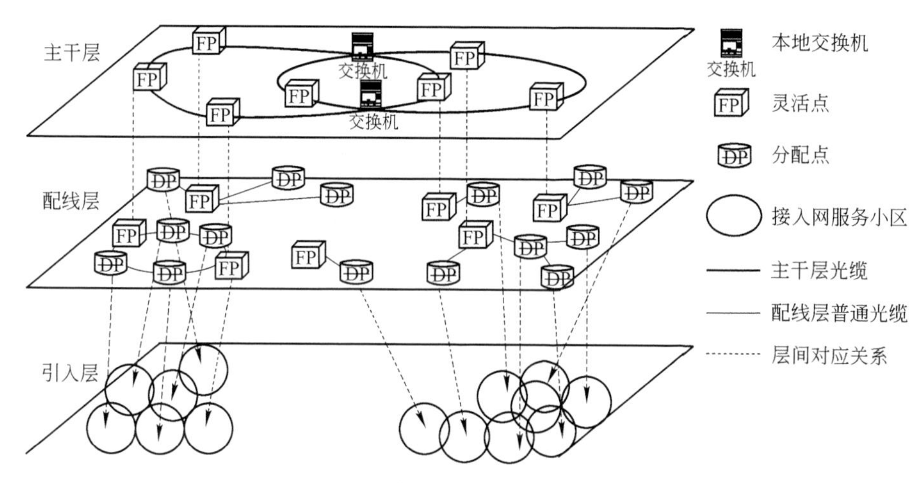

图 9-9 接入网分层结构示意图

③ 主干网络相对稳定，有利于适应业务节点和用户的需求，提高网络利用率，节约投资；

④ 采用配线层和引入层，能较灵活地适应各种用户对业务不断变化的需求；

⑤ 便于接入网从窄带向宽带的过渡。

接入网建设当前以及未来长期的重点是光纤化，应提前进行规划和光缆敷设。光纤化应首先从主干层开始，逐步向配线层、引入层推进。在技术合理、经济允许的前提下，尽量让光纤靠近用户。接入网骨干层采用环形或具有双归路由网络结构形式，用户密度低、离局较远的用户可以先期采用星形、链形，后期不断调整，最终形成带环形的混合形结构。

接入网网络结构的层间搭配可以有多种方案：

① 对于单局覆盖服务区可选择：环形＋综合布线；环形＋引入线；环形＋星形＋综合布线；环形＋星形＋引入线；星形/双星形＋引入线；星形＋综合布线等。

② 对于多局覆盖服务区可选择：环形/总线形＋综合布线；环形/总线形＋引入线；环形/总线形＋星形＋综合布线；环形/总线形＋星形＋引入线等。

9.3.4 接入方式选择

电缆、光纤、无线均可构成不同需要的接入网传输形式，各种传输形式具有各自的特点及最佳的应用环境。在接入网规划中，应从客户的实际需求出发，结合现有的网络资源条件，合理选择接入的方式，实现接入技术的先进性和投资经济性的最佳组合，新建设的接入网络，必须是一个可持续发展的网络，能够方便地向下一代网络演进。

接入网规划时，本着光纤接入和铜缆接入相结合，有线接入和无线接入相结合的原则,选择接入方式。

虽然原有的铜缆网已不适应通信发展的需要,但为节约投资,尽快提供宽带业务,可以考虑利用现有的 xDSL 技术,开发铜缆的潜力,进一步提高带宽来满足一定时期的需要,特别是现有的主导固网运营商更适宜采用此方案。在接入网规划中,对于通信容量大,需要提供各种通信业务的集团用户,应积极采用以太网或光纤接入方式;对于普通用户,在基本电话业务有所需求但发展不大的地区以及在竞争环境下无法等待建设光纤接入网的情况下,采用铜缆接入方式。

此外,接入网规划时目前考虑以固定接入为主,无线接入为辅的方式。当有线设施覆盖不到或采用有线设施不经济的地方可采用无线接入方式;同时,当有紧急工程或新建工业区、居民区不可能很快到位或用户数难以预测时,可采用无线接入;对某些重要用户,可采用无线接入方式作为有线接入系统的备用系统。当采用无线接入方式时,对于通信业务量小的地区可采用一点多址无线接入技术;对于业务量大的地区可采用大区制蜂窝技术的无线环路方式。在对于离交换机较远,难以架设光缆的地区可采用微波接入。但随着无线接入技术的发展,将会考虑并重的原则做进一步技术经济分析。

目前,国内外接入网设备种类繁多。在接入网规划和建设初期,选择接入网设备应首先符合信息产业部有关规范标准。同时,对于一个省、市本地网范围内的接入网设备选择应控制在 2～3 种接入设备为宜,这样既方便维护管理,又提高业务质量。

接入网自身具有“点多面广”、初期投资大、网络利用率低以及运营维护成本高等特点。在网络规划时,必须利用有限的资金,结合各地的实际情况和用户的不同需求,在众多的接入技术和接入设备中进行正确的选择。

小结

1. 接入网 AN 被定义为由 SNI 和 UNI 之间的一系列传送实体(例如线路设施和传输设施)所组成,并为传送电信业务提供所需要的传送承载能力的设施系统,还可以经由 Q_3 接口进行配置和管理。接入网可含复用、交叉连接和传输功能,但不包含交换功能。

2. 接入网主要分为有线接入网和无线接入网,有线接入网主要采用的技术有铜线接入技术、光纤接入网、以太网接入技术和混合光纤/同轴电缆接入技术;无线接入网包括固定无线接入和移动接入技术。由于光纤具有容量大、速率高、损耗小等优势,因此从长远来看,光纤到户应该是接入网最理想的选择,但是考虑到价格、技术等多方面因素,接入网在未来很长一段时间内将维持上述多种接入技术共存的局面。

3. 接入网建设既要有宏观的总体发展规划作为指导和把握方向,又要有微观的实施规划指导具体的计划建设。

思考题

9-1 接入网的几种技术分别适用于何种情况？应如何进行选择？

9-2 目前接入网规划与建设的难点有哪些？

第10章　电信业务网规划

【本章内容】

- 业务网规划概述；
- 固定电话网规划；
- 移动通信网规划；
- 数据网规划。

【本章重点】

- 熟悉电信网的组织结构；
- 掌握电信网规划的一般步骤；
- 掌握固定电话网规划的基本方法；
- 掌握业务预测及流量流向预测的内容；
- 掌握移动通信网规划的基本内容及方法。

【本章难点】

- 业务流量流向预测；
- 移动通信网网络参数取值与计算。

【本章学时数】8学时

【学习本章目的和要求】

通过本章的学习，应掌握和理解业务网规划的方法，熟悉固定电话网、移动通信网、数据通信网规划内容。

10.1　电信业务网规划概述

10.1.1　电信业务网概述

1. 电信基本业务网

电信基本业务网就是已经运行或正在开发的，向公众提供电信基本业务的网络。按照ITU-I的定义，目前基本业务网有公众用户电报网，公众交换电话网，窄带综合业务数字网，宽带综合业务数字网，公众陆上移动网和包括公众交换分组数据网、数字数据网、帧中继网和ATM网在内的基础数据网络等6种，它们有其共同的特点。

经过国际电联ITU的研究和建议，有严格的国际统一的技术体制、标准或规范；

- 网络具有基本最低层功能(BLLF)和/或(BHLF),能提供特定的基本电信业务(包括基本承载业务和基本电信终端业务)。
- 它们是一些各自独立的电信业务网。但在一定的条件下一种基本业务网可以与其他基本业务网混合组网,也可以通过网关实现互通。
- 网内的用户终端都有统一的国际编号,实现国际联网互通。

此外,最近几年,ITU 专门成立一个ⅩⅢ组,积极与“因特网工程任务组”等组织协调,开展因特网及其他 IP 网络的研究和标准化工作。

以上各种业务网中,目前应用最多的也是最需要进行详细规划的网络,就是公众电话网、公众陆上移动网、公众数据网、补充业务网、局间传输网和接入网等。

公众电话交换网(PSTN,Public Switch Telephone Network)简称电话网,具有最鲜明的上述特点,并且是其他各种电信业务网的基础。电话网可分为长途电话网和本地电话网两大部分,其中长途电话网(Toll Network)是指跨越长途区号的电话网,主要由长途交换局和长途电路组成;本地网(Local Network)是指在同一个长途编号区范围内,由若干端局或由若干端局和汇接局,及局间中继、长市中继、用户线和电话机终端等所组成的电话网。

公众陆上移动网(PLMN,Public Land Mobile Network)是由蜂窝移动通信系统组成的蜂窝移动网(Cellular Mobile Network),其特点是进行独立组网或与 PSTN 混合组网,实现地区、全国乃至国际范围的联网和自动漫游,实现跨越基站、跨越移动交换局的自动切换。

PLMN 的服务大致可以分为几代,如表 10-1 所示。

表 10-1　PLMN 服务的分代

项　目	第 1 代		第 2 代		第 2.5 代			第 3 代
技　术	TACS	AMPS	GSM	CDMA	HSCSD	GPRS	EDGE	cdma2000/WCDMA/TDSCDMA
话音带宽	3.1 kHz	3.1 kHz	13 kbps	9.6 kbps				
数据速率			9.6 kbps		57.6 kbps	160 kbps	400 kbps	384 kbps～2 Mbps
服务年代	80 年代	80 年代	90 年代	95 年后		2001 年		2002 年

注:CDMA-1X 可属于第 3 代或第 2.5 代。

2. 电信补充业务网

电信补充业务网(Supplementary Service Network)又称附加业务网,亦即智能网(IN,IntelligentNetwork),其特点是:

① 经 ITU 研究并建议,有统一的技术体制、标准与规范,但比基本业务网的约束力低。

② 不是独立的电信业务网,不能独立地提供电信业务。只是由一组附加的网络功能和物理实体组成,附加在基本业务网上。

③ 网络具有附加的低层功能(ALLF)和附加的高层功能(AHLF)。这些功能同基本业务网中的基本低层功能(BLLF)和基本高层功能(BHLF)共同结合,向用户提供电信基本业务附加上电信补充业务。

④ 各种独立的电信基本业务网上均可附加电信补充业务网,但目前主要用于PSTN、ISDN 和 PLMN 上。

3. 我国的公众电信业务网络

我国目前最常用的公众电信业务网络,包括公众电话网、蜂窝移动通信网、因特网和其他数据网等。不论是从历史的发展、当前的规模和覆盖、还是从提供的业务品种等方面来看,公众电话网在所有电信网络中都占有最重要的地位。与此同时,它本身又是一个研究得最深入细致、发展演变最多、在所有电信网络中最具基础性质,与其他网络互联互通得最好的一个网络。与之相适应,其规划方法也最成熟,并能引申到其他业务网中,具有举一反三的示范作用,因此自然也成为本书的重点讨论内容之一。

我国的公众电话交换网 PSTN 如多数国家一样,分为长途电话网和本地电话网两部分。我国国内长途电话网的组织结构已由当初的四级,过渡到目前的 DC1 和 DC2 的二级等级制。

本地电话网简称本地网,一个长途编号区就是一个本地电话网的服务范围。本地电话网不包括长途电话局,但本地电话网地理服务区域内一般要设立长途电话局,用以疏通该本地电话网网内至网外的长途电话业务量。

我国的公众陆上移动通信网 PLMN 目前可分为模拟制的 TACS 网及数字制的 GSM 和 CDMA 体制的网络。其中的模拟制已经全部退出经营。属于第 2 代数字制的 GSM 在我国得到了空前规模的发展,并已成为世界上最大的网络,目前第 2.5 代产品也已得到广泛应用,同属第 2 代的 CDMA 网络也得以较好地发展。同时,我国也在积极参与第 3 代 IMT-2000 的标准制定、产品开发和现场试验等工作之中,已被列入到 ITU-T 标准的几个方案中,其中的 TD-SCDMA 方案就是由我国提出的。

我国的公众数据网原来只有分组网、数字数据网等基础数据网络。随着全世界基于 IP 技术的因特网呈爆炸式地发展,我国曾称之为公众多媒体的网络亦相应有飞速地发展,其规模已经大大超过原有的基础数据网。作为公众网的窄带因特网已由中国电信原先的 169 网和 163 网合并为一个 163 网络;联通的 165 网亦已开放多时。国内各大电信公司对宽带因特网正在积极敷设、改造线路和开发应用之中。基于这样的现实,目前信息产业部对数据网采用于"因特网和其他数据传送业务"的新的提法,本书也遵循这样的体系。目前其他数据网包括有公众交换分组数据网(PSPDN)、数字数据网(DDN)、帧中继网(FRNet)和 ATM 网等,虽然它们未来难以有大的发展,但也会长时间存在并继续发挥作用。

我国的传输网是以 SDH 体制的光纤同步数字网为主，PDH 制式、微波和卫星线路为辅的网络，它不但能支持上述各种公众专业网络的信息传输需求，还为支撑网、出租电路、电视节目电路和未来宽带业务提供传输的通道。目前已开展应用密集型光波分复用（DWDM）技术、光传送网（OTN）和光因特网（OI）等技术，开发相当于现有几倍甚至几十倍带宽的大通路，以满足国民经济信息化各方面对传输带宽的迫切需求。

接入网为各种专业网络延伸到用户提供通路。我国接入网的发展相对滞后，原有的网络技术落后，手段单一，成为我国电信发展的瓶颈。近几年来已经把接入网的发展放在我国电信建设的重点，并已取得长足的进步。但存在着边远地区的进一步延伸覆盖问题及发达地区的宽带化等问题。

我国当前电信网络的特点可简单归纳如下：

- 电话网将向少级数、大容量、少局所和提供综合信息业务的方向发展；
- 第 2 代、第 2.5 代的 GSM、CDMA 和移动数据为主，第 3 代移动系统逐步引入；
- 数据网将转变为以因特网为主，协调发展，由窄带向宽带，由单一的数据向多媒体过渡；
- 传输网将向同步数字系列 SDH、大容量、波分复用（WDM）、光传送网和光因特网方向发展；
- 接入网将从窄带向宽带，逐步向全业务综合接入的方向发展；
- 电信管理网将由多级向少级过渡，由分立的网管逐步向具备综合管理能力过渡；
- 业务领域的国内竞争局面已初步形成，随着我国加入 WTO，电信业务市场领域的开放，国际竞争亦很快会开始；
- 现有的各个电信运营公司的网络配置和运营水平仍不高，必须不断优化网路、完善业务支撑系统、开展营销研究、提高运行效率和效益，才能不断提高投入产出率和保持较高的市场占有率。

10.1.2　电信业务网的网间互联

由于网间互联互通及关口局的建设涉及到需要进行网间互联的时机，未来不同时间所采用的协作单元类型，所采用的接口类型等不同，因此网间互联也需要制定规划。不同的网络间所采用的互联方式不同，要有针对性地制定相应规划。下面举出两个具体的例子。

我国现阶段 ISDN 与 PSTN 的互通是分为两个平面来实现的，ISDN 网络叫做 ISDN 平面，PSTN 网络叫做 PSTN 平面。前一平面内相互间通信的信令是用 ISUP 信令部分，后一个平面内相互间通信的信令是用 TUP 信令部分。

当ISDN与PSTN用户互通时，使用No.7的TUP信令。ISDN交换机将ISUP与TUP信令配合转换、ISDN用户信令(DSS1)和PSTN用户接入信令互通，并能向ISDN用户指示互通的情况以及向用户提供各种带内信号音。

当PSTN与ISDN互通时，向ISDN用户提供的业务仅限于PSTN所能提供的业务(例如，话音、话带数据传送等)。

又例如，当ISDN电路交换方式与PSPDN互通时，用户侧的与连接有关的功能(CRF-S)在ISDN交换机变换为分组处理器侧的与连接有关的功能(CRF-P)，然后进入PSPDN。ISDN不承担分组交换功能，但ISDN网络汇集的分组业务量都由PSPDN网来处理。ISDN网使得其分组用户通过ISDN与PSPDN网的分组处理器接口(PH1)接入PSPDN。

有关网间互联规划有如下一些建议：

① 要加快固定电话网网间和固定与移动电话网的网间(以下简称电话网网间)接口局的建设。网间接口局要求有强大的计费能力、呼叫处理能力、具有多种光电接口、路由自动选择混合模式等。

② 电话网网间接口局的网络结构：本地网至少有两个接口局，两个接口局实现负荷分担，互为备份。现有混合接口局在两年内改为独立接口局。接口局对内与本地网长途局、各汇接局、大容量端局相连；对外实现不同运营商之间接口局的相连。

③ 电话网网间接口局信令方式：接口局与其他运营公司网络互联的信令链路采用直联信令方式；接口局与固定网各交换局互联的信令链路设置按照各省No.7信令网信令路由的设置原则执行。经固定网网间接口局进入其他运营公司网后，不能再经过本接口局或其他接口局回到PSTN，对网间接口局的局数据要统一管理。

④ 接口局原则要求使用STM-1接口，电路调度颗粒逐渐由2 Mbps向155 Mbps过渡。

⑤ 利用接口局的特殊位置，研究发展网络互通的智能增值业务。

10.1.3 我国电信业务网的问题及未来发展

1. 现存电信网存在的问题

现存电信业务网存在的问题主要体现在以下各方面。

① 专业化的网络：针对一种业务发展一种网络。这种十分专业化的网络，只有在有限的特殊条件或经过改造的情况下，才有可能传递其他业务。

② 对业务的依赖性：每种网络仅能传递规定的一种业务或信息类型，导致在世界范围内并存多种网络。

③ 不灵活：由于需求逐步向多种信息媒体、压缩算法和数据业务等应用模式

的转变，它们正改变着原有业务对网络的要求，一个专门的网络也很难适应将要出现的新业务的应用。

④ 低效率：每种网按照特定的业务类型设计、制造和维护，造成技术复杂，即使有空闲的资源也不能被另一种类型的业务利用，导致资源的浪费。

⑤ 难以实现技术进步：一种专用网的出现，是根据当时的技术局限性去规划设计的，很难跟随基础技术(例如光纤技术、VLSI 技术、数据压缩技术等)的进步而进步。

⑥ 运行、管理和维护的变化：每种电信网都是逐步形成、发展和扩大的，由于组织日渐庞大，拓扑结构和设备逐步复杂，相应带来运行、管理和维护的变化和更高的要求。这种运行、管理和维护上的变化有时是奏效的，有时则不能。

2. 电信业务网络发展趋势

因特网爆炸式的发展对传统电信业造成很大的冲击，使一向以话音为主导的电信业务结构发生了巨大的变化。早在 1997 年 8 月美国便率先出现了数据业务量与话音业务量持平的现象。

因特网技术由于采用了得到最广泛支持和应用的 TCP/IP 协议，从而统一了上层通信协议；TCP/IP 代表了网络分组化、无连接和全球寻址的大方向，廉价的通信成本又为其大发展确立了广泛的用户基础。下一代因特网(NGI)技术的发展方向是宽带化、高速率和高质量的服务，其应用不仅限于计算机互联，还包括电视、电话在内的全部业务。目前的应用重点是开发 IP over ATM/SDH/WDM 技术，具有 QoS 的因特网，电子商务和安全性，IPTV 和 IP 电话等。

全光通信网：光纤通信发展的方向是波分复用，它有两大优点，即巨大的传输容量和节约再生中继器，从而能大幅度降低长途传输的成本。波分复用技术还奠定了光传输系统、光交换系统、光复用器和光接入网等纯光网元组成的未来全光通信网的基础，将是未来信息高速公路的主要物理载体。

随着因特网业务的飞速发展，有人提出下一代电信网络应以开放统一、业务灵活多样、投资回报合理为发展目标。新一代统一的业务网将实现话音、数据、移动等业务的融合；用户、服务提供者、网络提供者直至设备提供者之间形成新的关系，将成为未来发展的总趋势。

10.2　固定电话网规划

10.2.1　概况

1. 我国固定网概况

电话网络发展的一百多年历史中，在近 5～10 年来出现了几件意义重大的事件。首先,基本上是由 PSTN 的需要而推动发展起来的 No.7 信令网和智能网 IN,在概念上和实际应用上都有了很大的发展,从而使它们之间建立了更为紧密的联系。其次,在 PSTN 的概念和设备基础上发展起来的 N-ISDN 已全面进入实际应用阶段,N-ISDN 与 PSTN 能够同时在 No.7 信令网和 IN 的支持下,开发出许多新的增值业务和智能网业务。第三是因特网空前的发展带动了数据业务的发展,而其中绝大多数用户都是要借助 PSTN 接入因特网,从而促进了数据网与电话网的互通乃至未来向融合的方向发展。第四是移动业务的迅速普及和移动网络规模的空前发展,它面对更多的是要解决移动化和个人化问题,从而与固定网逐渐有所分工和分离。最后是电信网络运营商由于网络的空前需求、技术的发展进步、经营的规模化和集约化需要、提高企业的适应性和竞争力,需要不断地互相进行收购与重组,企图摸索出一种最佳的企业经营模式。以上种种因素促成了固定网概念的形成。

在我国,除了遇到了世界性同样的大气候外,还面临国内改革开放和实现两个根本转变的内部气候,要求实现大规模的企业重组,已经形成了中国电信、中国移动、中国联通、中国网通、中国铁通、中国卫通等多家大企业环境。

关于固定网的概念,目前尚未看到一个明确公认的定义。我们理解为,网络的最终用户使用固定的、或至多能在室内慢速移动的终端,能够提供窄带或宽带业务,可以是单一业务也可以是综合、多媒体的业务,这样所对应的网络就是固定网。在我国重组之后的网通、电信目前正在经营和发展的网络,就是以公众交换电话网为基础及与其紧密相关的网络的总体,具体说就是包括 PSTN 及补充和支撑 PSTN 的网络,如固定智能网、数字同步网、No.7 信令网和电信管理网等。3G 牌照发放在即,固网运营商在获得 3G 经营许可后,将进一步加快移动网与固定网的融合趋势。由于固定电话网,特别是其中的长途网和本地电话网规划方法最为成熟完善,对其他规划工作具有示范的功效,因此将在本章作为重点来讨论。

我国本地固定网已有很大的发展。目前已有不少省市完成了扩大本地网的组建工作。在接入网的建设方面也取得了长足的进步,一些大、中城市已朝着宽带综合接入的方向发展。

我国本地网目前面临一些新的特点和问题。首先是装机与使用,已从过去的冷装热用到热装冷用的变化,就是说相当大部分、特别是沿海发达地区固定网单机话务量已从过去的低普及率高话务量,进入到较高普及率和单机话务量的下降。其次是网络中话务流量流向的特点是中心城市话务流向较为分散;县/市端局话务量除本局本县占有相当比例外,话务量集中流向中心城市,县/市间的话务量所占比例较小。最后是社会对因特网接入的需求等数字化问题尚未完全解决之前,宽带网业务又将接踵而来,对现有网络构成很大的压力和挑战。

在以上的问题、特点和压力的状况下,规划工作必须能够与之相适应。一方面必须承认,在我国普通电话业务仍然是未来相当长时期内固定电信网业务的主体，另一方面又应以新的固定网的架构来迎接新世纪的挑战，开创规划工作的新局面。

我国长途电话网经历近 20 年的大发展，原有 PSTN 中的长途交换局通过逐步升级实现 ISDN 的功能，最终将形成 ISDN 与 PSTN 的混合网，亦即我们所说的包含 ISDN 和 PSTN 功能的固定长途网。它是一个含 DC1（由原来 C1、C2 合并而成）和 DC2（由原来 C3、C4 合并而成）的两级长途网，实现了原中国电信总局制定的长途等级结构。在一些较发达省，如广东省，已实现了在本地网平面（低平面）上的无级网，为“固定无级”选路和全国长途网实现无级网做好了准备。

就目前情况看，传统的电话业务仍然是未来一段时间内我国电信业务的主要形式和运营商的主要收入来源。绝不能忽视它的建设，还要做进一步的普及和完善。

增强电信普遍服务的观念，为社会和广大用户的不同层次提供更多可供选择的、适销对路的和个性化的业务。为此，对于经济发达地区应逐步开展宽带网的建设，而对于目前基本电话业务尚未覆盖到的边远农村和山区，应结合“行政村村村通电话工程”，继续扩大覆盖面。

未来电话网的建设思路应从过去那种单纯数量转变为量质并重的观念。网络建设与规划中应考虑固网与移动网融合的问题，进一步地优化网络结构。

2. 我国固定网建设的几个重大问题

(1) 扩大的本地网

我国原有的本地网是根据原邮电部 1986 年发布的《电话自动交换网技术体制》实行的。它将本地网共分为 3 种类型：即服务范围仅限于一个市区的本地网；服务范围仅限于一个县的本地网；服务范围包括市区及若干郊县的本地网，亦即扩大的本地网。

进入 20 世纪 90 年代后，前两种类型的本地网已经不能适应业务发展的需要，建设扩大的本地电话网已显得十分必要。首先它既方便用户，又增加运营者的业务收入；其次可以节约号码资源，有利于可持续发展；第三是有利于接入网的建设，能够节省投资；最后是符合规模经营的要求。

我国推行的扩大本地电话网体制主要是按照原邮电部邮部（1994）142 号文《关于本地电话网发展和建设的若干规定》实行的，共分为两种类型：

① 特大和大城市本地电话网：是以特大城市或大城市为中心城市，与所管辖的郊县/市共同组成的本地电话网。

② 中等城市本地电话网：以中等城市为中心城市，与其郊区或所管辖的郊县/市共同组成的本地电话网。

(2) 关于局所采用“大容量、少局点”的布局

随着网络规模的不断扩大，局所采用“大容量、少局点”的布局已显得十分必

要。从总体上说，它能够有利于节省全网的建设投资和运行维护费用；有利于简化电话网路结构和组织，提高服务质量；有利于减少传输节点数，简化中继传送网的结构和组织；有利于支撑网的建设，少局点较容易实现 No.7 信令网和同步网的覆盖，便于实现全网集中监控和集中维护；有利于尽快扩大 N-ISDN 和智能网的覆盖面；有利于先进接入技术的采用和向未来宽带网路的过渡；有利于采用光纤连接的接入网设备或远端模块，及时替换大量存在的用户小交换机，迅速把大用户纳入公众电话本地网中，向用户提供优质服务。

按照新的局点设置，无论对于哪类城市的本地网，都可以带来很大的好处：

① 大城市采用少局点、大容量、大系统，能最大限度提高网络资源的利用率和运营效率。

② 中、小城市采用集中建局的方针，可减少征地、基建、人员分散、共用设备重复等的浪费。

③ 未来必须要对原本只能提供单一话音业务的局点进行大幅度的技术升级，因经济和技术原因只能在较少的局点上进行。

④ 有利于新业务推广和应用，特别是当前解决电话网用于接入 IP 网的问题。

⑤ 有利于淘汰年代久远、技术落后、功能单一的旧机型。

目前实现“大容量、少局点”布局的基本条件已经具备。首先，交换技术的进步使系统容量不断增加，国内外交换机厂家已可提供大容量交换系统。其次，接入网技术的发展打破了用户线长度受传输衰耗的制约，从而可使局所服务半径大大增加。最后，随着电话普及率的不断提高，单机平均忙时话务量已由前几年的 0.12～0.13 Erl 下降到目前的 0.03～0.07 Erl 左右（虽然由于因特网业务和其他新业务开发可能会略有回升），通过调整集线比也可使交换系统的容量增大。

10.2.2 电话业务预测

1. 业务预测

业务预测是一种较长期需求的预测，涉及未来的规模、技术取向、发展方向等，主要做规划之用。

在方法上，业务预测主要面对对口部门的领导及专业人员，以获取历史统计数据和对未来发展的分析为依据。它设计的人员数量较少、开展工作一般比较经济，但对人员的素质要求高，一般难度也比较大。

业务预测对电信经营部门有重大的指导作用。业务预测结果对电信规划部门的建设和发展有着深远的意义。

业务预测包括：用户预测、业务量预测和其他业务需求预测。用户预测包括：用户宏观预测、用户微观预测和用户小区预测；业务量预测包括：市话每线话务量预测、话务量长市比例、话务量流向比例。

2. 电话业务量的计算

电话通信中的业务量定义为通信线路被占用的时间的比例，它是一个随着时间不断变化的随机量。若按照 CCITTE.500 建议，一个路由上承载的业务量，是以一年期间内的每天的忙时测量所得的业务量中，取最高的 30 个值的平均值。为了度量话务量，我们常用爱尔兰 Er-lang，简写为 Erl 做单位表示，它是指通信线路在一个小时内被实际占用的时间比例。显然我们只关心网络在有大量用户使用情况下的统计特性。话务量常用以下一些基本量来加以描述。

(1) 发话业务量、收话业务量和总业务量，单位为爱尔兰或 Erl。对于一个孤立的系统或孤岛网，发、收话业务量是相等的，但对于单个局则不一定。发、收话业务量两者之和称为总业务量，即：

$$Z=Y+Q \tag{10.1}$$

式中，Y、Q、Z 分别为某点(可以是某个用户终端，也可以是某个交换局)的去话、来话和总业务量，单位为 Erl。

(2) 平均每线用户忙时业务量，单位为爱尔兰/线，或 Erl/line，即：

$$E=Z/U \tag{10.2}$$

式中，Z 为总忙时业务量(Erl)；U 为用户数或主线数(line)。

(3) 发话比 R，定义为发话业务量与总业务量的百分比，为一无量纲单位，即：

$$R=Y/Z \tag{10.3}$$

(4) 有了以上几个基本定义公式后，就可以做进一步的计算。例如要根据某局所服务的用户数 U 和平均每用户月发话次数 n(次/月)，计算该局的发话业务量，即可用下式表示：

$$a=\frac{nTR_{\mathrm{d}}R_{\mathrm{h}}}{60}\cdot U \tag{10.4}$$

式中，n 为人均月发话量(次/月)；T 为平均占线时长(分)；R_{d} 和 R_{h} 分别为忙日集中系数和忙时集中系数；U 为该局所服务的用户数。

(5) 原邮电部对长话业务量统计以年去话合计的张数为单位，与 Erl 为单位的业务量换算公式为

$$a=\frac{nTR_{\mathrm{m}}R_{\mathrm{d}}R_{\mathrm{h}}}{60}\cdot U \tag{10.5}$$

式中，n 为长话的年张数(张/年)；T 为平均占线时长(分)R_{m}、R_{d} 和 R_{h} 分别为忙月集中系数、忙日集中系数和忙时集中系数。

(6) 在全国长话的流量流向调查统计中，是以 3 天统计时间内的张数为单位，换算公式为

$$a_{ij}=\frac{n_{ij}T\cdot 10R_{\mathrm{h}}}{25\times 60}\cdot U \tag{10.6}$$

式中，a_{ij} 为从 i 局到 j 局的长话业务流量(Erl)；n_{ij} 为从 i 局到 j 局长话的 3 天张数

(张/3 天);其余符号同上。上式中已假定 R_m 取 0.1 和 R_d 取 1/25。

(7) 各种类型业务的流量流向,一般也用无量纲的百分比表示。

例如一个局的总去话业务量,可以分解为发往局内的、局间的、特服的和长途的各个流向上的业务量各占的百分比表示,它们的总和为 100%,具体的例子如表中最右边的 4 列数字所示。我们称发往局间的业务量与总去话业务量之比为局间比。当然,特服的业务也可以视为一个或多个特服局,从而归并到局间的部分内。发往局间的业务量又可以进一步再细分为发往地市的、县市城区的、农话端局的百分比,直至精细到全部每个具体局各占的百分比,即为局间业务流量比;发往长途的业务量又可以细分为国际的、省际的和省内的各占的百分比,直至精细到每个具体的长途局各占的比例等等。某市的本地电话网各规划期的话务流量比例如表 10-2 所示。

表 10-2 某市本地电话网各规划期话务流量比例表

规划期/年	类别	平均忙时话务量 $/\mathrm{Erl}\cdot\mathrm{I}^{-1}$	发话比 /%	话务流量流向比例/%			
				长途比	特服比	局间比	本局比
2000	市话	0.08	58	20	10	52	18
	农话	0.05	56	18	6	46	30
2003	市话	0.1	58	20	12	53	15
	农话	0.07	50	19	8	50	23

平均每线忙时业务量在上述各个量中,具有最基本的地位,它是网络一切定量计算的基础。研究表明它与多种因素有关,其中最重要的是电话主线普及率和用户群的性质。大量统计表明,平均每线忙时业务量能随着主线普及率起始的增加而下降,但到达一定程度后则趋于较平坦,大致呈反比关系。因此,可以以此作为平均每线忙时话务量的预测模型:

$$E_t = A + K/P_t \tag{10.7}$$

式中,E_t 为预测 t 年所求得的平均每线忙时话务量;P_t 为预测 t 年后的主线普及率;A 和 K 为比例系数,可以通过历史上已知 t_1 和 t_0 两年的主线普及率值 P_1 和 P_0。以及相对应实测的平均每线忙时话务量数值 E_1 和 E_0 而求得:

$$K = P_1 P_0 (E_1 - E_0)/(P_1 - P_0) \tag{10.8}$$

和

$$A = E_0 - P_1 (E_1 - E_0)/(P_1 - P_0) \tag{10.9}$$

此外,由于业务用户与住宅用户在电话应用上有质的不同,使得平均每线忙时话务量对于业务用户群或者住宅用户群的差异较大。总的平均每线忙时话务量可用下式综合两者的值:

$$E = (E_b N_b + E_h N_h)/N \tag{10.10}$$

或

$$E = E_b (N_b + r N_h)/N \tag{10.11}$$

式中，N_b、N_h 和 N 分别为业务用户数、住宅用户数和总用户数；E_b、E_h 和 E 分别为业务用户平均每线忙时话务量、住宅用户平均每线忙时话务量和总平均每线忙时话务量；r 为住宅电话与业务电话平均每线忙时业务量之比。根据经验，E_b 可取 0.15 ～ 0.20，E_h 可取 0.03 ～ 0.08，而 r 值一般可取 0.4 左右。

平均每线忙时话务量这一重要数据除了可以通过上面的式(10.7)预测外，根据广东省已对部分市做的详细调查统计分析结果，可估计未来若干年内纯电话业务的总平均每线忙时话务量，表明取 0.05～0.10 之间较合适。再考虑到随着移动电话、寻呼业务、新业务、特别是因特网的业务的增加，在上述数值或经验模型计算的基础上再增加一个 1.1～1.3 的系数是适当的。

话务量中除了平均每线忙时话务量外，另一个重要的量是长途话务量与市话总话务量的百分比，它将直接关系长途网络和本地网络的计算，是长市中继电路群规划的基础。

一个市或县的长途话务量与该市/县的政治、经济和文化等地位有关，而最关键的是经济因素。作为确定当前长途话务量与市话总话务量的百分比，可以通过话务量的调查或 3 天流量流向的统计得到。要预测未来长途话务量与市话总话务量的百分比可以有多种方法。首先可以根据对长途话务的发展趋势预测未来所占的百分比；其次可以用平均每人年长途通话次数预测值，结合平均通话时长等折算成忙时话务量和长途百分比；最后还可以用一些预测模型，例如长途话务量百分比与 GDP、与市外的贸易额线性相关等，来建立模型。

3. 电话业务流量流向矩阵

一个网络上各个节点之间流动的业务量，可以按照横坐标表示来话局，纵坐标表示去话局，把各个流量值排列成为一个矩阵，我们称之为业务量流量流向矩阵，如表 10-3 所示。它是每一种网络业务需求在量上的表示，也是规划和设计传输网电路时计算的依据，因此具有十分重要的基础地位。

表 10-3　业务流量流向矩阵

来话局 j / 去话局 i	1	2	…	n	i 局去话量 Y_j
1	a_{11}	a_{12}	…	a_{1n}	Y_1
2	a_{22}	a_{22}	…	a_{2n}	Y_2
⋮	⋮	⋮		⋮	⋮
n	a_{n1}	a_{n2}	…	a_{nn}	Y_n
j 局来话量 Q_j	Q_1	Q_2	…	Q_n	全网总业务量 $\boldsymbol{T}$

电信网关于流量流向所有的计算和预测方法，都是基于首先确定了某个局的总去话业务量 Y_i，然后再把这一总量分摊到每个局向上。因分摊的方法不同，会产生不同的计算方法。最常用的方法有重力法、吸引系数法、双因子法、分配系数

加权法等以及它们的组合。这些方法都各有其优缺点。在每种算法的计算过程中,都或者需要做一些近似假设;或者计算方法本身对所给的原始数据有一定要求,否则有时会导致出现一些麻烦和错误。因此所有方法所得的结果也都只是近似的,常常还需要从别的途径做进一步的核实。

(1) 吸引系数法

吸引系数法是首先假定一局到其他各局的业务流量大体与各局的业务量成比例,再用实际调查统计的流量加以修正,从而得到所谓局间吸引系数,用它定量表示出各局间信息交流的密切频繁程度。如果所有局之间都同等“密切”,则所有的吸引系数均为1;如果某两个局之间更“密切”则 $f>1$,否则 $f<1$。利用吸引系数就可以把一个局的总业务量摊分到各个局向上。如假定未来吸引系数仍然不变,即可预测出未来的局间流量流向。一般情况下,未来的吸引系数可由现有业务量矩阵推导出来,再由规划人员加以适当调整。

吸引系数法计算局间话务量的基本公式为

$$f_{ij}=a_{ij}Y/Y_iY_j \quad (i\neq j) \tag{10.12}$$

$$a_{ij}=f_{ij}\,Y_iY_j/Y \quad (i\neq j) \tag{10.13}$$

式中,f_{ij} 为 i 局与 j 局间的吸引系数;a_{ij} 为 i 局到 j 局的业务流量;Y_i 为 i 局的局间去话总业务量;Y_j 为 j 局的局间去话总业务量;Y 为矩阵的总局间去话话务量减去 Y_i,即

$$Y=\sum_{j=1}^{n}Y_j,(j\neq i),i=1,2,\cdots,n;j=1,2,\cdots,n \tag{10.14}$$

吸引系数法适合于已有基础年的局间流量矩阵数据,又期望结果有比重力法较高的精度,且预测的周期较短,例如只有2～3年,局数量维持不变的情况下应用,更适合于短期内可以认为吸引系数不会变化的长途网或本地网中。

(2) 双因子平衡法

双因子平衡法简称双因子法,亦即矩阵叠代法,又称 Kruithof 法。它能克服重力法对容量、距离考虑欠周而导致结果不准的弊端;又能免于吸引系数法的系数调整困难和预测结果中的来去总业务量不等的难题,是一种相对比较完善的方法。

双因子法也要求有完整的基础年话务量矩阵数据。方法的基本思想是首先应预测各局的总去话业务量和总来话业务量,然后在现有流量流向矩阵的基础上把预测到各局的总来话和总去话业务量分摊到各个局向上,再计算出未来各局的总来话和总去话业务量,一旦发现两者结果相差较大时,即根据其差值去修正各个流量,如此反复多次迭代,直到各局的总来话和总去话业务量之差不大于我们预先规定的精度时,这时所对应的流量矩阵就是我们所预测的业务流量矩阵。

实际的操作程序如下:

① 首先测量和建立基础年的业务量流量矩阵,如表10-3所示。

② 根据预测年每个局的用户数、于均每线忙时业务量、发话比等数据由式(10.1)和式(10.2)定出每局的总去话业务量需求值 Y_i，和总来话业务量的需求值 Q_j，并把这些需求值加入到表 10-3 的新增列和新增行中，形成双因子法所需的基础数据，如表 10-4 所示。

表 10-4　双因子法的业务流量流向矩阵

去话局 i \ 来话局 j	1	2	…	n	i 局去话当前量 Y_i	i 局去话需求量 Y'_i
1	a_{11}	a_{12}	…	a_{1n}	Y_1	Y_1
2	a_{21}	a_{22}	…	a_{2n}	Y_2	Y_2
⋮	⋮	⋮		⋮	⋮	⋮
n	a_{n1}	a_{n2}	…	a_{nn}	Y_n	Y_n
j 局来话当前量 Q_j	Q_1	Q_2	…	Q_n	全网总业务当前量 $\boldsymbol{T}$	
J 局去话需求量 Q'_j	Q'_1	Q'_2	…	Q'_n		全网总业务需求量 $\boldsymbol{T}$

③ 来话业务量需求的标准化：数值 Q_j 由下式替代

$$Q'_j = Q_j \sum_{i=1}^{n} Y_i \Big/ \sum_{j=1}^{n} Q_j \tag{10.15}$$

④ 计算在矩阵中得到的去话业务量：

$$Y_i^* = \sum_{j=1}^{n} a_{ij} \tag{10.16}$$

⑤ 将矩阵中的所有行乘以每一行的特定系数：

$$a'_{ij} = a_{ij} \cdot Y_i / Y_i^* \tag{10.17}$$

⑥ 计算在矩阵中得到的来话业务量：

$$Q_j^* = \sum_{i=1}^{n} a_{ij} \tag{10.18}$$

⑦ 收敛检验：若来话业务量的需求和计算得到的来话业务量间的最大相对偏差不大于事先规定的数值 ε，则认为迭代算法已经完成。

$$\varepsilon \geqslant \max(Q'_j - Q_j^*)/Q'_j \tag{10.19}$$

此时式(10.17)算得的 a_{ij} 即为我们所求的预测年的流量矩阵元素。

⑧ 如果式(10.19)不成立，则在表 10-4 中将矩阵中的所有列乘以每一列的特定系数：

$$a'_{ij} = a_{ij} \cdot Q'_j / Q_j^* \tag{10.20}$$

然后将 a_{ij} 替换了表 10-4 中的 a_{ij}，相应计算 Y_i 和 Q_j，由此得到一个新的矩阵。

⑨ 重复从③步起的算法继续。

目前对双因子法也提出有不同的改进意见。此外，双因子法还涉及一系列理论问题，例如精度问题、叠代过程问题、收敛性问题等，均不在这里讨论。

双因子法适用于具有完整基础年的流量矩阵，未来各局业务有不同的增长率，又要求有较准确结果和有计算机辅助计算的长途网或本地网的场合。

(3) 重力法

重力法是根据预测年各局的实占容量和局间的距离值，将每局的总出局去话量分摊到各个局向上的一种方法。它是假定两局间的业务量与这两个局的容量乘积成正比而与距离的某次方成反比。基本公式为

$$Y_{ij}=\frac{\dfrac{C_iC_j}{d_{ij}^t}}{\sum\limits_{j=1}^{i-1}\dfrac{C_iC_j}{d_{ij}^t}+\sum\limits_{j=i+1}^{n}\dfrac{C_iC_j}{d_{ij}^t}}\cdot Y_i \quad (i\neq j) \tag{10.21}$$

$$Y_i=Z_iRW \tag{10.22}$$

式中，Y_i 为 i 局预测的局间去话业务量；C_i，C_j 分别为 i 局、j 局的容量；Y_{ij} 为 i 局至 j 局的业务流量；d_{ij} 为 i 局到 j 局的距离；t 为距离的方次幂，是个非负数，其值越小表示距离对业务流量的影响越小；Z_i 为 i 局的总业务量；R 为发话比；W 为局间比。当初提出重力模型时是仿效万有引力(重力)的平方反比定律取 $t=2$，随着交通发达，经济和交往日渐扩大而淡化了距离的概念，t 的值应逐渐降低。极端情况是 $t=0$，表示式(10.21)中业务流量的计算与距离完全无关，这发生在特大城市的稠密中心地区。我国80年代末曾有人用广州市的局间话务数据验证过 t 约为1.5左右。进入90年代肯定有大幅降低，目前大都取 $t=1$，这样取计算也可得到简化。

式(10.21)存在两个问题。一是无法处理本局的业务，因为本局就意味着 $d=0$。这可以于先定出一个本局的话务比而剔除了本局后，再行处理纯局间问题，亦即在式(10.21)中令 $i\neq j$，并用式(10.22)计算 i 局的总局间去话量。这时所得到的业务量矩阵是一个对角元素为0的矩阵。但是，这样处理又引入了确定本局话务比的人为因素，特别当未来局数量有变化时更难预先定出本局的话务比。二是尽管已经取 $t=1$，仍存在业务流量过于集中在近距离的各局之间，常常与实测结果不同。为此，我们可以对 d 值进行适当的修正。修正的方法很多，下面是一个常用的对近距离做适当"放大"的方法：

$$\begin{cases}\text{当 } d_{ij}\geqslant d_i, & \text{取 } d_{ij} \text{ 实际值}\\ \text{当 } 0.5d_i\leqslant d_{ij}<d_i \text{ 时}, & \text{取 } d_{ij}=d_i\\ \text{当 } 0.25d_i\leqslant d_{ij}<0.5d_i \text{ 时}, & \text{取 } d_{ij}=0.5d_i\\ \text{当 } 0.25d_i>d_{ij} \text{ 时}, & \text{取 } d_{ij}=0.25d_i\end{cases} \tag{10.23}$$

式中：

$$d_i=\sum_{j=1}^{n}\frac{d_{ij}}{(n-1)} \quad (j\neq i) \tag{10.24}$$

为 i 局到其他所有 $n-1$ 个局距离的平均值。对距离做了这样的放大后，重力法还可以用到本局的处理，只要认为本局的 $d_{ij}=0.25d_i$ 即可。有人还提出在本局内也

采用重力法，只需要选择适当的距离取法即可。

重力法较适合于缺乏完整基础数据的长途网、低密度本地网，未来局所数量有变化和业务量变化较大，因而难以准确预测时的应用。重力法由于所需原始数据不多，较容易展开实际计算，这一重要优点使该方法广受人们的欢迎。因此，直到现在仍有人在这一模型基础上做种种修正和考虑，其目的是在想方设法地进一步完善提高结果的准确性，我们不在这里赘述。

（4）加权组合法

所谓加权组合法是指先分别用上面两种方法进行流量预测计算，然后评估每种方法的可靠程度，从而给予不同的权重，最后组合成一个加权的结果，计算出相应的业务量矩阵元素：

$$a_{ij}=P_1a_{ij1}+P_2a_{ij2} \tag{10.25}$$

式中，a_{ij1}、a_{ij2} 和 a_{ij} 分别为第一种算法、第二种算法和加权组合法相应的矩阵元；P_1 和 P_2 为对应于第一种算法和第二种算法的加权系数，且有

$$P_1+P_2=1 \tag{10.26}$$

现以吸引系数法与重力法结果进行加权，作为一个加权组合法的例子。可以在吸引系数法中，取全部 $f_{ij}=1$，相应的权重取 $P_1=0.7$；对重力法的权重取 $P_2=0.3$，即可求得全部的局间话务流量矩阵元素。

必须指出，在这种方法中权重的取值比较关键。在具体操作中，权重的取值可采用专家法和层次分析法来确定。

10.2.3　网络规划

1. 市内电话网规划

市内电话网规划工作，从阶段上大体可以分为三部分内容，包括业务预测、网络规划和经济分析。如图 10-1 所示。

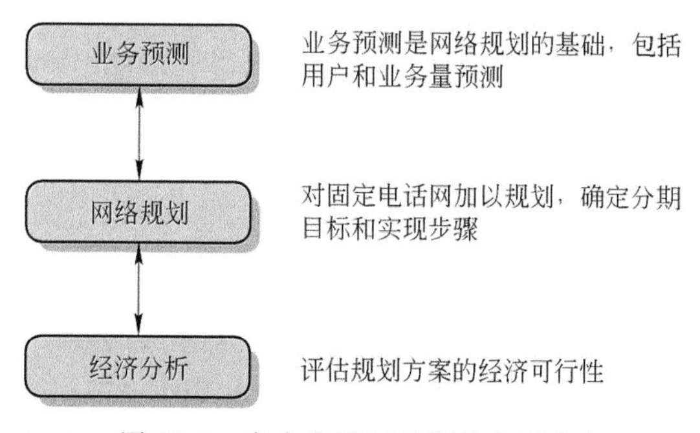

图 10-1　市内电话网规划的主要内容

市内电话网业务预测的主要内容如图 10-2 所示。在上述三部分内容中，市话用户预测最为重要。在市话用户预测中，市话用户微观预测与市话用户的小区预

测从本质上讲是基本相同的,小区预测是介于宏观预测和微观预测之间的一种预测方法。通过计算可将小区预测和微观预测有机地结合起来。

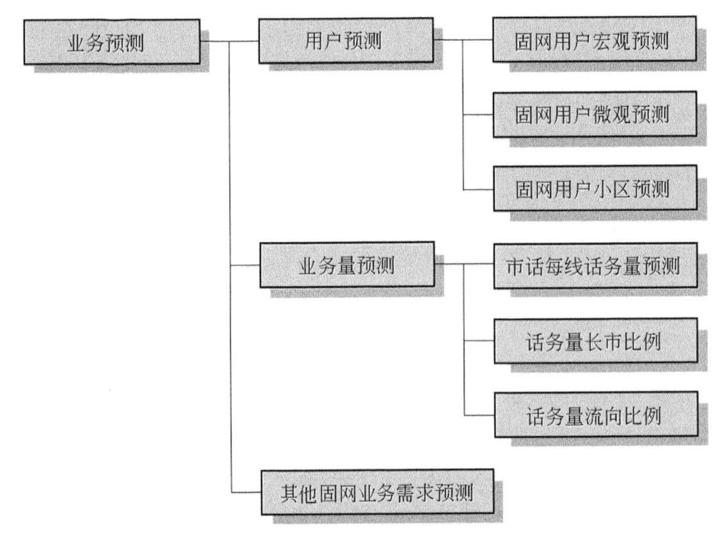

图 10-2 市内电话网业务预测的主要内容

市话网网络规划主要包括的内容如图 10-3 所示,其中,局所规划是建立在市话用户宏观、微观预测的基础上进行的,其他预测则依次进行。

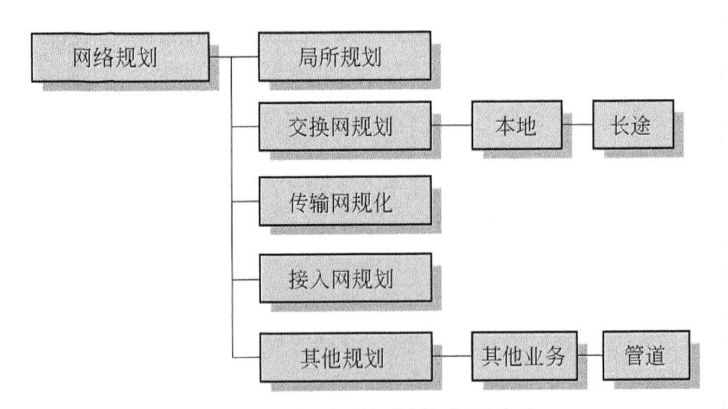

图 10-3 市话网规划的主要内容

(1) 市话用户发展预测

市话用户发展预测分为市话用户宏观预测、市话用户微观预测和市话用户小区预测等。在前面章节关于预测方法的介绍中已经详细谈到了宏观预测的一些基本方法,本节在此不再赘述。微观预测是在宏观预测的基础上对用户的分布情况做出预测,由此可确定市内各位置的用户密度,为局所规划提供依据,下面主要进行市话用户微观发展预测方法的介绍。

• 市话用户微观发展预测的步骤可以分为以下几个方面:构造用户密度基础

方格图、安装户和待装户的调查与用户密度图定位、新发展用户调查、采用预测方法进行预测、对预测用户密度图进行调整和认证(得到预测结果)等。

• 构造用户分布密度的基础方格图。一般情况下,用户分布密度的基础方格图可以采用等面积的方格密度图。密度图方格边长代表实际距离,可以为 100～600 m,具体应根据实际情况而定。图 10-4 给出了某市用户分布密度基础方格图的示意图。

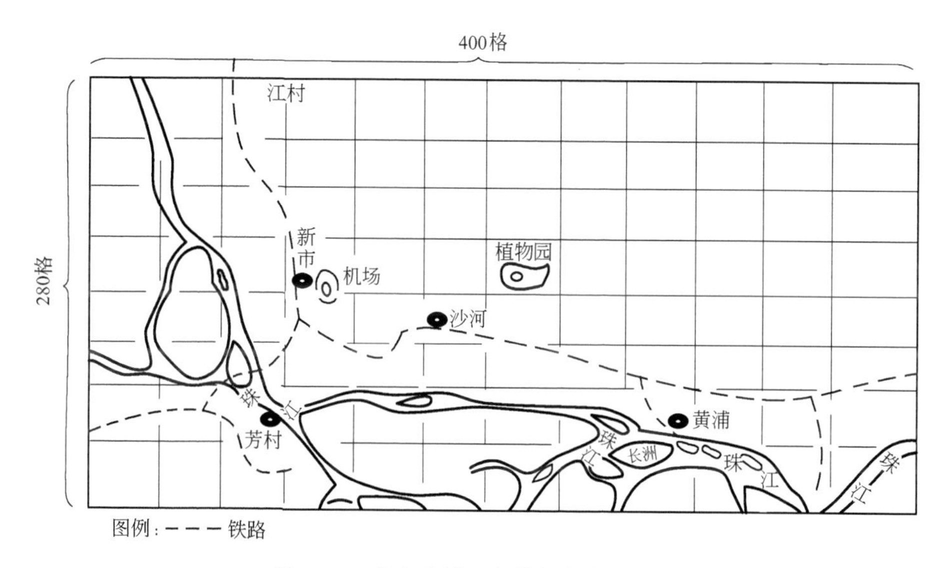

图 10-4　某市市话用户分布密度示意图

由于市话用户微观预测的统计计算工作量大,应采用计算机辅助计算的方式来解决。图 10-5 给出了市话用户微观预测的基本过程,通过预测,可确定基期及预测各期的用户密度分布图。

(2) 小区预测

小区预测也称现场预测,是直接为规划、设计服务的。市话用户微观预测的小区预测法是在已有成型的城市区域规划基础上的一种预测方法,根据城市规划中的不同发展区域,通过抽样调查、分析并在宏观预测结果的控制下,得出在规划期末不同区域内应增长的用户数或发展趋势。预测时,各区域均按本区域内应增长的用户数或相同的发展趋势等密度增长。

由于小区预测的计算工作量太大,必须使用计算机来辅助计算。图 10-6 给出了小区预测法计算机程序框图。

(3) 局所规划

局所规划涉及的问题包括局所的数量,每个局的局址、局容量,局性质(指属于目标局还是非目标局),未来的演变,服务区,用户线平均长度,以及费用的优化等。

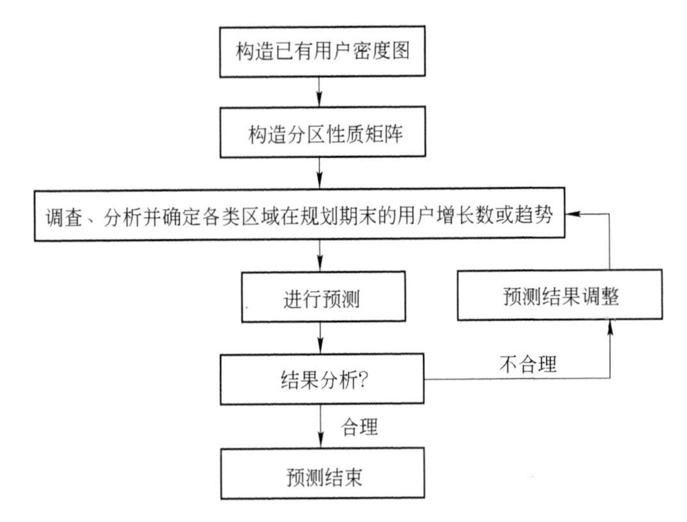

图 10-5　微观预测的基本过程

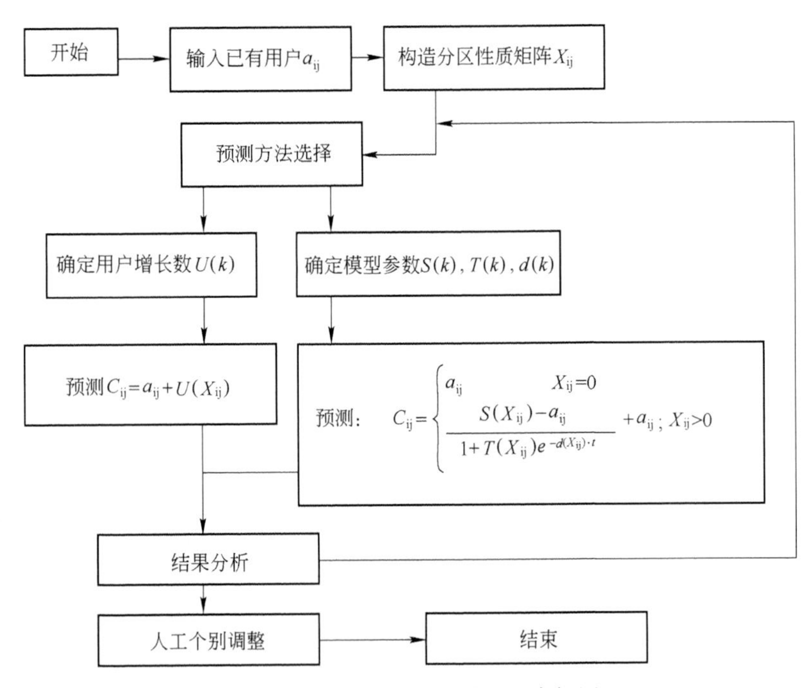

图 10-6　小区预测法计算机程序框图

要对局所做定量的优化，首先要知道相关的费用参数，它们包括交换设备费用、土建费用、中继网费用和用户线费用 4 大类，每一类又可细分为许多细类。局所优化的经济评价准则大多采用年经费现值法，即使得全网的年经费现值 P 达到极小值：

$$P=A\left(1+\frac{1-S}{(1+r)^{t}-1}+\frac{U}{r}\right) \tag{10.27}$$

式中，P 为年经费现值；A 为初始投资；S 为与投资费用有关的回收设备剩余值，又称为残值；U 为与投资费用有关的年度运营费用加年度维护费用；t 为设备的服务寿命；r 为折现率。

此外，对一个本地网来说，在局所数量不同的情况下，为用户线路、中继线路、交换设备、房屋土地等所付的各项费用也各不相同。最经济局所容量为总投资或总年经费现值最小市的平均局所容量。图 10-7 表示了局所容量与各项年经费之间的关系。

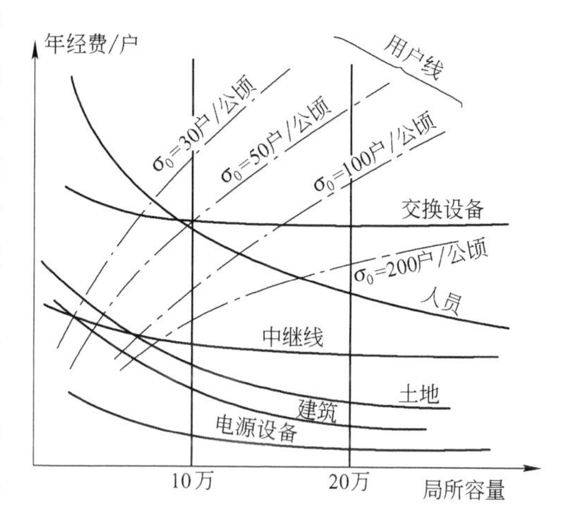

图 10-7　局所容量与各项年经费的关系

寻求最经济局所容量主要有两种方法。一种是解析法，从一定的通用用户分布模式出发，提出一个最经济局所容量的计算公式，然后将具体参数代入，即可得到不同用户密度下相应的最经济局所容量。另一种方法是计算机辅助局所规划的方法，即从每个城市的具体用户分布出发，利用计算机的逻辑功能，根据一定的输入条件和原始数据来提出和选择局所方案，利用计算机的高速计算功能来计算方案的各种数据，从而得出对应于该特定用户分布情况的最经济局所容量、交换区域界限和理想线路网中心。

计算机辅助市话局所规划从算法上有两大类：一种为模型优化，在理论上从建立数学模型开始，直到最后确定网络结构、局所容量、最佳局所数等；另一种采用启发式算法，从工程角度出发，在工程误差允许范围内简化一些计算步骤去求得上述结果。启发式算法，从图 10-8 出发，在总费用曲线接近二次曲线的基础上，采用逐步递增局所方式，寻找全网的最佳局所数及各局经济局所容量。

由图 10-8 可见，最佳的交换局数目随着交换费用的增加而减少。当起始费用变得相当大的时候，这个影响变得更加强烈。每对中继线端的交换机边际费用对于纵横制交换局来说比较高而对数字交换局则较低。在图 10-8 中，交换设备费用、土建费用、中继费用随交换居所数量的上升而增加，而介入费用则降低，由于各项费用的叠加从而形成了网络总费用的“U”型曲线，其最低点则为最经济局所数量。

关于局数量、局址、局界限等问题是个相当复杂又相互纠缠在一起的问题。对于城市，从理论上说是应该根据各个规划期按用户的需求绘制用户密度图或小区密度图，即首先作微观预测，然后确定用户密度中心，并要考虑与其他交换局之间

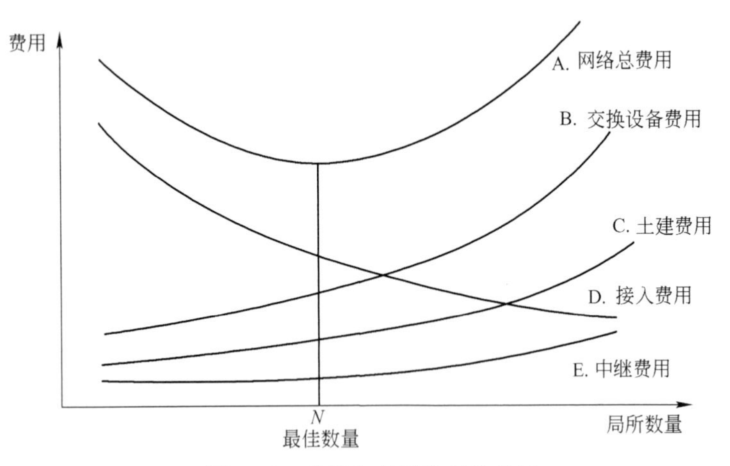

图 10-8　费用与局所数目的关系

有一定的距离，经济与技术上较合理等等。国内外有大量的文章、书籍讨论各种密度图的绘制和寻找密度中心的各种计算方法。但是我国电信的发展基本上与城市的发展是同步的，城市街区初步形成的同时即已建立起局所的位置。尽管以后城市的发展使街区有些变化，但由于历史和其他原因而既成事实的局所一般都是难以改变的。

因此，在我国的局所规划应尽量在原有局点基础上，详细地考察下列实际问题后，再做出是继承、调配和增减的决定。

近期和远期结合，规划好目标局和非目标局以及过渡方案。作为目标交换局，应确定其局址、局性质、局容量、选择的机型、版本、能够开放的业务、接口等。作为非目标交换局应拟订出具体的关、停、并、转、留的规划，应根据现用设备的实际情况，采用自然淘汰、立即淘汰以及拆迁到目标交换局服务区域等多种方案。这样既保证了网络的先进性，又使投资得到最大的回报。关于市话网络规划方法，北京邮电大学管理工程系曾发表了 CAPLTN 规划软件，并获得原邮电部科技进步二等奖。详见案例分析。

县/市局所的规划方法，原则上对一般的县城可以采用设 1～2 个端局，它们可包括覆盖周围的乡镇；对用户容量大的县/市，可在用户密度集中、容易组织双物理路由的乡镇设置端局。一般乡镇采用模块或接入网技术接至端局。

2. 本地交换网规划

(1) 本地交换网现状及存在问题分析

我国本地电话网目前存在的主要问题有：端局数目多且单局容量小，造成设备重复配套，管理困难，使建设投资加大；汇接局设置过多、层次多，汇接复杂；交换机制式繁杂，影响新业务的发展；传输线路和交换容量不平衡，电路调度不够灵活；接入网技术落后，通话质量低；旧的经营管理体制不能适应本地电话网的发展等。

(2) 本地交换网规划的一般原则

交换网规划一般应首先分析交换网的现况,然后规划出未来目标网的组织结构,最后完成其中各规划期过渡的网络组织结构、汇接方式、安全考虑等,并与之相适应地制定相应的路由规划。

本地交换网规划的一般原则是:

- 中心城市和县/市应是一个整体,网路规划要统一考虑,但建设实施可分步进行;
- 按中、远期的网路发展需要组织目标网络;
- 网络应逐步过渡到二级结构;
- 汇接方式中,城市一般采取分区汇接和全覆盖两种汇接方式,县/市一般设汇接局、不同县/市间话务量通过中心城市汇接局疏通;
- 根据局所布局情况,考虑未来技术因素会给网路带来的影响;
- 网路组织应具有一定的灵活性和应付异常情况的能力,即国外所说的“鲁棒性”(Robustness);
- 充分考虑全网的安全可靠性需要;
- 每一规划期或阶段,对交换网络组织必须给出两种组织图,一种是大致标明物理位置的图形,另一种是标明组织隶属关系的逻辑图形。

(3) 中继网规划

固定电话网的中继网将涉及局间中继网、长市中继网和长长中继网(即长途网)3 个部分。这里只讨论中继网络的组织和设置。

我国目前已就中继网电路的设置与配置原则,中继连接原则,汇接原则,路由选择原则,中继电路群的设置与配置标准等,都制定了规范。特别是对于省城本地网内,设有 2～3 个 DC2 长途局的地市本地网内或设有 1 个 DC2 长途局的地市本地网的长市中继连接原则,长途来话汇接原则,设有 1～3 个长途交换局的本地网端局的长途去话呼叫路由的选择,长途来话长市路由的选择,长市中继电路配置原则,本地网内多个长途局之间的长长中继设置及使用规定,不同本地网长途交换局之间中继电路群的设置规定,长长电路群配置标准等等,都有详细规定,应按照部标的有关规定规划和实施。

针对当前本地网内的中继网,应优先考虑:城市各端局在近期内就应与长途局之间设置长-市、市-长中继电路;农村端局的长途话务量可暂通过汇接局汇接至长途局,将来所有端局与长途局间均设置长-市、市-长中继电路。一般两个长途局之间采用负荷分担方式工作,采用来去话全覆盖的汇接方式。各端局以及汇接局与两个长途交换局之间均设有直达长-市中继电路。

3. 长途交换网规划

(1) 长途交换网现状及存在问题分析

长途交换网现状及存在问题，应该包括下面5个方面的分析。

① 本地网内长途交换局数量和局址设置、长途交换机实装容量、装机容量以及终局容量等状况。

② 当前已有两个或两个以上局的本地网，要说明多个局对话务分担情况。目前整个本地网的长途忙时总话务量分担情况不均衡，有些长途业务量较大的本地网还要分开省内、省际、港澳、国际话务分别做出分析。

③ 长途交换网络可靠性分析：已建设多个局的本地网，说明如何实现交换网络的安全可靠性。

④ 长市网络组网方式：要明确来、去话分别采用何种组织方式。说明目前长途中继网络（包括信令方式）以及长市中继网络状况，并附图表示。

⑤ 描述存在的问题。

(2) 长途交换网发展规划

长途交换网发展规划应该包括以下内容。

① 结合长话业务量预测结果，明确未来各规划期本地网内长途交换机的设置数量，给出每个长途交换机的装机容量和实装容量。

② 长途自动交换设备的容量，一般可按提前一年安排扩容，扩容后满足三年需求来取定，省会城市可考虑两年或一年扩容一次。

③ 做出长途交换局对新业务适应能力的规划。

④ 长市网络组网方案：应包括各规划期分来、去话说明采用何种长市网络组织方式。

⑤ 对于IP电话的应对策略。

(3) 对长途网规划的一些建议

① 根据规划预测得到的长途话音业务的需求，结合IP电话的发展，未来应由传统长途电路交换网和IP网共同提供。近期由前者承担主要的业务量，IP网则通过MG（媒体网关）与长途电路交换网相连，利用IP电话承担少部分长途话音业务量。未来则应逐步加大IP电话的比例。

② 应严格控制现有长途交换类型的设备的发展。对现有长途交换局设备应重在挖潜，提高交换机的实装率，完善机线配套和网络的整体效率，充分利用已有网络的资源。除挖潜之后仍确有业务需求外，原则上不再扩容。尚未建立第二长途局的本地网原则上不再进行新建，但可考虑建设综合关口局，兼做长途局之用。

③ 结合省智能网管系统的建设，进行网络路由和流量控制。提高接通率和长途电路利用率。

④ 目前长途接口混合局（既承担长途业务又承担网间结算的局），与本地长途局之间的电路负担要进行调配。考虑到现有长途业务安全的问题，混合局应以长途业务为主，只负担少量的网间结算业务。今后应考虑长途接口混合局的两种功

能实现分离。

⑤ 长途局的建设要适合网络发展演变的需要，应密切跟踪传统电路交换网向宽带网过渡的技术。可以考虑将发达地区的长途交换机改造升级为综合节点，例如含 ATM 交换网络的交换机，作为窄带长途网与宽带骨干网的接口，试验长话业务由宽带网承载的情况；和原长途交换机与 MG 设备综合，试验将长话业务转入因特网的情况。

4. 参数取值的建议

(1) 我国本地电话网参数取值的建议

为方便本地网的计算，现对涉及的基本参数在现阶段的取值，提出下面的建议范围，仅供参考。各地区的情况不同，经济发展的程度有不同，有时甚至出入很大。因此还要结合当地条件，做出适当的调整。

① 忙时话务量：

- 用户话务：0.04～0.082 Erl/line；
- 本地网内话务占总话务的比例：各地区差异很大，粗略的参考值为 70%～90%，其分配是本局约占 10%～30%，局间约占 40%～60%；
- 忙日集中系数：1/20～1/25，忙时集中系数：0.10～0.15，各地情况也不尽相同；
- 每呼叫平均占用时长：90 s；
- 平均用户接入因特网上网数据速率：28.8 kbps；
- 平均接入因特网月数据业务量：

$$a=\frac{nTR_{\mathrm{d}}R_{\mathrm{h}}}{3\,600}\times U\times 28.8 \tag{10.28}$$

式中，n 为每用户每月使用次数（次/月户）；T 为平均占线时长(s)；R_{d} 和 R_{h} 分别为忙日集中系数和忙时集中系数。U 为用户数（户）。

② 局间中继电路业务量：

- 局间中继电路业务量：0.6～0.8 Erl/trunk；
- 市市中继的配置按 1% 的呼损计算，也可根据实际传输设备的情况做调整。

(2) 我国长途网参数取值的建议

为方便长途网的计算，现对我国长途网计算所涉及的基本参数在现阶段的取值，提出下面的建议范围，仅供参考。各地区的情况不同，有时还要做适当的调整。

① 忙时话务量。

- 长途话务占本地端局呼出总话务的比例：要视地区经济、社会发展水平而取不同值。对较发达地区，可取长途话务量占总话务量的比例为 10% 为宜。要再细分，可取其中国际占 5%、省际占 25% 和省内占 70%。
- 忙月集中系数：0.08～0.1，忙日集中系数：1/20～1/25，忙时集中系数:0.10～0.15。

- 每呼叫平均占用时长:4～5 min。

② 长途话务量流量流向的测算。

我国历来统一于每年12月第二个星期的星期一、二、三3天,统计每个长途局对全国其他各局的去话流量。从1990年开始更加强到对长途自动网上所有局统计12月全月去话量,人工网维持不变。由这些统计数据即可算得长途流量流向矩阵。

③ 长途业务电路。

- 基于电路按呼损率≤1%标准,同时综合考虑传输情况及冗余度进行配置;
- 低呼损电路按呼损率≤1%标准,同时综合考虑传输情况及冗余度进行配置;
- 高效电路基本按呼损率≤7%标准配置,视传输条件可进行调整。

④ 长途电路。

长途电路指长途业务电路与非话务电路、空闲电路的总和。

- 非话务系数:指二次复用电路、出租电路、业务联络电路与长途业务电路之比。这些非长途话务的电路若按在网络中的走向,又可分经由长途自动交换机的非话务系数,和只占用长途传输电路的非话务系数两部分。目前规划中,前者取0.05～0.1,后者又视不同级别的长途局而取0.15～0.3之间。总体上取非话务系数为0.15～0.3较为适中。
- 空闲电路系数:指传输电路群中,空闲的电路与长途业务电路之比。目前取值0.1～0.3。
- 转话系数:指来去总转话务量与全台总话务量之比。

⑤ 长途电路的组群:原邮电部对此有专门规定而不同于一般的每30路组1的法则,本节不再赘述。

10.3 移动通信网规划

10.3.1 概况

1. 移动通信的概念

移动通信就是通信双方至少有一方在移动中进行的通信,包括:移动体之间的通信和移动体与固定点之间的通信。

与固定通信相比,移动通信具有下列主要特点:

- 移动通信必须使用无线通信技术;
- 无线电波传播特性复杂,易受干扰;

- 组网方式灵活多样；
- 对终端要求较高；
- 存在频率资源的限制；
- 存在切换、漫游的问题。

移动通信系统一般由以下 4 部分组成，如图 10-9 所示：

- 移动台(MS)；
- 基地站(BS)；
- 移动业务交换中心(MSC)；
- 传输线路(包括交换中心与基站之间、交换中心之间以及与固定网之间的连接线路)。

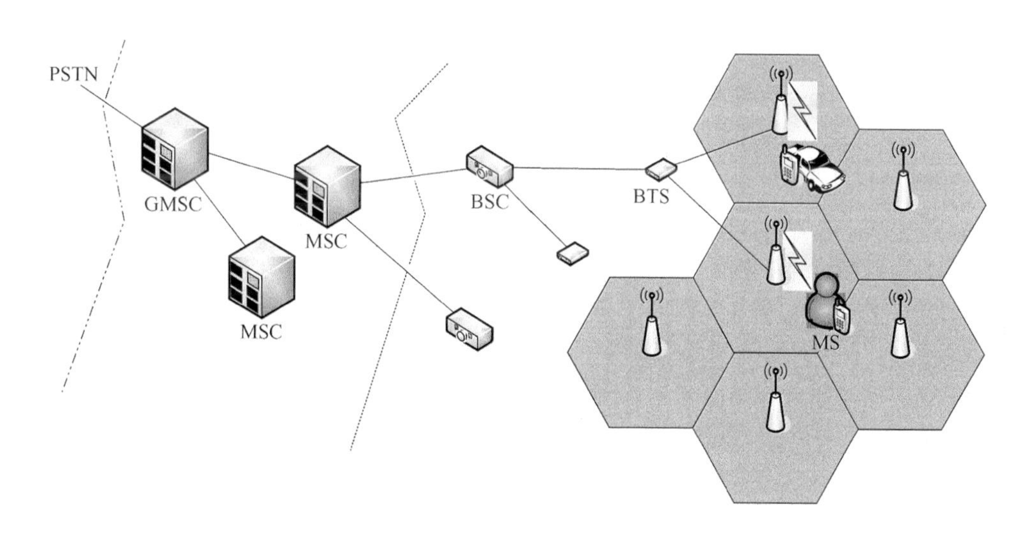

图 10-9　移动通信系统的组成

2. 我国蜂窝移动通信总体战略

据我国有关专家分析：目前全球移动通信发展正以年均 40%的速度递增，我国到 2005 年一季度实际统计已经超过 3 亿用户，预测到未来两年，将有 80%的城镇出现移动电话高于市内电话用户；到 2010 年可能会全面超过固定电话用户。可见移动服务市场很大，做好移动通信网规划的重要性显而易见。

经过几年的建设与发展，中国的蜂窝移动通信网形成以 GSM 网为主、CDMA 网为辅，互为补充、协调发展的格局。未来 3～5 年，发达沿海省份的服务范围将覆盖 90%～98%的人口，满足所有城市和大部分地区农村的需求。全网将无缝覆盖所有市县城、主要乡镇、全部高速公路、国道等基干公路及交通干线；省内公路、省会至地市及发达县的公路基本实现连续覆盖；各主要铁路沿线、航运码头、候车室、候机室、通往机场的公路等都实现完全覆盖。

数字移动网将实现与绝大多数相同制式国家和地区的国际漫游。提供优良的通话话音质量和无线数据联网通信服务,实现全球自动漫游。提供移动网上的智能业务,包括有预付费业务、移动虚拟网业务、个人电话号码业务等。还开放因特网移动接入业务和较高速率的数据通信业务。在运营方面,完善符合国际规范的实时话单传递系统和处理制度,全面实现对所有移动电话用户的实时计费、高额话费报告传递和处理,实现国际、国内漫游高额话费报告处理的自动化、制度化,对非法并机和高额话费用户逃逸等行为进行有效的控制。

全部地级市设立全省统一号码的移动电话用户服务咨询热线。实现全方位、多层次为用户提供全日制的优质服务。

3. 我国"十一五"期间的发展战略

"十一五"规划的发展战略尚未正式发布。有关资料显示,"十一五"规划中在行业发展重点上最大的变化是提出了信息服务业的概念,信息产业部将在"十一五"规划中为这个行业的发展方向做更清晰的描述。

预计到"十一五"末信息产业全行业收入预计将达到8万亿,2005年的全行业收入预计在3.8万亿,年均增长超过17%;另一个重要指标,GDP的占有率2010年预计将达到10%,而现在这个数字是7%,预期上涨三个百分点。在服务方面,"十一五"末,互联网用户数预计将达到2亿,普及率达15%;固话普及率实现30%,移动普及率达到45%,而总体的电话用户数突破10亿户。

未来普遍服务的压力非常大,如果解决最后的5%将是很大的挑战和努力方向。在"十五"期间,已经实现了全国至少有95%的行政村开通电话。

未来几年行业发展的重点将集中在8个方面,而首要的一点就是要加强信息产业的法规建设。

"十一五"期间的另外一个目标是要培育一批优势企业。在最近几年,鼓励企业创新一直是相关主管部门所积极推动的。而在未来几年,鼓励创新依旧会是重点,特别是建立以企业为主的创新体制。除了全行业的引进消化吸收再创新之外,集成创新能力、原始创新能力、新业务创新能力都需要进一步提高。

"十一五"期间还将继续推动国际化发展,特别要鼓励制造业和运营业"走出去"。在这方面,信息产业部将可能出台相关的鼓励政策。

未来还将提出要发展一批重点的工程领域(如核心基础领域、产业调整、普遍服务、人才兴业等)的目标。

产业调整要进一步加快。在这方面要特别打造一批有国际知名度的区域品牌,扶持一些区域发展成为特色地区。相关的政策也将出台以使更多地区有鲜明的特色,把区域品牌和产业链结合起来发展。

可以预见今后几年，我国电信产业将呈如下的发展趋势：

① 电信产业逐步走向综合信息服务业；

② 电信监管及政策向更有力支撑电信产业发展的方向改革和发展；

③ 电信产业将继续保持增长，但增长速度将逐渐趋缓；

④ IP 电话对传统长话、移动对固话的分流还将呈现加剧的趋势；

⑤ 数据业务将逐渐超过话音业务；

⑥ 随着农村经济的发展，农村将成为我国电信业务市场发展的一个主要增长点；

⑦ IP 化、无线化及智能化成为下一代电信网络演进的方向；

⑧ “三网”融合的进程正在加快。

10.3.2　移动通信网规划方法

1. 移动通信网规划方法和内容

蜂窝移动通信网与固定电话网从业务的角度看，都是以提供电话业务为主；从网络的角度看，都是基于固定比特率的电路交换网络。因此，移动通信网与固定电话网在网络的规划方法、涉及的计算、网络的组织和网络的优化等，都是大同小异。移动通信网与固定网相比最突出的不同点就是为了解决用户的移动性要求，从移动基站到用户终端之间一段传输线路采用了无线通信方式，以此来取代固定网的接入网中的分配层和引入层。此外，移动性还需要解决切换和漫游等问题。因此，移动通信网规划方法可以从固定电话网规划方法得到大量的借鉴。本节将介绍蜂窝移动通信网规划与固定电话网规划的不同部分。

2. 无线网规划

无线网部分的规划是整个移动网规划中的重点，它的合理性将直接影响移动网的组织结构、服务质量和网络效益；在技术上它也是整个网络规划的难点。由于无线频谱是一项珍贵的资源，必须对这一有限的频谱加以重复使用，但由此又会造成相互的干扰。无线网规划和频率规划的核心任务，就是要在频率得到高效应用的同时，又要把干扰控制在允许水平这两者之间，达到合理的折中。

无线网部分的规划内容应包括确定蜂窝网络的结构和各种参数：基站的数量和位置，无线小区（蜂窝）的服务半径、信道数和容量，天线的制式、高度和有效辐射功率等。

无线网部分规划的方法中，首要是确定网络的标称布局。网络标称布局确定后，就可以对传播建立起模型和进行修正，对地形地物进行修正，对覆盖区的场强进行预测修正等，从而得到一个符合客观实际的无线网络，并最后可确定接收门限电平。

网络的标称布局将包括蜂窝无线小区结构和最小频道分组数的确定；蜂窝无

线网主要参数的确定等。这里因限于篇幅不做详细讨论,可参阅原邮电部《移动网络技术体制》或其他有关文献。

如果规划所涉及的是不止一个移动本地网,而是由若干个移动本地网连成一片的移动网,则称之为移动电话区域网。区域网规划除了要考虑上述问题外,还存在地理相邻的两个移动交换区的边界上的无线网规划和频率规划。由于要实现自动漫游,必须统筹无线网和频率规划,既要照顾覆盖,又要协调和避免干扰。因此,在规划时,必须专门对这一部分进行单独的调整和优化。

3. 频率规划

频率规划的中心任务是在无线网部分规划的基础上给每个基站区或扇区分配频率,使它们相互间频率干扰最小,同时保证与远期的频率分配相一致,不会因发展而轻易变动造成建设投资上的浪费。

频率规划一般将涉及人工频率子分配和干扰分析优化两部分,两部分串联反复进行。

为做好频率规划工作,如固定网的目标网一样,建议采用先远期后近期的方法。此外,对新建网和已建网的扩容两种情况亦应区别对待。对于新建网,由于不受原有网络的束缚,可以按照最优化的方案进行频率规划工作;对于已建网,由于受到已有频率分配的限制,又要保护现有的投资,因此其规划的难度更大,难以达到最优化。

规划的具体操作对于上述每一种情况,都应首先提出一套人工频率的预分配方案,进而列出相应的干扰矩阵,然后做同频干扰和邻频干扰分析,以此验证频率分配方案的合理性,再后进行人工修改。如此反复进行,直至各种干扰指标均达到预期满意的规定为止。

4. 固定网规划

移动电话网的固定网部分规划,大体与固定电话网规划类似。规划的主要内容应包括局所规划、网络组织结构规划、中继网规划和移动网与其他业务网的互通等。

局所规划包括:确定移动电话局的数量、交换机数量、局所位置和局性质等。

我国的GSM网是采用三级结构:一级移动业务汇接局(TMSC1)、二级移动业务汇接局(TMSC2)和本地移动交换局(MSC)。全国共设8个TMSC1,之间用网状网相连;每省一般设1～2个TMSC2,与相应TMSC1相连;以下划分为若干个移动本地网,每个网设1～n个MSC,每个MSC与相应的TMSC2相连。数字移动系统则由归属位置寄存器HLR、拜访位置寄存器VLR、MSC、设备识别寄存器EIR和鉴权中心AUC组成。

在移动本地网中,移动局MSC与所在地固定本地网的汇接局TM和长途局TS通过中继电路相连。如果没有本地网汇接局,则移动局通过中继电路与所有市话端局LS相连。常常为了提高可靠性，移动交换局与两个或多个TM相连，实现双归或多归。

关于在区域网内，通话电路的设置原则是：

① 相邻交换区之间无线覆盖已相连，为实现越区切换，应设置专用通话电路；若不相邻，为实现自动漫游，应设置专用信令链路，通话电路则应尽量利用长途电路。

② 移动汇接局间，移动汇接局至移动端局间在设置专用通话电路条件下，如果无线覆盖区已经相连，为实现自动漫游及越局频道切换，应设置专用低呼损电路群；端局间如无线覆盖区已经相连，则视需要经主管部门批准，可设置高效直达电路群。

5. 移动网与固话网间的互联

(1) 移动电话网与固定电话网之间的互通

移动电话网与固定电话网之间的互通业务量很大。为此，建议当移动端局数量达到4个左右(容量约47万)的移动本地网，应建立独立的网关局(GMSC)，其余移动本地网至少有两个移动端局具有网关局功能，与固定网的互联采用来去话汇接方式。GMSC应成对设置，移动端局与GMSC对的连接采用平均负荷分担的工作方式。有4个GMSC的本地网，可采用平均负荷分担方式；或一对GMSC负责来话汇接，另一对GMSC负责去话汇接的工作方式。应该考虑引入一些新技术和新设备，例如当移动网规模较大时，固定网汇接局(固定网关局)与移动网的网关局间可采用ATM的接口(AAL2)，藉以提高处理能力，简化网络结构。2005年以后，随着网络规模的扩大和完善，网间业务量的增加，在业务量较大的地方，可以考虑通过固定网的LSTP对与移动网的I. STP对互联，实现网间信令业务的转接。

(2) 信息产业部关于移动网与其他通信网网间互联的技术规范

鉴于PLMN与其他业务网的互通是一个十分重要的问题。为此信息产业部1999年10月发布了《陆地蜂窝移动通信网与其他通信网网间互联技术规范》，规范了移动通信网与固定本地电话网、国内长途电话网、国际出入口局网间互联的技术要求，包括互联点及互联点两侧的交换机设置、拨号方式、路由组织以及信令、计费、同步、传输质量等方面的技术要求。

文件规定了互联的原则：

① 在固定本地网范围内设置移动通信网交换机时，它可以与该固定本地电话网一个或多个汇接局/有同等级别的其他交换机、各国内长途电话网交换机互联；

② 一个移动通信网交换机覆盖省内多个固定本地网时，移动交换机可以与未设置移动交换机但设置基站的固定本地电话网汇接局互联；

③ 在国际出入口局所在地，移动交换机可以与国际出入口局互联；

④ 在移动通信网没有覆盖到地区的固定本地电话网用户应能呼叫该移动通

信网的用户；

⑤ 移动通信网与其他通信网网间各种业务的互通均需经过互联点，互联点两侧的交换机应根据网间结算需要对来去话进行计费；

⑥ 移动通信网用户拨叫火警、匪警、急救、道路交通事故报警等紧急特服时，固定本地电话网也应通过互联点为移动通信网用户提供连接服务；

⑦ 各移动通信网网间互联由运营者根据有关规定协商解决，在过渡时期可以通过固定本地电话网转接。

关于互联点及互联点两侧交换机的设置，可以根据业务和网络安全的需要，在一个固定本地网范围内设两个或两个以上互联点；互联点两侧交换机可以交叉连接，可以为不同业务网互联时公用。

移动通信网的信令采用 No.7 信令点编码全国统一的 24 位信令点编码；移动与其他网网间信令采用直联方式，原则上采用 No.7 信令，条件不具备时可先用随路信令过渡。

计费在互联点移动侧、国内长途侧的交换机进行详细计费；固定本地网侧交换机应具有对局间呼叫所需计费的功能。

此外对传输与服务质量、全程传输标准、与长途交换机和市话汇接局之间的中继呼损、各线群平均忙时话务量等均做了规定。

10.3.3 3G 网络规划

1. 我国的第 3 代蜂窝移动通信网

目前全球移动通信仍以极高的速度发展。鉴于目前系统的局限性，ITU 提出的第 3 代(3G)移动通信系统 IMT-2000，其主要特征是能提供宽带多媒体业务；能实现全球覆盖和漫游；接口具有开放性；能与不同网络互联；终端可以实现多样化；能够从第 2 代平稳过渡等。

IMT-2000 系统将采用 5 MHz 的带宽来提供数据速率最高可达 2 Mbps 的业务。此外，对于高于 2 Mbps 速率的业务，可以采用更宽的频带如 10 MHz 或 20 MHz，或更高的工作频率来提供高达 155 Mbps 速率的业务。可以预见，3G 必将会迎来通信领域全新的移动多媒体通信和实现个人化、个性化的全方位的服务。

目前，国际电联确定了 WCDMA、cdma2000 和 TD-SCDMA 三种 3G 标准。

- WCDMA 是欧洲国家全部支持的标准，也是全球获得 3G 牌照最多的标准，诺基亚、爱立信等公司是其主要技术支持商。
- cdma2000 标准是美国、日本、韩国等国家主要支持的标准，美国高通公司是其主要技术支持者，有价格和市场先入的优势。
- TD-SCDMA 则是中国自主开发的 3G 标准，得到了中国政府的强劲支持，TD-SCDMA 具有频率利用率高、组网灵活的特点，尤其适用于高密度、低速运动的环境，但距成熟商用仍有距离。

我国已在3G的标准化工作上做出了重要的贡献。在向3G演进的过程中，对于我国的无线运营商来说，最重要的问题是如何最大限度地满足国内不断激增的用户对高质量无线通信服务的需求的同时，正确选择过渡方案，以规避风险，有效投资，平滑过渡。

2. 3G无线网规划流程

与2G系统类似，无线网规划是整个3G系统规划中的难点和重点，无线网网络规划的好坏将直接影响到3G的投资规模、覆盖范围、网络性能、服务质量等，并将对下一步的网络运行维护、网络扩展等产生重大影响。

结合3G无线网的特点，确定3G无线网规划流程如图10-10所示。

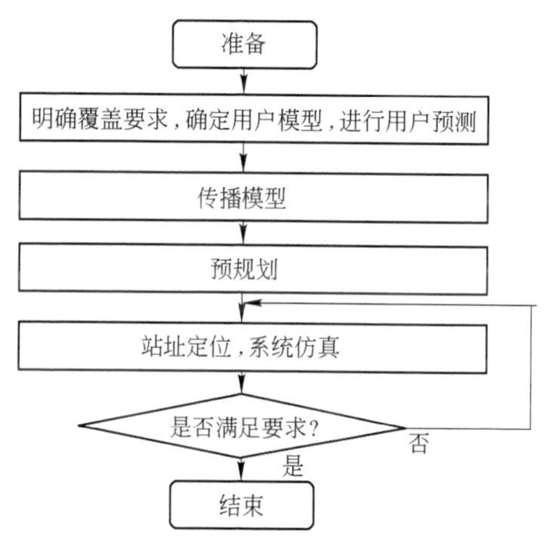

图10-10　3G无线网络规划流程

下面结合3G无线网规划的特点对主要环节进行说明。

(1) 覆盖要求

首先应根据各类业务需求预测及总体发展策略，提出各类业务的无线覆盖范围。3G无线覆盖要求可以用业务类型、覆盖区域、覆盖概率和穿透损耗等指标来进行表征。

业务类型包括12.2 K话音业务、64 K电路数据业务、64 K分组业务、144 K分组业务、384 K分组业务等；覆盖区域可划分为市区(可进一步细分为密集城区、普通城区、郊区等)、县城、乡镇及交通干线、旅游景点等。覆盖概率有边缘覆盖概率和区域覆盖概率两种，边缘覆盖概率反映的是在小区边缘接收信号的强度；区域覆盖概率反映的是在整个区域中接收信号的强度。

对于不同的业务、不同的覆盖区域、不同的覆盖概率，其要求的衰落储备不同，典型的衰落储备在3～7 dB。此外，覆盖要求中还需考虑穿透损耗，不同地理区域对穿透损耗的考虑不同，一般对于市区要考虑建筑物穿透损耗。典型情况下，大中型城市的市区穿透损耗一般在15～20 dB，中小城市在10～15 dB。

(2) 用户模型

用户模型可分为用户业务行为和用户分布两部分。

由于3G数据业务的多样化，一般按承载层对业务分类，电路域的业务分12.2 K话音和64 K可视电话，分组域的业务分PS(分组业务)64 K、PS 128 K和PS 384 K IP承载业务。

用户的电路域业务行为用爱尔兰表示，用户的分组域业务行为用忙时数据量

(KByte/BH)表示;用户的分布用每平方千米的用户数来表征,由于3G是多业务环境,不同业务有不同的用户分布。

国外一些运营商已经部署3G网络并进行了商用,积累了一定的用户行为和用户分布的数据。对于没有3G的地区,对用户行为和用户分布可以基于对已有GSM网络的统计和进行一定的假设分析。通过调查规划区域的国民经济和地理概况,现有的用户发展情况和网络话务统计数据预测3G用户发展、用户业务行为及话务分布。

用户的话务行为和用户分布两者相乘,得到业务密度,它综合反映了用户话务行为和用户分布,业务密度图作为网络仿真阶段的一个重要输入。电路域业务可以用 Erl/km^2 表征,分组域业务可以用 $kbps/km^2$ 表征。

(3) 传播模型

确定传播模型:3G经典模型有COST23 Hata模型、奥村模型等。

(4) 预规划

由于3G无线网网络覆盖与网络容量是密切相关的,在网络仿真之前,为提高无线网网络规划的有效性,应事先在覆盖范围和所需容量之间进行平衡,估算所在区域的基站数量和信道配置,这就是预规划。在预规划中,一般采用迭代预规划方法,该方法是在预测好规划区域的业务密度下,先假设基站半径为 R,通过迭代使输入 R 和输出 R 相等,然后输出结果。其上行迭代的条件是基站Noise Rise小于设计值,下行迭代的条件是基站下行功率小于其允许输出最大值。而我们在3G无线网规划中,考虑到3G无线网络初期建网的特点和工程实施方面的因素,可以简化预规划方法。我们将预规划分为以下三步。

① 从覆盖角度出发计算最小基站数。

根据覆盖要求通过链路预算进行无线网规划。链路预算的目的就是得到一个合理的宏蜂窝站距建议,并依据此建议对网络进行初步规划(作为网络仿真的基础)。

在CDMA系统中,链路预算与系统负荷相关,负荷增大,小区半径将缩小。因此系统负荷是网络设计的一个重要指标。具体的系统负荷设计和网络的发展策略和无线网的建网思路相关。网络的不同建设阶段,对系统负荷的要求不同,在网络初期对于市区考虑到容量的潜力,一般按高负荷进行设计,对于其他地区,客户和话务的增长相比城区来说较缓慢,可以按照低负荷进行设计。在网络规划中,一般按照城区50%的上行负荷,郊区30%~40%的上行负荷,农村20%~30%的上行负荷来考虑。

另外,根据仿真,在网络负载低于50%的情况下,相同承载速率的覆盖明显受限于上行链路。另外,下行覆盖的提高可以通过增大下行基站输出功率而提高。因此根据链路预算进行的覆盖分析一般对上行链路来进行。

典型的上行链路预算如下：

一般情况下，市区最大允许的路径损耗在 130 dB 左右，采用 COST-231 模型，基站天线高度 25～30 m，小区半径 500 m 左右。相关参数如表 10-5 所示。

表 10-5　3GPP 推荐参数值

业务数率		话音	数据	数据
业务速率	kbps	12.2	64	128
发送方(移动手机)				
手机发射功率	dBm	21	24	24
天线增益	dBi	0	0	0
身体阻挡损耗	dB	3	0	0
EIRP	dBm	18	21	21
接收方(基站)				
热噪声密度	dBm/Hz	−174	−174	−174
接收机噪声系数	dB	5	5	5
接收机噪声功率	dBm	−103.2	−103.2	−103.2
干扰余量	dB	3	3	3
噪声＋干扰总量	dBm	−100.2	−100.2	−100.2
扩频处理增益	dB	25	17.8	14.8
接收信号 Eb/No	dB	6	4	3
接收机灵敏度	dBm	−119.1	−113.9	−111.9
基站天线增益	dBi	18	18	18
基站馈线损耗	dB	2	2	2
快衰落余量	dB	4	4	4
对数正态衰落余量	dB	7	4.9	3.5
建筑物穿透损耗	dB	16	16	16
车辆穿透损耗	dB	0	0	0
软切换增益	dB	2	2	2
最大允许路径损耗	dB	128.1	128	127.4

得到小区半径以后就可以计算得到小区的覆盖面积。计算覆盖区所需基站数目时，将该地区各类业务中最小的小区覆盖面积作为该地区的小区覆盖面积。

② 从容量角度出发计算最小基站数。

因为 3G 网络承载的是话音和数据的混合业务，简单地采用 ErlangB 方法进行核算是不合适的。为了统一考虑，可以将各种业务的数据速率的总和，即总数据速率作为业务量的衡量标准。

由于 3G 小区的容量和许多因素有关，如业务 Eb/No 的要求、用户分布、无线环境。所以实际的容量在规划阶段很难准确获得。在预规划的容量规划期间一般根据各个业务的频谱效率预测单小区吞吐率，或者根据从试验网容量测试获得的单小区吞吐率结果，作为单小区容量的依据。然后用不同覆盖区域内预测的总业务数据速率来除以单小区容量，即可求得不同覆盖区域所需的基站数目。例如，某一区域根据各种业务在忙时预测需要 100 Mbps 的数据速率，而一个扇区忙时支持的速率为 1.2 Mbps 时，则需要 28 个三小区基站。

③ 分析两者计算结果，得出预规划所需基站数。

如果从覆盖角度出发计算最小基站数大于从业务量角度出发计算最小基站数，则可进一步考虑采用覆盖增强的方法(如 OSTR、TMA、四接收分集)以减少从覆盖角度出发计算得到的基站数量。

如果从覆盖角度出发计算最小基站数小于从业务量角度出发计算最小基站数，需要综合分析。如果从业务量角度出发计算最小基站数所决定的基站站距小于覆盖分析里所考虑的最小合理站距，此时不宜采用过近的站距，而是考虑改变基站配置，增加载频或采用一些容量增强技术来满足容量要求。

针对不同的覆盖区域，得到不同覆盖区域的基站数结果。最后汇总得到总覆盖区域的所需总基站数，完成预规划。

(5) 站址和工程参数

根据预规划的结果，得出基本站距，在候选站址中进行选择 3G 基站，确定基站工程参数，进行初步仿真(静态分析)，通过静态分析调整天线高度、指向、下倾的参数，以满足覆盖的需要；进行基站容量配置，以满足容量的需要。3G 的规划重点在于控制干扰，控制干扰的关键在于控制覆盖，基站站址的选择为理想地控制干扰创造条件。因此，基站站址的确定，很大程度上影响着 3G 无线网的网络质量。在确定站址时，一般考虑以下原则：

- 充分考虑满足覆盖要求，设在业务集中的地方；
- 力求理想蜂窝布局。便于控制干扰；
- 尽量考虑利用已有局房；
- 避免系统间干扰，与其他系统有一定的空间隔离；
- 避免在强干扰源附近设站，避免在易燃、易爆场所附近设站；
- 天线高度应高于周围建筑物；
- 基站高度、密度逐渐变化，避免忽高忽低，强调整体布局。

天馈参数配置方面，从控制覆盖的角度出发，同一区域内相邻基站天线挂高基本相同以便于覆盖控制，以保证网络的指标和性能。以市区基站为例，天线高度 25～40 m 比较合适。郊区和农村可以较为宽松。基站天线主瓣方向要无明显阻挡，同时考虑小区间天线指向的相互关系，以形成一个区域只有一个主服务小区。同时应考虑到扇区间话务的平衡。为网络优化、天线调整的方便，在市区一般使用双极化和电子倾角天线。天线方向和下倾角的取定根据覆盖和干扰的情况而取定。

(6) 系统仿真

在确定基站的位置和工程参数后，需利用规划工具进行分析，其中主要的一步就是 Monte Carlo 仿真。Monte Carlo 仿真是一种半动态的仿真计算方法，通过执行很多次的用户接入网络计算得到统计的结果，从而能更加真实地反映实际的网络情况。通过在规划工具中输入业务模型、传播模型、基站工程参数、NodeB 和终端的性能参数等参数后，进行网络的 Monte Carlo 仿真，根据仿真结果和基站查勘信息，对基站及其参数进行调整，使仿真结果达到规划的目标，完成初步优化。为了支持对无线网络的仿真，多个厂家已经开发了相应的规划软件，这些软件的功能基本相同，都是采用 Monte Carlo 算法，只是在具体算法实现上有所不同。

系统仿真给出了大量图形，最重要的包括最好服务小区(Best server)、导频信号、导频污染、软切换和业务覆盖概率等。下面以 WCDMA 为例，对这些仿真图形的含义及其应用进行简单说明。

① Best server。

Best server 图是根据导频的强度来决定服务区内每个位置的最好服务小区。Best server 图可用来评价各个小区各自负责的最佳覆盖区域是否合理，是否符合覆盖区的业务密度要求。合理的 Best server 对软切换和导频污染的控制都是重要的前提条件。通过观察有无出现过大或者过小、越区覆盖的情况判断最好服务区是否合理，通过调整天线的挂高、方向角和下倾角等来实现对最好服务区的调整。

② 导频强度图。

导频强度图显示服务区内每个位置导频信号的强度大小。对于 WCDMA 系统，通常当导频信号强度大于－100 dBm 时，表示该地区的导频覆盖较好，移动终端能接入系统。考虑一定的富余，认为导频信号大于－90 dBm，移动终端能可靠接入。据此判断在覆盖区域能否达到连续覆盖，观察是否存在网络覆盖空洞。导频强度的调整可以通过增大天线发射功率、调整天线挂高、方向角和下倾角等来实现。

③ 导频污染图。

导频污染图反映的是网络的导频污染情况。在 WCDMA 里，导频污染是经常遇到的问题，导频污染的主要特点是没有主导小区。如果在低于主导频 Ec/Io 值的一定范围内(通过设置软切换窗大小来确定)，有多于激活集个数的导频个数存在，就认为存在导频污染。导频污染增加了网络干扰，降低了网络容量。

④ 软切换图。

软切换图反映的是网络的软切换情况。软切换一方面提高了上行的覆盖，另一方面占有了信道资源。因此必须设置合理的软切换比例，控制软切换区域的大小。通过观测软切换图来评价软切换区域是否合理，软切换比例是否合适。一个成熟的 WCDMA 网络的软切换比例应为 30%左右，在网络建设初期，由于网络负载较低，软切换的比例在 30%～40%之间。

可以通过调整基站下行的导频功率和软切换的参数来实现软切换的调整。

⑤ 业务覆盖概率图。

业务覆盖概率图反映的是服务区内每个位置不同业务的覆盖概率。图中是通过不同的颜色来显示不同的业务覆盖概率。业务覆盖概率是指在覆盖区域中某一用户的某种业务在某个位置发起呼叫的接通概率。通过业务覆盖概率图，可以评价不同种类业务的覆盖水平，检查是否达到规划目标的要求。

10.3.4 移动电话网参数取值及计算

1. 忙时话务量

按照《移动电话网技术体制》中规定，平均忙时话务量取 0.01～0.03 Erl/户。但因各地方经济发展和需求有所不同，可根据当地现状网测量结果适当调整考虑后，作为制定未来规划的依据。

2. 移动交换局 BHCA 取值

移动交换机除了像固定交换机处理正常通话的 BHCA 外，还应包括移动交换系统的如内部数据处理、越区功能处理、漫游功能处理和数据存储等内部处理的额外 BHCA 需求数。按照原邮电部对程控交换机统一规定要有 20%的话务量过荷和 50%的呼叫次数过荷能力。移动网的 BHCA 预测应按下列公式测算：

$$BHCA=(BHCA/\text{每用户})\times\text{总用户数}\times\text{余量因子} \tag{10.29}$$

余量因子可以根据历史数据和未来预测由经验取值，如无历史数据也可粗略取值为 1.5。

3. 移动局到各种交换局的流量计算

移动局到固定网各种交换局的话务流量计算：

① 移动端局或移动汇接局 MSC 与长途局 TS 之间话务量 a_{TS}的计算：

根据 MSC 服务的实际用户数、平均忙时话务量和固定长途网流量比，即可求得 MSC 到固定长途网的话务流量：

$$a_{TS}(Erl)=\text{平均忙时话务量}(Erl/\text{户})\times\text{用户数}\times\text{长途流量比} \tag{10.30}$$

② 移动局 MSC 与固定本地汇接局 TM 之间话务量 a_{TM}的计算：根据 MSC 的实际用户数、平均忙时话务量和固定网本地流量比，即可求得 MSC 到固定本地网的总话务流量：

$$a_{TM}(Erl)=\text{平均忙时话务量}(Erl/\text{户})\times\text{用户数}\times\text{固定本地流量比} \tag{10.31}$$

③ 如果固定本地网有多个汇接局，应根据实际测量的流量流向统计数据计算出各自的吸引系数，然后将式(10.31)的结果进一步分摊到每个 TM 上。如果没有实际统计数据，则可以采用与距离无关($t=0$)的简化重力法，即以每个汇接局负责

的汇接区的用户比例，粗略地作为移动局到每个固定汇接局的流量比例。

④ 如果本地网没有汇接局，则要求移动局直接连到每一个端局。应根据每个端局实际测量的流量流向统计数据计算出各自的吸引系数，然后将式(10.31)的结果进一步分摊到每个LS上。如果没有实际统计数据，则可以采用与距离无关($t=0$)的简化重力法，即以每个端局的用户比例粗略地作为移动局到每个固定端局的流量比例。

10.4　数据网发展规划

10.4.1　概述

1. 数据通信的概念

数据通信是依照一定的协议，利用数据传输技术在两个终端之间传递数据信息的一种通信方式和通信业务。它可实现计算机和计算机、计算机和终端以及终端与终端之间的数据信息传递，是继电报、电话业务之后的第三种最大的通信业务。数据通信网是由数据终端、传输、交换、处理等设备组成的体系。

2. 我国数据通信业务的发展方针

我国对数据网发展的总体思路是，除继续运行历史上建立的公众基础数据传送网(即现在称之为其他数据网)外，重点是大力发展以IP技术为基础的因特网，未来将朝着数据、话音和视频多种业务综合，提供通信和信息多种服务公众平台的方向发展。

由于IP网络在技术上存在的巨大优越性和因特网已经在全世界获得多年爆炸性发展的既成事实，未来的三网融合也必将会在因特网的基础上进行。因此，我们在对待因特网和其他数据传送网这两者上，应有明确的立场和态度。这就是，应把发展以IP技术为基础的因特网放在发展的首位上。至于原有的公众基础数据传送网，由于历史上已经形成完善的网络体系和未来仍有这方面的业务需要，因此未来仍应本着什么网有需要就继续发展什么网；有多少需求就发展多大规模的平稳谨慎的发展策略，也不强求把基础数据网在近期内消亡或并入到IP网络之中。当然，两大公众数据网之间的联系也将会进一步加强。

3. 我国公众数据网络的划分

按照信息产业部2001年对数据业务的最新分类调整，与之对应的数据网将分为因特网和其他数据传送业务网两大类，分别对应于以前的公众多媒体网和公众基础数据网。故在本节也按照这一体系讨论数据网的规划。

作为数据网的规划，物理上的分层可以分成全国网、省网和市网，作为功能上的分层可以分为骨干层网、会聚/边缘层网和接入层网等，它们可以分别地进行规划和设计。

我国的因特网是面向全社会的公众IP网络,它的服务对象可以是任何个体或机构,能提供基于IP上的各种各样丰富多彩的服务和应用。其他数据网,亦即公众基础数据网,主要是面向机关、商企事业团体的用户为对象,用户通过租用的资源实现他们企业内部分支点间的网络互联。基础数据通信网包括分组交换网、DDN数字数据网、帧中继网络以及ATM宽带网等。

10.4.2 因特网规划

1. 因特网的概念及应用

Internet又称因特网、互联网、网际网,是世界上最大的计算机网络,是成千上万信息资源、软硬件的总称。这些资源以电子文件的形式,在线地分布在世界各地的数千万台计算机上;Internet也可以认为是各种网络组成的网络,它是使用TCP/IP协议(Transmission Control Protocol/Internet Protocol,传输控制协议/互联网协议)互相通信的数据网络集体。

(1) 起源

Internet起源于1969年由美国国防部高级研究计划署资助建成的ARPA-NET,最初的研究目标是用于军事方面的分布式计算机系统,它对建网的分组交换技术和网络互联技术的研究,导致了通信上X.25分组交换网和采用TCP/IP协议的计算机开放式互联系统的出现,当时为了试验采用分散在广域地区内的计算机组网的灵活性,只连接了美国西部4所大学的计算机。后来,包括MILNET、BIT-NET、CSNET在内的其他网络逐渐加入,Internet初具雏形。

1986年美国国家科学基金会(NSF,National Science Foundation)介入,斥巨资建造了全美五大超级计算中心,以便让全国的科学家和工程技术人员可以共享以前只供军事部门和少数科学家使用的超级计算机设施,并进一步接纳MCI和IBM公司共同构建了美国国家科学基础网NSFNET。NSFNET是在全国建立按地区划分的广域网,通过路由器把这些区域网和超级计算中心互联,再逐步地将各超级计算中心互联起来。区域网一般是由一些在地理上同属于某一区域、在管理上隶属某一机构、或在经济上有共同利益的用户计算机构成,而连接各区域网上的主通信节点计算机的高速数据专线就构成了NSFNET的主干网。这样就可以使一个用户计算机与某一区域网连接后,除与其他用户通信外,还可以使用任一超级计算中心的设施,获取通过网络提供的大量信息和数据。这一设计的成功使NSF在1986年建成后取代了ARPANET而成为Internet的主骨干。

20世纪80年代中后期,随着PC机联网能力的提高,局域网又陆续接入Inter-net,这样就使得许多PC机用户也具有了访问Internet这一全球互联网络的能力,使得Internet的节点数和用户数空前地飞速增长。1989年,ARPANET宣布解散、同时 NSFNET 对公众开放，从此 Internet 正式问世。此时 Internet 提供的主要功能是电子邮件(E-mail)、远程登陆(Telnet)、文件传输(FTP)和文本信息检索(Gopher)。

Internet 对公众开放之后，发展迅速，到 1991 年连接到网上的主机已由 1983 年的 562 台增长到 65 万台，1992 年更激增至 113.6 万台。1993 年 3 月美国总统克林顿提出“国家信息基础设施”的行动纲领，与此同时万维网(WWW，World Wide Web)技术诞生并在 Internet 上得到了蓬勃应用，Internet 从此成为风靡全球、举世瞩目的焦点。1994 年 NSF 结束其主管位置，Internet 正式作为商业网运作，移交给骨干网电信公司运营。根据不完全的统计，目前 Internet 已成为通达 150 多个国家和地区的全球计算机通信网络，电子邮件通信通达的国家和地区已有 170 多个，连接的网络达 6 万多个，网上运行的主机数已达 500 多万台，个人计算机已超过4 000万台，用户数近 1 亿，有50 000多个组织注册了 Internet 网址，而且用户数和主机数还在不断增加之中。

(2) 应用类型

Internet 开发了许多应用系统，供接入网上的用户使用，网上的用户可以方便地交换信息，共享资源。Internet 网上的服务类型有 4 类：通讯类、工具类、讨论类和信息查询类。

目前 Internet 的作用主要包括：信息传播、通信联络、开展专题讨论和进行信息查询。

- 信息传播。各类用户都可以把各种信息输入网中，互相交流传播。Internet已逐渐成为世界上最大的广告系统、信息网络和新闻媒体。同时，Internet除用于商业应用外，还被许多国家的政府、政党、团体用于进行政治宣传等。
- 通讯联络。Internet 用户之间可利用电子邮件替代传统的信件或传真进行通信往来，省时省钱。在许多地区，用户还可以在 Internet 上通电话，召开电话会议等。
- 开展专题讨论、交流。一些相同专业、行业或兴趣相投的 Internet 用户可在网上就某个专题进行自由讨论，论文可长期存储在网上，供人调阅或补充。
- 进行资料检索。由于大量用户不停地向网上输入各种资料，特别是美国等许多国家的著名数据库和信息系统纷纷上网，使得 Internet 成为目前世界上资料最多、门类最全、规模最大的信息资源库，用户可在其上检索所需的信息。目前Internet已成为世界许多研究和情报机构的重要信息来源。

2. 我国对因特网网络发展思路

建立在 IP 网络技术基础上的因特网，已初步具备作为新型公众数据网络主要业务平台的要求，表现在以下几个方面。

① 高速的时分 SDH 传输以及大容量的波分复用、光传送网和光因特网等技术，为网络提供了巨大的传输带宽资源。

② 大容量高密度端口的吉比特、太比特路由器以及 ATM 交换机，为 IP 网络提供了巨大的节点交换路由带宽资源的处理能力，而 MPLS 以标记形式可进一步提高交换路由器的性能。根据现有和即将诞生的路由交换机的 IP 交换能力，基本可以满足社会的全部信息交流的需要。

③ IP 网络结合 Diff-Serv、Inter-Serv 和 MPLS 等技术，可以实现网络的可扩展性以及 QoS 的管理控制，从而提供电信质量的服务等级。

④ 未来 MPLS 技术并不单单用于提高交换路由器的包转发性能，还提供了路由（即控制）和转发（即转移数据）间的完全分离。这种分离允许只使用单一的转发算法（MPLS）便可对多种服务和业务类型进行配置。作为新一代流量工程的实现方法，MPLS 使 IP 网络拥有了更为有效的服务保证。

我国未来因特网建设的总体思路是，网络功能的分层可逐步按照骨干层、会聚层/边缘层和接入层三个层面来考虑。广域长途骨干网的建设应适度超前，采用光传送网 OTN 和光因特网 OI 技术作为主流地位，而本地的会聚层/边缘层和大客户接入可以考虑 IP over SDH 或 IP over ATM。这样的一个网络容量将是现在所有语音和数据传输电路容量的几十倍，甚至上百倍。

例如广东电信于 2000 年已验证了骨干带宽扩容可以通过 DWDM 技术加以实现，指明 IP 骨干网络建设的新方向，并引进了 50 台吉比特路由器，采用 IP over DWDM 光因特网技术组建了全省大容量的 IP 光网络，实现 2000 年内所有地市的因特网中继带宽达到 2.5 Gbps。

边缘层/会聚层的建设有待大量的工作，这应该是当前 IP 网络建设的重点之一，所采用的主要形式是建设城域网。

在网络边缘和接入部分，可以采用 ATM CPE-LAN、xDSL、LMDS、PSTN、ISDN、DDN 和 FR 等多种方式。在窄带接入方面，已对拨号接入设备提出了支持 No.7 信令、高精度时钟和高密度端口的要求，这样做可以简化拨号接入设备管理的复杂性，提高设备的稳定性。

3. 因特网规划内容

因特网发展规划应包括下列内容：各类业务的用户预测；接入系统规划；网上应用（如网站建设、电子商务、虚拟专用网 VPN 等）规划；省网和市网的网络组织，应按照骨干层网、会聚/边缘层网和接入层网的建设进行规划；确定本地的基础网接入省骨干层的接口类型、速率、数量等。

（1）业务用户预测

业务用户预测上，应分为信息网用户和其他用户。信息网用户应针对机构和家庭个人进行分析，确定用户数。同时按地区划分，得出各地区的指标。对信息网用户的预测要充分考虑到与其他应用服务相结合的需求;未来网上新的实用化、个性化的应用产生的新需求。如:网上电子银行、电子商务和交易、IP 电话、网上会议电视、网上 VOD、网上教育等等。其他用户包括基础业务中的网络接入及网络托管业务用户;因特网增值电信业务中的因特网接入服务业务 IAS、因特网数据中心业务 IDC、因特网虚拟专网业务 IVPN、因特网会议电视和图像服务业务、因特网呼叫中心业务 ICC 和其他因特网增值电信业务等。

(2) 接入系统规划

接入系统规划将包括 PSTN、ISDN、DDN、PSPDN 以及 FR 等接入端口的规模,还有宽带的 ADSL、Cable Modem、FTTB 等接入的规模。按照拨号端口(PSTN、ISDN)和专线用户端口进行分别规划。此外还应进行 IP 地址规划,以及宽带接入用户进入 IP 网络的规划等。

(3) IP 网应用

多媒体信息网上的应用除了 Web、FTP、Telnet 外,像网上电子商务将成为未来网络发展和经济发展的推动力。网上多媒体通信,包括数字化电视电台广播、VOD 业务、大型公共 IP 电话网业务都会得到较大发展。多媒体信息网上的 VPN/VPDN 业务也将达到迅速发展。

企业租用数据专线的主要用途是做计算机网互联,组成企业或行业专用网络。随着技术的不断发展,尤其是计算机网络厂商提出的统一一体化网络,就是要将话音、数据,甚至图像都综合在一个计算机企业网内实现,这方面的技术已经越来越成熟。

随着公众 IP 网络的不断发展,在可用性、可靠性、安全性等方面进一步提高,企业又有可能利用 VPN/VPDN 技术组建企业内部网 Intranet 和外部网,又称商业伙伴网或行业网 Extranet。

所有这些应用将会推动形成一个以 IP 网络为基础的支撑平台,各种各样的应用系统或平台将会在单一的 IP 网络平台上实现。能融合数据网、固定电话网和有线电视网的全业务综合宽带数据网,并最终取代现有电信交换网,向用户全面提供高、中、低各种速率的话音、数据、视频、因特网、VPN 等各类电信业务。

(4) IP 传输技术

在网络的分层组织实施技术方面,目前支持大容量 IP 骨干网络的技术方案有两大类:一是 IP over ATM;二是 IP over SDH/WDM。

IP over ATM 技术具体有 Classic IP over ATM(IETF 的 RFC1577)、局域网仿真 LANE、MPOA(多协议叠加于 ATM)、IP 交换、Tag 交换和 MPLS(多协议交换)6 种方案,前 3 种属重叠型;后 3 种属集成型。MPOA 和 MPLS 分别是重叠型和集成型中最佳的技术方案,目前最看好的就是 MPLS 技术。由于 ATM 技术能提供 QoS 保证,因此可利用此特点提高 IP 业务的服务质量,ATM 具有良好的流量控制均衡能力以及故障恢复能力，网络可靠性高，适用于多业务，具有良好的网络可扩展性。ATM技术复杂，管理复杂，IP数据包分割并加入大量头信息，造成20％～30％的带宽浪费。

IPoSDH即IP over SDH能利用SDH技术本身的环路自愈合能力达到链路纠错，防止链路故障造成的网络停顿，提高网络的稳定性。该传输方式对IP路由的支持能力强，具有很高的IP传输效率，省略了不必要的ATM层，简化了网络结构，降低了运行费用。不足之处在于仅对IP业务提供良好的支持，不适用于多业务平台，不能像IP over ATM技术那样提供较好的服务质量保障。

IPoWDM减少了网络设备，减轻了网管的复杂性，充分利用光纤的带宽资源，极大地提高了传输带宽和相对传输速率，不仅可以与现有的通信网兼容，还可以支持未来的宽带业务网及网络升级，推广性强。

IP公众网，应以满足网上信息业务的发展为主。建设重点是城域网、新技术的应用和新业务的拓展三个大的方面。

优化IP业务的接入方式，提高IP业务接入的效率。各本地网要根据业务的发展，尽早规划IP分布式接入的目标局，以指导IP网的建设。

在竞争地区抓紧ADSL、ATMCPE、G. LITE和卫星高速数据接入等的试验和应用工作。在多媒体统一后台建设方面，为了节约各地市在管理和维护上的投入和加快新业务的开放（如VISP、端口出租等），可以考虑采用拨号设备分布、管理认证计费集中的模式。

(5) IP城域网的建设

城域网（MAN，Metropolitan Area Network）是指兼具有局域网（LAN）的组网简单灵活、带宽大的特点，又具有广域网（WAN）的地域较宽广的特点，达到一个城市覆盖范围的数据网。IP城域网将作为一个稳定、高速的基础物理网络，为PSTN、PSPDN、DDN/FR、ATM、xDSL等提供接入或作为一个承载平台。ATM、xDSI等将不再构成一个独立的网络，而是演变为城域网的接入部分，统一承载在城域网的IP平台上。在城域网上主要有两类节点：光传输节点和POP节点。前者主要作用是把用户接入到城域网上，提供各类用户接口，包括E1、E3、STM～1、V. 35、10/100BaseT等；后者主要完成业务的互通和网络互通，主要包括MUX、FRAD、ATM-TA、路由器和网关等设备。

建议IP城域网的建设可以根据不同的业务需求和市场发育达到的水平，采用3种不同的建设模式：以高速路由器为核心，适合于中心和特大城市的大型城域网；以高速LAN交换机为核心，适合于中等城市的城域网；以ATM交换机为核心，适合于小型的IP城域网。

在城域网范围内，IP over DWDM仍存在不同传输格式的争论，因此近期还不可能成为建设城域网的主流。因此，近期内在城域网的骨干网部分，一般是采用

IP over SDH 和 IP over ATM 等技术。

发展城域网的骨干传输平台存在以下几种方案：

① 吉比特以太网 GE(Gbps Eithernet)方案，即以吉比特以太网技术在城域构建网络平台。它具有组网简单，成本低，是目前的主要应用方式。但单链路的最高传输带宽仅相当于下面的 POS 和 DPT 方案的一半，而 CWDM 和 10 Gbps 以太网技术才是解决问题并提高吉比特以太网带宽扩充能力的有效方法。

② 基于 SDH 上的包 POS(Packet over SDH)方案，其优点是传输速度和效率都很高，基本保证了 QoS，使得 SDH 系统有能力直接支持基于 IP 的数据、话音和视频传输。但 IP over SDH 中，SDH 是以链路方式支持 IP 网的，并没有从本质上提高 IP 网的性能。它适用于经营 IP 业务的 ISP，以 IP 业务量为主的电信网或在电信骨干网上疏导高速数据流。

③ DPT 方案，是结合 FDDI 和 GE 的特色，由硬件厂商积极推出的城域网弹性分组环(RPR)概念，即通过 GE 帧格式实现对保护环网带宽的合理利用和高效的网管。Cisco 提出 DPT 另一个 RPR 方案，作为包优化的光传输解决方案，优势在于网络建设与应用的经济性上。

宽带 IP 城域网可提供 10 Mbps 到桌面的上网接入速率。个人用户可实现由“拨号上网”到“在线上网”的转变；集团用户如企业、商业、办事机构、金融机构、教育科研机构、政府机关、写字楼、商住楼、宾馆、运营商、ISP 等将有机会享受带宽批发、高速上网接入、主机托管、虚拟专网、Web 呼叫中心、IP 传真、P-MP 传真、电视会议、远程教学、远程医疗、智能电子商务、网上交易、网上娱乐、IP 电话等各种宽带接入和信息服务。

宽带城域网具体可涉及以下几方面主要业务：

① 同城互联 VPN：通过 VPN 把需要在市范围内联网的用户连接起来，每个 VPN 都是独立的，互相不能访问。采用 2、3 层交换机就可以给用户提供基于 VLAN 的 VPN 业务。通过网管给不同的端口指定相同的 VLANID，可以方便地开通 VPN 业务。

② 专线用户高速上网：专线用户通过光纤接入城域网的以太网端口，高速访问互联网，一般都有固定 IP 地址，速率可达 1 Gbps。

③ 主机托管：商业用户把自己的 Web 服务器放置在电信局的主机托管机房内，即可通过吉比特以太网高速连接城域网，可以更快地在因特网上被访问。

④ 信息化小区/宽频社区：小区机房设备通过光纤接入城域网，小区内部大楼的住户通过 5 类电缆或电话线改造的方式连接小区机房设备，实现高速上网。小区的设备全部在第 2 层上进行端口隔离，从而保证小区用户的安全。小区的用户通过 DHCP 或 PPPOE 获得 IP 地址后高速上网。城域网的网管可以远程网管小区内的交换机，并对连接用户的端口进行远程监控，开和关。

10.4.3 其他基础数据网络发展规划

1. 现状分析

(1) 各种基础数据网的技术特点和发展趋势

其他数据网络亦即因特网形成之前建立的各种基础数据网，应包括数字数据网(DDN)、分组交换网(PSPDN)、帧中继网(FRnet)以及 ATM 网等。

在研究其他数据网的发展及优化之前，应首先讨论数据网络的技术发展趋势。

基础数据网络在广义上应该包括分组交换网、数字数据网、帧中继网、ISDN、ATM 网络和 SDH 传输网络等。由于硅片技术迅速发展，使得计算机设备的功能和性能越来越强大，计算机及其网络技术的发展也非常活跃。计算机/智能网络终端本身，已经具备直接完成 OSI 中 1～3 层的低层网络功能，或部分和所有 4～7 层高层网络功能，能直接支持 TCP/IP 或 IPX/SPX 等网络协议。目前，计算机网络中最常用的网络设备——路由器——就是一台专用的计算机。由于这些网络协议本身使用自己的寻路、纠错功能或协议，对通信网络的传输质量要求变得越来越低；而由于实际上要求传输的信息量却越来越大，就是说对传输电路的带宽要求就越来越高。

(2) 基础数据网发展与优化规划

基础数据网规划发展总的思路是：原有的专业网络继续使用、发展和满足用户需求。新建扩容的网络尽量按照新的综合网络支撑平台来建设，并在综合平台上满足多种业务的需求，其中包括 DDN 的业务、FR 业务和 ATM 业务等。要从总体上对现有多种专业基础数据网进行整合与优化。由于各种专业网络是不同时期建立的，从业务角度来看有部分重叠，造成部分重复建设。因此，有必要对数据网络的未来建设进行综合规划。建立高效、综合、统一的数据网络，以降低网络设备投资、运营维护等成本费用，同时可以为用户提供多种服务，满足不同的需求。

基础数据网的规划范围应包括：各类数据业务的用户预测；物理上按照省网和市网的网络组织，功能上可以分为骨干层网、会聚/边缘层网和接入层网分别进行规划；确定本地的基础网接入省骨干层的接口类型、速率、数量等。

- 基础网用户：应主要针对企业等机构进行分析，确定数据网的电路租用的需求量，分别以用户数、用户带宽以及距离(可分为出省、省内和本地)等指标表示。同时按地区划分得出各地区的指标；按专业网络划分得出各个专业网络的需求指标。
- 总体思路：基本保留目前的拓扑结构，按照业务的实际需求平滑发展。
- 分组交换网无需扩容，停止发展。
- DDN 仍将是一种提供专线业务的实用手段，应逐步实现 DDN、FR 用户端口资源共享，逐步对基于 ATM 的帧中继网和基于 ATM 的 DDN 网实施并网，进行优化组合和调整。

- ATM 作为宽带基础数据网的骨干，同时可支持不同速率、不同质量的数据专线接入，还提供宽带新业务接入。
- 各数据网间的互联日益变得重要。

基础数据网近期的规划是：基本保留目前的拓扑结构，按照业务的实际需求平滑发展，对不同的网络应有不同的对待。

① 由于分组交换业务市场的需求日渐减少，现有的分组交换网络资源已可以满足未来几年的需求，因而无需对网络进行扩容，也无需在新的综合网络支撑平台考虑分组业务。

② 对 DDN、FR、ATM 网省市级的发展规划建议是：在本地网内，DDN 仍将是一种提供低速专线业务的实用手段，存在于网络的边缘部分，今后一段时间内仍将继续为用户提供服务。要逐步实现 DDN、FR 用户端口资源共享。可利用 ATM-DXC 功能实现用 ATM 设备替代 DDN 网的骨干部分。逐步对基于 ATM 的帧中继网和基于 ATM 的 DDN 网络实施并网，进行优化组合和调整。

③ ATM 网一方面作为宽带基础数据网的骨干，支持 DDN、FR 等网络；另一方面，本身也提供不同速率、不同服务质量的数据专线接入，支持局域网 LAN、xDSL，还提供宽带新业务的接入和试验。

④ 各数据网网间互联日益变得重要。为此，网间接口局今明年应研究其建设，提供按信息流量进行计费结算的功能。

网络的中期规划目标是：建立一个主要由单一技术体制构成的基础网络，同时可提供综合的多业务能力。届时，省一级应基本形成以 ATM 为主干层，边缘层应能提供 DDN、FR、ATM 等基础网络，接入层方面应有 PSTN/ISDN 拨号，xDSL、FTTB 等多种窄带、宽带接入服务的公众基础数据网，提供专线业务，按速率、服务质量划分的业务以满足不同层次用户的需求。

2. 分组交换网

分组交换网以 CCITT X.25 协议为基础，由分组交换机、连接交换机的链路、远程集中器（含分组拆装设备）、网络管理中心（NMC）、数据终端等组成。一般采用两级结构，根据业务量、流量、流向和地区情况设立一级和二级中心，一般一级骨干网采用网状或不完全网状连接，二级交换网可采用星形结构。

其主要特点是：

- 存储-转发机制；
- 分组交换网通过交换虚电路（SVC）和永久虚电路（PVC）来提供面向连接的点到点数据传输，传输质量高，可靠性高，可使不同终端之间进行通信，可实现一点对多点同时通信，线路利用率高，经济性好；
- 协议复杂，网络开销大，传输速率较低（64 kbps），数据业务量增大时，时延增大、传输效率低,不适于实时通信。

PSPDN 是较早期的网络发展技术,网络本身为适应当时传输线路普遍质量很低,除具有 OSI 的 1～2 层外还增加第 3 层的网络功能,包括寻路、逐段纠错以及虚电路等。它对数据报进行存储转发过程中,由于复杂的网络处理和较大的延时,决定了只能是作为低速率的应用,对于宽带应用已越来越难以适应,使得它已失去继续生存发展的空间。

3. 数字数据网

数字数据网(DDN)是采用数字信道来传输信号的数据传输网,与分组交换网是两种完全不同性质的网,前者是提供固定的透明传输通道,对通信对象及通信协议无要求;而后者则严格按照 X.25 协议实现双方的通信,有交换功能,通信对象是随时可改变的。1993 年 12 月中国公用数字数据网(ChinaDDN)骨干网一期工程启动,到 1994 年 10 月正式开通,通达 21 个省市,有 3 364 个端口,后又在 1995 年 9 月扩容。目前 ChinaDDN 已经通达直辖市及各省会城市,全国有北京、上海和广州 3 个国际出口局,以及北京、上海、成都、沈阳、广州、武汉、南京、西安等 8 个枢纽局。

数字数据网是利用光纤、数字微波或卫星等数字通道提供永久或半永久性连接电路,以传输数据信号为主的数字传输网络。一个数字数据传输系统主要由用户环路传输系统、数字交叉连接系统、局间传输系统和同步定时系统组成。数字数据网一般由用户环路、数字信道、DDN 节点和网络控制管理中心组成。一般为分级网,根据网络的业务情况,DDN 可以设二级干线网和本地网。

其主要特点是:

- DDN 是同步数据传输网,不具备交换功能,通过数字交叉连接设备可向用户提供固定的或半永久性的信道,并提供多种速率接入;
- 透明的同步网,传输速率高,网络时延小,目前提供 $n \times 64$ kbps～2 Mbps的数据业务;
- DDN 为全透明网,任何协议都可以支持,从而满足数据、图像、声音等多种业务的需要;
- 组网欠灵活,线路利用率低。

DDN 只有 OSI 的物理层一个层次,两个主要功能之一是自动路由保护,提供电路连接的高可靠性;二是提供低速的电路复用,将多个低于或等于 64 kbps 的子速率复用到 64 kbps 或 E1 上。另外,由于 DDN 的静态交叉连接设备间的中继接口是 2 Mbps 的 E1 接口,使得一般的本地接入用户都可以直接通过本地 SDH 系统的虚容器来实现传输,实现了 SDH 的高可靠性。由此可见,DDN 主要满足远小于等于 2 Mbps 的低速应用需求。当 DDN 提供大于等于 128 kbps 速率时,因在传输设备之上又多了一层设备,从而增加了成本。

4. 帧中继网

帧中继(Frame Relay)简化了 X. 25 协议,可在分组交换网、DDN 上增加软硬件设备来形成帧中继网,也可用专门的帧中继交换机和高速中继线组建专门的帧中继网络。帧中继网采用面向连接的技术,可提供 PVC 和 SVC,可按需分配带宽,传输效率高、经济性好、可靠性高、组网灵活,适用于突发性业务并可与 ATM 实现很好的互联。它支持 X. 25、DDN、IP、ATM 等多种技术/协议。

帧中继是分组交换技术的新发展,与传统的分组交换相比具有简洁、经济、灵活、可靠的优势,并与 ATM 相辅相成,有长远的发展潜力。1997 年 1 月,我国第一个提供公众服务的宽带高速数据通信网 ChinaFRN 工程启动,它采用先进的 FrameRelay 和 ATM 技术,不仅能为其他各种数据通信网提供高速中继通道,而且能向广大用户提供宽带多媒体业务以及高速计算机互联功能。该网于 1998 年 3 月正式开通,覆盖 21 个省、市、自治区,配备端口 2 190 个,其中 ATM 端口 1 094 个,FR 端口 1 096 个,能提供从 64 kbps 到高达 45 Mbps 的用户接入速率。进一步 ChinaFRN 将实现对全部省区市的覆盖。

FRnet 是介于 DDN 与 PSPDN 之间的一种网络,具有 OSI 的 1～2 层功能。帧中继具有统计复用功能而使中继电路的利用率提高,籍以降低运营成本。它完成可变长度帧的中继转发或交换,但不负责帧的存储检错和重发纠错,因而传输时延小于 PSPDN,可支持更高的传送速率,一般小于或等于 E3 的应用。帧中继由于支持虚电路连接而使得多点连接具有较大的灵活性。

5. ISDN 网

ISDN 是在 PSTN 基础上升级实现用户端到端的全数字连接。与 DDN 只能实现点对点的永久连接不同,ISDN 可实现交换连接,因而有较高的灵活性。

其主要特点是:

- 在各用户终端之间实现以 64 kbps 速率为基础的端到端的透明传输,这是 ISDN 的基本特性;
- ISDN 能提供端到端的数字连接,可承载包括话音和非话音在内的多种业务,并可复用,能与现有电话网、分组网实现互通;
- 业务的综合化,可靠性高,质量好,使用方便,费用较低。

ISDN 是在 PSTN 基础上升级实现用户端到端的全数字连接,它以 B 等于 64 kbps为基本单位,有 BRI 接口(2B+D)和 PRI 接口(30B+D)的用户通道。与 DDN 只能实现点对点的永久连接不同,ISDN 则可以实现交换连接,因而有较高的灵活性。但也由于灵活性会降低了安全性,容易被非法访问。

6. ATM 网

ATM 网络采用固定长度的信元进行传输和交换,能支持更高、更宽、更灵活的带宽和速率,可传输话音、数据、高质量图像、音频、视频和多媒体业务。它可以面向不同业务的特点，不但可提供无级的固定速率带宽，同时可就某个连接提供可变速率以及时延控制等。还可以很好地解决带宽独占和统计复用两个似是矛盾的问题，同时适用于实时和非实时通信、局域网和广域网。

其主要特点是：

- ATM 采用统计时分复用技术，可将一个物理通道划分为不同业务特性的多条虚电路提供给用户，实现网络资源的按需分配；
- ATM 具有时延小、实时性好的特点，能够满足多媒体通信的要求；
- 建立在同步光纤网(SONET)上的 ATM 可提供高数据吞吐率(155～622 Mbps)；
- ATM 可提供多种业务、多种用户接口。可与现有的任何一种业务相连，将不同业务在同一网上传输，并可实现任意速率的接入。

ATM 网络是采用短信元进行传输和交换，能支持更高、更宽、更灵活的带宽和速率。目前，ATM 可以适应的最高速率是没有限制的，它只取决于传输电路的能力。它可以面向不同业务的特点，不但可提供无级的固定速率带宽，同时可就某个连接提供可变速率以及时延控制等，也就是 ATM 的 CBR、VBR、ABR、UBR 等服务类型。它可以很好地解决带宽独占和统计复用两个似是矛盾的问题。由此可见，由 ATM 作为骨干网络，通过高中低速接入电路或网络，可以实现 DDN 和 FR 业务，甚至可以直接提供 ATM 的多业务能力。这样做理论上讲是比较合适，但实际中，还要取决于传输系统和接入网系统等的设备价格的变动。

10.4.4 数据业务量及流量计算

1. 数据业务量的计算

数据网的业务量也如长途网类似，可以有两种表示方法，即使用网络的次数和实际传送的信息量带宽。信息带宽可以用信息量的比特数量来表示，也可以折算到某一数据速率，即比特率，而用数据流持续的时间来表示。应该说，用信息带宽来表达业务量会更准确、更科学，同时它也是我们规划数据网传输网的基础和数量上的根据。

设 K 表达的是平均每用户每次连通网络所传送的信息比特量，则总的月业务量为

$$D=nKU \tag{10.32}$$

式中，D 为该节点的月数据业务量(比特/月)；n 为用户月上网的通信次数(次 / 月户)；K 为平均用户每次实际通信信息量(比特/次)；U 为用户数量(户)。

若 K 表达为平均每用户端口速率(千比特 / 秒 / 户)，如果所有的 U 个用户都同时传送数据，则可以估算出该节点总的数据流量 D(kbps) 为

$$D=KU \tag{10.33}$$

但事实上一般不会在所有的时间所有的用户同时都在传送数据。假设在最繁忙时间使用网络的用户的概率为 P ,则该节点总的数据流量为

$$D=PKU \tag{10.34}$$

如果平均每用户端口速率取 $K=64$ kbps,则可以从式(10.34)估算出各节点的本地业务流量 0,其单位也是 kbps。

以上的表达式是针对于使用专线端口的数据网而言。如果是使用 PSTN 或 ISDN 拨号上网,就像目前拥有大量拨号上网用户的网络一样,则根据某节点服务的用户数,每用户平均月使用次数,上网时长和上网实际通信速率等,结合网络的相关指标,取如下公式计算该节点的业务量:

$$D=\frac{nTR_{\mathrm{d}}R_{\mathrm{h}}}{3\ 600}KU \tag{10.35}$$

式中,D 为该节点的数据业务流量(kbps);n 为用户月上网的通信次数(次/月户);T 为平均每次通信时长(s);R_{d}为忙日集中系数;R_{h}为忙时集中系数;K 为平均用户实际通信速率(kbps);U 为用户数量(户)。根据邮电部规划研究院《中国多媒体通信网规划》中对相关数据的取值,分别为:$R_{\mathrm{d}}=1/20$;$R_{\mathrm{h}}=1/10$;$K=1/3\times 64$ kbps(其中 1/3 为占空比),由此可以估算出各节点的本地业务总流量。式(10.35)是个很重要的计算拨号上网的数据业务量的公式。

2. 流量流向的计算

在研究数据业务流量流向的计算方法之前,首先应分析我国数据业务的主要流量流向规律。从目前看,主要体现在以下几个方面:

- 行政区化流向:数据用户组网一般有从行政上级至下级的组网规律,此类业务流向以纵向树状为主。
- 集团性流向:数据用户通过网络组建内部网是主要应用之一,用户上网采用集体或集团性方式,同时可能有十几至几十用户,业务流量视信息量的大小而定,业务流向呈纵树状。
- 业务量与经济发达程度密切相关:统计资料表明,经济越发达的城市,用户数越多,相应的信息量也越大。
- 国际出口流向:其中尤其以 IP 业务突出,从现有网络业务看,国际业务约占 70%~80%。所谓国际业务实际上大部分是遥远的美国,这就与前面介绍的距离越远业务流量越少的重力法大相径庭。

数据业务的流量流向规律对数据网的网络组织影响很大。从行政区化的倾向看,业务量必然大量汇集在首都北京,然后是各个省会,再就是地市,呈树状拓扑结构。从集团性和发达地区的倾向又可看出,必然汇集到东部沿海地区,最后是我国的国际出口局即北京、上海和广州 3 个城市。总结以上规律,我国数据网业务量具有高度的会聚性,最高的"源头"是集中在北京、上海和广州等中心城市上,而业务流量

大部分呈纵向树状，横向的业务流量很少。

这些分析，一方面帮助我们找到数据网合适的组网规律：首先，网络应该进行分层，把那些业务高度集中的“源头”放在最高的骨干层上，然后依次类推。可以根据网络的规模和应用，来确定是分为骨干层（核心层）、会聚层（边缘层）和接入层3层，还是只分为骨干层和接入层两层。其次，较低的层的节点可以分成若干组，每组只对应于一个或两个较高层节点，从而在较低层上组成若干个独立的子网。这样做，业务量矩阵变成具有不等的行和列，可以节约网络资源。另一方面，上述分析帮助我们寻找合适的流量流向计算方法和进行流量的分配。

在方法上可以认为，不宜使用重力法来计算流量流向业务量；由于行列不等和数据网本身来去业务的不对称性，使得无法应用双因子法。因此，吸引系数法和分配系数加权法成为计算数据网流量流向较好的方法。

因此我们也可以相应地分层计算业务量。对每一层的流量流向问题，包括同层节点之间和流出到上下一层的流量流向业务量。因为接入层节点相对于核心节点来说，用户数量较少、覆盖范围也较小，可以假设接入层节点有90%的业务量流出到更上一层，会聚层节点有80%的流量流出到更高的核心层。此外，会聚/核心层节点由于用户分布不同或因其覆盖范围不同，会对其他同层节点产生不同的流量比，因此每一会聚/核心层节点对其他同层节点之间可按现有的网络用户分布情况和网络负载情况计算出吸引系数，然后根据预测年的情况调整流量流向的吸引系数。

小结

1. 电话通信中的业务量定义为通信线路被占用的时间的比例，它是一个随着时间不断变化的随机量。为了度量话务量，我们常用爱尔兰 Er-lang，简写为 Erl 做单位表示，它是指通信线路在一个小时内被实际占用的时间比例。话务量常用发话业务量、收话业务量和总业务量、平均每线用户忙时业务量、发话比 R 等基本量来描述。

2. 电信网关于流量流向的计算和预测，最常用的方法有重力法、吸引系数法、双因子法、分配系数加权法等以及它们的组合。

3. 局所规划涉及的问题包括局所的数量，每个局的局址，局容量，局性质是指属于目标局还是非目标局，未来的演变，服务区，用户线平均长度，以及费用的优化等。

4. 移动通信网与固定网相比最突出的不同点就是为了解决用户的移动性要求，从移动基站到用户终端之间一段传输线路采用了无线通信方式，移动通信规划包括：无线网规划、频率规划、固定网规划、移动网与固话网间的互联等。

5. 数据网的业务量可以有两种表示方法，即使用网络的次数和实际传送的信息量带宽。信息带宽可以用信息量的比特数量来表示，也可以折算到某一数据速率，即比特率，而用数据流持续的时间来表示。用信息带宽来表达业务量会更准确、更科学，同时它也是我们规划数据网传输网的基础和数量上的根据。

6. 数据网合适的组网规律是：首先，网络应该进行分层，把那些业务高度集中的“源头”放在最高的骨干层上，然后依次类推。可以根据网络的规模和应用，来确定是分为骨干层（核心层）、会聚层（边缘层）和接入层3层，还是只分为骨干层和接入层两层。其次，较低的层的节点可以分成若干组，每组只对应于一个或两个较高层节点，从而在较低层上组成若干个独立的子网。

7. 因特网发展规划应包括下列内容：各类业务的用户预测；接入系统规划；网上应用（如网站建设、电子商务、虚拟专用网VPN等）规划；省网和市网的网络组织，应按照骨干层网、会聚/边缘层网和接入层网的建设进行规划；确定本地的基础网接入省骨干层的接口类型、速率、数量等。

10-1　试述固定电话网业务流量流向预测的方法。

10-2　简述移动通信网规划的内容及方法。

10-3　分析移动通信网规划与固定电话网规划的异同。

10-4　提出几种城域网骨干传输平台的构建方案，并对各种方案的优劣进行比较。

第 11 章　支撑网规划

【本章内容】

- 信令网的概念、No.7 信令网的工作方式和结构、信令链路的计算方法；
- 电信网络管理技术的发展演变，电信管理网的概念、结构和功能，我国电信网络管理发展状况和规划策略；
- 数字同步网的概念和规划内容。

【本章重点】

- 掌握信令网规划中信令链路的计算；
- 掌握电信管理网的概念、结构和功能；
- 掌握数字同步网的概念和同步方式。

【本章难点】

- 信令链路的计算。

【本章学时数】 4 学时

【学习本章目的和要求】

通过本章的学习，应掌握和理解电信支撑网的相关概念，掌握信令网的规划方法，掌握电信管理网的发展方向和规划策略，了解数字同步网的概念和规划内容。

11.1　No.7 信令网规划

信令网是重要的电信支撑网，本节首先介绍了信令网的概念，重点介绍了No.7信令网的工作方式和结构，并介绍了信令网中各种信令链路的计算方法。

11.1.1　信令网的概念

所谓的信令，是指用户和网络节点(局)、网络节点与网络节点之间、网络与网络之间的对话语言，是电信网中的控制指令。

信令的传送必须遵循一定的规定，这就是信令方式，它包括信令的结构形式，信令在多段路由上的传送方式及控制方式。No.7 信令方式是最适合数字环境的公共信道信令方式。公共信道信令方式的主要特点是将信令通路与话音通路分开，在专用的信令通道上传递信令，其优点是信令传送速度快，信令容量大，具有提供大量信令的潜力及具有改变和增加信令的灵活性，避免了话音对信令的干扰，可靠性高、适应性强。

在采用公共信道信令系统之后，就形成了一个除原有的用户业务网之外的、专门传送信令的网络——信令网。信令网本质上是一个载送信令消息的数据传送系统，它可以在电话网、电路交换的数据网、ISDN 网和智能网中传送有关呼叫建立、释放的信令，是具有多种功能的业务支撑网。

11.1.2　No.7 信令网

No.7 信令系统是一种国际通用的、标准化的、先进的公共信道信令系统，它是针对数字交换系统而设计的，具有传递速度快、信息容量大、应用范围灵活等优点，并具有多种功能的业务支撑能力，目前它已超越了其他各种信令系统而处于主导地位，成为 PSTN、PLMN、ISDN、IN 等网络的信令支撑系统。

1. No.7 信令网的组成

No.7 信令网由信令点(SP)、信令转接点(STP)和信令链路组成，三者的功能如下：

信令点是信令消息的源点和目的点，可以是具有 No.7 信令功能的各种交换局，如电话交换局、ISDN 交换局、移动交换局和智能网的业务交换节点 SSP，也可以是各种特服中心，如网管中心、维护中心、智能网的业务控制中心(SCP)等。

信令转接点具有转接信令的功能，它是可将一条信令链路上的信令消息转发至另一条信令链路上去的信令转接中心。在信令网中，信令转接点可以是只具有信令消息转接功能的信令转接点，称为独立信令转接点；也可以是兼具用户部分功能和信令点功能的信令转接点，称为综合信令转接点。独立的信令转接点是一种高度可靠的分组交换机，是 No.7 信令网中的信令汇接点，它容量大、易于维护管理、可靠性高，但组网较复杂。综合的信令转接点容量较小，可靠性不高，但传输系统利用率高，设备价格较低。

信令链路是信令网中连接信令点和信令转接点的最基本部件。

2. No.7 信令系统的工作方式

在使用 No.7 信令传送局间话路群信令时，根据话音通路和信令链路的关系，可用直联工作方式和准直联工作方式两种。

直联工作方式是两个交换局之间的信令消息通过一段直达的公共信道信令链路来传送，而且该信令链路是专为连接这两个交换局的电路群服务的，因此，信令链路和话路群都终接于两个交换局，如图 11-1(a)所示。

准直联工作方式是两个交换局之间的信令消息通过两段或两段以上串接的公共信道信令链路来传送，并且只允许通过预定的路由和信令转接点，如图11-1(b)所示。

目前 No.7 信令网中通常采用直联和准直联相结合的工作方式以满足通信网

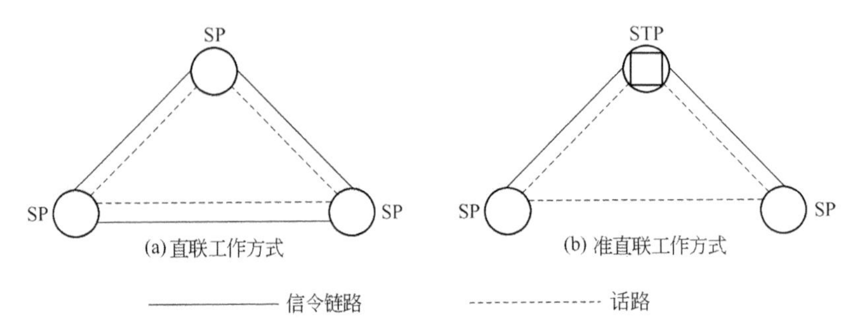

图 11-1　直联和准直联工作方式示意图

的需要，当局间话路群足够大时，采用直联方式；而准直联方式可提高信令链路的利用率，在经济上更合理，因此今后信令网中将以准直联为主，尽量减少直联的比例。

11.1.3　我国 No.7 信令网的结构

我国 No.7 信令网采用三级结构，在长途四级网演变为长途二级网后，信令网等级保持不变。

第一级为高级信令转接点(HSTP)，负责转接它所汇接的第二级低级信令转接点 LSTP 和第三级信令点 SP 的信令消息。HSTP 采用独立型信令转接点设备。

第二级为低级信令转接点(LSTP)，负责转接它所汇接的第三级 SP 的信令消息，LSTP 可以采用独立式信令转接点设备，也可以采用与交换局合设在一起的综合式信令转接点设备。

第三级为信令点(SP)，是信令网传递各种信令消息的源点或宿点，由各种交换局和特种服务中心，如业务控制点 SCP、网管中心 NMC 等组成。

与电话话务网相对应，我国信令网的网路组织由跨城市的长途信令网和大、中城市的本地信令网组成。信令网中信令节点的连接方式是：HSTP 间采用 A、B 平面连接方式，A 或 B 平面内部各个 HSTP 用网状相连，A 和 B 平面间由成对的 HSTP 相连。LSTP 通过信令链路至少要连接至 A、B 平面一对成对的 HSTP，并且信令链路组间采用负荷分担方式工作。SP 至少连至两个 STP(LSTP 或 HSTP)，若连至 HSTP 时，应分别固定连至 A、B 平面内成对的 HSTP，SP 至两个 HSTP 或两个 LSTP 的信令链路组间采用负荷分担工作方式工作。我国的 No.7 信令网结构和网络组织如图 11-2 所示。

信令网中涉及多种信令链路：A 链路为 SP 至所属 LSTP 的信令链路；B 链路为不同 STP 配对间的信令链路；C 链路为同一 STP 配对间的信令链路；D 链路为 LSTP 至 HSTP 间的信令链路；E 链路为 SP 至非本区 LSTP 间的信令链路；F 链路为 SP 至 SP 间的信令链路。

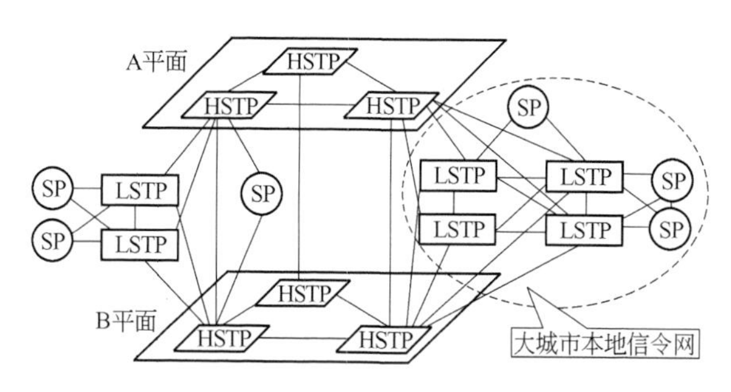

图 11-2　我国的 No.7 信令网结构和网络组织示意图

目前支撑电话网的 No.7 信令网仍处于重要的地位，全国 No.7 信令网采用直联与准直联相结合的方式工作，未来直联信令链路在电话网中仍将占有一定比例。移动电话网特别是 GSM 网的信令网建设采用独立组网的方式，但 GSM 网信令网与固定网信令网在分级结构、信令链路安排、统一编号等方面都是相同的。

11.1.4　No.7 信令网规划的内容与原则

No.7 信令网规划的主要内容包括信令网现状和存在的问题分析，No.7 信令网建设发展和扩容规划，各种信令链路需求预测，得出各规划期信令准直联网的网络及网点的设置，进行信令网的组织结构规划等，当然还应给出建设实施安排，投资估算和经济分析。

No.7 信令网规划应遵循以下总体原则：

① No.7 信令网发展规划中应注意保持网络结构的相对稳定，尽量在原有组织的基础上进行扩容，当必须增加新的 STP 时，应尽早确定网络结构，避免以后大量的网络调整工作。

② 未来信令网是直联与准直联混合的结构，新建的信令链路以准直联为主，接入准直联信令网的信令点，应是网络中的一些重要节点，包括目标交换局、业务网关等。各信令点提供准直联链路的终端应具备较高的处理能力。

③ A 链路组可只设置一条信令链路，移动交换局应就近接入 LSTP 对，针对智能网节点等特殊的信令点，当信令业务量过大时，可以接入高速信令链路，但要从全网的角度综合考虑。对于 PSTN、ISDN 业务，在信令业务量过大的信令点之间可设置直联信令链路。随着智能网 SSP 布点的广泛性，智能业务尽量通过准直联信令网转接。

④ 应陆续完成 ISUP(ISDN 用户部分)信令替代 TUP(电话用户部分)信令的工作。由此信令负荷将有相应的增加，信令链路与所能承载的电路数量要相应调整。

⑤ 多个网络运营商之间的信令信息通信近期宜采用直联方式，当两个运营商

之间开通有基于 SCP 之上的新业务(如智能网业务),需要信令网互通时,要过渡到 STP 互联的准直联方式。

⑥ 应开展 No.7 信令与 IP 协议转换的试验,最好能将信令网关合设在 STP 中,以节约投资。面对宽带网的发展,如果我国的宽带信令标准采用 B-ISUP,则还要考虑 STP 的升级改造。

⑦ 应同步地建立起 No.7 信令网的网管系统,并逐步提供标准的 Q_3 接口。

11.1.5 信令链路的计算

No.7 信令网规划中定量规划的部分主要是有关信令链路的计算。

No.7 信令系统功能结构中消息传递部分 MTP 第一级的信令数据链路,是一条传输信令的双向传输通路,由两条反方向、同速率的数据通道组成,它是 No.7 信令系统四级功能结构中的第一级。

数字信令链路中,目前规定采用 64 kbps 的速率,其连接方式有两种类型:①由数字传输通路和数字交换块组成,即通过数字选择级半永久地连接至信令终端;②由数字传输通路和接口功能设备组成,实际上是通过时隙接入设备连至信令终端。若按照话路与信令链路的对应关系,可以有直联、准直联和全分离 3 种工作方式,由于今后信令网中将以准直联为主,在此主要介绍准直联信令链路的计算。

信令网规划中,必须针对各种信令线路需求进行计算,对于固定网的 No.7 信令网而言,应包括 PSTN 的信令链路、ISDN 的信令链路和智能网所需的信令链路;对于移动网的 No.7 信令网而言,应包括移动业务网的信令链路和移动智能网所需的信令链路。

1. PSTN 信令链路的计算

根据《No.7 信令网技术体制》及《No.7 信令网工程设计暂行规定》,一条 64 kbps的信令链路可以控制的业务电路数为

$$C=\frac{A \cdot 64\ 000 \cdot T}{e \cdot M \cdot L} \tag{11.1}$$

式中,C:业务电路数;

A:No.7 信令链路正常负荷(Erl/link),暂定为 0.2 Erl/link;

T:呼叫平均占用时长(s);

e:每中继话务负荷(Erl/ch),可取 0.7 Erl/ch;

M:为一次呼叫单向平均 MSU(信令信息处理量)数量(MSU/call);

L:平均 MSU 的长度(bit/MSU)。

根据《No.7 信令网维护规程(暂行规定)》中规定,对于独立的 STP 设备,一条信令链路正常负荷为 0.2 Erl,最大负荷为 0.4 Erl;当信令网支持 IN、MAP、OMAP 等功能时,一条信令链路正常负荷为 0.4 Erl,最大负荷为 0.8 Erl。

对于电话网用户部分(TUP)的信令链路负荷计算，普通呼叫模型涉及的参数做以下取定：

(1) 呼叫平均长度对长途取 90 s，市话取 60 s；

(2) 单向 MSU 数量长途取 3.65 MSU/call，市话取 2.75 MSU/call；

(3) MSU 平均长度对于长途呼叫取 160 bit/MSU，对本地呼叫取140 bit/MSU。

根据以上参数取值，按公式可计算得到，本地电话网中一条信令链路在正常情况下可以负荷本地呼叫的2 850条话路，在长途自动呼叫时一条信令链路正常情况下可以负荷2 818条话路。此数值未考虑信令网支持 ISDN、智能网、移动网及信令网管理等业务，此外要考虑信令网的安全性，因此每一条信令链路负责的电路数应按不大于2 000话路来计算。

对于信令转接点 STP 设备的处理能力，或者信令网的业务流量基本单位，习惯是以每秒可以处理或者流过的消息信令单元数量来表示，可按以下公式进行计算：

$$m=\frac{Y \cdot 2M}{T} \tag{11.2}$$

式中，m：STP 每秒可处理的消息信令单元数量；

Y：STP 所承载的话务量(Erl)；

M：一次呼叫单向平均 MSU 数量(MSU/call)；

T：呼叫平均占用时长(s)。

计算 A 链路数量时，首先取话务流量比例和直联链路负荷比例，见表 11-1 所示。

表 11-1　话务流量比例及直联链路负荷比例的取定

规划期	市话用户每线话务量	农话用户每线话务量	话务流量比例					直联链路分担比例
			局内比	局间比	长途比 20%			
					国际	省际	省内	
2001 年	0.1	0.08	10%	70%	5%	25%	70%	10%
2002～2003 年	0.11	0.09	10%	70%	5%	25%	70%	10%
2004～2005 年	0.12	0.1	10%	70%	5%	25%	70%	10%

根据表 11-1 的数据，可按下式计算出总话务量：

$$Y=U_C \cdot E_C+U_R \cdot E_R \tag{11.3}$$

式中，Y：总话务量；

U_C：市话用户数；

E_C：市话用户每线话务量；

U_R：农话用户数；

E_R：农话用户每线话务量。

A 链路数量的计算公式如下：

$$N_A=\frac{Y \cdot M \cdot L \cdot P}{64\ 000 \cdot T \cdot A} \tag{11.4}$$

式中，Y：LSTP 需承载的话务量；

P：补差系数，取为 1.8～2.0；

A：No.7 信令链路正常负荷(Erl/link)；

T：呼叫平均占用时长(s)；

M：为一次呼叫单向平均 MSU 数量(MSU/call)；

L：平均 MSU 的长度(bit/MSU)。

引入补差系数主要是因为：首先，理论计算是以整个本地网为单位，以每条信令链路负荷为 0.2 Erl 考虑，但根据用户分布的实际情况，不可能每条信令链负荷刚好达到 0.2 Erl。其次，为做到信令链路组内，按照 2 的整次方数(2,4,8,16)设置的信令链路之间可以平均负荷分担。最后一点是需要兼顾个别交换机信令终端的处理能力。

在实际工程中可按照表 11-2 结果得出信令链路的负荷能力。

表 11-2　话务流量比例及直联链路负荷比例的取定

A 链数量	市话局容量/门	市话纯汇接局容量/线	长途容量/线
1	33 153	3 800	3 758
2	66 306	7 600	7 516
4	132 612	15 200	15 032
8		30 400	30 064
16		60 800	60 128

参考以上计算结果，若按一条 64 kbps 信令链路控制的电路数应不大于2 000 条(每条电路负荷以 0.7 Erl 计)考虑，各类信令点的信令链路数的取定如表 11-3 所示。

表 11-3　各类信令点的信令链路数的取定

市话交换局规模	A 链路总数	市话纯汇接局、长途局	A 链路总数
≤30 000 门	2	≤3 600 线	2
30 000～66 000 门	4	3 600～7 500 线	4
		7 500～15 000 线	8
		15 000～30 000 线	16

2. 智能网信令链路的计算

No.7 信令网是智能网发展的重要前提。当智能网中 SSP 与 SCP 按准直联方式连接时，SSP与SCP之间的查询均通过STP的A链路完成。各类智能业务呼叫的业务量用单位时间内系统处理事务查询的数量来表示（查询/秒或query/s），它与各种业务的忙时呼叫量及业务流程有关，也与系统结构有关。

$$Z=\frac{H \cdot Q \cdot R_h}{3\ 600} \tag{11.5}$$

式中，Z：各类智能业务每秒的查询量（query/s）；

H：日呼叫量（call/day）；

Q：单位呼叫的查询量（query/call）；

R_h：忙时集中系数。

不同类型的智能业务其信号单元长度也不同，信令链路在不同信号单元长度条件下，单位时间内承担信息的能力也不同。每条信令链路单位时间内承担信息查询的能力为

$$\alpha=\frac{64\ 000 \cdot \eta \cdot Q}{8 \cdot L \cdot M} \tag{11.6}$$

式中，α：每条64 kbps的信令链路单位时间内承担信息查询的能力；

Q：单位呼叫查询量（query/call）；

η：信令链路的利用率；

L：不同类型智能业务每MSU的字节长度（Byte/MSU）；

M：每次呼叫单向的平均消息信令单元数量（MSU/call）。

利用前两式的计算结果，智能业务所需要信令链路数为

$$N_{IN}=\frac{Z}{\alpha} \tag{11.7}$$

因此，要计算智能业务所需要的信令链路的数量，需要有较详细的对每一种智能业务的预测量，和该种业务的基本参数。例如智能网上的200业务可取L=100 Byte/MSU，M=15 MSU/call。

3. 移动通信信令链路的计算

我国移动通信网信令网的建设采用了独立组网的方式，但移动网信令网与固定网信令网在分级结构、信令链路安排、统一编号，直至网络的表示语等方面都是相同的。

移动通信网的信令点SP接在GSM No.7信令网中的LSTP和HSTP，分别与移动话路网的MSC、TMSC2、TMSC1的服务范围基本一致，这两个信令网的信令点具有相同的网络结构，因此PLMN的信令链路计算可以仿效PSTN信令链路的计算方法。

4. B链路的设置和D链路的计算

目前多数LSTP对间未开设B链路，所有跨分信令汇接区及出省的信令业务均通过HSTP转接，这使HSTP的压力较大，也导致信令转接次数的增加，因此，

对于信令业务流量较大的 LSTP 对间应开设一定数量的 B 链路，且最好是高速信令链路。

D 链路主要负责分信令汇接区之间长途信令业务以及出省信令业务的转接，D 链路数可按照下式进行计算：

$$N_D=\frac{Y\cdot M\cdot L}{64\ 000\cdot T\cdot A} \tag{11.8}$$

式中，Y：所承载的转接话务量；

A：No. 7 信令链路正常负荷(Erl/link)；

T：呼叫平均占用时长(s)；

M：为一次呼叫单向平均 MSU 数量(MSU/call)；

L：平均 MSU 的长度(bit/MSU)。

由于固定长途业务中，同时有 PSTN 和 ISDN 的业务，它们有不同的参数取值，代入相应的数据，可得到：

$$N_D=\text{ceiling}\left(\frac{Y_{PSTN}\times 3.65\times 160}{90\times 64\ 000\times 0.2}+\frac{Y_{ISDN}\times 3.65\times 280}{90\times 64\ 000\times 0.2}\right)$$

其中，函数 ceiling 作用为向上取整。

11.2 电信管理网规划

有效的电信网络管理是提高电信网络运行效率的重要手段，本节在介绍电信网络管理技术发展演变的基础上，重点介绍了电信管理网的概念、构成和功能，讨论了我国电信网络管理存在的问题并列举了今后电信管理网规划的策略和思路。

11.2.1 电信网络管理技术的发展与演变

网络管理方法经历了人工方式到现代化自动方式的演变，可以分为两个阶段，第一阶段是从人工的分散管理方式向自动的集中管理方式发展，第二阶段是从分离的多系统管理方式向电信管理网发展。

1. 人工的分散管理方式

所谓人工的管理方式，是指由维护人员以人工方式统计各种话务数据和设备运行质量数据，按主管部门要求，制成各种报表，定期向主管部门报送的方式。所谓分散的管理方式，是指这些工作都分散在各交换局和各机务站进行。由于这种方式局限于本局、本传输系统，不能从全网的高度来分析问题和处理问题，一旦电信网某部分出现不正常现象，不能从全网通盘考虑来采取措施、调度设备、均衡负荷，而且由于所有工作都由人工进行，因而统计数据都十分有限，统计速度慢、周期长、实时性差，因而远远不能适应现代化电信网的管理需要。

随着计算机技术的发展和程控交换机的应用，自动的集中管理方式应运而生。

2. 自动的集中管理方式

所谓自动的管理方式，是指利用计算机进行网络管理的方式。网络管理工作中的数据采集、制作报告等一系列工作都由计算机完成，实现无报表管理。所谓集中的管理方式，是指网络管理工作不是由每一个交换机或每一个机务站来进行，而是集中建立一个或几个网络管理中心，每一个网络管理中心负责由若干个交换机和传输系统组成的网络。根据被管理的网络的具体情况来设置网络管理中心，可以分级、分区进行管理，也可以由一个网管中心统一管理。

3. 分离的多系统管理方式

根据国外网管系统建立和使用的经验，在建设初期，往往按网络话务管理、设备监控维护等分别建立各自系统，各系统分别执行本系统的任务，即分离的多系统管理方式。我国已建立了各个专业化的网管系统，如电话交换网的网管系统，SDH传输网管系统，No.7 信令网的网管系统、数据网和移动网的网管系统，并逐步向TMN 的综合管理网过渡。

4. 电信管理网(TMN)方式

电信管理网是在分离系统的基础上进一步发展的产物。分离的多个网管系统各自执行各自的任务，系统之间没有连接，不能相互交换信息。如何形成一个整体，使各系统之间的信息能够互相交换，协调配合工作，这是网络管理进一步发展所面临的问题，因而把各系统通过标准接口相互联接起来，并逐渐发展，增加功能，最终实现电信管理网，是网络管理的建设目标。

11.2.2　电信管理网

1. TMN 的基本概念

电信管理网(TMN，Telecommunications Management Network)是为了寻求一个既简单又统一的方法来管理网络而出现的。因为电信网越来越复杂，网络功能也不断增加，如果增加一个功能就相应增加一个管理系统，那么，管理系统将会越来越多，不利于网络和业务的发展。

TMN 是 ITU-T 提出的关于网络管理系统化的解决方案。简单地说，TMN 是收集、处理、传送和存储有关电信网维护、操作和管理信息的一种综合手段，为电信部门管理电信网起着支撑作用。

综合网管并不是重新开发一套管理功能，而是一个与各专业网络平行的操作系统(OS)，它与各专业网管系统按标准的规范和接口交换管理信息，形成一个综合的管理界面，而实质性管理功能仍然在各专业网管系统上实现。

TMN是一个有组织的网络，可以提供一系列管理功能，并能使各种类型操作系统之间通过标准接口和协议进行通信联系，还能使操作系统与电信网各部分之间也通过标准接口和协议进行通信联络。

2. TMN的构成及其与电信网的关系

从物理构成来看，TMN由一个数据通信网、电信网设备的一部分、电信网运营控制系统和网络管理工作站组成，其与电信网的关系如图11-3所示。

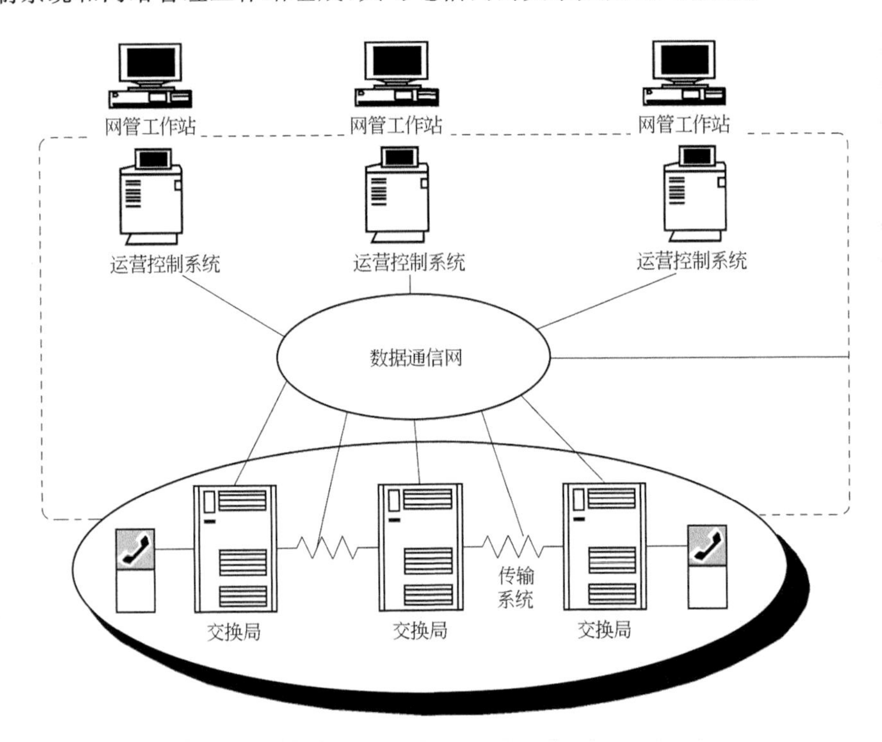

图11-3　TMN与电信网的关系

图11-3中，虚线框中的部分就是电信管理网，电信管理网与它所管理的电信网是紧密耦合的，但它在概念上又是一个分离的网络，它在若干点与电信网连接。另外，TMN有可能利用电信网的一部分来实现它的通信能力。

TMN中的电信网设备部分是电信网状态数据的收集和网管指令执行设施，比如交换机的网管接口（可连接本地管理终端，也可作为电信管理网接口）、传输设备的监控设施等。它们负责从电信网的设备中收集相应设备的网管信息，和执行网管中心的指令，对交换系统和传输设备的状态和参数进行控制。有的是电信网设备的一部分，有的是在电信网设备外部附加的。

电信网运营控制系统可以有一个或多个，每一个运营控制系统通常都是一组计算机，负责处理电信网的网管数据，发送对电信网设备的控制指令。这是电信网及其电信管理网的“大脑”或“指挥中心”。电信网的操作人员则通过运营控制系统对电信网进行管理和控制，所以运营控制系统一般都具有良好的人机接口，包括网络信息的显示输出，控制指令和参数的输入。

数据通信网则负责在运营系统之间、运营系统与电信网之间传递信息，是一个可靠的专用数据网，并且具有多层次的体系结构。

网络管理工作站可以认为是网络运营控制系统的本地和远程操作终端。电信网的操作人员只要在这些工作站上操作就能实现对电信网的管理。网管“操作终端”通过电信管理网与各个运营系统相连。

TMN 与各部分之间以及各部分与外部设备之间都是通过标准接口进行相互连接的，其中有的接口标准已经形成了 ITU-T 建议，有的标准还在研究中，开放系统互联(OSI)与 TMN 有着密切的关系，OSI 是定义 TMN 接口标准的基础。

TMN 的标准接口有 4 种：

① Q_3 接口，是 TMN 的典型接口，其定义比较完整，用以连接运营控制系统和电信网中的交换、传输等网络单元，或者连接同一 TMN 的两个运营控制系统；

② Q_x 接口，与 Q_3 接口类似，但比 Q_3 接口的功能弱，这两种接口的使用场合还没有明确的区分；

③ X 接口，用于不同的 TMN 中运营控制系统之间的通信，或者用于 TMN 操作系统与非 TMN 操作系统之间的连接；

④ F 接口，用于工作站和其他节点之间的通信。

TMN 运行系统功能采用逻辑分层结构，分为网络单元层(NEL)、网络单元管理层(EML)、网络管理层(NML)、业务管理层(SML)、事务管理层(BML)，实现性能管理、配置管理、故障管理、记账管理和安全管理五大功能。

3. TMN 的管理功能

TMN 力图支持各种各样的管理功能，包括电信网的操作、维护、管理及支援，ITU-T 已经定义的管理功能包括性能管理、故障(或维护)管理、配置管理、记账管理和安全管理 5 个分支。

① 性能管理：对电信设备的性能和网络或网络单元的有效性进行评价，并提出评价报告的一组功能。

② 故障管理：对电信网的运行情况异常和安装典型设备的环境异常进行检测、隔离和校正的一组功能。

③ 配置管理：识别、定义、初始化、控制和监测通信网中的管理对象(通信网中的设备、设施、工作参数等)的功能集合，包括为通信网用户初始化、提供和回收通信资源。

④ 记账管理：是可以测量网络中各种业务的使用情况和使用成本的一组功能，主要完成与费用有关的一些信息的收集、处理并给出报告，包括用户对网络中

各种资源的使用等。

⑤ 安全管理:是保证现有运行中的网络安全的一系列功能,其责任是保证网络不会被非法使用和破坏,使网络用户不会因为使用网络而受到损害。

4. TMN 的演进

TMN 的演进主要受到以下几个因素影响:用户需求的不断变化、软件技术和数据通信技术的不断进步、新的分布式管理技术的出现、电路和分组混合网络的综合管理。根据这些因素在未来的变化,今后 TMN 的演进将主要表现在以下几个方面。

(1) 基于 CORBA(Common Object Request Broker Architecture)的网络管理框架和模型及其标准的制订将逐渐成熟和完善,并得到越来越广泛的应用。

(2) 使用 tML(telecommunications Markup Language)作为电信 OAM&P 的功能实体间(如计费、维护和指配)的消息格式,首先在 X 接口应用,然后逐渐扩大到在其他接口使用。tML 是 XML 在电信领域的具体应用,可以在现有的系统环境中使用,从而减少开发成本和节省开发时间,同时 tML 具有很强的可扩展性,可以根据需要迅速增加新的功能。

(3) 电路和分组混合网络 HCP 的综合管理,主要目标包括:确保端到端的管理信息的及时流动来支持商业流程的实现;通过支持 HCP 环境下分组和电路交换网络资源、应用和业务的综合视图,在一点就可以实现端到端的业务管理;实现 HCP 环境下端到端的网络管理,包括:跨分组和电路交换技术的故障定位,以及由于多种技术引起的性能问题及其参数在不同技术域的分配;支持通过统一的流程来管理网元、网络和业务,无论该功能是使用电路技术还是分组技术。

(4) 其他如 X 接口、客户网络管理、IMT-2000 的网络管理,以及 TMN 体系架构和方法论等也应随着用户需求以及网络技术的变化不断演进。

11.2.3 我国电信网络管理总体现状概述

随着我国电信业务网种类增多、规模不断扩大,新技术大量涌现,网络的复杂程度不断提高,相应要求网管系统在容量、功能和管理手段上也做相应的提高。在发展网管系统的时候,要考虑如何利用先进的网络管理理念和技术手段,在已有的网管系统的基础上,逐步建设经济、实用、易扩展的网络管理系统,以提高网络质量和服务质量,提高运行效率,降低维护费用。

目前我国多数省已建立了固定电话网、移动网、数据网、传输网、同步网、信令网和智能网的管理网,此外还有业务管理网以及环境与动力监控等几大类网管系统,各种网内还可细分为不同技术设备的网管系统,例如传输网网管就包括 SDH 网管系统、DXC 的管理系统、光缆的监控等;数据网网管有 DDN 网管、DXC 网管、FR 网管、ATM 网管、互联网网管等,业务管理网又包含有“九七”工程、长途电路管理系统、电信运行维护综合管理系统等,有力地支持各种业务网和支撑网的运行。

若按功能划分电信网络管理系统，主要分为业务管理系统、网络管理系统和电信设备的集中监控三大类。业务管理系统的功能侧重电信业务销售过程中所涉及的管理功能，这种管理网也称为“服务网”，如市话营业计算机综合管理系统等。面向网络的管理系统，则侧重网络性能的集中监视，优化网络配置，确保网络的负荷在一个正常的范围之内，如传输网网管系统、固定电话交换网网管系统、数据网网管系统、支撑网网管系统等。面向设备的集中监控系统主要侧重于集中操作维护功能，如本地电话网集中操作维护与网管系统、移动电话网的集中操作维护中心(OMC)系统等。

我国网管系统的组织大多是分为全国、省、地市的三级网络结构，每级网管机构一般设置该级的网管中心。TMN 体制和规范基本还没有确定，各专业网或业务网仍然分别建设各自的网管系统，省级网管的管理体制基本上是根据专业分开建立，并由相关的部门管理的。

目前我国电信网网管系统存在的问题包括如下几个方面：

① 网络设备制式多，带来网管建设的复杂性。面对仍在不断发展中的网络，该如何制定一套能远近兼顾的网络管理方案，尚有待研究。

② 各专业网络的网管系统分立，同一专业网不同厂家设备的网管系统分立，专业网网管系统又与统一业务的管理系统分离。造成数据难以共享，管理信息不能互通，管理协议互不兼容，资源不共享、效率低下、结构复杂。整个电信网的管理仍然停留在较低的水平，离综合的 TMN 的概念尚有较大距离。

③ 网管系统的功能项目详简程度不同，有些属于功能不完备，有些又属于内容过于庞杂，操作界面多样，无章可循，又没有标准的统一的网管接口。

④ 多数系统是更侧重监视，比较忽视控制，这种管理方式已远远不能适应现代通信网发展的需要。随着网络规模的不断扩大，已有部分网管系统在管理容量、管理手段等不能相适应。

⑤ 网络的安全性尚未引起重视，像网管系统的传输系统、软件等方面更突出。

⑥ 目前不同的网管分别属于不同部门管理，互不通气，网管体制也有待进一步完善和提高。

11.2.4　我国电信网络管理发展思路

目前我国电信网络管理所存在的问题不能回避和忽视，但在正视现状和处理存在的问题的时候，总体上又应采用务实的态度和循序渐进的战略和策略，不能急于求成。

TMN 概念的综合网管是一种发展趋势，要不断地跟踪研究国际上电信网络管理技术和标准的发展动向，研究 TMN 接口标准和一些新的技术。在目前还难以建立综合统一的网管之前，应继续分别制定各个专业网的网管规划和实施计划。应根据不同专业网网管的特点，拟定逐步向 TMN 方向发展的规划。网元管理层的系统，可以随着电信网设备一起引入，但要优先制定网元管理方面的技术规范，完善各种管理系统的技术规范书，逐步统一各种网元级管理系统的标准和规范。网络层以上的管理系统，应鼓励国内有关专业部门进行开发，制定相应的规范、标准等，同时积极开展业务管理层和事务管理层的研究、开发和建设工作。

各专业管理系统应遵循统一规划、信息资源共享的原则，近期内可考虑制定省电信的管理信息系统规划，各专业管理系统的业务需求规范的技术规范，逐步建立规划辅助系统、财务管理系统、市场经营支撑系统、统计分析系统、电信资源管理系统等专业管理信息系统。

11.2.5 电信管理网规划策略

建设电信企业网络管理系统的最终目的是为了帮助企业确保网络与服务的可用性、减低网络维护和运行成本、提高业务服务质量、增强企业的竞争力。电信网络管理按其发展阶段分为专业网络管理、综合网络管理及面向业务的综合网络管理。电信运营商根据自身的网络和业务发展，合理规划网络管理系统建设是非常必要的。

1. 制定网络管理系统总体目标及分步发展策略

随着电信网络和运营业的不断发展，人们对电信网络管理系统的需求从最初的各专业网网管到能管理各专业网络综合网络管理，以及发展至今天的面向业务的综合网络管理概念的提出，经历了渐进的发展阶段。网络管理系统的内涵和外延在不断扩大，正从单纯的面向网元和网络的管理，向支撑端到端的业务流程、业务经营决策、网络建设投资决策、跨专业运维管理、网间互联互通分析、网络资源管理利用等多个方面发展；因此，在制定网络管理系统总体目标时，要结合运营企业的总体发展战略和运营需要，网络管理系统的建设要具有高度前瞻性、明确的管理范围、统一规划、分步有序实施，具有阶段性和全局性目标，避免期望值太高，避免重复开发和建设。

2. 选择成熟的体系架构

跟踪网络管理技术的发展，选择技术上具有先进性和成熟性的网络体系结构和接口标准，进行网络运行设备、网络及网上业务的统筹管理。网络管理系统的建设应该形成一套成熟的方法论，并以此来指导系统平台、功能需求、接口标准、组网要求和设备选型等技术规范的编制，实现基础数据和功能共享，实现网络管理系统开发建设的规范化、标准化、版本化。

3. 技术策略

网络管理系统的研发要追随技术潮流的发展，走市场驱动和技术驱动相结合的道路，网络管理系统要适应不断变化的网络技术环境、市场环境的需求，具有尽可能长的生命周期和良好的可扩展性。此外网管系统的规划还要力争选择的技术策略具有先进性、实时性、安全性、可靠性、经济性、易管理性、易操作性、开放性。

4. 维护管理策略

建设综合网管系统，应从技术层面和管理层面两个方面考虑。从技术层面而言，综合网管应定位于管理各专业网之间的关联，但要实现关联性管理，首先需要解决好集中的问题，即如何将各专业管理数据以综合网管需要的形式集中在一起，只有在这个基础上才能实现关联管理。从管理层面而言，综合网管意味着集中管理，这需要对现有运维体制进行改革。综合化的管理系统要想发挥作用，就必须要有相应配套的管理业务流程、管理制度为基础。如果旧有的生产管理模式不能改变，不能调整原有管理岗位上的人员，相反为新的管理系统的正常运行还要增加人员，投入就无法得到合理的回报。

5. 适应策略

网络管理系统的规划要充分考虑系统的适应性。新的系统应能够适应以下的变化：基于企业目标的变化和调整；体制和管理模式的变化和调整；市场的变化；信息需求的变化；通信网络的变化发展；技术的变化发展。

综合网管的建设，并不是一个纯粹意义上的系统建设。在当前竞争日益激烈的今天，如何使企业朝着集约化方向经营，已是摆在电信运营商面前的一个课题。综合网管的建设，将促使电信运营商的运营机制进行改革，以降低运营维护成本，提高工作效率，进一步保证业务质量。因此说，综合网管建设的过程，也是电信运营商理顺企业机制、再造业务流程的过程。

11.3　数字同步网规划

数字同步网发展至今已较为成熟，因而其规划方法也相对较为简单规范，在本节中介绍了我国数字同步网的现状和进行数字同步网规划的主要工作内容。

11.3.1　数字同步网的概念

数字同步网与电信管理网、信令网一起并列为三大电信支撑网。随着通信技术的发展，从模拟交换网发展到数字交换网，从 PDH 发展到同步数字传输体系，以及各种新业务网络的出现，对同步网的发展提出了越来越高的要求。同步网的服务对象是各种基础网络和业务网，它的运行质量将直接影响数字通信网的应用水平。

目前，各国公用的交换节点时钟之间的同步有两种基本方式，即主从同步法和互同步法。

在采用主从同步法的系统中，在网内某一主交换机设置高精度和高稳定度的时钟源，并以其作为主基准时钟的频率，控制其他各局从时钟的频率，也就是数字网中的同步节点和数字传输设备的时钟都受控于主基准的同步信息。主从同步方式中同步信息可以包含在传送业务信息的数字比特流中，接收端从所接收的比特流中提取同步时钟信号；也可以用指定的链路专门传送主基准时钟源的时钟信号。

在采用互同步法的系统中，网络中的时钟不分级，不设主时钟，网内各交换节点的时钟相互控制，最后都调整到一个稳定的、统一的系统频率上，实现全网的同步工作。

同步方式的选择取决于网络结构和规模、网络可靠性和经济性等多种因素，主从同步网对公用网比较适合，也可与互同步方式结合使用。

11.3.2 我国的数字同步网

我国的数字同步网采取的是等级主从同步方式。其优点是网络稳定性好，可靠性高，组网灵活，对网络故障不敏感，适合在任何网络中采用。但对有关交换局等级状态和分配传输链路的质量和故障等很敏感，要求能连续地分配到每个交换局并做出判断，从而会增加系统的复杂性和投资。

按照时钟的性能，我国的数字同步网可以划分为四级，同步网的基本功能是应能准确地将同步信息从基准时钟向同步网内的各下级或同级节点传递，通过主从同步方式使各从节点时钟与基准时钟同步。我国同步时钟等级如表 11-4 所示。

表 11-4　我国同步时钟等级

类　型	第一级	基准时钟
长途网	第二级	长途交换中心的局内综合定时供给设备时钟和交换设备时钟
本地网	第三级	汇接局、端局的局内综合定时供给时钟和交换设备时钟
	第四级	远端模块、数字用户交换设备、数字终端设备时钟

第一级：基准时钟，是网内唯一的主控时钟源，采用铯原子钟组实现。

第二级：为具有保持功能的高稳定度时钟，由受控的铷钟和高稳定度晶体钟实现，通过同步链路受控于基准时钟。

第三级：具有保持功能的高稳晶体时钟，其频率稳定度可低于二级时钟，通过同步链路受二级时钟控制并与之同步。三级时钟设置于汇接局和本地网端局。

第四级：一般晶体时钟，它通过同步链路受三级时钟控制并与之同步。第四级时钟设置在远端模块、数字终端设备和数字用户交换设备。

为加强管理，我国的同步网划分成若干同步区，同步区是同步网的子网，可以作为一个独立的实体对待。在不同的同步区之间，按同步时钟的等级也可以设置同步链路，用来传递同步基准信息以作为备用。目前我国的同步区是以省和自治区来划分的。各省和自治区中心设二级基准时钟源作为省内和自治区内的基准时钟源，组成省内和自治区内的数字同步网。

11.3.3 数字同步网的规划内容

数字同步网的建设目标是为通信网上的各种业务网及整个数字通信网提供可接受的定时性能。数字同步网的规划设计主要涉及以下几方面的工作。

1. 基础数据准备

数字同步网的组织结构主要取决于业务网的规模、结构和对同步的要求。所以，在进行数字同步网的规划时，首先要充分了解各种业务网的现有情况和未来几年的发展趋势，避免同步网的频繁变更。为此，在设计同步网之前要广泛细致地收集各种资料，积累原始数据。这些资料包括：

① 同步网的服务对象即各种业务网的情况，包括业务网的种类，网络规模，网络结构，网络的同步需求，设备同步功能和同步性能等。这些因素将决定同步网的结构和规模。

② 传输网的制式，即采用无线还是有线传输，采用 PDH 还是 SDH 传输制式，这些因素将决定基准定时的传递和分配方式，对同步网的结构有很大影响。

③ 现有同步网设备情况，调查现有同步网设备是否能够满足要求。

④ 现有运行管理维护体制，网管系统的建设情况等。

根据上述情况，综合考虑，确定数字同步网的规划策略，包括同步网组织结构及所采取的技术。

2. 划分同步区

首先要根据通信网的规模，确定同步区。对同步区的划分主要采用多基准钟小同步区和少基准钟大同步区两种策略，针对不同的策略有不同的规划方法。

(1) 多基准钟小同步区

将网络划分为若干个同步区，同步方式为混合同步，每个同步区内为全同步。在每个同步区设置一组基准钟，建立一个同步网，负责为区内网络提供同步。

采用这种策略的优点是：每个同步网内一般采用两级结构，结构简单，网络规模小；便于设计业务网的同步；定时传递链路短，易于保证网络的同步性；定时链路可以采用 PDH 方式，也可以采用 SDH 链路。

采用这种策略的缺点有：同步区数量多，集中管理困难；当采用铯钟做基准钟时，由于基准钟多，投资较高。另外跨区的准同步传递多，需要进行基准钟间的校验。

目前，国内各电信运营商普遍按行政区划进行管理，适合采用这种同步区的划分方法。在通常情况下，全网按省级行政区来划分同步区。

(2) 少基准钟大同步区

整个通信网为一个同步区，建立一个大同步网。其优点是整个同步网的结构简单，层次分明，可以采用两级结构，也可以采用三级结构，根据网络的规模而定。

基准钟的设置只需要一个或两个（主/备用）基准钟组，投资小，一般采用铯钟组，自主性强。但这种方式的缺点是定时传递链路较长，链路复杂，定时链路不易采用 SDH 链路，因为不便于定时恢复。另外，同步设计复杂，管理维护任务大。

这种方式比较适合地域小的国家。在实际的同步网规划设计中，一般将上述两种方法结合起来，以达到最佳的同步性能。

3. 时钟配置

在同步区内，时钟设置采用分层设计的原则，即分为 4 层。

① PRC（包括 PRS/LPR）层：主要完成基准钟的设置。

② SSU 层：包括二级时钟和三级时钟的设置。

③ SEC 层：当采用 SDH 传递定时信息时，要根据同步网的需要设计 SEC 的定时。

④ 被同步设备层：各种业务网的同步，包括 SDH 网自身的网同步设计。

其中 PRC 层基准钟应设置于网络的地域中心，最好也是通信枢纽。这样设置的好处是能保证同步网最后一级时钟到基准钟之间的定时链路尽可能短，减少传输损耗；同时通信枢纽中心具有相对较多的传输链路，便于通信网内需要同步的网元都能追踪到基准钟上。

4. 定时分配网络

由于 SDH 传送网具有同步复用、标准光接口和强大的网管能力等特点，与传统的 PDH 相比有着明显的优越性，更适应新一代通信网的发展要求，从而决定了它将最终取代 PDH 传输体制。与此相适应，今后数字同步网的组织也将建立在 SDH 传输网基础之上。

SDH 传输系统既是数字同步网局间同步信号传输的承载者，同时又是数字同步网的一个需要严格同步的系统，这就使得 SDH 网络的同步规划成为数字同步网规划有机的、不可分割的重要组成部分。SDH 传输网络的同步和数字同步网的规划、建设、维护以及管理应统一考虑。

在规划涉及数字同步网同步信号传输链路时，一般应遵循以下原则：

(1) 在同步网中应避免出现同步定时信号传输的环路，定时环路所造成的影响有：①定时信号传输发生环路后，环路内的定时时钟都脱离了上一级基准时钟的同步控制，影响了时钟输出信号的准确度；②环路中时钟形成自反馈，会造成频率不稳。

(2) 主、备用定时基准信号的传输应设置在分散的路由上，防止主、备用定时基准传输链路同时出现故障。

(3) 选择可用度最高的传输系统传送同步定时基准信号，并应尽量缩短同步定时链路的长度，以提高可靠性。

(4) 受控时钟应从其高一级设备，或同级设备获取定时基准时钟，不能从下一级设备获取定时基准时钟。

(5) 同步网中同步性能的高低(时钟的稳定度和准确度)的决定因素之一就是通路上介入时钟同步设备的数量，应尽量减少定时链路中介入时钟同步设备的数量。

5. 数字同步网网管

数字同步网网管的规划应与 SDH 网管相结合，并符合企业建设面向业务的综合网管的规范要求。

由于 SDH 网元的工作状态对定时信号的影响很大，因此 SDH 网管必须和同步网管相协调。当 SDH 网管需要更改网元设置(特别是网元时钟方面的设置)时，应提前通知同步网管，由同步网管进行必要的分析。如果新设置可能对同步网造成不良影响，同步网管应采取相应的措施(如对可能受到影响的同步网节点强制进行定时链路的倒换)，以避免 SDH 网络调整对同步网的影响。

数字同步网网管的维护管理对象主要是同步网节点设备和定时链路。网管系统能通过告警信息监测到设备故障或定时链路故障。如果数字同步网网管接口标准符合企业未来综合网管的规范要求，尽快接入到综合网管中，从整个网管的业务监控流程中能及时地从告警事件的时间顺序和位置信息上发现告警事件的关联性，有利于较快地定位故障原因，提高故障处理效率。因此，同步网网管应与面向业务的综合网管结合起来。

6. 不同运营公司的网间互通

随着多电信运营商网间的互联互通业务不断增加，不同运营公司网间业务的同步问题也显得越来越重要。为提高网络服务质量，增加竞争力，各运营商可能都会选择自建独立的数字同步网。未来的网间同步模式将以准同步运行方式为主。

准同步运行指两个网络的接口局分别位于各自网络的 PRS，而两个网络的 PRS 之间彼此独立，各自保持高准确度和高稳定度，以保证时钟相对频差引起的滑动达到指标要求。采用这种方式，当另一方的网同步出现问题时，对自身网络性能及业务质量的影响最小。

小结

1. 信令网本质上是一个载送信令消息的数据传送系统，No. 7 信令系统是一种国际通用的、标准化的、先进的公共信道信令系统，目前是 PSTN、PLMN、ISDN、IN 等网络的信令支撑系统。No. 7 信令网规划的主要内容包括信令网现状和存在的问题分析，No. 7 信令网建设发展和扩容规划，各种信令链路需求预测，得出各规划期信令准直联网的网络及网点的设置，进行信令网的组织结构规划等，还应给出建设实施安排、投资估算和经济分析，其中信令链路的计算是定量规划的主要部分。

2. 电信网络管理方法经历了人工方式到现代化自动方式的演变，TMN 是 ITU-T 提出的关于网络管理系统化的解决方案，建设综合网管是目前电信网络管理的发展方向。电信运营商根据自身的网络和业务发展，合理规划网络管理系统建设是非常必要的。

3. 数字同步网的建设目标是为通信网上的各种业务网及整个数字通信网提供可接受的定时性能，数字同步网的规划设计主要涉及基础数据准备、划分同步区、时钟配置、定时分配网络、数字同步网网管和网间互通几个部分的内容。

11-1 电信支撑网如何适应 IP 网络的发展？

第3篇　通信网规划实例

✣ B地区通信网规划案例

第12章　B地区通信网规划案例

【本章内容】

- 通信网规划的概述；
- 通信网的用户预测；
- 通信网业务预测；
- 传输网规划；
- 规划方案的投资估算与经济评价。

【本章重点】

- 通信网用户的预测方法；
- 通信网业务预测方法；
- 传输网规划方法。

【本章难点】

- 流量流向预测；
- 传输网规划。

【本章学时数】6学时

【学习本章目的和要求】

通过本章的学习，学会理论与实际相结合的方法，能够利用所学的通信网规划理论以及通信工程规范等要求，进行通信网规划的数据采集及预测分析、传输网规划，提出可行的网络建设方案。鉴于篇幅原因，本案例略去了B地区除B市外的各市县规划部分和移动通信规划部分。

12.1　概　　述

12.1.1　B地区概述

B地区位于A省西北部。B地区现辖B市、C市、D市、E市、F县、G县、H县、I县、J县和K县等四市六县(B地区行政区划如表12-1所示)。

表12-1　1996年底B地区人口分布及土地面积

县别	总人口/人	农业人口/人	非农业人口/人	土地面积/平方千米	人口密度/人/平方千米
B市	896 536	706 609	189 927	2 532	354

续表

县别	总人口/人	农业人口/人	非农业人口/人	土地面积/平方千米	人口密度/人/平方千米
C市	1 152 187	940 928	211 259	2 845	405
D市	758 419	635 430	123 079	2 439	311
E市	521 415	412 648	108 767	1 287	405
F县	277 920	222 118	55 802	1 642	169
G县	449 661	387 163	62 498	1 714	252
H县	323 987	248 431	75 556	1 350	240
I县	259 396	191 343	68 053	1 935	134
J县	133 063	99 199	33 864	1 377	97
K县	130 965	101 391	29 574	1 548	85
合计	4 903 549	3 945 170	958 379	18 669	263

地理、经济、政策、环境分析略。

12.1.2 B地区电信发展现状及存在的问题

1. B地区电信发展现状

随着改革开放政策的深入，B地区社会经济和人民生活水平不断提高，对电信的需求也剧增。B地区的电信网已由过去主要提供电话业务扩展到移动通信业务和数据业务等领域。1991年B地区开通了寻呼业务，1992年开始提供分组交换数据业务，1993年开放移动电话业务，1996年开放DDN数据业务，1997年开放Internet业务。目前，随着经济的发展，一些新的电信业务也将逐渐向社会提供。

近十年来，随着经济的持续发展，B地区的电信事业中电话业务发展最为迅速。市话的装机容量由1985年的6 400门增加到1997年的156 768门，市话实占容量由1985年的5 084线增加到1997年的109 776线，其中住宅电话89 361户。1985～1997年市话实占年平均增长率为29%，1997年市话实装率为70%，市话主线普及率为11.25%，电话到户率为81.67%。农话的装机容量由1985年的4 500门增长到1997年的101 926门，农话实占容量也由3 668线增长到43 663线，其中住宅电话32 396户，1985～1997年农话实占年增长率为23%，1997年农话实装率为42.8%，住宅电话比例为74%，农话住宅电话安装率为2.22部/百户。1997年B地区话机普及率为3.18部/百人。

B地区无线寻呼业务于1991年末开放，1997年末用户达到59 839户；移动电话在1994年3月开通模拟A网后，1996年4月开通GSM数字网，1997年底共有移动电话用户14 014户；分组交换数据网于1993年开通，1997年分组交换数据用户为309户，DDN用户42户，计算机互联网(Internet)用户56户。1997年全区公用电话达到4 626部，全区服务水平为0.9部/千人，城市服务水平4.74部/千人。

B 本地电话网是以 B 市为核心连接四市六县的扩大 C_3 本地电话网。现有 1 个长途局 TS(8 100 路端 S1240),端汇局 2 个,端局(包括市话端局、县端汇局)18 个,农话模块局 88 个,农话小端局 48 个,194 个乡镇有 136 个设有交换局。市话总容量和农话总容量如表 12-2 所示。

表 12-2　1997 年 B 本地电话网交换总容量表

县　别	市话容量/门	农话容量/门	总容量/门
B 市	45 000	23 456	68 456
C 市	31 200	22 520	53 720
D 市	16 560	12 404	28 964
E 市	13 312	9 472	22 784
F 县	8 048	6 592	14 640
G 县	10 240	5 088	15 328
H 县	10 240	4 232	14 472
I 县	6 144	7 168	13 312
J 县	8 048	5 246	13 294
K 县	7 976	5 748	13 724
合计	156 768	101 926	258 694

注:数据来自 1997 年 B 地区邮电统计年报。

2. B 地区电信发展存在的问题

随着 B 地区经济的迅速发展,社会对通信设施提出了更高的要求,一方面人们需要多层次的通信方式,包括话音、数据和多媒体等通信业务;另一方面,人们需要质量更高、更灵活方便的通信手段。目前,由于 B 地区 C_3 本地网是由传统的县市电话网合并演变而来,网路结构和资源配置存在一些问题,因此全区电信发展也存在一些难点。主要表现在:

(1) 全国电信发展的主要趋势是:移动通信、多媒体通信和光纤接入是电信今后建设的热点;移动电话继续加速发展,固定电话平稳增长;农村电话发展速度继续加快,数据和多媒体通信将出现良好的发展态势。B 地区电信发展同样具有这些特点,因此面临发展和建设的双重挑战。

(2) 经过最近几年的发展,固定电话的供需矛盾基本解决,但农村通信能力仍然不足,农村杆线进村比例为 86%,还存在通信盲区,由于投入不足制约了农村通信的发展。移动通信的建设落后于市场需求的发展。与国内发展水平对比来看,B 地区通信能力虽然有了较大发展,但电信发展水平远远低于全国水平,如 1997 年 B 地区市话话机普及率为 11.18 部/百人,低于全国同期水平 26.1 部/百人。

(3) 数据业务用户少,特别是私人用户很少,网路的利用率低。一方面可能是自身市场开拓力度不够、资费政策不灵活,另一方面也可能是当地用户的消费观念相对落后，对新业务的需求不足。

(4) 电信技术及信息化技术的迅速发展，如何引导电信消费也是B地区电信部门需要考虑的问题。

(5) 网路结构有待进一步优化，网路运行水平低，支撑网建设落后。这在一定程度上影响了网路的运行效率，也制约服务水平的提高和业务发展。

(6) 虽然人们对电信业务的需求普遍增长，但业务发展和网路建设中仍然要考虑城乡差别。特别是农村地区的网路建设，"杆线到村"的政策促进了农村通信网的发展，有利于满足和刺激农村地区的通信需求，但另一方面投资大，资源利用率低。如何进行合理地决策也是应当注意的问题。

(7) B地区传输网主要以光缆为主，但目前主要为PDH传输设备，没有广泛形成环网，可靠性相对较差。而且B地区交换设备制式较多，这对今后的优化组网不利。

(8) 随着人们对宽带业务的需求逐渐增加，如何合理地配置用户接入网，从而达到技术合理、经济可行的目的，是当前和今后电信发展的一个重要问题。

12.1.3 规划的主要依据和指导思想

1. 规划的主要依据

(1) 1995年国家、A省和B地区制定的《国民经济和社会发展第n个五年计划和2010年远景目标纲要》是本次规划的根本依据。

(2) B地区电信网发展规划是B地区总体规划的有机组成部分。因此应以B地区国民经济社会发展和城市规划以及通信发展的一般规律为依据，在发展速度上应适当超前国民经济的发展，在布局上应与地区城市发展规划相配套。

(3) 本次规划应与国家和原邮电部有关电信发展的政策和技术规范为依据。在规划网络时应遵守原邮电部电办(1996)1044号文和原邮电部部(1997)494号文的有关要求。

(4) 全国和A省电信发展滚动规划是本次规划的重要依据。

(5) B地区公用通信网与各行业的专用网应做到"统筹规划，共同发展"。在公用网规划时应采取多网发展方式，适应不同层次的用户需求。

2. 规划的指导思想

由于信息社会的来临和知识经济的兴起，未来社会对信息设施的要求越来越高。考虑到信息基础设施对社会经济发展的重要性，本次规划的指导思想是：

(1) B地区电信发展规划的制定要以促进经济发展，满足人民通信需求为根本宗旨。进一步提高通信能力、服务质量，适应世界通信技术的发展趋势，根据需要及经济情况，采用新技术发展新的通信业务。

(2) B地区的通信发展水平要适当超前B地区经济发展的速度，通信发展水平要达到全国中等地区的平均水平，发展规划既要遵循原邮电部对不同城市提出的电信发展要求，同时要考虑 B 地区本地经济、地形等影响通信发展的重要条件。

(3) 为保证全程全网的通信质量，通信建设的技术体制和标准要符合信息产业部和原邮电部颁发的技术体制和标准，各种数据的取定和计算方法的运用应符合信息产业部和原邮电部的有关标准。同时，B 地区电信发展规划要遵循 A 省电信发展规划的原则，并与 A 省电信发展规划保持一致。

(4) 网络结构、局所分布、局号分配，既要考虑本地电话发展的远景，又要考虑与长途网、专用网的协调发展以及本地网组网的合理性问题，同时也要考虑网络技术和网络业务发展的情况。

(5) 在规划中强调定量与定性相结合、计算机辅助计算与人工调整相结合、动态与静态相结合、客观与专家、主管意见相结合。

(6) 在规划中对于 B 市电信网络在全区本地网中的定位，是按 B 地区枢纽的地位来规划的，在各类网的规划中均以 B 市为中心局来规划。

(7) B 地区的电信发展应为 A 省电信发展目标做出应有的贡献。

12.1.4　规划的主要任务及内容

本次规划期定为 1998～2010 年，共 12 年。整个规划分为 3 期：

近期：1998～2000 年，与国家和地区的“九五”计划同步；

中期：2001～2005 年，以国家及地区的远景目标为指导，同时兼顾邮电部门的滚动规划；

远期：2005～2010 年，与 B 地区国民经济和社会发展相一致。

本次规划以 B 地区为规划区域。通信网发展规划的内容为本地电信通信网及相关的支撑网、传输网、以及通信新业务、新技术。规划期的划分与国家五年计划的划分保持一致。

12.2　B 地区本地电话业务发展预测(1998～2010 年)

本次规划预测主要包括 B 地区本地网电话发展预测、长途业务量发展预测、话务量分析及预测、移动电话发展预测以及非话电信业务的发展预测。在预测中，主要以 B 地区为重点，同时亦对 B 地区所辖县、市进行了预测(此部分略)。

本节仅进行 B 地区固定电话的发展预测，因此，若无特殊说明，所说的电话是指固定电话。

12.2.1　B 地区社会经济发展情况

B 地区地处 A 省的西北部，目前仍是以农林为主导产业，工贸并举的发展中地区。改革开放19年来,B地区人民沿着建设有中国特色社会主义道路阔步前进,取得了历史性的重大成就。特别是经过"八五"期间的艰苦奋斗,全区国民经济快速增长,结构调整初见成效,基础设施明显改善,发展后劲进一步增强,县域经济全面发展,社会事业不断进步,人民生活水平显著提高。全区提前1年完成了"八五"计划,提前6年实现了国民生产总值比1980年翻两番,5年累计完成全社会固定资产投资100.5亿元。1995年国民生产总值150亿元,比1990年增长80%,年均递增12.5%;财政总收入10.48亿元,比1990年增长114%,年均递增16.5%;农民人均纯收入1 693元,比1990年增加909元;城镇居民人均收入2 725元,比1990年增加1 623元;人口自然增长率控制在11‰以内;科技、教育、文化、卫生、体育等各项事业全面进步,城镇、农村建设面貌有了较大改观,精神文明建设取得了新的成就。

根据B地区有关统计资料,B地区1985～1997年社会经济统计数据及有关规划数据如表12-3、表12-4所示,国内生产总值中三次产业结构变化数据如图12-1所示。可以看到,1997年B地区实现国内生产总值160.7亿元,其中三次产业的比例为42∶31∶27,经济结构仍是具有农业经济特点的"一、二、三"布局。通过分析1995年B地区在A省的经济地位,可以看到:B地区在11个省辖市、地区中,面积位居第六,占全省面积的比重为11.2%;人口总数位居第三,占全省的比重为12.3%;粮食产量位居第一,占全省的19%;国内生产总值位居第五,占全省的比重为9.9%。综合评价B地区在A省的经济地位在11个省辖地市中处于中等水平。表12-5给出了1995年A省各地市社会经济发展数据。

表12-3　B地区社会经济发展统计数据

年　份/年	国民生产总值/万元	社会商品零售总额/万元	人口数/万人			人均纯收入/元·年$^{-1}$	
			总　计	城市人口	乡镇人口	城镇居民	农业人口
1985	274 506	103 300	430.73	36.25	394.48	530	419.5
1986	320 612	121 500	436.79	38.72	398.07	656	460
1987	367 892	139 300	441.76	40.13	401.63	686	508.32
1988	463 405	188 200	448.30	44.65	403.65	864	573.34
1989	523 906	202 500	453.78	48.92	404.86	1 009	663.07
1990	608 092	206 900	463.17	49.87	413.30	1 103	784.36
1991	673 662	232 800	467.92	52.37	415.55	1 236	828.64
1992	764 005	269 400	469.78	54.25	415.53	1 589	884.41
1993	893 783	334 569	472.13	54.52	417.61	2 143	1 003.01
1994	1 165 673	457 160	480.20	92.20	388.00	2 390	1 382.18
1995	1 236 500	550 860	485.13	93.92	391.21	3 284	1 693.52
1996	1 451 000	652 004	490.36	95.84	394.52	3 796	2 000.66
1997	1 607 100	700 200	495.41	97.54	397.87	3 690	2 304.08

注:统计数据来自历年《A省统计年鉴》和《B地区统计年鉴》。

表 12-4　B 地区国内生产总值中三次产业所占比重

年　份/年	国内生产总值/万元				国内生产总值所占比重/%		
	总　计	第一产业	第二产业	第三产业	第一产业	第二产业	第三产业
1985	274 506	150 836	79 143	44 527	0.55	0.29	0.16
1986	320 612	169 074	94 550	56 988	0.53	0.29	0.18
1987	367 892	185 612	105 861	76 419	0.50	0.29	0.21
1988	463 405	216 476	148 557	98 372	0.47	0.32	0.21
1989	523 906	256 288	152 605	115 013	0.49	0.29	0.22
1990	608 092	318 104	161 783	128 205	0.52	0.27	0.21
1991	673 662	336 445	192 617	144 600	0.50	0.29	0.21
1992	764 005	351 117	237 238	175 700	0.46	0.31	0.23
1993	893 783	369 224	312 059	212 500	0.41	0.35	0.24
1994	1 165 673	438 441	436 490	290 742	0.38	0.37	0.25
1995	1 236 500	534 300	362 100	340 100	0.43	0.29	0.28
1996	1 451 000	623 900	426 600	400 500	0.43	0.29	0.28
1997	1 607 100	650 700	493 400	422 300	0.42	0.31	0.27

表 12-5(a)　1995 年 A 省各地市基本情况

地　域	土地面积		耕地面积		年末总人口		农业人口		粮食产量	
	平方千米	比重/%	万公顷	比重/%	万人	比重/%	万人	比重/%	万吨	比重/%
Z 市	7 402	4.4	21.30	9.2	406.14	10.0	241.88	7.8	153.28	9.6
Y 市	5 248	3.1	6.38	2.8	144.22	3.6	89.99	2.9	45.6	2.8
X 市	3 827	2.3	5.32	2.3	172.37	4.2	119.47	3.8	49.76	3.1
W 市	18 823	11.3	22.81	9.9	36.69	10.8	344.40	11.0	92.34	5.7
V 市	3 164	1.9	6.40	2.8	104.54	2.6	72.15	2.3	40.34	2.5
U 市	3 554	2.1	6.00	2.6	101.17	2.5	74.65	2.4	42.42	2.6
S 地区	39 380	23.6	34.91	15.1	765.51	18.8	632.53	20.3	255.50	15.9
B 地区	18 670	11.2	35.56	15.4	498.59	12.3	391.21	12.6	304.99	19.0
T 地区	22 791	13.7	30.59	13.2	627.03	15.4	513.91	16.5	218.53	13.6
Q 地区	25 271	15.1	36.05	15.6	447.75	11.0	361.30	11.6	223.59	13.9
M 地区	18 817	11.3	25.55	11.1	358.52	8.8	274.61	8.8	209.17	13.0
全省合计	166 974	100.0	203.9	100.0	4 062.5	100.0	3 116.1	100.0	1 607.4	100.0

表 12-5(b) 1995 年 A 省各地市主要经济指标

地 域	国内生产总值		农业总产值		工业总产值		地方财政收入		商品零售总额	
	亿元	比重/%	亿元	比重/%	亿元	比重/%	亿元	比重/%	亿元	比重/%
Z 市	240.08	19.3	58.4	9.2	205.34	23.3	10.14	15.8	73.79	17.9
Y 市	54.11	4.4	13.45	2.1	56.07	6.4	2.53	3.9	16.71	4.1
X 市	54.01	4.3	18.18	2.9	38.22	4.3	2.41	3.8	20.85	5.1
W 市	143.08	11.5	66.22	10.5	120.28	13.6	6.37	9.9	45.98	11.2
V 市	49.07	3.9	17.25	2.7	46.87	5.3	2.48	3.9	15.05	3.7
U 市	31.59	2.5	12.30	2.0	51.79	5.9	2.08	3.2	11.16	2.7
S 地区	161.82	13.0	115.19	18.2	78.30	8.9	8.92	13.9	52.55	12.8
B 地区	123.65	9.9	105.76	16.7	82.42	9.4	6.72	10.5	55.09	13.4
T 地区	98.2	7.9	73.62	13.5	94.06	10.7	7.16	11.2	53.08	12.9
N 地区				11.7	60.43	6.9	5.50	8.6	33.03	8.0
M 地区	76.34	6.1	66.25	10.5	46.76	5.3	4.43	6.9	33.57	8.2
全省合计	1 245.11	100.0	631.71	100.0	880.54	100.0	64.13	100.0	410.9	100.0

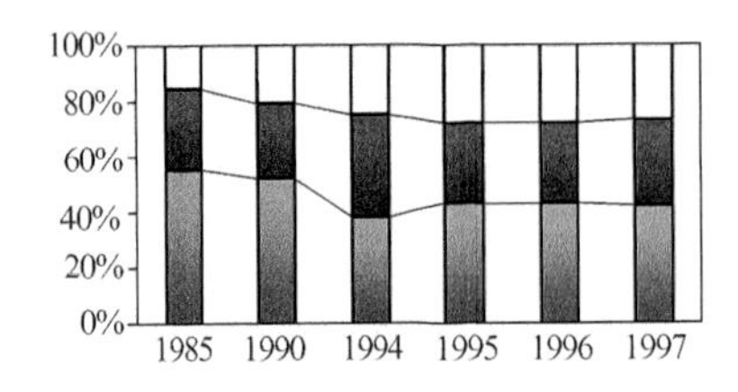

图 12-1 B 地区国内生产总值中三次产业比重变化图

从 B 地区发展的情况来看，全区面临自身增量投入不足，存量活力不足，工业支柱不强，经济运行质量不高的劣势。但从 B 地区所处的地理位置和拥有的资源来看，B 地区具备潜在的发展优势：区位优势，交通发达，距省会 Z 市较近，处于 Z 经济辐射区内；拥有丰富的自然资源、旅游资源和人力资源优势。

根据《B 地区国民经济和社会发展“九五”计划和 2010 年远景目标（要点）》规定的总目标，B 地区要全面完成现代化建设的第二步战略任务，为迈向第三步战略目标创造良好的开局，实现区域特色鲜明，社会全面进步。国民经济和社会发展的主要目标是：2000 年国民生产总值达到 380 亿元，年均递增 12%左右，人均国民生产总值达到7 200元。全社会固定资产投资占国民生产总值的比重达到 25%。三次产业结构比例调整到 22 ∶ 48 ∶ 30。主要人均指标位居全省上游水平，经济实力再上一个新台阶。人口自然增长率控制在 11‰以内。2000 年 B 市基本形成中等城市框架，C、E、D 要拉开中等城市建设架式，全区 40%以上的乡撤乡设镇，农村劳动力 40%以上转向二、三产业。农民人均纯收入年均递增 6%以上，城镇居民人均生活费收入年均递增 5%以上。

2010 年远景目标：力争把全区建设成科技领先、交通发达、环境优美、共同富裕、基本上实现现代化，在全省率先实现城镇化的经济强区。国民生产总值平均年增 10%，人均国民经济指标比 2000 年翻一番以上，三次产业结构进一步优化，人们生活更加富裕。

12.2.2　B 地区电话发展历史资料分析

为了进行 B 地区本地电话发展宏观预测，我们搜集了 B 地区电话历年发展数据（见表 12-6），并对原数据表进行了补充和修正，同时整理出 B 地区各历史阶段电话发展与社会经济主要指标增长情况的对照表（见表 12-7）。市话和农话的容量和实占数的增长趋势如图 12-2 和图 12-3 所示。

表 12-6　1985～1997 年 B 地区电话发展情况统计表

年　份/年	市话/门		农话/门		话机数/部	线号普及率/部每百人			话机普及率/部每百人		
	容量	实占数	容量	实占数		市话	农话	综合	市话	农话	综合
1985	6 400	5 084	4 500	3 668	9 907	1.40	0.09	0.2	—	—	0.23
1986	6 800	5 472	4 800	3 823	10 483	1.41	0.1	0.21	—	—	0.24
1987	6 800	6 056	4 800	4 078	11 486	1.51	0.1	0.23	—	—	0.26
1988	8 500	6 747	5 000	4 071	12 104	1.51	0.1	0.24	—	—	0.27
1989	10 000	7 561	5 000	4 117	13 160	1.55	0.1	0.26	—	—	0.29
1990	11 000	8 835	5 500	4 235	14 821	1.77	0.1	0.28	—	—	0.32
1991	20 000	15 680	7 000	4 646	22 928	2.99	0.11	0.43	—	—	0.49
1992	28 000	18 816	10 000	5 903	28 187	3.47	0.14	0.53	—	—	0.60
1993	40 360	21 893	30 311	8 432	35 634	4.02	0.2	0.62	4.70	0.24	0.76
1994	61 376	37 161	30 600	12 403	52 728	4.03	0.32	1.08	4.37	0.32	1.10
1995	101 584	61 335	33 176	17 585	88 794	6.53	0.45	1.63	7.12	0.56	1.83
1996	124 576	82 636	47 050	27 154	117 851	8.62	0.69	2.24	9.15	0.76	2.41
1997	156 768	109 776	101 930	43 663	157 242	11.25	1.1	3.10	11.49	1.13	3.18

表 12-7　B 地区电话与社会经济发展主要指标增长情况对照表（单位：%）

指标 期间增长率	社会经济指标					电话发展指标		
	国内生产总值	商品零售总额	总人口	农业人口	农村人均纯收入	市话实装	农话实装	话机总数
七五增长率	13.66	11.23	1.18	0.75	11.26	10.1	2.1	7.2
八五增长率	12.91	18.80	0.73	－1.2	15.37	31.4	30.5	31.1
1995～1996 年增长率	17.35	18.36	1.08	0.85	18.14	34.7	54.4	32.7
1996～1997 年增长率	10.76	7.39	1.03	0.85	15.17	32.8	60.8	33.4

续表

指标 期间增长率	社会经济指标					电话发展指标		
	国内生产总值	商品零售总额	总人口	农业人口	农村人均纯收入	市话实装	农话实装	话机总数
九五增长率	12	—	1.1	—	6.0	待规划	待规划	待规划
2000～2010 年增长率	10	—	0.80	—	—	待规划	待规划	待规划

注：1. 各项统计数据来自《B 地区统计年鉴》和《B 地区邮电年报》；

2. 1997 年前增长率采用了有关公式换算得出；

3. “九五”和 2000～2010 年的数据来自《B 地区国民经济和社会发展“九五”计划和 2010 年远景目标（要点）》。

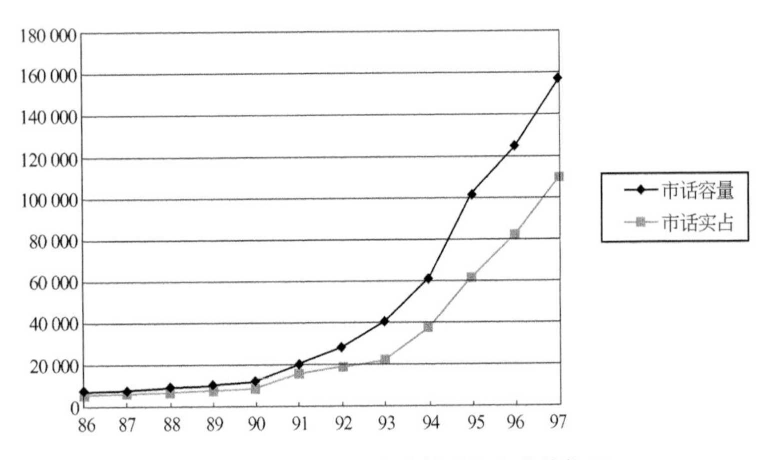

图 12-2　市话容量与实占数增长变化趋势图

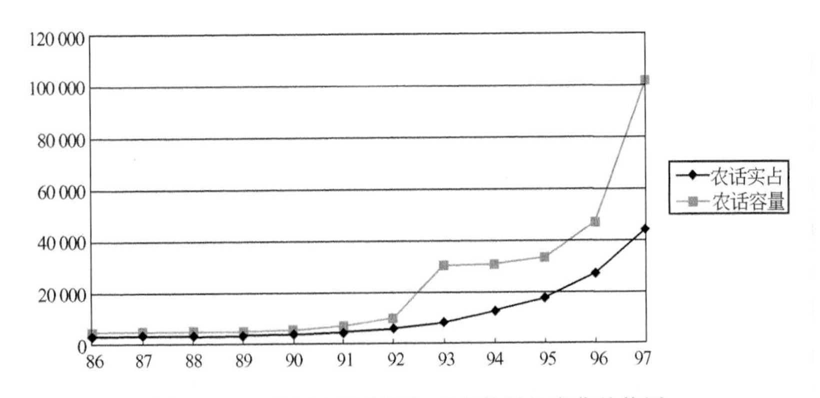

图 12-3　B 地区农话容量与实占数增长变化趋势图

从表 12-6 和图 12-4 中可看出，B 地区电话普及率水平低于同年全国电话普及率水平，但“八五”以来发展速度基本上赶上了全国发展水平（B 地区电话发展

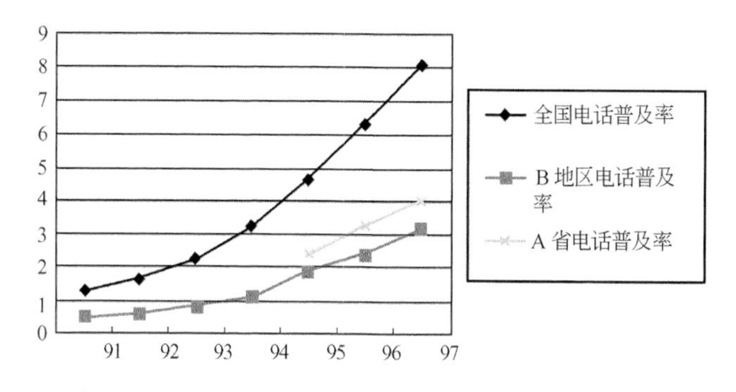

图 12-4　电话普及率水平对比图

“八五”增长率为 31.1%，全国相应数据为 34.7%）。市话实占在“八五”期间年均增长率为 31.4%，“九五”头两年仍保持高达 30%以上的增长率。根据 B 地区市话现状分析，B 地区市话主线普及率 1997 年为 11.25 线/百人，市话话机普及率为 11.49 部/百人，仍处于较低水平，“九五”后期其市话发展仍将处于较快发展阶段。农话放号在“八五”期间年均增长率为 30.5%，1996 年、1997 年增长速度显著上升，表明 B 地区农话高速发展期的来临，1997 年 B 地区农话主线普及率只有 1.1 线/百人，因此，可以预测 B 地区农话高速增长将持续较长一段时期。但是，如果国家经济改革的措施，影响人们消费结构的变化，以上对 B 地区电话发展趋势的估计则需要进行一定的修正。

12.2.3　B 地区电话发展宏观预测考虑的要点

本次规划在进行电话宏观预测时，遵循的原则和考虑的因素主要有：

(1) 随着知识经济和信息社会的到来，电信网作为重要的信息基础设施，其作用和地位大大增强。人们对通信的需求将更加迫切和旺盛。

(2) 通信产业作为重要的国民经济支柱产业，得到了各地政府的高度重视。国家多次提出“对邮电通信、交通能源、重要原材料等基础工业和基础设施实行投资倾斜政策”。

(3) 原邮电部确定的跨世纪通信发展战略目标：“到 2000 年，邮电通信基本适应国民经济和社会发展的需要，基本建成完整、统一、先进的通信网；到 2010 年，邮电通信满足国民经济和社会发展的需要，通信网规模容量、技术层次、服务水平进入世界先进行列”的要求。尤其在国民经济高速发展时期，通信发展应超前同期国民经济增长速度。

(4) B 地区目前电话普及率低于全国平均水平，全国城市话机普及率 1997 年为 26.1 部/人，B 地区 1997 年的数据为 11.9 部/百人，农话水平也低于全国平均水平。预计未来几年 B 地区经济仍将保持继续增长，电话发展的较高速度也将延续若干年。

(5) 电信市场已由卖方市场转变为买方市场。B地区基本电话业务目前不存在竞争,但也面临潜在的竞争。同时,由于移动电话快速发展和资费的下降,移动电话成为电信市场的消费热点,可能对固定电话存在一定的替代性。

(6) 一些电信新业务在B地区逐渐推出,会推动传统电信业务的发展,如Internet的普及会带来电话用户数和电话业务量的增加。

(7) 农村住宅电话是B地区电信发展的主要市场之一。B地区目前经济仍处于传统的"一、二、三"结构,产业结构调整和产业结构升级将使B地区产业布局合理,从而大大促进经济的发展,也会促进电信需求的增加。

(8) 铁路和几条公路国道的建成大大改善了B地区的交通条件,随着国家投资倾斜,B地区面临发展的难得机遇。

(9) 随着B地区县域经济的发展,B、C、D、E等市的城市功能的加强,B逐步建成中等规模的城市,这些条件将有利于全区城镇化发展和经济结构的升级换代。

(10) 当前全区存在经济不景气,企业开工不足等对电话发展不利的因素,但从1998年上半年的发展形势看,只要措施得力,保持电话的快速发展速度是可行的,而且,全区住宅电话市场的潜力还很大。

12.2.4 B地区电话实占预测

在对B地区有关历史数据分析的基础上,利用一些预测方法对B地区电话发展进行了预测,得到了1998~2010年B地区电话宏观预测表(见表12-8)。为了保证预测的合理性和准确性,我们对各种预测方法的结果进行了综合分析,充分考虑了上述有关影响B地区电话发展的因素,在征询专家意见的基础上,得到了各期电话发展的预测结果。

表12-8 B地区1998~2010年电话发展宏观预测一览表

指标 \ 时期	1997年现状	近期(1998~2000年)	中期(2001~2005年)	远期(2006~2010年)
平均增长率		31.4	16.5	10.6
实占数/线	153 439	348 092	748 338	1 239 619
总容量/门	258 698	535 526	1 069 055	1 652 825
线号话机比	1∶1.02	1∶1.01	1∶1.01	1∶1.01
话机普及率	3.18	6.9	13.9	22.22
主线普及率	3.10	6.8	13.75	22.0
话机总数/部	157 242	351 573	741 019	1 252 015
平均年净增线号数/线		64 884	76 272	98 256

注:表中数据是以全区人口总和为基准统计预测得到的,电话数等于市话和农话的话机数之和;1997年电话交换机实装率为59.3%,考虑将来发展时实装率将提高,故2000年、2005年、2010年的规划实装率分别考虑为65%、70%和75%,B地区邮电局可以在发展的过程中进行滚动调整。

此外，根据表12-8中的预测值，可以预测各期住宅电话用户数量。从全国来看，1997年全国全年发展1 054.6万户市话用户，其中住宅电话的比重为75.6%；全年发展农话用户477.4万户，其中住宅电话的比重为78.5%；全国住宅电话综合比重1995年、1996年、1997年分布为71.5%、75.2%、77.71%。从世界范围来看，1994年美国、法国、德国、韩国4国的住宅电话比重分别为70.0%、90.0%、88.0%、81.0%。B地区1996年、1997年住宅电话的比重分别为77.8%和79.4%，从1998年上半年的发展来看，住宅电话的比重仍在逐渐上升。基于这些考虑，各期住宅电话的比重预测值分别为83%、86%和85%。(见表12-9)。

表12-9 B地区住宅电话指标一览表

项　目	1997年	2000年	2005年	2010年
住宅线号的比重	79.4%	83%	86%	85%
住宅线号数/线	121 757	288 916	643 570	1 032 112
住宅线号普及率/线/百户	9.8	22.0	44.9	66.0
住宅户数/户	1 238 525	1 312 667	1 454 189	1 563 056
每户人数/人	4.0	3.9	3.7	3.6

注：住宅电话以各期电话实占预测值得到；住宅线号的比例采用类比方法得出；每户人数也采用预测数。

12.2.5 B地区电话发展宏观预测说明

目前B地区C_3本地网已基本形成，农话的概念正在逐步消失。市话发展经历了办公电话为主到住宅电话比例大增的演变，现在市话新发展的用户有80%以上是住宅电话。

农村仍然是一个特殊的市场，具有特殊的消费群体。其生产生活方式的不同及特殊的消费心理都形成了农村市场的自身特点。因此发展农村电话应与城市有所差别。从三统一的角度出发，农村电话应在本地网统一规划下，针对农村市场的特点，进行开发和建设。农村电话市场的开发应分层次进行，对于不同层次市场应采取不同手段。市场发展初期：首先发展生产性用户及公用电话，引导农民使用电话，加大宣传力度促进农民使用电话。成长期：在建设上下功夫，同时了解用户不断增长的新需求，为用户提供更好的业务和服务。

因此，我们在进行宏观预测时既要考虑市话和农话的融合，又要考虑它们之间发展规律的不同。

1. 近期(1998～2000年)电话实占预测

1997年A省电话普及率为4.0部/百人(不含移动)，主线普及率3.45线/百人，预计近期平均增长率20%以上。1997年全国固定话机普及率7.04部/百人(其中城市电话普及率达26.1%)，主线普及率5.70线/百人。B地区1997年相同指标均低于全国和A水平,目前正是全区电话快速发展的时期。

基本数据取定:近期人口自然增长率以全区国民经济规划和历年实际数据为基础,定为11‰,2000年全区总人口为512.63万人。(注:由于社会经济发展有关统计指标缺乏未来增长预测值,因此在进行电话发展预测过程中没有采用相关分析方法。)

(1) 时序预测——指数方程法

当预测对象的增长速度越来越快,其趋势近似于指数函数曲线,而且判断它在预测期限内不会出现突然变化,则考虑用指数方程作为其预测方程。方程中,参数计算时,先将整个方程取对数,再利用最小二乘法,并利用反对数最后求出。

所用公式如下所示:

$$Y_t = A \times B^t$$

其中,Y_t 为第 t 期预测值,t 为时间,A,B 为参数。

算法与参数的建立:

$$B = \ln^{-1}\left(\frac{\sum \ln Y_i t - \overline{\ln Y}\sum t}{\sum t^2 - \bar{t}\sum t}\right)$$

$$A = \ln^{-1}\ (\overline{\ln Y} - \ln B \cdot \bar{t})$$

B地区电话在“八五”期间年平均增长率为7.05%,“九五”期间年平均增长率为31.2%,1996年增长率为39.1%,1997年增长率为39.8%。通过图形可以认为近期B地区电话发展呈指数曲线(这和B地区电话处于高速增长初期一致),因此,采用1988~1997年间实占数据来建立近期指数方程如下:

$Y_t = 5\ 991.216 \times 1.365^t$,相关系数 $R = 0.98$。

这样,计算出2000年预测值为344 425线。

计算得到的近期3年内年平均增长率为30.9%。

(2) 滑动平均法

1992~1997年全国本地电话部数从1 146.9万部增加到7 310万部,平均年增长率为43.7%,同期B地区电话从13 070户增加到109 790户,年平均增长率为35.53%。由于“八五”期间B地区电话发展速度低于全国发展速度,因此,“九五”后期仍将是全区电话大发展时期。

从1985年到1997年B地区电话实占容量年增长率如表12-10所示。

表12-10　历年B地区电话实占容量增长率

年　份/年	1986	1987	1988	1989	1990	1991	1992	1993	1994	1995	1996	1997
年增长率/%	6.20	9.03	6.75	7.95	11.92	55.52	21.61	22.68	63.44	59.23	39.12	39.76

三次滑动平均预测法的模型为:

对于时间序列 $\{x_i\}$，欲以历史数据来预测序列的将来值，一般可以采用离预测期最近的 N 个观察值的均值作为预测值 $\{\hat{X}_t\}$，例如当 $N=3$ 时，X_{t+1} 的预测值可表示为

$$\hat{X}_{t+1}=\hat{X}_{t-1}+\alpha(X_{t-1}-\hat{X}_{t-1})$$

这种预测法为指数平滑法，此处 α 称为平滑常数，取值区域为(0,1)。指数滑动平均的目的主要是平滑数据，消除干扰，使趋势变化显示出来，从而可以用于趋势预测。但由于一次滑动平均预测值和实际观测值存在滞后现象，因此采用三次滑动平均法进行改进。具体的方法就是利用一次平滑序列进行二次平滑，从而得到二次平滑序列，利用二次平滑序列再次进行平滑，得到三次平滑序列。利用三个平滑序列，按下列公式进行预测：

$$\hat{X}_{t+\tau}=a_t+b_t+c_t\tau^2$$

$$a_t=3S_t^1-3S_t^2+S_t^3$$

$$b_t=\frac{\alpha}{2(1-\alpha)^2}[(6-5\alpha)S_t^1-2(5-4\alpha)S_t^2+(4-3\alpha)S_t^3]$$

$$c_t=\frac{\alpha^2}{2(1-\alpha)}[S_t^1-2S_t^2+S_t^3]$$

利用上述模型进行 B 地区电话实占容量近期预测，得到 1998～2000 年 3 年年均增长率为 30.5%，这样，2000 年电话实占容量预测值＝1997 年实占容量×$(1+0.305)^3$＝341 010 线。

(3) 逻辑曲线法

一种新产品或业务在其生命周期中市场普及的程度呈现 S 形即成长曲线，因此人们常用两种成长曲线模型来拟合其发展过程，从而利用模型来预测将来的情况。电话普及率的发展符合 S 形曲线模型，我们采用其中一种逻辑曲线来进行 B 本地网的近期电话预测。其趋势曲线如图 12-5 所示。

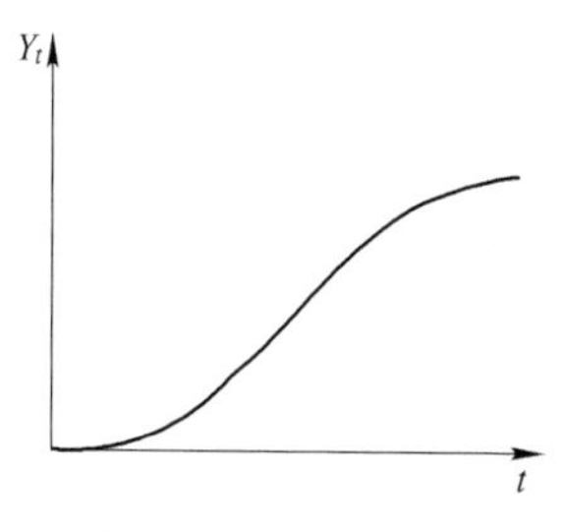

图 12-5　饱和曲线趋势图

所用公式如下所示

$$Y_t=\frac{k}{1+me^{-at}}$$

其中，Y_t 为第 t 期预测值；

t 为时间；

m,a,k 为参数。

算法与参数的建立(利用三和法)：

已知时间序列的时间期数为 $3r$，则：$S_1=\sum_{t=1}^{r}\frac{1}{Y_t}$，$S_2=\sum_{t=1+r}^{2r}\frac{1}{Y_t}$，$S_3=\sum_{t=1+2r}^{3r}\frac{1}{Y_t}$。

参数：$k = \dfrac{r}{S_1 - \dfrac{(S_1 - S_2)^2}{(S_1 - S_2) - (S_2 - S_3)}}$ 为饱和值

$$m = \frac{(S_1 - S_2)^2}{(S_1 - S_2) - (S_2 - S_3)} \times \frac{1 - e^{-a}}{e^{-a}(1 - e^{-ra})} \times k$$

$$a = \frac{1}{r}\left[\ln(S_1 - S_2) - \ln(S_2 - S_3)\right]$$

我们通过利用全区 1989～1997 年线号普及率来预测 2000 年全区的普及率，参考目前发达国家电话发展水平，饱和值取 65%。得到预测结果为：2000 年线号普及率为 7%。其中参数 $m=420.3307$，$a=0.3307$。

用 2000 年人口预测数换算成电话用户数为 358 841 部，年平均增长率为32.7%。

综合取定预测值（利用简单组合预测方法）：

B 地区电话 2000 年用户＝(344 425＋341 010＋358 841)/3

＝348 092(部)

这样，可以得到 B 地区近期(2000 年)电话发展预测结果如表 12-11 所示。

表 12-11　B 地区近期电话发展预测结果

预测增长率/%	实占容量/线	话机总数/部	总容量/门	话机普及率/部每百人	平均年增实占/线
31.4	348 092	351 573	535 526	6.9	64 884

2. B 地区中期(2001～2005 年)电话发展宏观预测

根据中期人口自然增长率(10‰)，可以计算出 2005 年 B 地区预测总人口为538.78 万人。中期宏观预测采用指数法和龚柏滋曲线法。

(1) 时序预测——指数法

利用 1985～1997 年 13 年的数据建立长期指数方程，从而外推出 2005 年 B 地区实占用户预测值。计算结果为

2005 年实占总数为 782 390，$A=4\,424.507$，$B=1.279$

(2) 龚柏滋曲线法

龚柏滋曲线也是一种成长曲线，较逻辑曲线平滑。因为近期 B 地区电话发展快速，中期逐渐放慢，故在近期采用逻辑曲线，在中长期采用龚柏滋曲线。

所用公式如下所示：

$$Y_t = ka^{b^t}$$

式中，Y_t为第 t 期预测值；

k 为饱和值或控制值；

t 为时间；

a, b 为影响参数；

$$参数\ b = r\sqrt{\frac{\sum_3 \lg Y_t - \sum_2 \lg Y_t}{\sum_2 \lg Y_t - \sum_1 \lg Y_t}}$$

$$a = \lg^{-1} \frac{\left(\sum_2 \lg Y_t - \sum_1 \lg Y_t\right)(b-1)}{b\,(b^r - 1)^2}$$

$$k = \lg^{-1} \frac{1}{r}\left[\sum_1 \lg Y_t - \frac{b(b^r-1)}{b-1}\lg a\right]$$

采用 1990～1997 年 8 个数据得到的模型预测 2005 年 B 地区主线普及率为 13%，其中

$$a = 0.083\,2, \quad b = 6.092\,2$$

这样，B 地区中期 2005 年电话发展预测结果如表 12-12 所示。

表 12-12　B 地区中期电话发展宏观预测

方　法	实占容量/线	话机总数/部	总容量/门	主线普及率/%	话机普及率/%	平均年增长率/%	平均年增实占/线
指数法	782 390	790 213	1 128 877	14.5	14.7	16.9	67 680
龚柏滋法	699 649	706 464	1 009 234	13	13.1	14.3	84 864
简单平均	741 019	748 338	1 069 055	13.75	13.9	15.6	76 272

3. 远期(2006～2010 年)电话发展预测

远期因为时间过长，为此采用定性分析为主，定量分析为辅的原则进行预测。远期人口预测值为 563.46 万人。

(1) 话机普及率法

根据有关统计资料表明，目前中等及部分发达国家的电信发展水平如表12-13 所示。

表 12-13　中等及部分发达国家电信发展水平

国家及地区	人口		国内生产总值		电话主线		备　注
	总数/百万	密度/(人·平方千米$^{-1}$)	总数/10 亿美元	人均/美元	总数/万线	普及率/线每百人	
韩国	44.5	452	330.8	7 510	1 764.66	39.70	① 国内生产总值为 1993 年数字 ② 电话主线为 1994 年数字
香港	5.8	5 492	109.6	18 690	313.65	53.78	
新加坡	2.8	4 575	55.1	19 210	132.35	46.97	
台湾	21.3	591	214.4	10 280	850.32	40	

续表

国家及地区	人口		国内生产总值		电话主线		备注
	总数/百万	密度/(人·平方千米$^{-1}$)	总数/10亿美元	人均/美元	总数/万线	普及率/线每百人	
希腊	10.3	78	70.3	6 825	449.65	43.66	① 国内生产总值为1991年数字 ② 人口与主线数为1992年数字
葡萄牙	9.9	107	68.8	6 981	316.25	32.11	
比利时	10	328	201.4	20 139	426.43	42.64	
丹麦	5.2	120	130.3	25 194	300.28	58.08	
法国	57.4	105	1 195.8	20 844	2 990.53	52.13	
德国	80.6	324	1 573.9	19 534	3 542.08	43.96	
爱尔兰	3.6	52	43.6	12 280	111.3	31.35	
意大利	57.8	192	1 139.5	19 722	2 370.9	41.03	
卢森堡	0.4	151	10.5	26 806	20.62	52.87	
荷兰	15.1	368	286.4	181 927	739.5	48.88	
西班牙	39.1	77	527.1	13 489	1 379.22	35.29	
英国	57.7	236	1 018.3	17 664	2 608.4	45.25	

P市电信网规划2010年主线普及率定为48%，Z市所属Z县2010年电信发展规划中市话主线普及率为41.29%～49.03%，农话主线普及率为14.57%～17.81% 。与B地区相临的Q地区电信规划2010年城市话机普及率为40部/百人，农话话机普及率10部/百人。B地区在经济发展水平上总体与Q地区相当，弱于P市和Z市辖区。因此通过对国内外一些城市的话机普及率分析，我们认为到2010年B地区城市普及率应达到40部/百人，农村话机普及率考虑为13部/百人。这样我们可以得到2010年B地区话机电话发展预测结果。

2010年B地区总人口预计为563.46万，其中城市人口约占30%，则2010年B地区电话总数为

$$\text{电话总数}=563.46\times(0.3\times0.4+0.7\times0.13)=118.89(\text{万})$$

(2) 龚柏滋曲线法

利用龚柏滋曲线模型，可以预测2010年B地区电话普及率，结果为22%。

由于目前主线与话机的比例为1∶1.02，随着通信技术的发展，用户交换机逐步使用Centrex替代，主线与话机的比例将变为1∶1。

因此，可以计算2010年B地区电话发展结果：

$$\text{电话总数}=563.46\times0.22=123.96(\text{万})$$

最后取定2010年B地区电话普及率为22%。

这样，B地区远期电话发展预测结果如表12-14所示(最后以高方案取定)。

表 12-14　B 地区远期电话发展宏观预测

方　　法	实占总量/线	容量/门	主线普及率/%
话机普及率法	1 188 900	1 585 200	21.1
龚柏滋曲线法	1 239 600	1 652 816	22
最后取定	1 239 600	1 652 816	22

12.2.6　B 地区公用电话发展规划

1997 年 B 地区共有公用电话 4 626 部，其中属于中央国有部分为 3 776 部，属于地方国有 850 部，城镇服务水平为 4.74 部/千人。

电话的发展模式通常为办公电话——公用电话——住宅电话，公用电话起着电话从办公室走向家庭的桥梁作用。通过分析全国公用电话的普及水平(1.55 部/千人)，B 地区目前公用电话普及水平偏低，在今后发展中，一方面要考虑服务水平的提高，另一方面也要考虑城镇人口的增加和农村城镇化发展，同时还要考虑个人通信发展带来的影响。农村居民大部分没有使用办公电话的经历，因此积极发展农村公用电话是相当重要的。

从上述因素考虑，结合国家在公用电话发展的有关规定，B 地区今后公用电话发展规划情况如表 12-15 所示。

表 12-15　B 地区公用电话发展水平规划

时　　间	1997 年现状	2000 年	2005 年	2010 年
城市服务水平/部・千人$^{-1}$	4.74	6	9	10
城市公用电话数/部	3 776	6 048	9 582	11 162
其他公用电话数/部	850	1 600	3 100	5 600
公用电话总数/部	4 626	7 648	12 682	16 762
规划期净增数/部	—	3 033	5 034	4 080

注：在 B 地区人口各期预测时 1998～2000 年人口自然增长率定为 11‰，2001～2005 年人口自然增长率定为 10‰，2006～2010 年定为 9.5‰。

在发展公用电话时应注意：

① 为方便广大群众使用公用电话，应尽量发展无人值守的投币和 IC 卡电话；

② 公用电话的选型和种类应符合技术发展的趋势和市场的需求；

③ 为树立电信部门良好的社会形象，避免乱收费现象，在有人值守的公用电话上应安装符合国家标准的集中型电话自动计费器；

④ 在繁华的商业街、车站、医院等人群密集的公共场所，应加大公用电话的设点密度；

⑤ 电信企业应建立专门的公用电话维修队伍，及时修理公用电话的故障，保证公用电话的有效使用。

12.3 B市电话用户分布预测

电话用户分布预测主要是依据电话发展宏观预测结果，对各规划期电话用户发展的分布进行预测，也称做微观预测，其预测结果为局所优化、线路设计提供基础资料。电话用户分布预测的结果应与电话发展宏观预测的结果相吻合。B市的电话分布预测分市话和农话两部分，其中市话部分采用用户分布密度图预测方法进行，农话分布预测按乡镇的人口、面积和电话用户的现状等社会经济情况，进行以乡(镇)为单位的电话发展预测。

12.3.1 B市城市概况与发展规划

B市位于A省西部，有铁路和国道通过城市，同时与周围区域有公路联系，交通便利。城市范围内有较丰富的自然资源，且城市周围地区农副业生产发达。B市历史悠久，自然环境基础好，其作为地区政治、文化、经济等方面的中心城市的地位，随着经济实力的加强得到了加强。B市市域城镇体系分为4个等级，第一等级：中心城区，即规划的建城区范围；第二等级：一级建制镇，即B6、B9、B8、B1，其中B6提升为副县级建制镇；第三等级：二级建制镇，即B16、B10、B7；第四等级：一般集镇，即其余的18个集镇，作为联系广大的农村，承上启下。

根据《B市城市整体总体规划(1991～2010年)》，B市城市性质被定为："在铁路沿线上重要的，以机械、建材、轻工为主导工业构成的，地区政治、经济和文化中心，是一个风景优美、生态环境好的中等城市。"

规划到2000年末，B城市人口规模为20万；规划到2010年末，城市人口规模为30万。城市规划(1992～2010年)建成区范围为30平方千米，规划区范围为58平方公里(包括市区、近郊区及其他规划控制区)(具体图表略)。

根据地形特点，整个布局分为旧城区、东区、南区、西区、北区等5个区，其中：旧城区主要为商业、金融、文化和生活综合区；北区为以化成岩公园为中心的绿化用地、文教科研用地以及以袁山大道为中心的行政金融新村；东区是以轻化纺织及建材等工业用地为主的综合区；南区以机械工业为主体包括对外储运仓库在内的独立工业区和配套完善的生活区；西区以文教科研与医疗卫生用地为主的综合区。

12.3.2 B市城区电话用户密度预测

近几年B市城区电话发展情况如表12-16所示。

表 12-16　B 市城区电话发展历史数据

年　份	市话/门		农话/门		用户交换机/门	线号普及率/部每百人			话机普及率/部每百人		
	容量	实占数	容量	实占数	实占数	市话	农话	综合	市话	农话	综合
1994	21 000	13 000	3 948	1 375	3 410	7.32	0.20	1.64	8.01	0.22	1.83
1995	31 000	18 263	5 124	2 506	4 119	9.93	0.36	2.34	11.07	0.38	2.60
1996	31 000	24 308	7 624	4 009	4 381	12.8	0.57	3.18	13.49	0.59	3.34
1997	45 000	29 575	23 456	7 222	3 956	15.2	1.01	4.05	15.78	1.01	4.19

前面对 B 市城区各期电话用户总数进行了预测。市话用户密度分布微观预测是采用一定的科学方法，通过大量实地调查，对市话发展实占用户的分布情况预测，取得各期末实占用户在市话服务区的分布情况，为各期的局所规划、优化和中继网优化、用户接入网规划提供一定的基础数据。市话用户宏观预测与微观预测构成了市话用户发展预测的两个方面，两方面的预测结果应该一致。B 市市话微观预测分为近期（1998～2000 年）、中期（2001～2005 年）、远期（2006～2010 年）预测，最后得到 3 期预测的用户密度图。

市话用户微观预测的步骤为：

① 构造用户密度基础方格图，在规划区范围上确定一中心点，以此中心为基点将规划区划分为方格图；

② 确定每个格中实装户和待装户的数量，产生现状用户分布密度图；

③ 根据新发展用户发展速度和情况，分析潜在用户需求和分布情况，预测各格中各期末用户数量，得到各期末用户分布密度图；

④ 对用户密度图进行认证和调整，得到预测结果。

1. 市话用户微观预测的主要方法和使用的工具

(1) 微观预测主要采用的方法

① 实地调查法。

在已有的市话现状分布的基础上，通过对 B 市区现在和近期在建和将要建设的工厂、住宅小区、大型公建等建设项目的实际调查，确定这些项目需要的电话数及分布情况，并加以统计和预测。

② 分类用户增长法。

不同分类用户其增长速度和周期是不同的，可以在确定各期各类用户增长速度的基础上，根据下列公式得到各类用户的预测数。

$$Y = \sum_{i=1}^{k} A_i \left(1 + P_i\right)^n$$

式中，Y 为某方格的预测用户数；

k 为微观调查用户的分类数；

A_i 为基年该方格第 i 类用户的用户数；

P_i 为预测期内该方格的第 i 类用户的增长率；

n 为预测期长(以年表示)。

③ 分区等密度预测法。

根据B市市话服务区用地现状和未来发展的不同情况，可以将规划区内的市区面积分成不同性质的区域，对于不同性质的区域，其电话发展速度是不同的，而性质相同的区域，其电话发展速度是相同的。分区等密度法是对每一方格确定其用地性质，根据以下模型来预测：

$$Y = A + U(i)$$

式中，Y 为每一预测单元的预测用户数；

A 为该预测单元已有的用户数；

$U(i)$ 为第 i 类区域的增长用户数；

i 为该预测单元的用地性质划分序号。

④ 加常数预测法。其模型为

$$Y = A + B$$

式中，A 为该预测单元已有的用户数；

B 为该预测单元的新增用户数。

⑤ 人工调整。

以上4种预测方法适用于大多数预测单元，但对一些特殊的预测单元，由于发展情况复杂，需要在上述预测的基础上辅以适当的人工调整，以保证预测的合理性。另外，当微观预测与宏观预测的结果不一致时，也要进行人工调整。

(2) 微观预测所使用的工具

在微观预测中，需对大量数据进行整理、分析和计算。为了提高数据处理的效率和准确度，应用了北京邮电大学管理工程系开发的“CAPLTN”电话网规划软件(该软件获原邮电部科技进步二等奖)，使微观预测工作的时间大大缩短，提高了工作的效率。

2. 市话现状用户密度图的基础工作

B市市话区域是指目前(1998年10月)城南支局、城东支局、城西局所服务的区域，这个区域包含了新电信大楼局将来服务的区域。为了得到各期电话用户密度图，用近期B市城区1∶10000地图，以中山中路和东风大道交点为基点，将市话区域划分成500 m×500 m的预测小区正方格，标明每个方格所在的行号、列号，作为该方格的坐标。实际规划区域为南北长10公里、东西长12公里，包括了城南、老城区、城北区。为了微观预测的客观性，必须进行如下基础工作：

① 根据《B市城市总体规划纲要(1991～2010年)》，将B市市话服务区内用地

情况分为 10 类，分别为

A. 生活住宅用地　　B. 工业用地
C. 公建用地　　D. 商业繁华地段
E. 文化教育用地　　F. 仓储、绿地
G. 农业用地　　H. 风景区
I. 行政村　　J. 自然村

然后分别记录每个方格的用地情况。

② 根据电话交接箱分布情况现状得到每个方格中用户数，在 B 地区电信局的有关专家帮助下，进行人工调整，得到用户密度图现状。

③ 将各方格内的用户分类信息和用户密度图现状等信息存储于计算机数据库中，转换成微观预测软件所需的格式。

④ 电话用户分布密度发展预测是以城市总体规划为主要依据，用宏观预测的指标来控制，依照电话发展规律来进行。

3. 市话近期（1998～2000 年）电话用户微观预测

近期市话用户微观预测的主要方法包括现有用户分类增长法、分区等密度加常数法、新建项目分类增长法及人工调整法，其中前 3 种方法利用计算机完成。

在表 12-17 列出了市话近期（1998～2000 年）微观预测结果。

表 12-17　近期（1998～2000 年）微观预测结果

	用　户　数	有用户方格数
总实占数	48 598	178

注：① 方格代表 500 m×500 m 的实际面积；
② 密度图矩阵为 22×26（572 格）。

近期微观预测的说明：

① 近期密度图显示老城区用户密度要高于城北和城南区域；

② 城北区域是 B 市重点发展区域，电话用户密度在不断增加。

4. 中期（2000～2005 年）市话用户微观预测及结果

（1）预测结果

B 市话中期微观预测结果如表 12-18 所示。

表 12-18　中期（2001～2005 年）市话微观预测结果

	用　户　数	有用户方格数
总实占数	71 800	192

注：① 方格代表 500 m×500 m 的实际面积；
② 密度图矩阵为 22×26（572 格）。

（2）预测结果说明

① 中期（2005 年）密度图是在 2000 年电话用户密度图的基础上，依照用地性质表示矩阵，在相应的格中加上相应的用户增长数，然后对个别地区的方格进行调整，得到了中期用户密度图。

② 在中期，城北新区逐渐将成为 B 市新的行政、商业、文化中心，在中期密度图上，新区电话用户增加了很多，分布密度略次于老区的密度。

5．远期（2005～2010 年）市话用户微观预测及结果

（1）远期用户分布密度预测遵循的主要原则

① 远期 B 市城市建设的发展为 2005 年城市规划的继续，采用远期城市用地规划作为考虑用户分布的主要依据。

② 在远期，B 市城北发展已经完善，城市基本上发展成为中等城市。故在此期间城市边远新增用户增长很快。

③ 预测方法

在远期主要采用分区等密度法来预测。

（2）预测结果

根据《B 市城区远期用地规划》可以构造 B 市城区远期用户性质方格图。采用分区等密度预测方法和人工调整的方法，得到了远期用户密度分布图，如表 12-19 所示。

表 12-19　远期（2006～2010 年）市话微观预测结果

预测结果	用　户　数	有用户方格数
总实占数	115 200	206

注：① 方格代表 500 m×500 m 的实际面积；

② 密度图矩阵为 22×26（572 格）。

（3）预测结果说明

① 远期（2010 年）密度图是在 2005 年电话用户密度图的基础上，依照用地性质表示矩阵，在相应的格中加上相应的用户增长数，然后对个别地区的方格进行调整，得到了远期用户密度图。

② 在远期，城北新区已经成为 B 市新的行政、商业、文化中心，在远期密度图上，新区电话用户增加了很多，分布密度约等于老区的密度。

12.3.3　B 市农话用户分布预测

B 市农话用户分布预测以宏观预测为依据，按照 B 市行政区划的划分实行分区预测，预测考虑了 B 市各乡镇发展规划、地理位置及社会经济发展情况。预测分近期、中期、远期 3 期进行。结果如表 12-20 所示。

表 12-20　B 市农话用户分区预测表(1998 年 10 月)

局名	人口	1998 年实占	2000 年实占	2005 年实占	2010 年实占	备　注
农　话						
B1	4.18	742	1 700	6 500	10 100	
B2	2.49	314	1 086	3 000	7 100	
B3	1.9	149	715	1 500	3 600	
B4	2.28	684	1 865	5 300	8 300	
B5	1.25	154	633	1 550	4 200	
B6	2.06	481	1 563	4 800	9 600	
B7	2.92	512	1 621	5 100	9 600	
B8	5.28	547	2 192	5 500	9 200	
B9	6	459	1 587	4 600	12 000	
B10	3.71	460	1 691	4 300	9 600	
B11	2	197	681	2 000	5 600	
B12	1.7	53	183	750	3 500	
B13	1.93	214	740	2 100	4 800	
B14	3.72	336	1 160	3 050	7 500	
B15	4	186	643	1 900	8 200	
B16	3.67	282	975	2 600	7 100	
B17	2.39	198	685	1 700	4 400	
B18	5.01	297	1 150	3 100	9 400	
B19	1.93	176	520	1 100	2 500	
B20	3.36	131	500	1 400	6 200	
B21	1.72	49	310	900	3 500	
B22	0.1		200	400	600	新增模块局
B23	1.29		150	800	1 500	新增模块局
B24	0.98		200	800	1 300	新增模块局
B25	2.22	59	350	1 100	4 200	
合计		6 680	23 100	66 650	153 600	

12.4　B 地区电信发展其他相关预测

12.4.1　B 地区长途业务量发展预测

1. 长途业务量历史发展情况分析

长途业务量历史资料如表 12-21 所示。

表 12-21　长途业务量 1993～1997 年历史及分析资料

年　份/年	业务量/张	年增长率/%	各期增长率		人均使用量/张·(年·人)$^{-1}$	平均每部话机长话张数
1988	1 049 689		七五时期	10.19	0.234	86.72
1989	1 051 789	0.20			0.232	79.92
1990	1 263 946	20.17			0.273	85.28
1991	2 049 724	62.17	八五时期	57.80	0.438	89.40
1992	3 449 792	68.31			0.734	122.39
1993	4 722 578	36.89			1.000	132.53
1994	7 060 619	49.51			1.470	133.91
1995	12 153 223	72.13			2.505	136.87
1996	16 533 561	36.04	两年平均增长率	26.65	3.372	140.29
1997	19 385 783	17.25			3.913	123.29

注：1988～1996 年的长途业务量中包括本地区内各市县间业务量。

从表中可知在“七五”期间和“八五”期间长途业务量增长率分别为 10.19%和 57.80%。“八五”以来，B 地区长途业务量增长很快，但与全国相比情况仍不容乐观：

① B 地区长途业务量在 1988～1997 年期间的发展较不平衡，“七五”期间长话业务量增长率仅为10.19%，低于全国同期增长率。“八五”期间长话业务量增长率虽达到了 57.80%，但只略高于全国同期平均增长率 52.56%。

② 从全国范围看，在“八五”期间长途业务量的增长速度是市话实占用户增长速度的 1.7 倍，而 B 地区长途业务量的增长速度在“八五”期间却仅为市话实占用户增长速度的 1.35 倍。

2. 长途业务量发展预测

(1) 长途业务量发展预测考虑的基本因素

① 原邮电部对 A 省“九五”期间长途业务量增长率预测为 31.65%～54.12%。B 地区作为 A 省的重要发展地区，其增长率应不低于这一水平。

② 中央扶持经济发展的政策，将继续有力地促进 B 地区经济建设的发展，由此必然带来信息量的增加。

③ B 地区长途数字程控交换机的扩容和光缆的建设有利于满足 B 地区出口电路的需求，为长途业务量的进一步增长准备了物质基础。

④ 1997 年 B 地区实现了 C_3 大本地网组网后，部分 C_3 网内的长途业务量化为本地话务量，因此 1997 年 B 地区长途业务量增长率仅为 17.25%，在预测中应对这一情况予以考虑。

⑤ 随着 Internet 业务的不断发展，IP 电话的业务量将大大增加，对传统长途业务量的影响将不容忽视，因此在本次预测中应对这一问题有所考虑。

(2) 长途业务总量发展预测

对长途业务量的预测，是进行本地传输网规划及长途交换局所规划的基础。

根据对以上因素的考虑，我们认为 B 地区长途业务量在今后的发展应与电话用户的发展速度基本同步。

对 B 地区长途业务总量发展预测结果如表 12-22 所示。

表 12-22　1997～2010 年长途业务总量预测一览表

话　务　量	1997 年业务量	2000 年 增长率 30.0%	2005 年 增长率 20.0%	2010 年 增长率 12.0%
		业务量	业务量	业务量
长途业务量/张	19 385 783	42 590 565	105 978 955	186 771 130
平均每部话机长话张数	123.29	121.14	143.02	149.18
人均使用长话量/张·(年·人)$^{-1}$	3.913	8.30	19.66	33.17

12.4.2　话务量预测

1. B 地区话务量调查情况分析

1998 年 8 月对 B 地区的相关各市、县的话务量、长市话务量基本情况进行了统计分析如表 12-23、表 12-24 所示。

表 12-23　B 市市话话务量流向统计分析表

(1998 年 11 月 26 日～1998 年 11 月 28 日)

话务量	流向	9：00～10：00		14：00～15：00	
		话务量/Erl	各占/%	话务量/Erl	各占/%
去　话	长途	58.06	15.64	49.45	16.26
	特服	112.91	30.42	87.52	28.78
	移动	107.86	29.06	86.81	28.55
	本地网	92.36	24.88	80.27	26.40
	合计	371.19	100	304.05	100
来　话	长途	57.13	14.86	39.86	12.66
	特服	95.49	24.83	81.74	25.97
	移动	123.02	31.99	109.75	34.87
	本地网	108.88	28.32	83.43	26.50
	合计	384.52	100	314.78	100

表 12-24　长市、移市及特服话务量占市话话务量比例关系表

话务量	9：00～10：00		14：00～15：00		取最大值	
		按 60%出局考虑		按 60%出局考虑		按 60%出局考虑
长途话务量	15.25%	9.15%	14.46%	8.676%	15.25%	9.15%
特服话务量	27.625%	16.575%	27.375%	16.425%	27.625%	16.575%
移动话务量	30.525%	18.315%	31.71%	19.026%	31.71%	19.026%
本地话务量	26.6%	15.96%	26.45%	15.87%	26.6%	15.96%

由表可知，长途话务量占市话话务量百分比最大为15.25%，特服话务量占27.625%，移动话务量占30.525%。由于移动局全靠B市话局汇接，因此移动话务量中含其他各市、县的移动话务量，故其比重较大。

通过与相关地区的类比，考虑B地区的实际情况，将党政机关用户电话平均每线话务量取定为0.130 5 Erl，住宅电话平均每线话务量取定为0.031 Erl。

2. 话务量预测结果

市话话务量的大小是决定交换设备处理能力、市话网路的组织结构和形式等问题的基础数据，市话话务量的描述可分为平均每线忙时发话、受话、发受总话务量，出局总话务量，入局总话务量和局间话务流量。而在这些话务量中，最基础的是平均每线忙时发、受话务量，它是研究、计算和预测其他几种话务量描述形式的基础。

各局预测的来去话业务量，可采用将各局预测的用户数乘以每线来去话务量得到，因此应对近、中期B市电话的每线话务量进行预测。通过对国内部分城市的平均每线忙时发受话务量的调查得知，目前国内市话平均每线忙时发受话务量还是比较高的，一些大城市都在0.2爱尔兰/线左右，与国外发达国家平均每线忙时发受话务量0.1爱尔兰/线的水平相比相差甚远。平均每线忙时话务量的变化与话机普及率和住宅电话所占的比例这两个因素是相关的。一般情况下，业务电话的平均每线忙时发受话务量反比于话机普及率，住宅电话的平均每线忙时发受话务量与话机普及率的关系如图12-6所示。

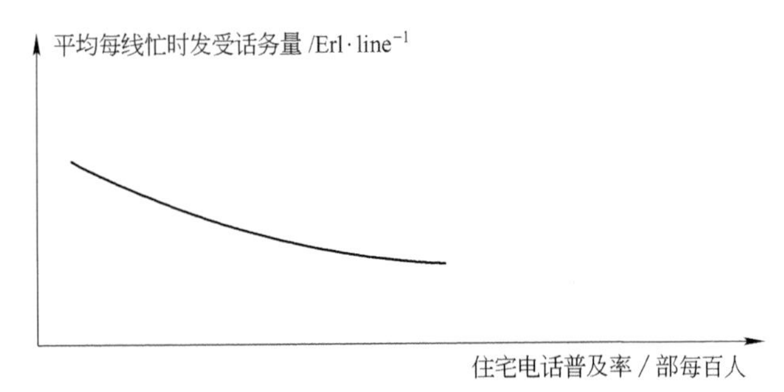

图12-6　平均每线忙时发受话务量与住宅电话普及率的关系

同时也应该认识到，随着我国计算机终端的普及，数据业务将有飞速发展，网络时代的不断走近，必然使得平均每线话务量增加，这一情况也应有所考虑。

话务量预测采用的经验公式如下：

$$E = a_1 \times E_1 + a_2 \times E_2$$

式中：E为预测话务量；

E_1为公务电话话务量；

E_2为住宅电话话务量；

a_1 为公务电话所占比例；

a_2 为住宅电话所占比例。

根据以上公式，$E_1=0.130\,5$，$E_2=0.031$，$a_1=22\%$，$a_2=78\%$，并通过定性分析，B 地区话务量预测结果如表 12-25 和表 12-26 所示。

表 12-25　各规划期末市话平均每线发、收话务量及长途话务量所占比例预测结果

话　务　量		近期(2000 年)	中期(2005 年)	远期(2010 年)
市话每线话务量	收、发总和/Erl	0.10	0.10	0.08
	发话/Erl	0.053	0.053	0.043
	收话/Erl	0.047	0.047	0.037
发话中长途所占比例		10%	14%	17%
发话中移动所占比例		9%	11%	13%
发话中特服与非话所占比例		9%	11%	13%
发话中智能业务所占比例		2%	4%	6%
发话中本地网所占比例		20%	23%	26%

表 12-26　各规划期末农话平均每线发、收话务量及长途话务量所占比例预测结果

话　务　量		近期(2000 年)	中期(2005 年)	远期(2010 年)
农话每线话务量	收、发总和/Erl	0.09	0.08	0.06
	发话/Erl	0.047	0.043	0.033
	收话/Erl	0.043	0.037	0.027
发话中长途所占比例		8%	11%	13%
发话中移动所占比例		6%	8%	10%
发话中特服与非话所占比例		4%	5%	6%
发话中智能业务所占比例		1%	2%	4%
发话中本地网所占比例		17%	19%	21%

3. 长途话务量计算参数的确定

在进行长途话务量的计算中，由长途业务量转换为话务量需要部分参数，其内容如表 12-27 所示。

表 12-27　长话业务量转换为话务量所需部分参数

参　　数	2000 年	2005 年	2010 年
忙月集中系数	0.10	0.10	0.09
忙日集中系数	1/28	1/28	1/28
忙时集中系数	0.15	0.15	0.15
平均通话时长/分	3.50	3.50	3.25
占线处理时长/分	1.00	1.00	1.00

长途业务量转换为话务量的公式如下：

$$P=\frac{A}{28}\times\frac{T_1T_2}{60}\times(T_C+T_S)$$

式中：P 为长途业务话务量(Erl)；

A 为长途业务量(张)；

T_1为忙月集中系数；

T_2为忙时集中系数；

T_C为平均通话时长(分)；

T_S为占线处理时长(分)。

12.4.3 数据业务发展预测

1. 数据业务发展状况

数据通信是电子计算机和电信技术相结合而产生的新的通信方式，它是各种计算机网赖以生存的基础。数据通信可定义为“用通信线路(包括通信设备)将异地的计算机或计算机网络联结起来进行信息处理”，实现这种通信的系统称为数据通信系统。

为满足对不同数据通信方式的需求，邮电部组建了多种形式的数据通信网，有CHINAPAC、CHINADDN、CHINANET 等，并正在筹建公用帧中继业务骨干网。这些数据通信网各自具有不同的特点，可分别用于不同的场合，满足不同用户的需要。

CHINAPAC 是邮电部于 1991 年 9 月 1 日开通的分组交换网。CHINAPAC 为实现不同速率、不同类型终端之间的互通及数据库资源共享提供高质量、低成本的国际及国内的数据通信服务，同时为各类增值业务如：电子信箱(E-mail)、电子数据交换(EDI)、可视图文等业务提供良好的网络环境。CHINAPAC 由 32 个节点机组成，覆盖全国所有省会城市。汇接中心间采用完全的网状网结构，网内每个交换中心都有 2 个或 2 个以上不同汇接方向的中继电路。32 个节点分成 4 级，各级的初期端口和终期端口如表 12-28 所示。

表 12-28　CHINAPAC 各级节点端口数

级　别		1	2	3	4
端口数 /个	初期	512	256	128	64
	终期	2 000	1 500	1 500	1 000

省、市网是全国公用分组交换网的组成部分，按照《公用分组交换数据网技术体制》规定，我国分组交换数据网采用单网制，二级网路等级结构，即全国实

行二级交换，各级业务流量、流向和行政区规划一级和二级交换机。一级交换机之间，原则上采用全连通网状结构。一级交换机到所属的二级交换机间采用星状结构，二级交换机之间可以采用不完全网状结构，集中器就近接入邻近的交换机。

B 地区于 1993 年建成了分组交换网，第一期工程 84 个端口，分组交换网的投产，在一定程度上缓解了当时分组用户的急需。但随着业务的发展，应急网的容量和覆盖面已远远不能满足用户的需求。1995 年进行第二期扩容工程，采用加拿大北方电讯公司的 DNP-100 系列设备，县局采用 DPN100-3，C、E、D、I 为 32 个端口，其他县局均为 24 个端口。1997 年 E 扩容至 100 个端口。

CHINADDN 是邮电部于 1993 年开通的数字数据网(DDN)。数字数据网是利用数字信道来传输数据信号的数据传输网，它是为用户提供话音、数据、图像信号的半永久性连接电路的传输网，它建立在光缆、数字微波和数字卫星通道的基础上，以数字交叉连接技术为核心，为用户提供1 200 bps直到 $n\times 64$ kbps 甚至 2 Mbps，$n\times 2$ Mbps 的电路。DDN 网专用数据网和分组交换网提供高速、高质量的通信环境，并逐步拓展到支持多种业务和增值业务的公用网络。

CHINADDN 按地域范围可划分为一级干线网、二级干线网和本地网。一级干线网也叫骨干网，由设置在各省、自治区和直辖市的节点组成。提供省间长途 DDN 业务和部分省内长途 DDN 的迂回业务，其设备应由大、中容量的节点机组成。二级干线网由设置在省内各地、市的节点机组成，提供省内长途和出入省的 DDN 业务。本地网由设置在城市各市话局内的节点组成，本地网为用户提供本地范围内和出入本地的 DDN 业务，根据业务量大小，所用设备大都为带有子速率交接功能的小容量节点机和复用器。

B 地区局于 1995 年组建了 DDN 本地网，采用美国 EP-3000、EP-4000 节点机各一台，作为省内网节点。1997 年全区各市县均开通了 DDN，每县有 28 个端口，采用的是加拿大北方电讯 3600 设备，目前基本能满足当地用户对 DDN 业务的需求。98 年 1～5 月 B 地区共发展 201 个新用户，其中主要是 DDN 用户。目前 B 地区 DDN、分组网用户多为金融、银行、税务、政府机构、公安、气象水文、防汛等部门的单位用户。

CHINANET 是于 1995 年 4 月开通的中国公用 Internet 网，是我国的Internet 骨干网。Internet 是一个全球性的计算机网络，有大量的信息资源，提供各种服务。它主要用于计算机各种网络，如局域网(LAN)、城域网(MAN)、广域网(WAN)及各种计算机互联，计算机之间的通信主要采用 TCP/IP 协议。

CHINANET 的核心层目前由北京、上海两节点组成，并以 64 kbps 数字电路，与国际 Internet 互联；两个节点间由两条 64 kbps 中继电路交叉连接，构成核心层。用户接入层由核心层的各节点向外辐射，提供给用户接入 CHINANET

的端口，并提供用户各种接入协议标准。CHINANET 实际上是一个“网上网”，用户可以经过 PSTN（公用交换电话网）、CHINAPAC（中国公用分组交换网）、CHINADDN（中国公用数字数据网）、Frame Relay（帧中继）、CHINAMAIL（电子信箱）等多种网络，用 PPP/Slip、TCP/IP 等多种协议，以及 2.4～64 kbps等多种速率进网。

B 地区于 1997 年 5 月 20 日开通 163，节点在 B 市，对全区开放业务。截止 1998 年 9 月，共发展用户 162 个，其中个人用户占 60%，单位用户占 40%，目前 B 有 60%的单位有计算机，且家庭购买力不断增强，业务发展形势渐好。

B 地区数据业务用户发展情况如表 12-29 所示。

表 12-29 B 地区数据业务发展统计

时间/年	分组交换	DDN	INTERNET
1993	—	—	—
1994	—	—	—
1995	30	—	—
1996	161	—	—
1997	309	42	56

2. 数据通信业务用户数预测

数据通信系统中用于发送和接收数据的设备称为数据终端设备（DTE），它一般包括输入输出、通信控制和通信线路连接 3 部分。DTE 的类型很多，但数据通信网上的用户终端绝大多数为电子计算机，因此数据通信用户发展与计算机的发展密切相关。

有关专家指出，对计算机普及率做长期预测是非常困难的，建议采用类比法预测，我国的计算机的普及过程很类似电话的普及过程，但大约滞后 10 年。以此推算我国的计算机发展情况，如表 12-30 所示。

表 12-30 我国计算机发展情况预测

年份/年	2000	2005	2010
计算机普及率/%	1	5	8
计算机数量/亿台	0.13	0.70	1.15

根据本次规划的指导思想，B 地区的通信发展水平要达到全国中等地区的平均水平，故其计算机普及率应基本与全国平均水平持平，其各期普及率预测值见表 12-30 所示，这样可得到 B 地区的计算机预测数，在此基础上，类比国外的经验，参考有关专家的推断，取一个计算机接入数据通信网的比率，则可得到各期用户数，如表 12-31 所示。

表 12-31 B 地区各期数据通信用户预测数

规划期	人口/万人	普及率/%	计算机数/万台	入网率/%	用户数/万户
近 期	513	1	5.13	10	0.51
中 期	539	5	26.95	16	4.31
远 期	563	8	45.04	25	11.26

表 12-32 给出了 1994～1997 年全国分组交换、DDN、INTERNET 用户发展情况。

表 12-32 1994～1997 年全国分组交换、DDN、INTERNET 用户发展情况统计

年份 \ 用户情况	分组交换/万户	DDN/万户	Internet/万户
1994 年	0.9		
1995 年	2.8	1.7	0.7
1996 年	5.6	5.1	3.6
1997 年	8.5	11.1	16.0
1996～1997 年增长率	51.8%	117.6%	344.4%

从表 12-32 可看出，全国范围内分组交换、DDN、Internet 业务发展迅速，特别是 Internet 业务 1996～1997 年增长率高达 344.4%。以上 3 种业务均已在 B 地区开展，并已开始为用户所接受。根据全国和发达地区数据业务的发展情况，预计在 2000 年以前 B 地区 DDN 用户将以年均 100%的速度增长，Internet 用户将以年均 200%以上的速度增长，分组用户将以年均 50%左右的速度增长。

3. B 地区非话业务种类预测

目前 B 地区的数据业务已开放的有分组交换业务、DDN 业务和 Internet 业务，在 C 市和 B 市也有很少量的内部用户使用 N-ISDN。1998 下半年开始准备开展帧中继业务，1999 年全省计划统一开通 ATM 网。根据目前国内数据业务的开放状况，在 2000 年以前还应开办可视图文(Videotex)、传真存储转发、电子数据交换(EDI)业务，在适当的时候可开放部分宽带数据通信业务。

12.5 交换局所优化(1998～2010 年)

交换局所规划是根据各期电话用户业务预测结果、分区预测结果和用户密度分布预测数据进行规划与优化，使局所的配置适应用户发展的要求，同时满足整个交换局所的布局合理，以达到全网经济效益较佳的目的。本节用第一部分的预测数据，对 B 地区市县的电话交换局所进行了规划和优化，其中 B 市城区的局所规划根据各期用户密度图的基础上完成，其余地区的局所规划是根据分区预测结果

完成。

局所规划应遵循的基本原则如下：

① 局所的设置应根据社会经济发展规划，并满足近、中、远期社会对通信的需求，以远期来指导中、近期。

② 局所的优化结果应符合本地网长期规划的要求；交换局址、局数的确定要依据用户分布和传输网组织的需要，结合用地规划和地理环境等多因素综合分析确定；交换机房土建工程应提前进行。

③ 最大限度地利用现有的交换局，同时考虑用户管线情况。

④ 交换区界的确定要考虑到用户线对传输衰耗和环路电阻的要求；划分交换区界应尽可能使原有的电话号码不发生大的变动。

⑤ 根据数字程控交换机的特点，适当提高单局的终局容量，并且考虑远端模块及用户线光纤化对局所的影响。

⑥ 在确保整个网路安全可靠性的前提下，确定全网费用比较经济的局所优化结果。

⑦ 远期的局所数将趋于饱和，但局址和容量应具有弹性，可在滚动中进行调整。

⑧ 考虑当前采用大容量局所的趋势。

12.5.1 局所优化的基本方法和基础资料

局所优化的原则是以远期指导近期，因此，优化的顺序是遵循先远后近的顺序。优化时，先进行远期局所优化，确定交换局所的远期分布，再对中近期的局所发展情况进行优化。中期局所优化应受远期优化结果的制约，近期局所优化应受中期局所优化结果的制约。

1. 局所优化所需的基本数据

- 基年局所位置及局所形成原因；
- 基年局址局界图；
- 城市农村自然障碍情况；
- 各规划期末用户密度图和分布情况；
- 局所优化所需的各种费用数据；
- 其他有关数据和资料（如城市建设规划及用地情况等）。

2. 局所规划与优化的方法

局所规划与优化的方法分定性与定量两种。

定性方法主要是根据整个服务区面积、全网容量和专家经验，考虑了城市建设规划、用户分布密度和征地情况的基础上，在用户密度集中且易于征地的地方规划新建局所。

定量方法采用重力法，使用 CCITT 建议使用的年经费(PWAC)作为评价准则，在费用最小的原则下，利用计算机辅助计算出局所的位置、容量，综合考虑一个建设项目所需要的全费用(初次投资、年运营维护费用等)。在规划中，利用北京邮电大学管理工程系开发的 CAPLTN 规划软件，采用国际上通用的市话局所优化的启发式算法，通过逐步递增局所的方式寻找全局较佳数和交换局容量。优化的过程如图 12-7 所示。在递增局所时，软件提供了人-机对话方式由人工输入假定的新局地址，通过迭代优选的方式选择新局的理想位置。最终的方案还需要专家根据一些非经济因素进行人工调整。

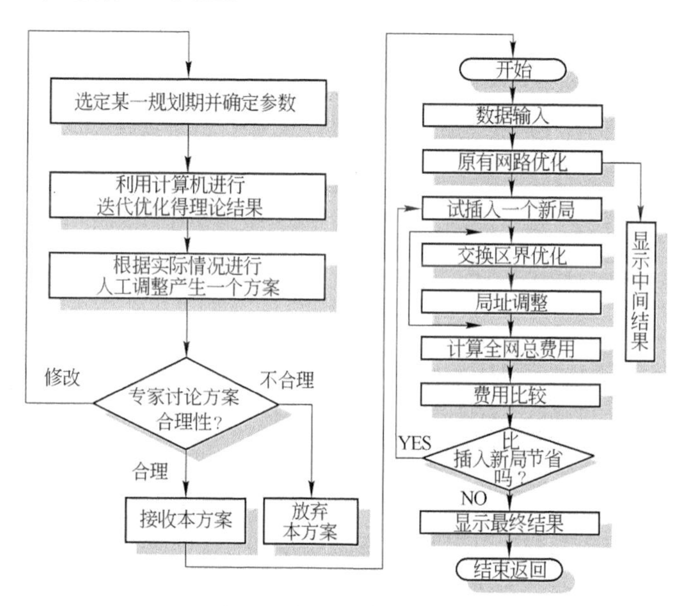

图 12-7　局所优化过程图

需要指出的是，局所优化以当前费用数据为基础，以预测用户分布密度为依据，但用户分布密度不可能完全符合将来实际情况，而且局所的各项费用也将随时间的推移在不断变化，故最终所得到的局所规划数据只能作为参考，在未来局所建设中还应根据用户发展分布的变化，对局所优化的结果进行调整。在局址选定时，也应根据实际情况在给出的优化局址周围进行选择。

12.5.2　B 市城区局所优化

1. B 市城区现有局所情况

B 市城区目前有交换局所 4 个，其中包括一个长途交换局(TS 局)。由于长途交换局所有专门的章节进行规划，本节只考虑本地电话交换局所的规划。表 12-33 给出了 B 城区现有局所的情况。

表 12-33　B 市城区现有交换局所情况

序　　号	局　　名	局　　号	设备型号	设备容量	现有用户数
1	城西分局	42 223	SNSE	21 356	21 222
2	城东分局	426 427	SNSE	22 340	11 596
3	城南分局	424	DMS100	5 120	3 234
4	A 分局	455	EWSD	在建	

2. 局所优化的基础资料及数据

(1) 路由区划图

在利用计算机进行局所规划时，要考虑市区中的自然障碍的影响，需构成能向计算机反映出市区自然障碍的路由区划图。根据 B 市局所优化的自然障碍情况，比较大的障碍是横贯的铁路，它们将城区分为城南、老城区和城北区域三块。因此，需在路由区划图中标明这些障碍情况。

(2) 基年(1998)局所情况

基年的 B 市城区现有电话交换局所的局址情况如表 12-34 所示。

表 12-34　B 市城区局所情况

序　　号	局　　名	局　　号	局址坐标	
1	城西分局	422 423	12	15
2	城东分局	426 427	11	19
3	城南分局	424	7	18

根据基年局所局界的情况，构造了适用于计算机局所优化的基年局址局界方格图。

(3) 优化中所用的各种费用数据

局所优化中所用的各种费用数据是根据 B 地区电信局提供的各种费用情况(程控交换机端局、模块局、土建、用户线、光端机、光缆等)，并参考了其他城市(Q、R、Z、P 等城市)的费用情况，整理出局所优化中所需的各种费用参数。

3. 局所优化结果说明

在本次规划中，利用用户密度图、基年局址局界图、费用参数等资料对 B 市城区局所进行了优化。优化所产生的方案如表 12-35 所示。

表 12-35　B 市城区局所优化方案

局所数	近期(2000 年)	中期(2005 年)	远期(2010 年)
新增局所数量	2	2	1

注：近期主要是建好 A 分局。

通过对 B 市城区各期局所优化结果表明，随着 B 市城区电话用户的增加，到 2010 年 B 市区需增加 5 个局所。在表 12-36 中给出了新增局所的局址、容量和性质。根据电信技术发展趋势来看，交换系统正朝大容量、少局所的方向发展，本次局所优化也采用了此原则，其优化结果如表 12-37 所示。

表 12-36　B 市城区局所实占预测

局　　名	局号	1998 年实占	2000 年实占预测	2005 年实占预测	2010 年实占预测
城西分局	22	18 361	16 594	22 300	25 000
城东分局	26	11 139	11 020	13 800	24 200
城南分局	24	3 212	5 472	10 100	20 900
A	55	—	15 512	25 600	45 200
B	—	—	1 458	5 300	9 900
C	—	—	—	2 150	4 100
D	—	—	—	640	1 660
E	—	—	—	—	8 150
合　　计		32 712	48 598	71 800	115 220

注：资料来源《全区交换机容量表》。

表 12-37　B 市城区局所优化结果

序　号	局　　名	坐　　标		近期容量	中期容量	远期容量	备　注
1	城西分局	12	15	21 356	30 000	30 000	母　局
2	城东分局	11	19	22 340	22 340	30 000	母　局
3	城南分局	7	18	6 000	13 000	25 000	母　局
4	A	14	16	18 000	30 000	50 000	母　局
5	B	13	20	1 744	7 000	12 000	模块局
6	C	7	21	—	3 000	5 000	模块局
7	D	8	14	—	1 000	2 000	模块局
8	E	17	19	—	—	10 000	模块局
合计				67 696	95 340	135 000	

注：母局容量包括了模块局的容量。

12.5.3　程控交换模块局的应用

在局所规划中，应考虑程控交换远端模块（RU 或 RSU）的使用，以缩短距交换局较远地区的用户线平均长度，提高用户服务质量。程控交换远端模块在实际中有以下两大作用：

（1）新设交换局所用户的集中储备：如在某一点计划设一交换局，而在短期内该地用户还太少，设立一个独立交换局不能发挥其作用，并且在投资上也不合理，故可以在此地先设一个模块，进行一定的用户数量的储备，待该地用户增多时，再升为母局。

(2) 解决交换区域远离集中用户群的通信问题：通过模块的设立节省用户线投资，缩短用户线平均长度，提高传输质量。

针对程控交换远端模块的不同作用，局所规划中采用不同的解决方式。对于第一类模块，可根据新设交换局所分阶段来考虑。在本次规划中近期容量低于2 000门的小局均可考虑先设模块。第二类模块的设置可在用户网优化中进行分析。有时，有些模块在设置时可兼有上述两种作用。

为经济合理地利用程控交换，需要对模块适用条件进行分析。本规划采用经济比较的方式，利用 PWAC 为评价准则，对模块设置的基本条件(经济容量和临界经济距离)进行分析。

表 12-38 给出了 B 市在不同用户密度下全网远端模块设置分析结果，并给出了远端用户模块的费用模型。可参考此表来考虑在某局的合适范围内设立模块，达到经济合理的目的。

表 12-38　B 地区电话网模块的经济分析

用户密度/户·平方千米$^{-1}$	56	146	382	618
最经济模块容量/门	2 200	3 000	4 200	5 000
临界经济距离/千米	4.0	3.5	3.5	3.5

对于模块局的建设，从节省投资和提高传输质量出发，一些未建模块局或不可能成为母局的模块，应尽可能设在公共建筑中，避免单独建局房。在一些大型建筑物和居民小区中可通过设立模块解决该处的电话通信问题，城建部门在建设大型建筑物和居民大片小区时，应预留一部分房屋用于电信模块的安装。

12.5.4　其他问题

1. 局所建设

由于通信用房的建设需满足较长时间的需要，故新建局房的容量应能满足远期甚至更远一些时间的要求，同时对目前已有局房应根据远期规划的容量要求适时进行改、扩建。

根据电话局所规划中对各局远期总局容量的测算，并考虑到局房的建设应满足 30 年以上的需要，对新建(改扩建)局所的建设规模规划如下(表 12-39)所示。在表 12-39 中给出的局所为电信局所，在局所建设时，一层应开辟电信营业网点。

表 12-39　B 地区局所建设规模

规模指标	特大局	一类局	二类局	综合电信所
设计终局容量	15 万	6 万	3 万	
2010 年可达容量	8 万	4 万	1 万	
征地面积	30 亩	20 亩	15 亩	7 亩
机房建筑面积/m^2	8 000	5 000	3 000	1 500
出局管孔	大于 120 孔	100 孔	50 孔	
出局管孔方向	大于 2	大于 2	大于 2	

2. 规划的滚动问题

规划的滚动是通信网规划的一个重要课题，随着时间的推移，各方面情况都在不断变化，因而网络的规划也应做出相应的改变，以适应环境和需求的变化，因此要求规划方案应不断进行滚动。

另一方面，电信技术正在快速发展，根据目前所掌握的情况和技术水平要对未来的网路做出详尽的规划，是不太可能的。对网路的远期发展规划方案进行丰富和具体化，也是规划滚动的一项重要任务。

可以肯定的是，以电路交换为主的电话网在远期将发展成为综合业务、宽带的电信网。全网的网路结构和功能也将会有较大的改变。显然在上述规划中所采用的以局所容量和局界为主的网路描述方式不一定适合未来的网路情况。因此，远期的网路规划应根据电信技术的发展趋势和新出现的问题，在实际运营中进行不断地滚动和改进。

12.5.5　B 地区汇接局规划

B 地区本地网汇接局规划如表 12-40 所示。

表 12-40　汇接局所规划(单位:线)

县别	局名	局号	1997 年电话		2000 年		2005 年		2010 年	
			实占	容量	实占	容量	实占	容量	实占	容量
B 市	城西局	422	21 222	21 356	16 594	21 356	22 300	30 000	25 000	30 000
	A	455	新建	7 920	15 512	18 000	25 600	30 000	45 000	50 000
C 市	市局	642	16 945	23 240	30 945	38 693	49 300	61 600	58 000	72 500
	新城区	620	1 211	7 112	3 600	5 280	15 000	18 800	45 000	56 300
D 市	市局	521	10 677	24 320	16 042	20 053	26 100	32 600	39 000	49 000
	新中心局	520				8 100		24 000		40 000
E 市	市局	733	13 117	19 484	21 630	27 038	32 620	40 800	45 600	57 000
F 县	县局	462	17 728	6 749	12 382	15 478	21 200	26 500	25 000	31 300
G 县	县局	882	9 291	10 240	14 050	17 563	22 500	28 200	34 400	43 000

续表

县别	局名	局号	1997年电话		2000年		2005年		2010年	
			实占	容量	实占	容量	实占	容量	实占	容量
H县	县局	251	9 222	10 240	14 430	18 038	24 300	30 300	32 000	40 000
I县	县局	276	7 612	10 240	12 880	16 100	22 400	28 000	27 000	33 800
J县	县局	466	5 477	14 208	8 100	10 125	14 000	17 500	16 000	20 000
K县	县局	872	6 500	15 016	8 900	11 125	14 500	18 100	18 000	22 500
合　计			125 402	179 909	184 681	230 869	305 400	382 000	433 800	534 500

12.6　B地区本地电信传输网规划

本节在电信业务发展预测和局所规划的基础上，采用计算机辅助分析的方法，对B地区电信传输网及交换网组网方式进行规划。首先对本地网中各局间的业务流量流向进行预测，并以此作为电信传输网和交换网规划的依据。

12.6.1　B地区电信业务量预测

现代电信网提供的电信业务是多种多样的，各种电信业务都需要由传输网来承载，除了程控交换电话业务外，还包括移动电话业务(模拟、数字)、智能网业务、数据通信业务及会议电视等各种非话业务，还包括支撑网如No.7信令网、时钟同步网、网路管理网上要传递的各种数据信息。由于这些电信业务和数据信息均需要由电信传输网来承载，因此在对传输网的容量及组网方式进行规划时，必须汇总所要纳入的各种电信业务的发展需求，在进行电信业务量预测的过程中，亦应对各种电信业务进行综合考虑。

电信业务量的大小是决定交换设备处理能力、电信网路的组织和结构等问题的基础数据，电信业务量的描述可分为平均每线忙时发话、受话、发受总业务量，出局总业务量，入局总业务量和局间业务流量。而在这些业务量中，最基础的是平均每线忙时发、受话业务量，它是研究、计算和预测其他几种业务量描述形式的基础。在前面的章节中，已经给出了B地区平均每线忙时发、受话业务量的预测结果，本节主要对各局间业务流量进行预测。

1. 流量预测方法

流量是指各局间通信需求数量，它是确定局间传输中继网路容量及结构的依据。对传输网及交换网组网方式进行规划，首先要进行流量预测。

流量预测一般是根据各局的来(去)业务量的预测值，以现有忙时流量矩阵为基础进行合理分配，或利用通信网中其他有关数据进行分配而得到预测的流量矩阵。在这里我们主要采用重力法，再利用其他方法进行分析比较及相关调整。表

12-41 给出了 B 地区各局间现有流量矩阵。

表 12-41　B 地区局间现有流量矩阵(单位:Erl)

局名	B422	B426	长途TS	B424	C	I	E	H	G	K	F	J	D	移动	特服	去向小计
B422		99.61	35.95	24.81	57.17	54.49	44.39	14.25	2.89	9.00	2.41	1.83	5.72	162.89	112.91	628.32
B426	99.61		16.18	4.47	28.39	5.08	6.63	3.21	15.67	2.47	10.58	5.58	24.00	73.97		295.84
长途TS	32.41	20.69			61.52	14.43	37.16	17.47	17.87	9.00	18.42	10.92	31.84			271.73
B424	24.81	4.47														29.28
C	57.17	28.39	48.24													133.8
I	54.49	5.08	13.48													73.05
E	44.39	8.16	36.44													88.99
H	9.53	3.11	17.03													29.67
G	13.25	4.56	15.73													33.54
K	3.83	1.37	8.79													13.99
F	3.31	6.63	18.10													28.04
J	2.36	2.59	11.03													15.98
D	9.48	5.28	26.96													41.72
移动	180.83	76.14														256.97
特服																
来向小计	535.47	266.08	247.93	29.28	147	74	88.2	34.9	36.4	20	31.41	18.3	61.6	236.9	112.9	

注:表中数据为 1998 年 11 月 25 日、26 日、27 日 3 天忙时统计平均数。

预测流量矩阵的方法很多,目前在通信部门常用的有:双因素法、重力法和吸引系数法。下面对几种流量预测方法进行介绍。

(1) 双因素法

双因素法是在已知各局预测的来、去业务量的条件下,以现有忙时流量矩阵为基础,经过反复迭代调整,平衡来去业务量,直到误差小于一个给定值时,得到预测的流量矩阵。

(2) 重力法

根据统计分析得出,两局间的流量与两局间的用户数或人口数的乘积成正比、而与距离的 k 次方(一般取 $k=2$ 或 $k=1$ 或 $k=1/2$)成反比,其计算公式为

$$y'_{ij}=\frac{\dfrac{c_i c_j}{d_{ij}^k}}{\displaystyle\sum_{l=1}^{i-1}\frac{c_i c_l}{d_{il}^k}+\sum_{l=i+1}^{n}\frac{c_i c_l}{d_{il}^k}}Y_i$$

式中，y'_{ij} 为预测的 i 局至 j 局的去话量；c_i、c_j 分别为 i 局、j 局区域预测的用户数或人口数；d_{ij} 为 i 局与 j 局间的距离；Y_i 为 i 局预测的总去话量。

（3）吸引系数法

吸引系数法是在已知各局的预测去话业务量的条件下，在现有忙时流量矩阵的基础上，通过计算局间吸引系数来求得预测流量矩阵。

网中各局间吸引系数表示各局间的信息交换频繁程度。吸引系数公式如下：

$$f_{ij} = y_{ij}/T$$

式中，f_{ij} 为 i 与 j 局的吸引系数；T 为全网总流量；y_{ij} 为 i 局至 j 局的流量。

若已知总流量预测值 T'，即整个网中各局预测的去话量之和，即可通过调查统计得出现存网中各局的 f_{ij}，假定 f_{ij} 值不变，则各局间的预测流量值 $y'_{ij} = T'f_{ij}$，从而求出预测流量矩阵。在确定 f_{ij} 时可结合未来情况做适当调整，当矩阵不平衡时还需进行平衡调整。

2. 各局的来去话业务量预测

规划期末各局的来去话业务量，可根据各局历年的来去话业务量统计数据进行预测得到，也可采用将各局预测的用户数乘以每线来去话务量得到，本次预测由于数据不足而采用了后一种方法。

根据前面做出的各期B地区电信用户发展情况与每线话务量的预测结果，并对各种非话业务的发展进行充分考虑，得到各规划期末各局的来去话业务量预测结果，见表12-42所示。

表12-42　B地区各局来去话业务量预测结果(单位：Erl)

局　名	局号	2000年		2005年		2010年	
		去话量	来话量	去话量	来话量	去话量	来话量
B市城西局	422	439.0	405.3	850.6	775.6	1 476.8	1 324.1
B市城东局	426	171.9	158.7	211.9	193.2	350.2	314.0
B市城南局	424	85.4	78.8	155.0	141.3	302.9	271.6
C市市局	642	698.4	644.7	1 450.8	1 322.8	2 082.9	1 867.5
I县县局	276	375.5	346.6	739.7	674.5	946.9	848.9
E市市局	733	637.7	588.7	1 263.9	1 152.4	1 829.3	1 640.1
H县县局	251	381.9	352.5	771.1	703.1	1 426.8	1 279.2
G县县局	882	397.8	367.2	872.7	795.7	1 116.5	1 001.0
K县县局	872	235.6	217.4	420.8	383.6	551.0	494.0
F县县局	462	335.2	309.4	799.4	728.9	1 051.3	942.5
J县县局	466	235.6	217.4	443.7	404.6	551.0	494.0
D市市局	521	410.6	379.0	883.3	805.4	1 238.3	1 110.2

续表

局　　名	局号	2000 年		2005 年		2010 年	
		去话量	来话量	去话量	来话量	去话量	来话量
B 市 A 局	455	422.2	389.7	900.8	821.3	1 768.0	1 585.1
C 市新城区	620	271.7	250.8	926.0	844.3	1 894.4	1 698.5
D 市新中心	529	331.9	306.4	757.6	690.8	1 383.3	1 240.2
合　　计		5 430.3	5 012.6	11 447.4	10 437.3	17 969.5	16 110.6

注：表中数据为本地网电话业务预测值，用于计算各期流量矩阵的局间本地网话务流量，而矩阵中各局与长途、移动及特服之间的流量预测值根据各期电信用户发展数及每线话务量的相关预测结果可直接计算得出。

3. 流量预测结果及说明

由于提供的基础流量数据不足，本次预测主要采用了与现有流量矩阵无关的重力法进行流量预测。并由重力法估算了现有的忙时流量矩阵，再以此为基础采用双因素法和吸引系数法进行流量预测，最后综合三种方法得到预测结果。

通过在地图上实测，可得到各局（包括到规划期末的所有局所）间距离矩阵如表 12-43 所示，再结合前述 B 地区各局的来去话业务量预测结果，利用流量预测软件可得到各规划期局间流量矩阵的综合预测结果，分别如表 12-44、表12-45、表12-46所示。

表 12-43　B 地区各局间距离矩阵（单位：km）

局　名	B 城西局	B 城东局	B 城南局	C 市局	I 县局	E 市局	H 县局	G 县局	K 县局	F 县局	J 县局	D 市局	BA 局	C 新城区	D 新中心
B 市城西局	0.0	2.0	3.0	143.5	75.0	116.5	70.5	34.0	79.5	138.5	150.0	118.5	1.5	143.5	118.5
B 市城东局	2.0	0.0	2.0	143.5	75.0	116.5	70.5	34.0	79.5	138.5	150.0	118.5	2.0	143.5	118.5
B 市城南局	3.0	2.0	0.0	143.5	75.0	116.5	70.5	34.0	79.5	138.5	150.0	118.5	4.0	143.5	118.5
C 市市局	143.5	143.5	143.5	0.0	100.0	28.0	84.0	131.5	143.0	68.0	84.0	47.0	143.5	1.5	47.0
I 县县局	75.0	75.0	75.0	100.0	0.0	82.5	22.0	45.0	42.5	67.5	76.5	58.0	75.0	100.0	58.0
E 市市局	116.5	116.5	116.5	28.0	82.5	0.0	63.0	107.5	125.5	71.5	89.0	42.5	116.5	28.0	42.5
H 县县局	70.5	70.5	70.5	84.0	22.0	63.0	0.0	49.0	63.0	67.5	80.0	48.0	70.5	84.0	48.0
G 县县局	34.0	34.0	34.0	131.5	45.0	107.5	49.0	0.0	47.5	112.0	121.0	97.0	34.0	131.5	97.0
K 县县局	79.5	79.5	79.5	143.0	42.5	125.5	63.0	47.5	0.0	100.5	102.5	98.5	79.5	143.0	98.5
F 县县局	138.5	138.5	138.5	68.0	67.5	71.5	67.5	112.0	100.5	0.0	17.5	31.0	138.5	68.0	31.0
J 县县局	150.0	150.0	150.0	84.0	76.5	89.0	80.0	121.0	102.5	17.5	0.0	48.5	150.0	84.0	48.5
D 市市局	118.5	118.5	118.5	47.0	58.0	42.5	48.0	97.0	98.5	31.0	48.5	0.0	118.5	47.0	1.5
B 市 A 局	1.5	2.0	4.0	143.5	75.0	116.5	70.5	34.0	79.5	138.5	150.0	118.5	0.0	143.5	118.5
C 市新城区	143.5	143.5	143.5	1.5	100.0	28.0	84.0	131.5	143.0	68.0	84.0	47.0	143.5	0.0	47.0
D 市新中心	118.5	118.5	118.5	47.0	58.0	42.5	48.0	97.0	98.5	31.0	48.5	1.5	118.5	47.0	0.0

表 12-44　B 地区近期局间话务流量矩阵预测结果(单位:Erl)

局　名	B市城西局	B市城东局	B市城南局	C市市局	I县县局	E市市局	H县县局	G县县局	K县县局	F县县局	J县县局	D市市局	B市A局	C市新城区	D市新中心	长途TS1	长途TS2	移动	特服	去话小计
B市城西局	0.0	49.0	18.2	4.5	5.4	7.1	5.7	15.2	4.0	2.7	1.9	2.4	173.8	0.9	1.6	73.2	73.2	131.7	131.7	702.2
B市城东局	45.2	0.0	9.0	1.5	1.8	2.4	1.9	5.0	1.3	1.0	0.5	0.8	43.3	0.3	0.5	28.7	28.7	51.6	51.6	275.1
B市城南局	20.2	10.9	0.0	1.0	1.2	1.6	1.2	3.3	0.8	0.5	0.5	0.5	14.5	0.2	0.4	14.2	14.2	25.6	25.6	136.4
C市市局	5.9	2.0	1.3	0.0	12.8	93.3	15.6	12.8	7.5	17.9	11.6	19.2	5.5	247.4	12.8	116.4	116.4	209.5	209.5	1 117.4
I县县局	12.6	4.7	2.5	19.8	0.0	28.5	55.0	33.0	21.3	16.6	11.2	16.8	12.0	4.8	11.8	62.6	62.6	112.6	112.6	601.0
E市市局	14.7	5.4	2.9	133.4	28.1	0.0	36.7	26.4	13.9	30.1	18.0	42.1	14.1	30.3	29.1	106.3	106.3	191.3	191.3	1 020.4
H县县局	13.1	4.9	2.6	22.8	54.1	36.6	0.0	29.5	14.2	16.0	9.8	19.8	12.3	5.5	13.5	63.6	63.6	114.6	114.6	611.1
G县县局	33.3	12.2	6.6	18.7	33.8	27.2	31.2	0.0	24.3	13.1	8.3	12.2	31.6	4.2	8.3	66.3	66.3	119.3	119.3	636.2
K县县局	10.2	3.8	2.1	12.2	25.0	15.5	16.7	27.0	0.0	10.1	7.2	8.2	9.9	3.1	6.1	39.3	39.3	70.7	70.7	377.1
F县县局	6.1	2.4	1.3	26.0	16.2	30.3	16.9	12.9	8.2	0.0	43.2	28.3	5.9	6.2	19.6	55.9	55.9	100.6	100.6	536.5
J县县局	4.4	1.7	0.6	16.4	11.1	18.9	10.5	9.0	7.0	45.8	0.0	13.8	4.2	4.0	9.7	39.3	39.3	70.7	70.7	377.1
D市市局	2.9	1.6	1.5	17.6	9.9	22.8	10.0	6.7	5.1	15.3	6.0	0.0	2.8	3.9	171.2	68.4	68.4	123.2	123.2	660.5
B市A局	172.8	46.7	13.0	4.3	5.1	6.6	5.5	14.3	3.8	2.7	1.8	2.3	0.0	0.8	1.6	70.4	70.4	126.7	126.7	675.5
C市新城区	0.9	0.3	0.2	156.9	1.6	10.0	1.7	1.2	0.8	1.8	1.0	2.5	0.8	0.0	1.7	45.3	45.3	81.5	81.5	435.0
D市新中心	2.0	1.2	1.2	10.9	4.7	14.1	7.5	5.1	3.9	8.7	4.5	149.8	2.0	2.2	0.0	55.3	55.3	99.6	99.6	527.6
长途TS1	55.4	21.7	10.8	88.1	47.4	80.5	48.2	50.2	29.7	42.3	29.7	51.8	53.3	34.3	41.9	0.0	0.0	75.2	75.0	835.5
长途TS2	55.4	21.7	10.8	88.1	47.4	80.5	48.2	50.2	29.7	42.3	29.7	51.8	53.3	34.3	41.9	0.0	0.0	75.2	75.0	835.5
移动	98.5	38.5	19.1	156.7	84.2	143.1	85.7	89.2	52.9	75.2	52.9	92.1	94.7	60.9	74.5	75.2	75.2	0.0	135.3	1 503.9
特服	0.0	0.0	0.0	0.0	0.0	0.0	0.0	0.0	0.0	0.0	0.0	0.0	0.0	0.0	0.0	0.0	0.0	0.0	0.0	0.0
来话小计	553.6	228.7	103.7	778.9	389.8	619.0	398.2	391.0	228.4	342.1	237.8	514.4	534.0	443.3	446.2	980.4	980.4	1 779.6	1 914.5	11 864.0

表 12-45　B 地区中期局间话务流量矩阵预测结果(单位:Erl)

局　名	B 市城西局	B 市城东局	B 市城南局	C 市市局	I 县县局	E 市市局	H 县县局	G 县县局	K 县县局	F 县县局	J 县县局	D 市市局	B 市 A 局	C 市新城区	D 市新中心	长途 TS1	长途 TS2	移动	特服	去话小计
B 市城西局	0.0	66.6	37.2	8.7	11.8	15.8	12.8	37.5	7.8	7.4	3.8	5.7	431.5	3.5	4.2	203.5	203.5	319.9	319.9	1 701.1
B 市城东局	59.7	0.0	11.5	1.8	2.5	3.4	2.7	7.7	1.7	1.7	0.7	1.2	66.9	0.8	0.9	50.7	50.7	79.7	79.7	424.0
B 市城南局	42.6	14.7	0.0	2.0	2.7	3.6	2.7	8.2	1.6	1.4	1.0	1.2	35.8	0.8	1.0	37.1	37.1	58.3	58.3	310.1
C 市市局	9.2	1.9	2.0	0.0	21.2	160.1	26.6	24.3	11.2	37.3	17.7	32.9	10.0	736.8	24.6	347.2	347.2	545.6	545.6	2 901.4
I 县县局	26.3	6.2	5.0	39.5	0.0	63.4	122.5	81.1	41.7	44.8	22.5	38.2	28.9	18.7	30.2	177.0	177.0	278.2	278.2	1 479.4
E 市市局	30.0	7.0	5.7	259.8	61.2	0.0	82.2	65.7	27.4	82.1	36.4	94.3	33.3	114.3	73.0	302.5	302.5	475.3	475.3	2 528.0
H 县县局	28.1	6.6	5.4	46.7	120.6	83.8	0.0	74.6	28.6	44.5	20.3	46.3	30.3	21.7	35.5	184.5	184.5	290.0	290.0	1 542.0
G 县县局	80.5	18.8	15.3	42.7	84.7	70.1	80.3	0.0	54.8	41.0	19.3	32.1	88.1	19.0	24.7	208.8	208.8	328.2	328.2	1 745.4
K 县县局	19.3	4.5	3.7	22.0	48.9	31.0	33.5	59.7	0.0	24.5	13.0	16.9	21.5	10.8	14.2	100.7	100.7	158.2	158.2	841.3
F 县县局	15.6	3.9	3.3	63.8	43.5	84.0	46.7	39.5	19.8	0.0	108.0	79.0	17.4	29.1	61.5	191.3	191.3	300.6	300.6	1 598.9
J 县县局	8.3	2.1	1.0	29.7	21.9	38.2	21.2	20.1	12.4	112.1	0.0	28.5	9.2	14.2	22.5	106.2	106.2	166.8	166.8	887.4
D 市市局	6.0	2.2	3.2	34.0	21.8	51.4	22.5	16.7	10.0	42.0	12.2	0.0	6.7	15.5	435.3	211.4	211.4	332.2	332.2	1 766.7
B 市 A 局	445.0	76.6	32.3	10.1	13.7	18.2	15.0	43.5	9.2	9.1	4.5	6.5	0.0	4.1	5.0	215.5	215.5	338.8	338.8	1 801.4
C 市新城区	3.4	0.8	1.0	602.7	7.0	44.8	7.4	5.8	3.4	9.7	4.0	10.7	3.7	0.0	8.0	221.6	221.6	348.2	348.2	1 852.0
D 市新中心	5.0	1.8	2.8	24.8	12.0	37.0	19.7	14.8	9.0	27.9	10.6	401.7	5.6	10.0	0.0	181.3	181.3	284.9	284.9	1 515.1
长途 TS1	144.8	36.1	26.4	246.9	125.8	215.1	131.2	148.5	71.6	136.1	75.5	150.4	153.3	157.6	128.9	0.0	0.0	274.8	274.8	2 497.8
长途 TS2	144.8	36.1	26.4	246.9	125.8	215.1	131.2	148.5	71.6	136.1	75.5	150.4	153.3	157.6	128.9	0.0	0.0	274.8	274.8	2 497.8
移动	218.8	54.5	39.8	373.1	190.2	325.1	198.3	224.5	108.2	205.5	114.2	227.2	231.6	238.2	194.8	274.8	274.8	0.0	431.6	3 925.2
特服	0.0	0.0	0.0	0.0	0.0	0.0	0.0	0.0	0.0	0.0	0.0	0.0	0.0	0.0	0.0	0.0	0.0	0.0	0.0	0.0
来话小计	1 287.4	340.4	222.0	2 055.2	915.3	1 460.1	956.5	1 020.7	490.0	963.2	539.2	1 323.2	1 327.1	1 552.7	1 193.2	3 014.1	3 014.1	4 854.5	5 286.1	31 815.0

表 12-46　B 地区远期局间话务流量矩阵预测结果(单位:Erl)

局　名	B市城西局	B市城东局	B市城南局	C市市局	I县县局	E市市局	H县县局	G县县局	K县县局	F县县局	J县县局	D市市局	B市A局	C市新城区	D市新中心	长途TS1	长途TS2	移动	特服	去话小计
B市城西局	0.0	93.1	62.6	9.3	13.3	21.5	22.6	42.5	9.5	9.1	4.4	6.5	764.9	7.3	7.5	365.2	365.2	558.5	558.5	2 921.5
B市城东局	84.1	0.0	19.3	1.9	2.8	4.7	4.8	8.8	2.0	2.1	0.8	1.4	118.7	1.7	1.6	86.6	86.6	132.4	132.4	692.7
B市城南局	74.3	25.2	0.0	2.6	3.9	6.1	5.9	11.7	2.4	2.1	1.5	1.7	78.7	2.2	2.1	74.9	74.9	114.5	114.5	599.2
C市市局	9.5	2.0	2.4	0.0	16.9	151.6	33.2	19.2	9.5	32.2	14.5	27.3	12.9	1 151.3	32.3	515.1	515.1	787.7	787.7	4 120.4
I县县局	32.7	7.5	7.3	37.7	0.0	72.7	182.2	78.5	42.7	46.5	22.2	38.5	43.6	31.7	44.7	234.1	234.1	358.1	358.1	1 872.9
E市市局	42.4	9.6	9.5	279.9	69.6	0.0	145.1	75.0	33.4	101.1	42.4	108.5	58.3	228.3	127.3	452.4	452.4	691.8	691.8	3 618.8
H县县局	54.4	12.5	12.2	69.8	185.0	153.1	0.0	114.8	46.7	73.5	31.7	72.8	71.5	57.3	82.4	352.8	352.8	539.6	539.6	2 822.5
G县县局	97.7	22.3	21.9	39.6	81.5	80.3	119.6	0.0	56.3	42.6	18.9	31.6	131.3	31.9	36.4	276.1	276.1	422.3	422.3	2 208.7
K县县局	25.5	5.9	5.7	22.3	50.8	38.1	53.6	62.2	0.0	27.5	13.7	18.1	34.7	20.0	22.6	136.2	136.2	208.4	208.4	1 089.9
F县县局	20.7	5.1	5.1	65.1	45.5	104.4	75.5	41.4	22.0	0.0	115.3	85.1	28.2	52.8	98.5	259.9	259.9	397.6	397.6	2 079.7
J县县局	10.6	2.6	1.6	29.3	21.9	45.4	32.5	20.1	13.2	120.6	0.0	29.6	14.3	24.8	34.1	136.2	136.2	208.4	208.4	1 089.8
D市市局	7.1	2.4	4.2	29.9	19.9	55.6	31.9	15.2	9.7	41.3	11.3	0.0	9.8	26.8	635.5	306.2	306.2	468.3	468.3	2 449.6
B市A局	827.6	140.3	72.2	14.2	21.3	34.1	36.6	68.1	15.3	15.4	7.3	10.0	0.0	11.2	12.0	437.2	437.2	668.7	668.7	3 497.4
C市新城区	8.2	2.0	2.9	1 112.7	14.3	109.9	23.1	11.8	7.5	21.1	8.2	21.0	11.3	0.0	23.7	468.4	468.4	716.4	716.4	3 747.3
D市新中心	9.9	3.6	6.7	37.7	19.4	71.7	50.3	24.2	15.9	48.9	17.6	657.5	14.2	28.4	0.0	342.0	342.0	523.1	523.1	2 736.2
长途 TS1	284.8	67.6	58.4	401.7	182.6	352.9	275.2	215.3	106.3	202.8	106.3	238.8	341.0	365.4	266.8	0.0	0.0	488.7	488.7	4 443.3
长途 TS2	284.8	67.6	58.4	401.7	182.6	352.9	275.2	215.3	106.3	202.8	106.3	238.8	341.0	365.4	266.8	0.0	0.0	488.7	488.7	4 443.3
移动	206.8	51.5	37.7	352.7	179.9	307.3	187.5	212.2	102.3	194.3	107.9	214.8	219.0	225.2	184.2	259.8	259.8	0.0	408.2	3 711.1
特服	0.0	0.0	0.0	0.0	0.0	0.0	0.0	0.0	0.0	0.0	0.0	0.0	0.0	0.0	0.0	0.0	0.0	0.0	0.0	0.0
来话小计	2 081.1	520.8	388.1	2 908.1	1 111.2	1 962.3	1 554.8	1 236.3	601.0	1 183.9	630.3	1 802.0	2 293.4	2 631.7	1 878.5	4 703.1	4 703.1	7 773.2	8 181.4	48 144.3

12.6.2　B 本地电信交换网规划

1. B 本地电信交换网结构现状

B 本地网目前的交换网路结构采用全汇接方式，在中心城市 B 市设有两个本地网汇接局，对地区内所有县市局全覆盖。各县市端局与 B 市的两个本地网汇接局之间均设直达电路，两局通过话务分担方式实现全区电信业务的汇接。B 本地交换网路现状示意图如图 12-8 所示。

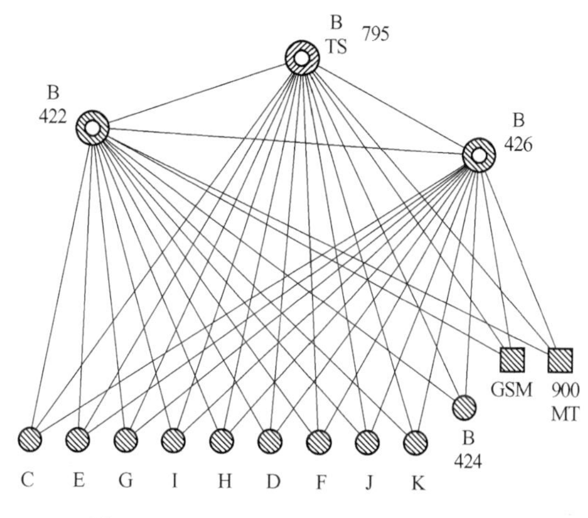

图 12-8　B 本地电信交换网现状示意图

2. B 本地电信交换网规划方案

从 B 本地交换网路现状图分析，并经过多方面的分析、比较，我们保留现有的交换网方案，确定了以下的 B 地区本地交换网的未来结构方案：以 B 市的两个汇接局(422、455 局)作为本地网汇接局，对 B、G、K、I、H、D、E、C、F、J 十县市所有局所以星状网形式实现全覆盖。本地网汇接局之间设置直达路由，两个本地网汇接局与两个长途汇接局和两个移动局之间采用网状网连接，每两个局间均设直达路由。本地网的两汇接局按照话务分担方式实现电信业务的汇接。具体的网路组织方案如图 12-9 所示。

12.6.3　B 本地电信传输网规划

1. 传输网规划的基本考虑

传输网规划主要是对传输网的结构、容量、技术方式等做出合理的规划。在进行电信传输网规划时要考虑以下几个基本方面。

(1) 网路结构

为提高局间中继传输的可靠性，出局中继光缆路由一般应具备两个方向，在形

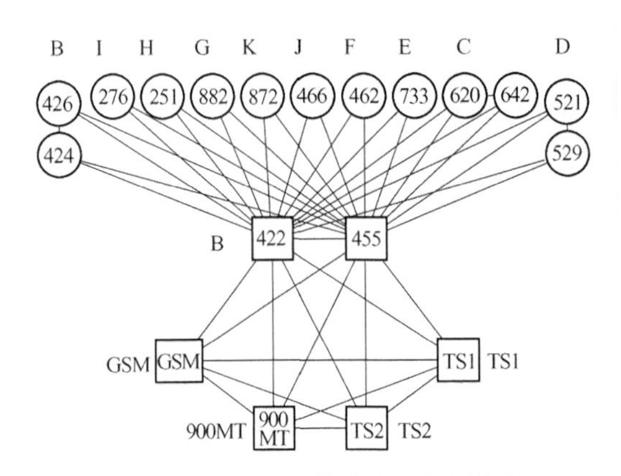

图 12-9　B 本地电信交换网规划方案

成环状光缆网的同时要增加光缆冗余度，逐步建成具有自愈功能的动态网，使全网可靠性有较大的提高。

(2) 局间中继管道的建设

局间中继管道是城市地下管网的组成部分之一，因此建设中继管道应根据城市规划，并结合城市的马路扩建、改建方案进行，尽量减少破挖马路费用以节省建设费用。市内管道的敷设应根据长远期发展需要一次性规划好，一般应考虑满足 20 年以上需要。管道的容量(管孔数)应根据规划期内中继线容量及采取的传输制式合理确定，对进局管孔的容量应满足该局终期中继线容量的需求。

(3) 传输方式

到 2010 年，B 本地网电话用户将达到 124 万左右，中继传输容量很大，从便于中继传输扩容、快速修复和避免与今后市政建设中难以预见到的高大建筑物相冲突等方面考虑，端局与端局、端局与汇接局及汇接局与汇接局间应以光缆传输为主。郊区、乡镇可考虑以微波电路为辅。局间传输光缆应采用单模长波长多芯光缆，一般应在 8 芯以上。

(4) 电路分配

一般情况下，两个端局之间的中继电路应尽量分开走两个不同的物理路由。

(5) 电路备用

早期的光纤传输系统，由于元器件的质量和技术等方面的原因，可靠性有限，往往采用 1+1 或 $N+1$ 的备用方式来提高可靠性，而现在的光通信设备可靠性很高，光端机的 MTBF 通常大于 10 万小时，数字复用设备的 MTBF 通常大于 20 万小时。那么，在光缆未遭破坏性损伤的情况下，同一光缆中某一光纤传输系统由于传输质量劣化而造成通信故障的概率很小，因此，今后不宜再考虑用 1+1 或 $N+1$ 的备用方式，而采用在传输网路设计上的多路由、灵活性来提高可靠性。

(6) 充分利用原有的中继传输设备

对现存网的结构、采用的传输技术，包括覆盖面积、节点数目及连接关系等要有明确的把握。在今后的发展和建设中，要处理好新建网和现存网的关系，对现存网中的传输设备应尽量利用，以节省建设成本。

(7) 转接段数的考虑

在光纤传输系统中，光缆的价格下降很快，主要的费用是数字复用设备和光端机等终端设备，所以在电路组织上，以尽量减少转接点(即减少终端设备)为优化原则。本地网中任意两个端局之间，中继电路的转接段数一般不超过 3 段，最大不超过 4 段。

(8) 积极采用先进的传输方式

同步数字系列 SDH，以其高可靠性、灵活性和强大的功能，在长途网、本地网、市话网以及用户网中广泛应用，因此在进行传输网规划时应考虑采用 SDH 传输方式。

2. 本地电信网 SDH 网路组织方法

20 世纪 80 年代末，同步数字传输网(SDH，Synchronous Digital Hierarchy)，作为一种新的传输体制问世以来，正在为世界上通信比较发达的国家逐步采用，并被普遍视为理想的下一代网络基础，也是未来信息高速公路的物理平台。

(1) 本地 SDH 传输网路结构的基本考虑

① 基本结构。ADM 自愈环是 SDH 网各种拓扑结构中应用最广泛的一种，它具有恢复时间短和安全可靠性高等特点。在本地电话网中，局间传输距离不是很长，即使在扩大的本地电话网中，只要组网合理，同一自愈环上相邻的节点间都可以做到不使用中继器。因此在本地网中 ADM 自愈环的组织可以不对网路故障(节点失效或光缆断裂)情况下业务量的环回距离过长而带来的时延过长做过多的考虑。另外由于本地电话网中的节点较长途网更为集中，网络的组织也可以避免不同环上的节点间业务传送跨越太多的自愈环及节点，这样在本地网中对业务传送经过太多的节点而带来的时延也可以不做太多的考虑。因此，在本地电话网中，应尽量考虑组织 ADM 自愈环。在本地网中有少量不容易建立双物理路由的端局节点，这些节点应考虑组成线形结构。当全网交换容量较大时，在一些业务量较大的传输节点之间，还可以考虑采用 DXC 组成格形网。鉴于以上考虑，本地电话网中 SDH 网的基本结构应是以 ADM 自愈环为主的环形网，并辅以少量的线形网结构，在适当的时候采用 DXC 组成格形网。

② 自愈环的保护方式。自愈环的保护方法一般是由自愈环上的节点数量及业务量而定的。由于通道倒换环上传送的业务量相对复用段倒换环上传送的业务量小许多，因此在本地电话网中可以考虑使用复用段倒换保护方式的自愈环。这一方面是因为 ITU 关于复用段倒换环 APS 协议的有关规定日趋完善，另一方面，二纤/四纤双向复用段倒换环(BSHR/2/4)的技术也越来越成熟，并且国内一些厂

家已经有二纤/四纤双向复用段倒换方式的155 Mbps和622 Mbps 较成熟的产品，这样有可能使二纤/四纤双向复用段倒换方式 ADM 设备的价格大大降低。

③ 线路速率。由于各地经济发展存在较大的差异，通信发展也极不平衡，直接反映在传输网上的是业务量有较大的不同。即使在同一本地网中，节点间业务量亦有较大的差异，因此在本地电话网中，SDH 网上的 ADM 自愈环包括各种线路速率。通过对一些本地网中 SDH 网上传送业务量的计算，根据网上传输的业务量大小，近期我国本地电话网上 SDH 的线路速率一般采用155 Mbps、622 Mbps和2.5 Gbps 3 种速率，在一些业务量大的传输节点之间，中、远期将可能采用 10 Gbps 的速率传输。

④ 低速率接口。在本地电话速率接口网中，SDH 设备（ADM、DXC 和 TM 等）的低速率接口一般与本地局用交换机直接相连，因此在本地网中使用的 SDH 设备必须有 2 Mbps 的接口。另外在 SDH 网的建设过程中，必然在一定时期内与现有 PDH 网共存，因此，本地网内使用的 SDH 设备还应配备 34 Mbps 和 140 Mbps的接口。当使用 DXC 设备时，也必须配置 2 Mbps 的接口与本地交换机相连。因此，本地电话网中使用的 DXC 设备一般是 DXC4/1。

（2）本地 SDH 传输网组织的主要原则

① 本地电话网中 SDH 网的组织既要充分利用现有的线路及设备，使其能最好地发挥经济效益，又要根据 SDH 网路技术和设备的特点，使 SDH 网的优点能被充分利用；

② 网路的组织要近、中、远各期的网路结构同时考虑，近期的网路要能适合中、远期的发展；

③ 网路的组织应以交换网结构和当地的光缆物理网为基础，以更好地疏通业务量为原则；

④ 传输容量的配置应考虑数据及非话业务的容量要求，并为此留足充分的余量；

⑤ 根据部 1995(512)号文件规定，对于传输容量为 2.5 Gbps 的环网，环节点数应小于等于 10 个为宜；当容量为 622 Mbps 时，环节点应以 3～5 个为宜。

3. B 本地电信传输网现状分析

目前，B 地区的二级干线传输网由两套 140 Mbps PDH 设备组成，总容量为 126 个 2 Mbit 电路，传输介质主要有光缆和数字微波。B 地区 PDH 传输干线网示意图及传输网物理路由示意图分别如图 12-10 和图 12-11 所示。除干线 1 一级干线给部分县市提供了少数电路外，B 至本地区 9 个县市间的各类往返业务电路及各县市经 B 的进出口电路的传输均由上述二级干线网承担。

近年来，随着通信业务的不断发展，现有的传输设备已明显地暴露出其不足：设备容量小（有些县市已没有多余电路，B 地区现有传输设备电路使用状况

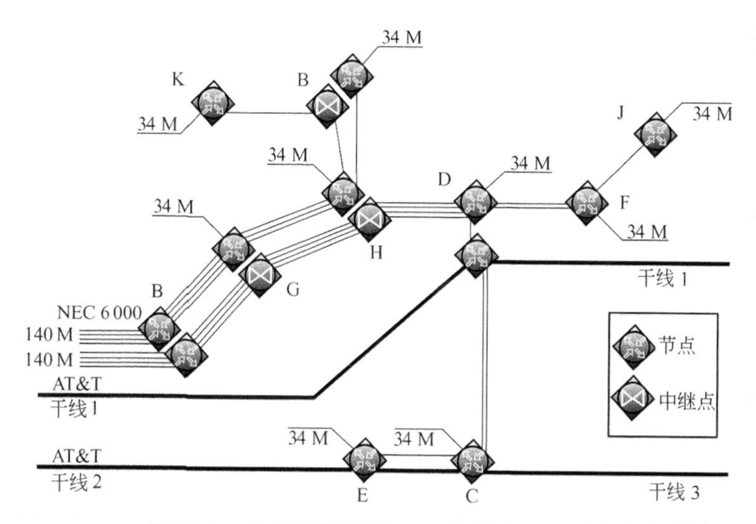

图 12-10　B 地区传输网 PDH 传输干线示意图

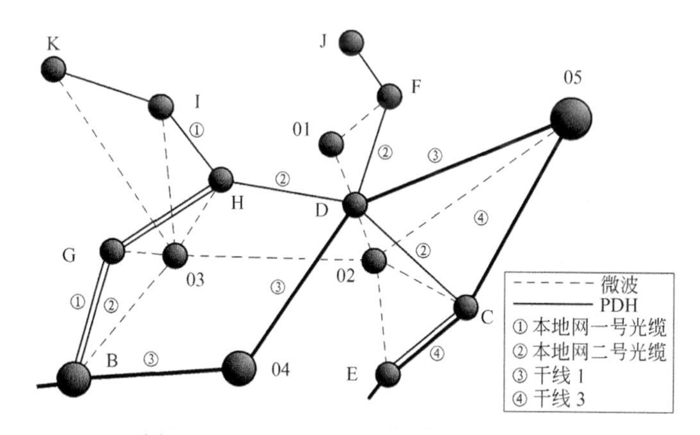

图 12-11　B 地区传输网物理路由示意图

见表 12-47)、可靠性差、网路管理不便等。因此，建设新的二级干线网已势在必行，这样不仅可以大大缓解 B 地区本地网电路的紧张情况，为各类新业务的发展提供条件，而且对于优化通信网路，加强网路的管理起到积极的作用。

表 12-47　B 地区现有传输设备电路使用状况

局　名	容　量	已使用	剩　余	使用率/%	备　注
C	16	15	1	93.75	干线 1 提供 8 个
E	16	16	0	100	干线 1 提供 8 个
G	16	13	3	81.25	
H	20	17	3	85	干线 1 提供 4 个
I	16	13	3	81.25	

续表

局　名	容　量	已使用	剩　余	使用率/%	备　注
K	16	14	2	87.5	
J	16	14	2	87.5	
F	16	14	2	87.5	
D	24	20	4	83.33	干线 1 提供 8 个
总　计	156	136	20	87.18	

注：单位为 2 Mb 电路个数。

按照 B 地区电信局已有的传输网规划，“九五”期间 B 地区的传输网路将进行大规模地兴建和扩容，组建成一个以 B 为中心、以地到县为主干、以县到乡为分支的覆盖全区各县市及乡镇的传输网路。拟建的网路均采用 SDH 设备，以不同速率和规模的环形结构组成性能可靠的网路，与原有的 PDH 设备一道共同完成各类日益增长的电信业务的传输任务。

根据该《规划》，在近期内 B 地区的地-市县间将组建一个 SDH 自愈环网，主环采用 2.5 Gbps 的设备。“九五”期间，地-县间的传输网路将在 1998 年组建的 SDH 网的基础上，将原来的一个 622 Mbps 的子网扩容至两个 622 Mbps 的子网，整个网路也将做适当调整，PDH 设备仍保留使用，详情见 B 地区二级干线传输网路规划图 12-12 所示。

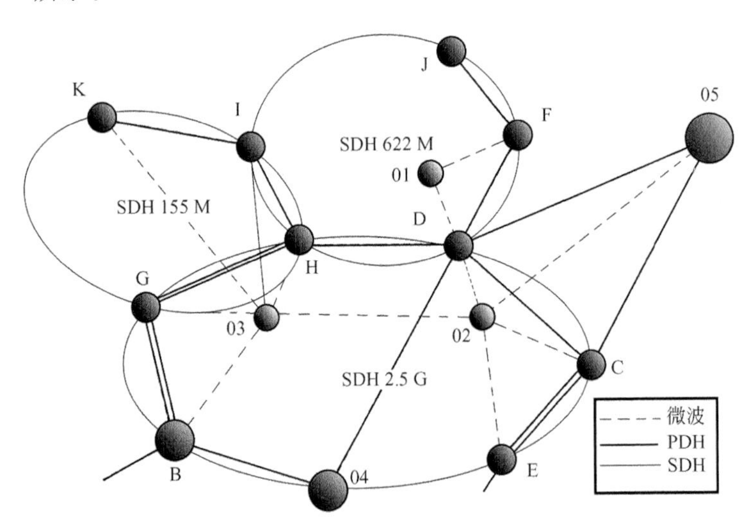

图 12-12　B 地区二级干线传输网路目标参考图

根据各县市的传输网路规划，全区各县市将组建 26 个 SDH 自愈环，1998 年将兴建完成 19 个，其余 7 个环将在“九五”期间全部完成。同时，部分网点较多的 SDH 环将在“九五”期间由 155 Mbps 扩容至 622 Mbps，少数无法进入环状网的乡镇仍采用 PDH 端对端传输方式。

4. B 地区本地电信传输网规划方案

通过对 B 本地网各局间业务流量流向的分析，结合 B 地区传输网的现状及对未来发展所做的打算，提出了 B 地区传输网发展规划方案。其总的指导思想是未来的传输网将全部采用先进的 SDH 系统，由现有的 PDH 系统逐步实现向 SDH 系统的过渡；另外，考虑到电信传输网应该面向未来多种新业务发展的需要，尽量超前建设、超前发展，因此在确定 B 地区传输网规划方案的过程中应将近、中、远各期的发展进行综合考虑，并以中远期指导近期，如图 12-13 所示。

在综合考虑 SDH 传输网组网原则、交换网规划方案和 B 地区的实际传输路由的基础上，B 地区本地电信传输网规划方案采用双层结构，即地区干线网和各市县子网，本地交换网汇接方式是以 B 为中心的单一汇接区、全覆盖的方式。

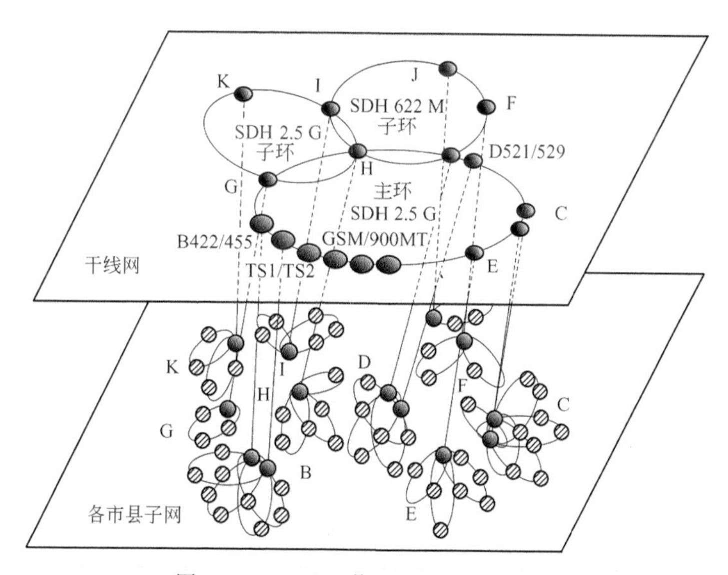

图 12-13 B 地区传输网发展规划方案

(1) 地区干线网：包含一个主环和两个子环的单一层次，即第一平面，构成本地网的汇接平台；两子环分别通过该环上的两个本地网汇接局与主环相交，从而使子环上的所有节点经由两个不同的物理路由与主环连接。

(2) 各市县子网：由各市县内的端汇局、端局及模块构成多个子环，即第二平面。各子环通过该环上的县市端汇局节点与第一平面的子环相连接。具体的规划方案详见本节各市县传输网规划部分。

主环：B422－TS1－B455－TS2－GSM－900MT－D521－D529－C620－C642－E－B422；

子环 1：B422－B455－G－H－I－K－B422，通过 B422、B455 两点与主环

连接；

子环 2：B422－B455－F－J－B422，通过 B422、B455 两点与主环连接。

由于 B 市处于 B 地区的西南一隅、位置较偏，并且从业务流量流向的特点以及本地网向多汇接区方向发展的长远趋势考虑，可以考虑在未来的适当时间变动本地交换网的结构，由单一汇接区向多汇接区转变，在 D521/529 设本地网汇接局。

由于在实际的工程建设中存在很多非技术、经济的不确定因素，因此应灵活地选择和调整方案，逐步建立起各级 SDH 环，针对不同发展阶段的电信业务需求情况对各个环的容量进行适当扩容，并使一次扩容工程能满足 3～5 年内的业务需求。为了对各规划期的扩容工作进行指导，可利用 SDH 规划软件对各规划期的环容量进行测算，该软件的核心是按照负载均衡原理设计的一种复合算法，即将主、子环上各局间的业务流量尽量均衡地分配在该环的各传输段（边）及各传输方向上，使得网路资源在满足可靠性等技术要求的同时能够得到合理、充分的利用。经过分配算法可得到各环上各传输段（边）的需求容量（即 2 M 系统需求数），其中最大边（即需求容量最大的边）的需求容量，在四纤双向复用段倒换保护方式（BSHR/4）下即为该环的需求容量，若对应于二纤双向复用段倒换保护方式（BSHR/2），由于其采用时分复用的备用方式，故选择的环容量必须不小于最大边需求容量的 2 倍。

由 2 M 系统需求矩阵并利用 SDH 传输网规划软件进行计算，即可得到在采用传输网组网方案二的情况下，各规划期的本地电信传输网的各环容量，其结果见表 12-48 所示。

根据前面预测得到的各期局间忙时流量矩阵，按照每条中继电路承载 0.7 Erl，一个 2 M 系统相当于 30 条中继电路的原则，首先可以折算出各规划期各局间的 2 M 系统需求矩阵，分别见表 12-49、表 12-50、表 12-51 所示。

表 12-48　B 本地网各规划期的环容量计算结果

SDH 环名称	近　期		中　期		远　期	
	2 M 系统需求数量	STM-1 系统数量	2 M 系统需求数量	STM-1 系统数量	2 M 系统需求数量	STM-1 系统数量
干线网主环	400	7	850	14	1 200	20
干线网子环 1	110	2	210	4	290	5
干线网子环 2	65	2	130	3	150	3

根据以上计算结果，并以中远期发展的容量为标准，可得到 B 地区传输网发展规划方案的主环容量为 2.5 Gbps（STM-16）、子环 1、2 容量均为 2.5 Gbps（STM-16）和 622 Mbps（STM-4）。考虑到在规划期末，主环的业务流量已远远超过 2.5 Gbps，在远期的适当时间可将其扩建为 2.5 Gbps 双环或扩容为 10 Gbps 乃

表 12-49　B 本地网近期局间交换矩阵(2 M 系统数)

局　名	B市城西局	B市城东局	B市城南局	C市市局	I县县局	E市市局	H县县局	G县县局	K县县局	F县县局	J县县局	D市市局	B市A局	C市新城区	D市新中心	长途TS1	长途TS2	移动	特服
B市城西局	0	3	2	1	1	1	1	2	1	1	1	1	9	1	1	4	4	7	7
B市城东局	3	0	1	1	1	1	1	1	1	1	1	1	3	1	1	2	2	3	3
B市城南局	2	2	0	1	1	1	1	1	1	1	1	1	2	1	1	2	2	2	2
C市市局	1	1	1	0	2	5	2	2	1	2	2	2	1	13	2	7	7	11	11
I县县局	2	1	1	2	0	2	4	3	2	2	2	2	2	1	2	4	4	6	6
E市市局	2	1	1	7	2	0	3	2	2	2	2	3	2	2	2	6	6	10	10
H县县局	2	1	1	2	4	3	0	2	2	2	1	2	2	1	2	4	4	6	6
G县县局	3	2	1	2	3	2	2	0	2	2	1	2	3	1	1	4	4	7	7
K县县局	1	1	1	2	2	2	2	2	0	1	1	1	1	1	1	3	3	4	4
F县县局	1	1	1	2	2	2	2	2	1	0	3	2	1	1	2	4	4	6	6
J县县局	1	1	1	2	2	2	2	1	1	3	0	2	1	1	1	3	3	4	4
D市市局	1	1	1	2	1	2	1	1	1	2	1	0	1	1	9	4	4	7	7
B市A局	9	3	2	1	1	1	1	2	1	1	1	1	0	1	1	4	4	7	7
C市新城区	1	1	1	8	1	1	1	1	1	1	1	1	1	0	1	3	3	5	5
D市新中心	1	1	1	2	1	2	1	1	1	1	1	8	1	1	0	4	4	6	6
长途TS1	4	2	2	5	3	5	3	3	2	3	2	3	4	3	3	0	0	5	5
长途TS2	4	2	2	5	3	5	3	3	2	3	2	3	4	3	3	0	0	5	5
移动	6	3	2	8	5	8	5	5	4	5	4	5	6	4	5	5	5	0	7
特服	0	0	0	0	0	0	0	0	0	0	0	0	0	0	0	0	0	0	0

表 12-50　B 本地网中期局间交换矩阵(2 M 系统数)

局　名	B市城西局	B市城东局	B市城南局	C市市局	I县县局	E市市局	H县县局	G县县局	K县县局	F县县局	J县县局	D市市局	B市A局	C市新城区	D市新中心	长途TS1	长途TS2	移动	特服
B市城西局	0	4	3	1	2	2	2	3	1	1	1	1	22	1	1	11	11	16	16
B市城东局	4	0	2	1	1	1	1	1	1	1	1	1	4	1	1	3	3	5	5
B市城南局	3	2	0	1	1	1	1	1	1	1	1	1	3	1	1	3	3	4	4
C市市局	1	1	1	0	2	9	2	2	2	3	2	3	1	36	2	18	18	27	27
I县县局	2	1	1	3	0	4	7	5	3	3	2	3	2	2	2	9	9	14	14
E市市局	2	1	1	13	4	0	5	4	2	5	3	5	3	6	4	15	15	24	24
H县县局	2	1	1	3	7	5	0	5	2	3	2	3	2	2	3	10	10	15	15
G县县局	5	2	2	3	5	4	5	0	4	3	2	3	5	2	2	11	11	17	17
K县县局	2	1	1	2	3	2	3	4	0	2	2	2	2	2	2	6	6	9	9
F县县局	2	1	1	4	3	5	3	3	2	0	6	5	2	2	4	10	10	15	15
J县县局	1	1	1	2	2	3	2	2	2	6	0	2	1	2	2	6	6	9	9
D市市局	1	1	1	3	2	3	2	2	1	3	2	0	1	2	22	11	11	17	17
B市A局	22	5	3	1	2	2	2	3	1	1	1	1	0	1	1	11	11	17	17
C市新城区	1	1	1	30	1	3	1	1	1	1	1	2	1	0	1	12	12	18	18
D市新中心	1	1	1	2	2	3	2	2	1	2	2	20	1	1	0	10	10	15	15
长途TS1	8	3	2	13	7	11	7	8	4	7	5	8	8	9	7	0	0	14	14
长途TS2	8	3	2	13	7	11	7	8	4	7	5	8	8	9	7	0	0	14	14
移动	11	4	3	19	10	16	10	12	6	11	6	12	12	12	10	14	14	0	22
特服	0	0	0	0	0	0	0	0	0	0	0	0	0	0	0	0	0	0	0

表 12-51　B 本地网中期局间交换矩阵(2 M 系统数)

局　名	B 市城西局	B 市城东局	B 市城南局	C 市市局	I 县县局	E 市市局	H 县县局	G 县县局	K 县县局	F 县县局	J 县县局	D 市市局	B 市 A 局	C 市新城区	D 市新中心	长途 TS1	长途 TS2	移动	特服
B 市城西局	0	5	4	1	2	2	2	3	1	1	1	1	37	1	1	18	18	28	28
B 市城东局	5	0	2	1	1	1	1	1	1	1	1	1	7	1	1	5	5	7	7
B 市城南局	5	2	0	1	1	1	1	2	1	1	1	1	5	1	1	5	5	6	6
C 市市局	1	1	1	0	2	8	3	2	1	3	2	2	2	56	3	26	26	39	39
I 县县局	3	1	1	3	0	4	10	5	3	3	2	3	3	3	3	12	12	18	18
E 市市局	3	1	1	14	4	0	8	5	3	6	3	6	4	12	7	23	23	34	34
H 县县局	4	2	2	4	10	8	0	6	3	5	3	4	4	4	5	18	18	27	27
G 县县局	6	2	2	3	5	5	7	0	4	3	2	3	7	3	3	14	14	21	21
K 县县局	2	1	1	2	3	3	4	4	0	2	2	2	3	2	2	7	7	11	11
F 县县局	2	1	1	4	3	6	5	3	2	0	6	5	2	4	6	13	13	20	20
J 县县局	2	1	1	2	2	3	3	2	2	7	0	2	2	2	3	7	7	11	11
D 市市局	1	1	1	2	2	4	3	2	1	3	2	0	1	2	31	16	16	23	23
B 市 A 局	40	8	4	2	2	3	3	4	2	2	1	1	0	2	2	22	22	33	33
C 市新城区	1	1	1	54	2	6	2	2	1	2	1	2	2	0	2	23	23	35	35
D 市新中心	1	1	1	3	2	4	3	2	2	3	2	32	2	2	0	17	17	26	26
长途 TS1	15	4	4	20	10	18	14	11	6	11	6	12	17	18	14	0	0	24	24
长途 TS2	15	4	4	20	10	18	14	11	6	11	6	12	17	18	14	0	0	24	24
移动	11	3	3	18	10	16	10	11	6	10	6	11	11	12	10	13	13	0	20
特服	0	0	0	0	0	0	0	0	0	0	0	0	0	0	0	0	0	0	0

至更高容量，以适应电信业务流量流向的发展变化；另外，除对 ADM 设备进行扩容外，亦可考虑在某些节点有限地采用 DXC 设备，并构成格型网以承载更大的业务量，此时汇接平台将在原基础上增加一层而成为三层，但由于 DXC 故障恢复时间较长应慎重采用。

相对于本地电信传输网的规划而言，B 地区各市县的传输子网规划较为简单和明确，在规划的过程中充分地考虑了各市县的实际情况和 B 地区电信局已有传输网规划的意向。

12.7 规划方案的投资估算与经济评价

对 B 地区电信网发展规划方案进行经济上的可行性分析是十分必要的，它不仅对通信建设部门的资金筹措、投资运用以及业务经验具有指导作用，而且是实现所制定的发展规划的重要保证。

由于条件限制，经济分析部分仅对 B 地区发展的近期规划方案进行较详细的分析，包括企业内部的财务分析和电话发展的社会效益分析。

在进行经济分析时主要考虑了以下因素：

(1) 经济分析按 5 个步骤进行：投资估算、业务收入测算、支出预算、经济指标测算和资金筹措计划。

(2) 经济分析以本规划的业务预测和局所发展规划为依据，仅对近期的规划方案作分析。

这部分由于数据及篇幅所限不再具体介绍。

参 考 文 献

1. 梁雄健,李鲁湘. 电信网规划. 北京:人民邮电出版社,1994

2. 马永源,马力. 电信规划方法. 北京:北京邮电大学出版社,2001

3. 梁雄健,杨瑞桢. 电信组织管理. 北京:人民邮电出版社,2004

4. 梁雄健,杨瑞桢. 电信组织管理. 北京:人民邮电出版社,1999

5. 李文海. 电信网. 北京:人民邮电出版社,1993

6. 纪越峰. 现代电信技术. 北京:北京邮电大学出版社,2002

7. 王静,常大年. 现代电信技术概要(上、下册). 第2版. 北京:北京邮电大学出版社,2000

8. 佘其炯. 现代电信网. 北京:人民邮电出版社,1997

9. 陆大金. 随机过程及其应用. 北京:清华大学出版社,1986

10. 周炯磐. 通信网理论基础. 北京:人民邮电出版社,1991

11. 王朝瑞. 图论. 北京:人民教育出版社,1983

12. 陆传赉. 排队论. 北京:北京邮电大学出版社,1994

13. CCITT. 通信网规划手册. 北京:人民邮电出版社,1995

14. 信息产业部. 陆地蜂窝移动通信网与通信网网间互联技术规范. 1999.10

15. 马永源. 电信规划网预测方法中几个问题的探索. 广东通信技术,1992,12(1)

16. 祁玉生. 移动通信系统. 北京:人民邮电出版社,1995

17. 胡毅红. 无线数据通信网. 电信网技术,1996(2):20～26

18. 黄宇红. 无线数据通信网发展趋势. 世界电信,1996(1):33～35,38

19. Thomas E. Stern,Krishna Bala. 多波长光网络. 徐荣,龚倩译. 北京:人民邮电出版社,2001

20. 龚倩,徐荣,张民,叶培大. 光网络的组网与优化设计. 北京:北京邮电大学出版社,2002

21. 吴彦文,郑大力,仲肇伟. 光网络的生存性技术. 北京:北京邮电大学出版社,2002

22. 张杰,徐云斌,宋鸿升,桂烜,顾畹仪. 自动交换光网络 ASON. 北京:人民邮电出版社,2004

23. 纪越峰. 光波分复用系统. 北京:北京邮电大学出版社,1999

24. 顾畹仪,李国瑞. 光纤通信系统. 北京:北京邮电大学出版社,1999

25. 杨淑雯. 全光通信网. 北京:科学出版社,2004

26. 傅海阳，杨龙祥，李文龙. 现代电信传输. 北京：人民邮电出版社，2001

27. 邓忠礼，赵晖编著. 光同步传输系统测试. 北京：人民邮电出版社，1998

28. 朗讯科技中国有限公司光网络编著. 光传输技术. 北京：清华大学出版社，北方交通大学出版社，2003

29. 韦乐平. 光同步数字传送网. 第 2 版. 北京：人民邮电出版社，1998

30. 韦乐平. 接入网. 北京：人民邮电出版社，1997

31. 李兴明. SDH 网络管理及其应用. 北京：人民邮电出版社，1999

32. 谢希仁. 计算机网络. 第 2 版. 北京：电子工业出版社，1999

33. 胡运权，郭耀煌. 运筹学教程. 第 2 版. 北京：清华大学出版社，2003

34. 卢开澄，卢华明. 组合数学. 第 3 版. 北京：清华大学出版社，2002

35. 屈婉玲. 组合数学. 北京：北京大学出版社，1989

36. 李仲令，曹纪文，葛造坤. 现代通信系统仿真及应用. 北京：电子科技大学出版社，1998

37. 熊锦华，杨旭，梁雄健. 传输规划 SDH 与 WDM 网络的经济性比较. 光通信技术，2004，(11)：20～22

38. 熊锦华，杨旭，梁雄健. 传输网络光缆物理路由的规划. 现代有线传输，2005.1：73～76

39. 何磊. 环网设计中光缆路由和业务承载问题的分析. 邮电设计技术，2003

40. 谢金星，邢文训. 网络优化. 北京：清华大学出版社，2000

41. 朱金周，陈金桥，肖荣美，杨培芳，辛勇飞. 2004 年中国电信业国际竞争力：名次虽未变 稳中实有升. 通信世界网，2005

42. 雷震洲. 关注 NGN 的两大走向：网络融合和机对机应用. www. fallleaf. net/Contentt

43. 胡坚波. 3G 无线网络规划方法研究，http://www. cttl. com. cn

44. 姜兴渭，宋政吉，王晓晨. 可靠性工程技术. 哈尔滨：哈尔滨工业大学出版社，2005

45. Ahuja R. K.，Magnanti T. L.，Orlin J. B. Network Flows：Theory，Algorithms，and Applications. Englewood Cliffs，New Jersey. Prentice Hall，1993

46. Yu-Li Hsueh Rogge，M. S Wei-Tao Shaw Kazovsky，L. G. Shu Yamamoto. Success-DWA：a highly scalable and cost-effective optical access ney-work. Communications Magazine. IEEE，2004(8)：24～30

47. Yufei Wang，P. Harshvardhana，Song Chen. A Study of Metro Network Economics Based on SONET/WDM Hybrid Ring Architectures. WWW. VPIsys-tems. com，2004(3)

48. P. Humblet. The direction of optical technology in the metro area. Proceedings of OFC'2001, Anahaim, 2001:1～3

49. Herbert Leijon. Telecommunication Demand Forecasting: Models and Methods

50. Gerd Keiser. Optical Fiber Communication. Third Edition. McGraw-Hill Companies, 1999